电炉炼钢问答

主　编　陆宏祖　俞海明　石枚梅
副主编　解英明　陈跃军
审　稿　石枚梅

北　京
冶金工业出版社
2012

内容简介

本书共分九章，围绕电炉炼钢概述、电炉炼钢设备、电炉炼钢用耐火材料、电炉炼钢工艺基础、电炉炼钢用原材料、传统电炉炼钢操作、现代电炉炼钢操作、一些电炉钢种的冶炼特点、电炉炼钢的安全生产与清洁生产，采用一问一答的形式，提出了800余个问题并予以细致解答。

本书可供电炉炼钢工人学习，也可供需要了解电炉炼钢基本知识的有关人员阅读。

图书在版编目(CIP)数据

电炉炼钢问答/陆宏祖，俞海明，石枚梅主编．—北京：冶金工业出版社，2012.3

ISBN 978-7-5024-5863-8

Ⅰ.①电… Ⅱ.①陆… ②俞… ③石… Ⅲ.①电炉炼钢—问题解答 Ⅳ.①TF741-44

中国版本图书馆CIP数据核字(2012)第033254号

出版人 曹胜利
地 址 北京北河沿大街嵩祝院北巷39号，邮编100009
电 话 (010)64027926 电子信箱 yjcbs@cnmip.com.cn
责任编辑 刘小峰 常国平 美术编辑 彭子赫 版式设计 孙跃红
责任校对 石 静 责任印制 张祺鑫
ISBN 978-7-5024-5863-8
北京百善印刷厂印刷；冶金工业出版社出版发行；各地新华书店经销
2012年3月第1版，2012年3月第1次印刷
787mm×1092mm 1/16；21.5印张；520千字；315页
49.00元

冶金工业出版社投稿电话：(010)64027932 投稿信箱：tougao@cnmip.com.cn
冶金工业出版社发行部 电话：(010)64044283 传真：(010)64027893
冶金书店 地址：北京东四西大街46号(100010) 电话：(010)65289081(兼传真)
(本书如有印装质量问题，本社发行部负责退换)

前　言

电炉炼钢具有流程短、对环境污染负荷小、生产灵活性强等一系列的优点，成为钢铁工业发达国家的首选工艺模式。虽然我国的钢铁产量连续多年位居世界第一，但是当前电炉钢的比例偏低，并且年增长量较小，与发达国家差距很大。要走钢铁强国之路，振兴电炉炼钢是当务之急的一项任务。

我国目前用于工业化生产的电炉有300余座，其中满足国家产业政策规定，公称容量大于70吨的高功率、超高功率、高阻抗电炉有30余座。其中，60%的电炉以生产普钢和中低端的品种钢为主，另外还有25%的较为先进的电炉以生产高质量的品种钢和板材、管材为主，还有15%的电炉用于生产不锈钢的母液为主，均有不俗的业绩。而其余的传统电炉炼钢，以铸造、提供不锈钢母液、生产低端品种钢和建材为主，由于存在冶炼周期较长、产品单一、冶炼成本较高的缺点，大部分处于微利状态。

宝钢集团新疆八一钢铁股份公司炼钢厂在20世纪80年代初就建设了两座公称容量为5吨的电炉，用于生产弹簧钢为主，生产的“互力牌”弹簧钢享誉全国。1999年八钢顺应炼钢发展的潮流，淘汰了5吨电炉炼钢项目，从德国引进了一座公称容量为70吨的直流电炉，用于弹簧钢系列、硬线钢系列、齿轮钢、抽油杆钢、高强度螺纹钢等优质钢的生产，产品质量和产能处于国内同类装备的领先水平。2011年70吨电炉全年产钢72万吨，各项指标在国际上也是可圈可点的。2006年八钢又从美国引进了一座公称容量为110吨的交流电炉，用于热轧板和冷轧板的生产，实现了当年投产当年达产见效，产能水平在短时间内迅速提升。八钢的电炉炼钢，尤其是现代电炉炼钢，在学习国内外先进水平的基础上，自主创新，取得了一系列的工艺技术进步。其中，关于泡沫渣技术、高比例热装铁水技术、留碳操作技术、电炉辅助能源利用技术等方面的专题论文，发表于国内权威期刊的达30余篇，2011年首创的“电炉热兑转炉液态钢渣的工艺”已经申报国家发明专利。2009年和2010年，在八钢公司领导的支持下，结合八钢电炉炼钢生产操作实际，由冶金工业出版社出版了《现代电炉炼钢操作》和《电炉钢水的炉外精炼技术》，对八钢电炉炼钢经验进行了总结。可以说，八钢的电炉炼钢为我国的电炉炼钢事业贡献了一份执著和追求。

应冶金工业出版社邀请，宝钢集团新疆八一钢铁股份公司炼钢厂配合新疆钢铁学校，编写了本书。本书以培养冶金技能型人才为目的，采取问答形式，以利于职业教育和职工培训与自学。本书从电炉炼钢基础知识展开，然后按照任务驱动、行为导向的教学模式分别讲述电炉炼钢各环节的基本任务和工艺操作，将炼钢原理、工艺、设备和操作有机地融为一体，符合现代职业教育的教学规律，便于学生对炼钢生产知识和岗位技能的掌握。同时，本书也可以作为在岗职工技能培训、提升的教材。

书中涉及传统电炉的冶炼工艺部分由新疆钢铁学校陆宏祖编写，涉及现代电炉炼钢部分由宝钢集团八一钢铁股份公司炼钢厂俞海明编写，涉及不锈钢冶炼部分由新疆工业高等专科学校石枚梅编写，涉及钢种的冶炼和质量部分由宝钢集团新疆八一钢铁股份公司炼钢厂解英明编写，涉及炼钢成本控制和安全生产部分由宝钢集团新疆八一钢铁股份公司炼钢厂陈跃军编写。全书由俞海明统稿，石枚梅审稿。

本书编写过程中，参考了相关文献，对这些文献作者表示感谢。感谢新疆钢铁学校、新疆工业高等专科学校和宝钢集团新疆八一钢铁股份公司领导对编者的理解和支持。冶金工业出版社在本书的章节编排、文字表述、专业知识把关等方面提出了建设性的指导意见和建议，对此深表感谢。在此，对所有为本书提供帮助和支持的人们表示衷心的感谢。

由于编者水平所限，书中不足之处，敬请广大读者批评指正。

编　者

2012 年 1 月

目　　录

第一章　概　　述

第二章　电炉炼钢设备

第三章　电炉炼钢用耐火材料

第四章　电炉炼钢工艺基础

第五章　电炉炼钢用原材料

第六章　传统电炉冶炼操作

第七章　现代电炉冶炼操作

第八章　一些电炉钢种的冶炼特点

第九章　电炉炼钢安全生产与清洁生产

第一章 概 述

1. 什么是电炉炼钢，它的工艺特点有哪些？

电炉炼钢是指以废钢为主原料、炼钢过程中物理化学反应需要的能量以电能为主的一种炼钢方式。

电炉炼钢的设备相对简单，投资少、基建速度以及资金回收快。尤其是随着廉价的水力发电的普及与核能发电的发展，电炉的建设得到了迅猛的发展。

电炉炼钢的特点主要有：

（1）电炉以废钢为资源，加快了废钢铁料的循环利用速度，减少了废钢铁料对空间的占用和污染。

（2）电炉能够冶炼熔点较高的钢种，能够冶炼含有难熔元素钨、钼等的高合金钢。这些钢种在转炉中可能无法生产。而且在冶炼过程中温度控制比较灵活，终点温度控制精确，偏差可以控制在5℃以内。

（3）电炉炼钢时的电弧温度高达4000～6000℃，并直接作用于炉料，所以热效率较高，一般在65%以上。

（4）电炉炼钢不仅可去除钢中的有害气体与夹杂物，还可脱氧、去硫、合金化等，故能冶炼出高质量的特殊钢。

（5）电炉钢的成分易于调整与控制，能够熔炼成分复杂的钢种，如不锈耐酸钢、耐热钢及其他高温合金等。

（6）电炉炼钢可采用冷装或热装炉料，并可用较次的炉料熔炼出较好的高级优质钢或合金。随着废钢质量的下降，比如渣铁、大块含渣子较多的废钢、大块铸件、轴等废钢，在转炉需要加工处理才能够消化，最理想的办法就是用于电炉炼钢。电炉还能将高合金废料进行重熔或返回冶炼，从而可回收大量的贵重合金元素。

（7）电炉炼钢适应性强，可连续生产，也可间断生产，即使经过长期停产后恢复也快。

（8）电炉生产的组织比较简单，生产系统的突发事故对电炉的工艺冲击不明显。

此外，电炉炼钢的一些局限性的特点表现为：

（1）电炉炼钢企业必须依托工业化较为集中的地区，以便于获取炼钢的主原料，即废钢。

（2）电炉炼钢的企业必须有较为充足的电力供应保障，以减少电炉炼钢对于电网的冲击。

（3）电炉炼钢的企业必须做好对员工的劳动保护工作，而且需要有素质较高的职工队伍。

2. 电炉炼钢和转炉炼钢的技术特点和钢水的质量有何差异?

电炉钢水和转炉钢水的技术特点、质量的比较见表1－1。

表1－1 电炉炼钢和转炉炼钢的技术特点和钢水质量比较

技术指标		转炉	现代电炉
炼钢特点	供氧强度/$m^3 \cdot (t \cdot min)^{-1}$	3.0~4.0	0.40~1.5
	金属炉料升温范围/℃	400~550	足够大
	升温速度/$℃ \cdot min^{-1}$	30~40	15~45
	脱碳量占炉料的百分比/%	3.5~4.5	0.8~3.0
	脱碳速度/$\% \cdot min^{-1}$	0.2~0.45	0.03~0.15
	冶炼周期/min	18~40	35~65
	成分的稳定性	较稳定	波动较大
	冶炼成本	电炉钢比转炉钢吨钢成本多150~400元	
钢水质量/%	C	0.03~0.80	0.08~0.80
	H	0.00015~0.0003	0.0003~0.0005
	N	0.0020~0.0040	0.0050~0.0150
	O	0.0300~0.0900	0.0350~0.1200
	S	0.01~0.04	0.015~0.045
	P	约0.04	约0.03
	Cu+Zn+Cr+Ni+Pb	较低	较高

3. 电炉炼钢的冶炼钢种和转炉炼钢的冶炼钢种相比较有何差异?

电炉炼钢主要以合金钢和附加值较高的钢种为主，主要以硅镇静钢和硅铝镇静钢为主；而方坯转炉生产线主要以建材和普通碳素结构钢为主，板坯转炉生产线主要以结构钢和低碳铝镇静钢为主。

4. 电炉炼钢工艺能够生产的钢种有哪些，不适合于冶炼的钢种有哪些?

随着电炉原料结构的改变和工艺技术的进步，目前转炉生产线能够生产的钢种电炉也基本上能够生产，但是从工业化生产的成本优化控制的角度上讲，电炉最适宜生产的钢种如下：

（1）硬线钢，用于电力工业的电缆、钢丝绳、钢绞线、预应力钢丝、子午线轮胎等。典型的代表钢种有30号~65号、77Mn、82B等。

（2）弹簧钢，主要用于汽车弹簧钢板、阀门阀芯、铁路弹簧以及各类弹簧的零部件。代表钢种主要有60Si2Mn、50CrV、65Mn、SUP9、35SiMnMoV等。

（3）结构钢，主要包括齿轮钢、轴承钢、抽油杆钢等。代表钢种主要有20CrMnTi、GCr15、20CrMoA等。

（4）各种机械用钢和工具钢。典型的代表钢种有40Cr等。

（5）不锈钢和各类冷轧板、热轧板等。

随着现代电炉强化供氧技术的进步以及炉外精炼技术的发展，现代电炉以合理的成本代价冶炼低碳钢已经成为了现实，典型的是电炉能够规模化地生产低碳焊丝钢、低碳冷轧板和一些低碳无间隙原子钢。

电炉的特点决定了电炉不适合冶炼以下钢种：

（1）以废钢为主原料的电炉不适合冶炼超低硫钢和超低磷钢，如高级别管线钢、汽车板、中厚板用高强钢等钢种。

（2）以废钢为主原料的电炉不适合冶炼低氮钢，如管线钢系列的钢种。

（3）电炉不适合大规模、专业化地冶炼超低碳铝镇静钢。

（4）对于残余有害元素铬、镍、铜等要求严格的钢种不适合用电炉大规模生产，而改用转炉生产，质量上的竞争力会更强，成本也相对较低。

5. 电炉炼钢的产能和转炉炼钢的产能相比较有何差异？

按照实际运行的情况来看，电炉炼钢的产能低于同等公称容量的转炉，但是采用先进技术的超高功率电炉，其产能接近或者能够达到同等公称容量转炉的产能。

6. 电炉为什么向容量大型化的方向发展？

电炉容量逐渐增大是近几十年来的发展趋势，国际上先进的电炉容量大都在70～150t之间，由于以下原因，近年来电炉炉容量仍有适度增大的趋势，具体原因如下：

（1）大型化是合理单炉生产规模的保证；

（2）电炉容量大型化有利于提高热效率，便于集中采用各项先进技术，容易取得较好的生产运行效果；

（3）电炉容量合理大型化是实现短流程钢厂全连铸的基础，可以降低工序消耗成本；

（4）电炉容量大型化是实现与后道工序和轧机等物流匹配的基础。

7. 为什么说电炉炼钢是短流程炼钢工艺？

炼钢的流程可以理解为能够实现炼钢工艺的组成环节的一个特殊体系。转炉炼钢工序前面必须有选矿、烧结、焦化、炼铁四个环节的顺行做保障，电炉炼钢只需要废钢和辅料这一个环节做保障，相比转炉减少至少3个环节，因此称为短流程炼钢。两种不同的炼钢方法的流程比较如图1－1所示。

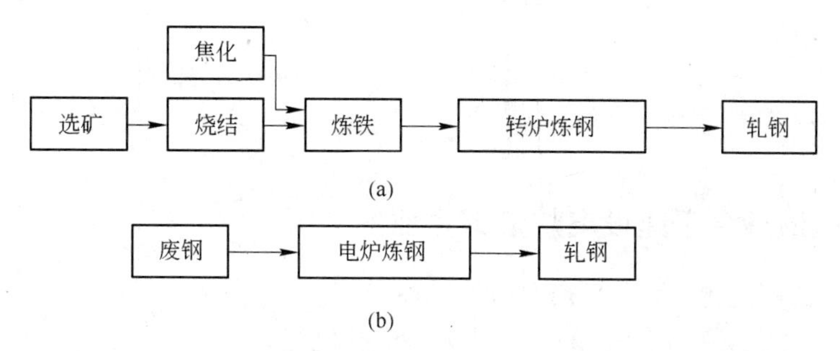

图1－1　转炉炼钢流程（a）及电炉炼钢流程（b）的比较

8. 为什么说电炉炼钢是环境友好型的炼钢工艺?

20 世纪 80 年代末到 90 年代，随着工业产生的循环废钢的积累，产生了大量的废钢，这些废钢在转炉生产中，只能够消耗掉三分之一左右，其余的用来炼铁得不偿失，同时作为一种不可降解的工业垃圾，电炉炼钢的应用缓解了这种矛盾，从另外的角度上讲，也使得电炉成为了对环境友好的工业化生产方法，使得电炉的推广和应用得到了青睐和普及。转炉炼钢和电炉炼钢投入和产出的比较如图 1 – 2 所示。

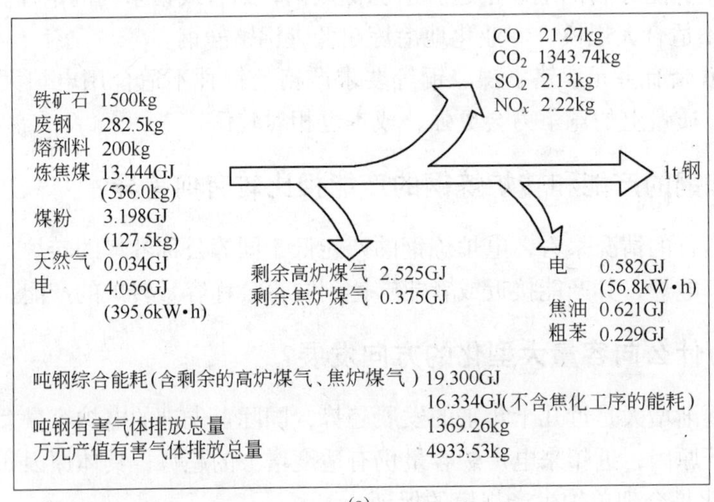

(a)

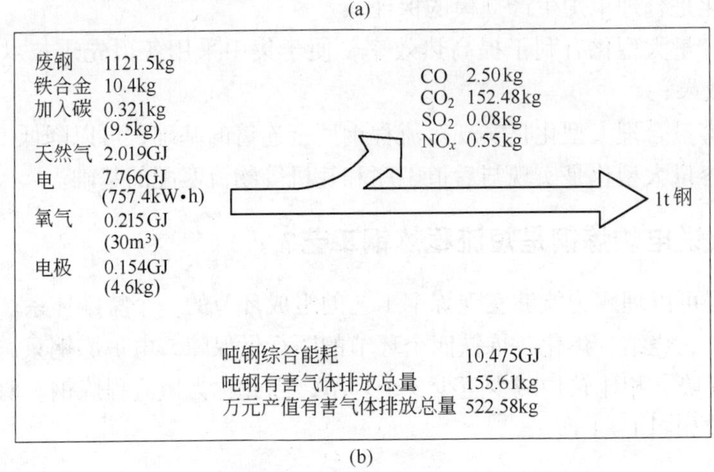

(b)

图 1 – 2 转炉炼钢和电炉炼钢投入和产出的比较

(a) 转炉流程的投入和产出的平衡基本情况；(b) 电炉流程的投入和产出的平衡基本情况

9. 哪些区域适合于建设电炉炼钢企业?

以下的区域适合于电炉短流程钢厂的建设：

(1) 对于环境保护要求严格的城市或者工业化区域。

(2) 对于特殊钢产品的需求较多，但是相对铁矿石和炼焦资源匮乏的地区。

（3）清洁电力能源相对富裕的区域。

（4）工业化程度相对集中的区域，有较为丰富的废钢资源的区域。

（5）一些年产能超过1000万吨的钢厂，为了消化钢包铸余、中间包铸余和各类大型厂内回收废钢，企业建设电炉是一种理智的选择。

（6）对于产能有要求，但是原料条件不稳定的长流程钢厂，建设短流程电炉生产线，能够消化铁水，补充铁水不足带来的缺陷，也是一种明智的选择。

10. 与转炉炼钢相比，电炉炼钢的投资特点有哪些？

电炉炼钢的投资特点如下：

（1）电炉炼钢的投资比相同容量转炉炼钢的投资少三分之一左右。

（2）电炉炼钢的投资建设见效快于转炉炼钢的，即建设周期远远低于转炉的投资建设，具有建设周期短、投资回报快的优点。

（3）电炉的钢坯吨钢制造成本比转炉的高200～500元，这主要是电炉炼钢的主原料废钢价格高于铁水造成的。

（4）电炉投资建厂的土地占用面积小于转炉炼钢厂。

11. 何谓三位一体、四位一体的电炉炼钢生产线工艺配置？

一条短流程的生产线配置的不同工位的个体总数，构成一个完整的生产体系，有几个工位，就叫做几位一体。例如，电炉＋钢包炉＋VD＋连铸叫做四位一体。

12. 电炉的功率水平是如何划分的，什么叫做超高功率电弧炉？

电炉的功率水平是按照变压器的吨钢功率水平来划分的，分为普通功率（RP）、高功率（HP）和超高功率（UHP）三种，见表1－2。

表1－2　电炉功率水平的划分

类　别	RP	HP	UHP
吨钢功率水平/kV·A	<400	400～700	>700

超高功率电弧炉的概念是1964年由美国联合碳化物公司的施维博（W. E. Schwabe）与西北钢线材公司的罗宾逊（C. G. Robinson）提出的，美国首先在135座电炉上进行了提高变压器功率、增加导线截面等改造。德国、英国、意大利及瑞典等纷纷发展超高功率电弧炉，不再建普通功率电弧炉。

13. 和普通功率的电炉相比，现代超高功率电炉有何优点？

电炉炼钢产量占目前世界炼钢总产量的30%以上，高功率和超高功率电炉炼钢的产量占全部电炉炼钢的65%以上。超高功率电炉炼钢的短流程生产线具有以下优势：

（1）投资少，约为转炉长流程生产线的三分之二左右，但吨钢成本比转炉的高150～400元。

（2）建设周期短，见效快，受矿产资源限制的因素较少，产品范围广，在具有铁水热装和直接还原铁等新铁料的条件下几乎可以生产转炉能够生产的所有钢种。

（3）生产组织方式灵活。可以按照市场的要求，灵活地组织生产市场需要的钢种，按照市场的需求和市场电价，以及原材料的价格涨落指数灵活地进行动态的生产计划组织，实现订单生产，在原料价格高峰期进行检修或者休整培训，在电力紧张的时候在用电低峰期生产。日本的大同制钢和国内的安钢 100t 电炉、兴澄特钢的 100t 电炉等在钢铁市场疲软期，利用电力饱和的夜间组织生产，充分利用了能源的优势，能够为投资者在最短的时间内利用钢材市场的变化带来收益。

（4）现场生产组织模式比较简单，易于生产的组织和调配，受原料限制的因素较少。由于电炉炼钢所需要的主原料是废钢，目前它已经有多种替代品，冷生铁、直接还原铁、热铁水、Corex 铁水、海绵铁等新原料用于电炉炼钢的技术已经成熟。由于电炉炼钢对于铁水的要求不高，而且在电炉炼钢转炉化的影响下，国外的厂家甚至利用接近 100% 的铁水加矿石作为冷却剂进行炼钢，效果也在预期之中。

随着目前电炉炼钢技术日新月异的发展，炼钢企业在电炉形式和设备的选择上越来越多。同时，超高功率电炉的技术进步也优化和促进了电气配套设施的发展，主要体现在：

（1）采用直接导电电极横臂，利用铜钢复合或者铝导电电极臂代替大电流水冷铜管，简化了设备与水冷系统，减轻了重量，便于维护，降低了电抗，并提高了输入功率。

（2）采用喷淋水冷电极，减少电极侧面氧化损失，电极消耗降低 5% ~20%。

（3）管式水冷炉壁、水冷炉盖代替炉壁与炉盖耐火材料炉衬，利用水冷盘的冷却水测定炉壁热流量，控制最佳输入功率，提高了电炉生产率，耐火材料耗量降低了 50%。最终使电炉由短弧操作改为长弧操作，功率因数由 0.707 提高至 0.75 ~0.83。

（4）采用偏心炉底出钢代替普通出钢槽出钢的方式，可以实现无渣出钢、留钢操作；钢流紧密，减少了二次氧化与温降，出钢温度可降低 30℃左右，炉体倾动角度减少 20° ~30°，短网长度缩短 2m，提高了输入功率，冶炼时间缩短 5 ~9min。

（5）使用氧燃烧嘴使熔化更加均匀，以燃料替代一部分电能，缩短了冶炼时间，消除了冷区，允许电极高功率供电，节省了电耗。

（6）使用各种类型的炭氧枪，在吹氧的同时向炉渣喷炭粉，形成泡沫渣，实现埋弧操作以后，可提高功率因数，使用长弧操作，提高了输入功率与热效率。

（7）炉外精炼手段和连铸的配置，将精炼期移到钢包炉进行，由双渣冶炼改为单渣操作，加快了电炉冶炼节奏，提高了变压器利用率，增加了高功率供电时间。

（8）第三、第四孔加密闭罩。冶炼过程的密闭罩（doghouse）的应用以及除尘系统的优化（加烟气导流罩），净化了一次和二次烟尘，改善了环境条件，降低了电炉噪声的危害。

（9）采用废钢预热的竖炉、Consteel 电炉以及料篮预热，利用热烟气预热废钢，回收了余热，预热的废钢温度可达 200 ~1000℃，缩短了冶炼时间，减少了供电时间。

（10）双炉壳电炉的冶炼工艺可以预热废钢，使总能耗降低 35kW · h/t；加快了生产节奏，冶炼周期可以缩短至 45min 左右，易与连铸匹配，充分利用了变压器，可使两炉之间不通电时间缩短到 3min（双电极）至 5min（单电极）。

（11）直流电炉冶炼可以消除炉衬热点多的问题，减少了电极消耗，搅拌熔池的作用加强，减少了对电网的冲击。

（12）高阻抗电炉利用泡沫渣埋弧操作，提高了变压器功率水平，降低了电极消耗，提高了功率因数，弱化了对电网的干扰。

（13）无功功率静止式动态补偿SVC的使用，消除或减弱了电炉冶炼中用电负荷造成的电压波动与谐波对电网的危害，降低了闪烁和谐波。

（14）冶炼过程计算机和自动化控制，可以按冶金模型和热模型进行最佳配料、电热平衡、最佳控制功率等计算，实现了控制、管理、决策、合理电气工作点动态选择，保证合理供电制度的执行。

（15）智能电炉利用人工智能，综合控制解决电炉供电三相不平衡问题，减少了对电网的冲击。

第二章　电炉炼钢设备

14. 电炉的基本结构是怎样的?

电炉的基本结构布置如图2－1所示。

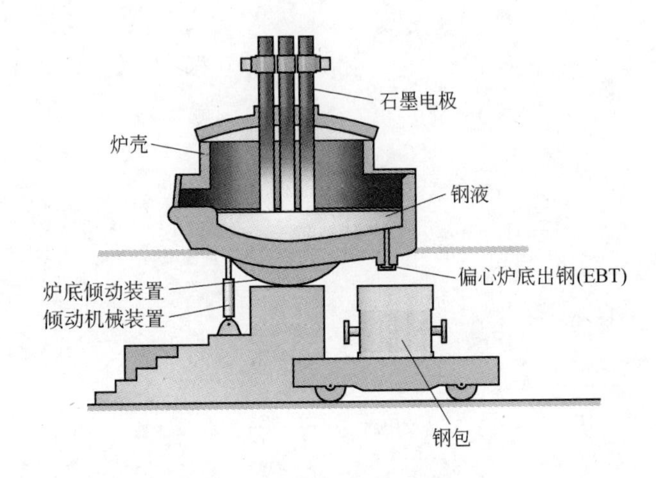

图2－1　电炉的基本结构布置

15. 什么叫做电炉的本体结构，设计中有何要求?

电炉的本体结构是指电炉本身的组成结构和相应的尺寸大小。电炉的尺寸和形状是电炉设计的重要部分。确定炉型尺寸的原则是：首先，要满足炼钢工艺的要求；其次，要有利于电炉炼钢过程的热交换，热损失要小，能量能够得到充分的利用，还要有较高的炉衬寿命。图2－2所示为一座偏心炉底出钢（EBT）的电炉结构简图，图2－3所示为其俯视图。

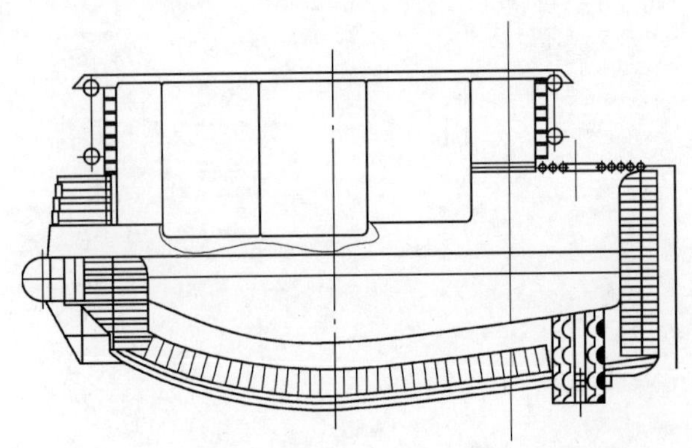

图2－2　一座偏心炉底出钢（EBT）的电炉结构简图

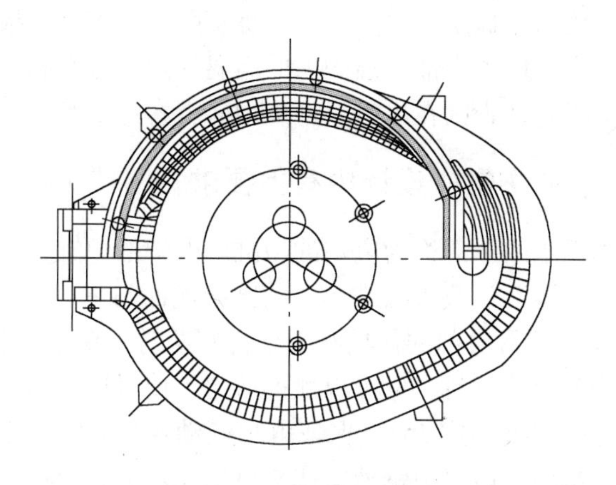

图 2－3　一座偏心炉底出钢（EBT）的电炉俯视图

16. 什么叫做喷淋式水冷炉盖，有何优点？

喷淋式水冷炉盖是指在水冷炉盖内部按照连铸喷淋冷却式结晶器的原理，即炉盖内腔布置数个水冷喷嘴喷水对炉盖进行冷却，其有别于传统的电炉水冷炉盖采用炉盖内腔充满循环水冷却的方式，具有耗水量低、炉盖漏水以后危险性减少等优点，为德国 BSW 厂所独创。

17. 什么叫做电炉的极心圆，极心圆的确定原则是什么？

将三个电极从炉盖上的电极孔插入炉内，排列成等边三角形，使得三个电极的圆心在一个圆周上，该圆叫做电极的极心圆，它确定了电极和电弧在电炉中的位置。电极的极心圆分布太大，将会加剧炉壁的热负荷，影响炉衬寿命；太小，又会造成电炉内的冷区面积扩大，影响冶炼。一般电极的极心圆分布半径和熔池半径之比在 0.25～0.35 之间，大电炉和超高功率电炉的比值还要小一些。

18. 电炉的炉顶拱度是怎样确定的？

电炉的炉顶是一段圆弧形状。电炉炉顶的质量较大，对于砖砌的 5t 电炉来讲，炉顶的质量接近 5t；对于水冷炉盖来讲，有的超过 10t 以上。电炉炉顶中心部位的小炉盖采取预制块，或者水冷、半水冷的炉盖。电炉炉盖既受高温作用，又经常受温度由高温到低温的剧变作用，对耐火材料要求较高。开始主要用硅砖砌炉盖，它的耐火度在 1690～1710℃之间，随着电炉冶炼强度的增加，炉温增高，加上硅砖耐急冷急热性和抗碱性渣侵蚀能力较差，硅砖炉顶已不能满足要求。目前，大都采用耐急冷急热性好、耐火度为 1750～1790℃的高铝砖来砌炉盖。高铝砖使用中的缺点是在高温下对石灰粉末和含氧化铁的碱性渣抵抗能力较差，砖体在石灰粉末和氧化铁的作用下，逐层剥落，甚至熔化，进入炉渣后还会使渣子变得很稀。因此，有些厂已采用耐火度更高（在 2100℃左右）、抗碱性渣能力更强的铝镁砖来砌炉盖的主要部分，只在电极孔和加料孔附近仍用高铝砖。超高功率电炉的炉顶采用水冷炉盖，电极小炉盖采用外圈水冷的高铝质预制块。

此外，采用砖砌的拱顶的内表面比外表面小，这样可以采用上大下小的楔形砖砌筑，砖与砖之间彼此楔紧，使拱的稳定性更大。在冶炼实际中，带有电极孔的炉盖中央部分寿命最低，有了一定的拱度，使中央部分离炉内的高温区远些也有利于提高炉盖的寿命。但是这个拱度也不能过分提高，否则在出钢时，炉顶砖就容易翻落。

19. 什么叫做电炉的炉缸，设计中有何要求？

电炉用于盛装粗炼钢水的下部称为电炉的炉缸。电炉的炉缸一般采用球形和圆锥形联合的形状，底部为球形，熔池为截头圆锥形，圆锥的侧面与垂线成45°，球形底面的高度约为钢液总深度的20%。球形底部的作用在于熔化初期易于聚集钢水，既可以保护炉底，防止电弧在炉底直接接触耐火材料，又可以加速熔化，使得熔渣覆盖钢液，减少钢液的吸气降温，圆锥部分的侧面和垂线成45°，保证电炉倾动40°左右就可以把钢液出干净，并且有利于热修补炉衬的操作。熔池中钢液的体积可以表示为：

$$V = Mv_0 \tag{2-1}$$

式中 V——熔池中钢液的体积，m^3；

M——电炉设计的公称容量，t；

v_0——钢液的质量体积，设计时取 $145m^3/t$。

钢液面的直径与钢液的深度之比在3.5～5.5之间。

20. 电炉的炉膛是怎样定义的，设计中有何要求？

电炉的炉膛是指电炉炉缸以上，由水冷盘组成的部分。电炉的炉膛是满足电炉加料，完成冶金功能的重要区域。炉膛一般也是锥台形。炉墙的倾角一般为6°～7°之间，炉墙的倾斜是为了便于补炉操作。倾角过大会增加炉壳的直径，热损失增加，机械装置也要增大。炉膛的高度是指电炉熔池斜坡平面，即炉墙角到炉壳上沿的高度。炉膛要保持在一个合理的高度，以避免炉顶过热和影响加二批料的操作。炉膛过高，散热损失加大，而且要求厂房的高度也要相应地增加。一般来讲，5t以下的小电炉，炉膛高度和炉膛的熔池直径之比在0.5～0.6之间，容量为10～40t的电炉，炉膛高度和炉膛的熔池直径之比在0.45～0.5之间，80～180t的电炉在0.4～0.45之间。随着电炉容量的增加，相对高度减小，是为了缩短电极长度和母线长度，以减少电阻和阻抗，同时降低厂房的高度。

21. 电炉的烧嘴是如何布置的？

电炉烧嘴的布置是根据电炉容量的大小和变压器的功率、炉型确定的，一般布置在电炉的冷区，并安装在电炉水冷盘上预留出的安装位置上。烧嘴气体流量是根据不同阶段来设定的。在冶炼开始，一般使用较大流量的燃气量，以及使燃气充分燃烧甚至过剩的氧气量；随着电能的输入增加和废钢的熔化，需要减少燃气的量，或者保持维持火模式来优化操作。

22. 电炉的炉墙与炉门是怎样设计的？

确定炉墙厚度的原则是为了提高炉衬寿命和减少热损失。炉墙厚度一般在230～450mm之间。

炉门的尺寸应该尽量地小，只要能够满足工艺操作就可以。一般设计中炉门宽与熔池直径之比在0.2~0.3之间，炉门的高与宽之比在0.75~0.85之间。炉门槛平面与渣面平齐，也可以比渣面高20~40mm。采用三期冶炼，容量在40t以上的普通电炉，通常在炉门侧面还设有一个辅助工作门。

23. 电炉的炉墙是怎样的结构?

电炉的炉衬分为炉底和炉墙，目前最前沿的技术之一就是：炉墙一般采用镁炭砖砌筑；炉底有采用不定形捣打料修砌的，也有采用砖砌的。

由于炉墙位于炉坡墙脚上，炉墙底部的镁炭砖的砖长度要比炉墙的长，如墙脚的砖比炉墙的薄，墙脚一经钢渣侵蚀，炉墙就有倒塌的危险；另外，一般渣线均在炉坡墙脚附近，炉坡墙脚厚些，补炉镁砂很容易补在墙脚的凸出部分之上，不易滚下，这对提高炉衬寿命很有好处。

此外，炉坡倾角一般要小于45°，45°在物理上又叫自然堆角。砂子等松散材料堆成堆后，它的自然堆角正好是45°。之所以把炉坡筑成45°，也可以小一些，是因为当炉坡被侵蚀后，可投补镁砂或打结料去修复它，利用镁砂自然滚落的特性可以很容易使炉坡恢复原有的形状，这就有利于保持熔池应有的容积，稳定钢液面的位置，方便冶炼的工艺操作。如果炉坡角度大于45°，镁砂不能自然滚下，就会造成炉坡上涨，减少了熔池容积，就会提高钢液面，对操作不利。

24. 电炉的渣线是怎样定义的?

电炉的渣线是指电炉炉墙和冶炼过程中的钢渣最为稳定接触的部位。由于钢渣对炉墙耐火材料的侵蚀最为明显，故炉墙耐火材料和钢渣接触的部位被侵蚀得最为明显，通常呈现出一个凹下去一圈的区域，这就是电炉的渣线。电炉的渣线是一个不稳定的位置，由于电炉的装入量和电炉炉型的不同，渣线会出现在不同的位置。

25. 炉壳上为什么要钻许多小孔?

炉壳上的小孔便于烘炉和炼钢时，排出炉衬中的气体和水分，防止炉衬崩裂和钢液吸气。

26. 常见电炉炉体的尺寸比例是什么样的?

一座超高功率电炉的基本结构如图2-4所示，其炉体尺寸和数据见表2-1。

表2-1　一座超高功率电炉炉体的尺寸和数据

项　目	数　据
水冷壁内径 D_c/mm	7400
电极直径 d/mm	710
炉壳直径 D_s/mm	7300
炉壳高度 H_c/mm	3580
炉膛内径 D_b/mm	6248

续表 2-1

项　目	数　据
双炉体中心间距 E/mm	16000
炉膛内容积 V_1/m^3	180
熔池容积 V_2/m^3	36.6
钢水熔池最大高度 H_b/mm	1430
夹持器低位到炉底的距离 L_b/mm	6760
石墨电极行程 L_h/mm	5680 + 800
钢水高度 H_a/mm	1113
炉底耐火材料厚度 H_r/mm	1100

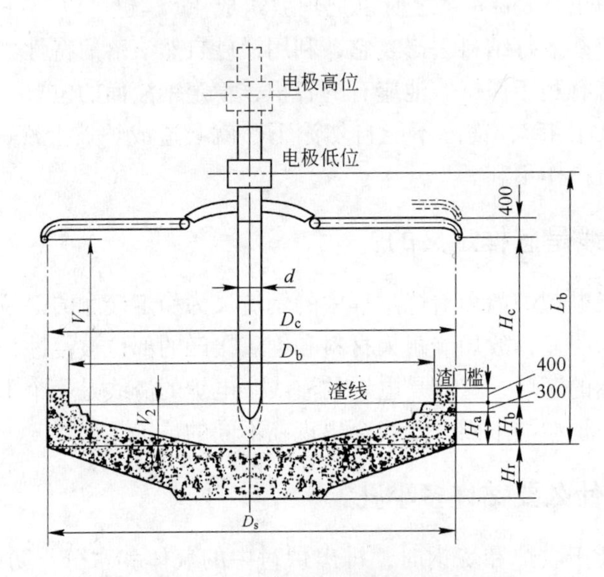

图 2-4　一座超高功率电炉的基本结构

27. EBT 技术的出钢口是什么样的，EBT 技术有何优点？

EBT（eccentric bottom tapping）技术又称作偏心炉底出钢技术，该技术是由德国曼内斯曼·德马克公司（Mannecman - Demag）和蒂森公司（Thyssen）在 1978 年开发成功的技术。EBT 技术是在炉体的后部靠近炉壁 20～60cm 的炉底增加了一个出钢口，出钢口分为两层，即座砖和出钢口通道砖（又称出钢砖或者袖砖），出钢砖是装在座砖内的，座砖固定在出钢口部位，四周使用炉底捣打料和炉底耐火材料连接，上部的称为 EBT 顶砖，最下部的称为尾砖。出钢口上方设有一个填料孔，冶炼期间使用耐火材料封堵。出钢口在冶炼期间使用填充料填充，底部使用滑板封闭，出钢时将滑板拉开，填充料在重力和钢水静压力的作用下流出后，钢水可以流出，实现出钢；钢水不自流时，可以采用在出钢口底部进行吹氧引流操作。滑板采用旋转式或者直线往复式两种机械方式封闭，有气动和液压两种提供动力的方式。EBT出钢示意图如图2－5所示。

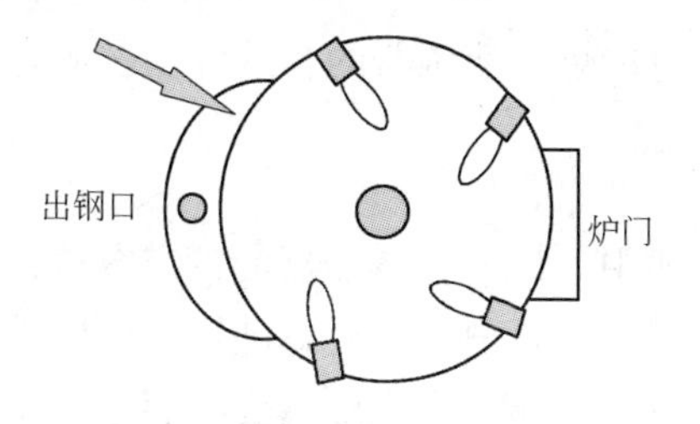

图2－5　EBT出钢示意图

EBT技术应用于电炉炼钢具有以下优点：

（1）可以扩大炉壁水冷的范围。

（2）能够实现少渣甚至无渣出钢。

（3）提高了合金的回收率。

（4）节省了出钢的时间，缩短了冶炼周期。

（5）与传统的出钢槽出钢方式相比，降低了出钢温度，减少了出钢过程中能量的浪费。

（6）减少了炉衬和钢包耐火材料的损失。

（7）减少出钢时的炉体倾动角度，减轻了机械设备的倾动负荷。一般EBT出钢炉体的倾动角度在－7°～15°之间。

（8）由于减少了炉体的出钢倾动角度，相应地减少了母线水冷电缆的长度，有利于减少短网的热损失、提高功率因数和节电。

28. 钢包盖的设计要注意哪些问题？

钢包盖有水冷炉盖与耐火材料炉盖两种。与耐火材料炉盖相比，水冷炉盖的维护工作量要少。水冷炉盖能量损失较大，特别是对小型钢包，水冷炉盖的能量损失高达41%，因此在设计水冷炉盖时，应同时全面考虑能量损失和维护量少这两个方面。为了保持良好的炉内气氛，减少电极的氧化和渣的氧化，减少钢液从大气中吸氢和吸氮的可能，最好使炉内呈微正压状态。

炉盖上设置一个烟罩，烟罩侧设有抽烟管，也有在炉盖下沿裙边上方一圈设若干吸尘孔，并接入烟罩侧的抽烟管，接入处设调节阀板，形成炉内的和裙边处的两个吸尘点。

29. 什么叫做电炉的功率水平，它的大小对生产有何影响？

功率水平是指冶炼过程中，每吨钢占有变压器额定容量的大小。功率水平是衡量电炉装备水平以及影响冶炼周期的一个重要指标，它是一个动态的值，装入量不同，功率水平也不相同，在生产中要根据变压器容量的大小决定冶炼的装入量，避免“大马拉小车，小马拖大车”这种不合理的现象。例如，新疆八一钢铁股份公司70t直流电炉，变压器容量为6.3MV·A，在炉役后期装入100t废钢冶炼，不仅冶炼周期明显加长5～15min，而且金属收得率、氧耗等各方面都离设计要求和目标要求很远。

30. 电炉的变压器是怎样的结构，其工作原理是什么，什么叫做换档装置？

电炉的变压器是利用电流互感现象的原理制成的。电炉的变压器是一种具有很大过载容量（允许过载20%～30%）的降压变压器。变压器的次级输出的是低电压、大电流。在变压器的高压侧，配有电压调节装置，供不同冶炼阶段调节电炉的输入电压，即通常所说的电压换档装置。该装置分为有载调压和无载调压两种方式。有载调压在结构上比较复杂，能够在电炉不断电的条件下进行电炉的冶炼电压调节，有利于缩短冶炼时间和通电时间，是一种比较先进的调压装置。无载调压需要提升电极，断电以后调压，才能够重新送电冶炼。变压器的容量可以表示为：

$$P_0 = \frac{KB_e M}{\tau \cos\varphi \eta_e \eta_t K_u} \tag{2-2}$$

式中 P_0——变压器的额定容量，kV · A，是以电炉熔化期的能量平衡为基础来确定的；

B_e——熔化每吨钢的电能消耗，一般取420～440kW · h/t；

M——电炉的公称容量，t；

τ——熔化时间；

$\cos\varphi$——功率因数；

K——过载系数，一般取1.2；

η_e——平均电效率，一般取0.85～0.9；

η_t——平均热效率，5t以下的电炉取0.65～0.75，10～20t电炉取0.75～0.8，电炉容量越大，其数值可以适量再取大一些；

K_u——平均利用系数，一般取0.85～0.9。

31. 电炉变压器有何特点？

根据电炉冶炼工艺的要求，电炉变压器一般要求具有以下特点：

（1）变压器结构要坚固，绕组机械强度和绝缘强度要足够，冷却条件要好，能够承受较大的过载能力和熔化期频繁的短路电流的冲击，而不会造成线圈松动或变压器明显升温。

（2）变压器次级接成三角形，具有较低的电压和较大的电流。

（3）变压器的次级具有4～15个电压级别，可以通过改变高压绕组的接线来选择所需要的次级电压和调节变压器的输出功率，又称调节变压器的抽头级数和调节二次侧电压。

（4）为了在一定的范围内增加线路阻抗，限制变压器的短路电流在2～3倍的安全值以内。小型变压器中一般带有电抗器，大中型变压器一般采用单独的电抗器配合使用。

（5）在变压器运行时，变压器绕组中通过的电流很大，因而会产生热量，使变压器温度升高，一般要求变压器工作时，变压器内线圈的最高温度应小于95℃，否则线圈绝缘会迅速老化，使变压器寿命缩短。温度过高还会使绝缘失效，造成线圈短路，而把变压器烧坏，所以变压器需要有强制的循环冷却措施。较大功率的变压器一般设有三套有水冷却器，正常使用时开两套，一套备用，变压器内部还设有油温检测装置，对油温、水温、油气瓦斯、水流量、油流量进行监控，出现异常时可以发出一级警报和二级警报，一级警报发生以后，将会引起冶炼跳闸，变压器将直接切断电源，停止工作。变压器的强制循环油冷却系统如图2－6所示。

二次电压的设计值基于的原则是：首先保证熔化期电弧的稳定燃烧，其次是保证炼钢的各个阶段对于电功率的不同要求。小型的电炉采用无励磁电动调压，一般在4～6级，大中型电炉采用有载调压，级数在10级以上。二次侧电压的最低值约为最高值的1/3～1/2。额定电流在二次最高电压确定以后求得，普通电炉的额定电流为最大电弧功率电流的0.7～0.8倍，对于高功率电炉和超高功率电炉，额定电流值为最大电弧功率电流的0.9～1.2倍。在炼钢过程中经常会发生短路，所以要求变压器有一定的过载能力。

提高直流电炉功率的关键是整流器，对于超高功率直流电炉来讲，变压器通常是特种

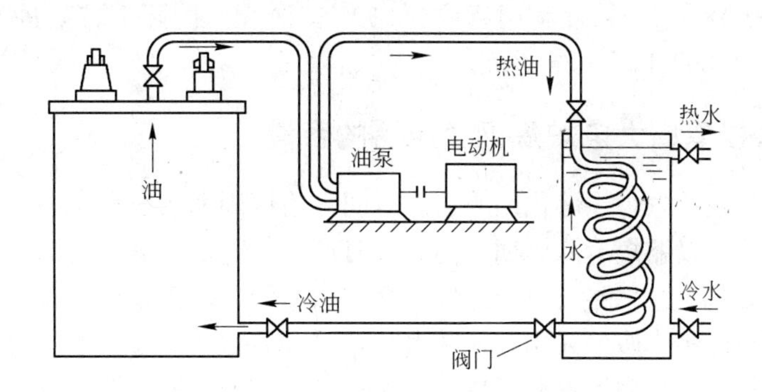

图 2－6　变压器的强制油冷却系统

整流变压器，采用油水冷却。其中有三套以上的油水强制换热器，正常冶炼时开两套，一套备用。变压器内部有一个一次绕组和两个二次绕组，两个二次绕组同时绕在一个铁芯上，分别从变压器左右两侧出线，这样可以消除绕组中产生的偶次谐波和直流分量。图 2－7 所示为直流电炉的整流变压器接线示意图。

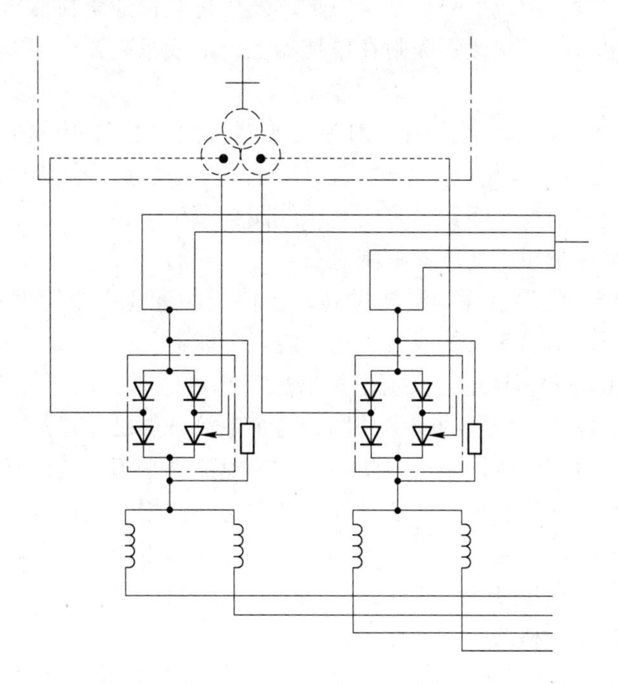

图 2－7　直流电炉的整流变压器接线示意图

32. 什么叫做变压器的利用系数？

电炉炼钢是一项将废钢原料再生为合格钢坯（锭）的单元操作，从某种意义上讲就是从电网上汲取电能获得一定的产钢量，变压器利用系数是表征这一转换效率的指标。实际生产中，变压器的利用系数常用变压器日利用系数来表示，即日产量和变压器公称容量的比值。为了表征较长时期内的运行状态，采用年利用系数表示更加能够衡量电炉钢厂的产能水平。例如，年产量为 630000t 的电炉，其变压器公称容量为 63MV · A，变压器的年利用系数为 10000MV · A/a，日利用系数为 27MV · A/d。国际上较先进的电炉炼钢年利用系数在 10000 ~ 14000MV · A/a 之间。

33. 为什么提倡增大电炉炼钢变压器的容量？

对于以废钢为主的电炉，熔化期的冶炼时间占冶炼周期的三分之一以上，所以加大电炉变压器的容量，可以缩短冶炼周期，提高台时产量，降低电耗。高功率电炉和超高功率电炉的设计思想就基于此思路。对于冶炼合金钢的电炉，由于精炼期较长，精炼期所需要的功率比熔化期小许多。假如采用高功率电炉或者超高功率电炉，配备炉外精炼的手段，电炉主要以熔化废钢、粗调钢水的质量为主，对于发挥变压器的能力有极大的意义。

34. 怎样做好变压器的正常使用？

正常使用好变压器的主要原则有：

（1）加强对变压器的定期检修和维护，变压器的一些小的隐患就有可能造成大事故。比如检修时遗落在变压器室内的钢铁类的工器具或者废料，在磁场力的作用下，有可能吸附在变压器的某个位置，造成事故。某个电炉厂发生过废钢遗落在变压器室附近的电抗器附近，通电时，电磁力将该块废钢吸附在电抗器上，造成了起弧击穿电抗器水冷装置导致停产的事故。

（2）尽量减少变压器的跳闸次数。因为变压器跳闸时，瞬变电流有时会达到额定电流的 2 ~ 7 倍，它在变压器线圈内产生极大的电动力，次数多了会造成线圈变形，绝缘损坏。跳闸时，磁通很快消失，匝数较多的高压线圈会感生极高的电压，使绝缘薄弱处有被击穿的危险，所以要尽量减少变压器跳闸次数。

（3）避免变压器的油温过高。温度过高，会使线圈老化，绝缘的可靠性下降，温度过高产生的油气瓦斯还会引起爆炸或者火灾，烧毁变压器。

（4）避免长时间的两相送电。交流电炉冶炼三相通电时，在变压器副边三相线圈中，电流是平衡的，为了提高变压器的输出功率，这个电流一般已超过额定值不少。当两相通电并维持原电流大小时在变压器副边线圈中，各相电流不平衡，会使某一相线圈中通过的电流进一步增大，此线圈过载也更大了。如果经常这样使用，会使线圈过分发热，绝缘过早老化，变压器寿命缩短。同时，由于电流加大，电动力也加大，对线圈的机械强度也有不利影响。此外，大负荷电炉变压器的两相通电使用，对电网也是非常不利的。

35. 什么叫做供电曲线，制定合理的供电曲线的目的是什么？

供电曲线就是冶炼过程中输入的电功率随着冶炼时间变化的曲线，典型的一种供电曲线如图 2 - 8 所示。

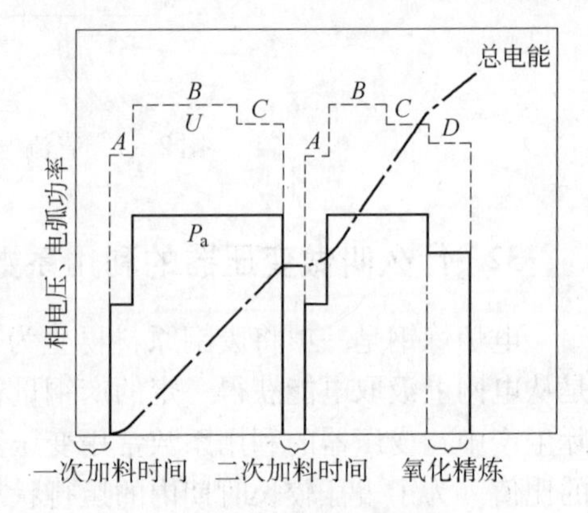

图 2 - 8 供电曲线

制定供电曲线的总的目的是快节奏、低成本地冶炼出每炉钢水。因此，要考虑冶炼特点和实际条件，即实际冶炼中能够保证按理论设定工作点运行的能力和输入功率的利用效率。此外，电极消耗、耐火材料消耗也是制定供电曲线所要考虑的主要因素。

36. 什么叫做电炉的短网，包括哪些部分，它的设计要求有哪些？

电炉的短网指从电炉的电极下端到电炉变压器的次级出线端之间的一段线路，它包括：

（1）电极和布置在电极横臂上的铜管。

（2）电炉本体和变压器室隔墙之间的水冷软电缆。

（3）接到变压器上面的铜排或者铜管。

（4）石墨电极。电极是短网的最后一部分，因为炭质材料具有良好的导电性，又能在高温（3800℃以下）不熔化、不软化，只是缓慢氧化而剥落掉皮。所以，目前主要使用炭质材料做电极。

短网部分一般都需要通水冷却。

对于短网的设计要求主要有：

（1）短网各部分的长度要尽可能地短。

（2）为了减少趋肤效应，充分利用母线的截面，母线的厚度要小；矩形母线的宽厚比要大。

（3）电流方向不同的导线要尽可能地靠近，即双线制接法，将把持器处接成三角形，使得各个导线的磁场相互抵消。

（4）尽量做到三相平衡。

（5）母线的支撑件利用非磁性材料制作。

（6）短网材料一般使用铜制材料制备。

（7）导电横臂采用铜钢复合材料或者铝合金材料制作。

37. 短网部分的水冷母线的结构是怎样的？

短网部分的水冷母线结构如图 2－9 所示。

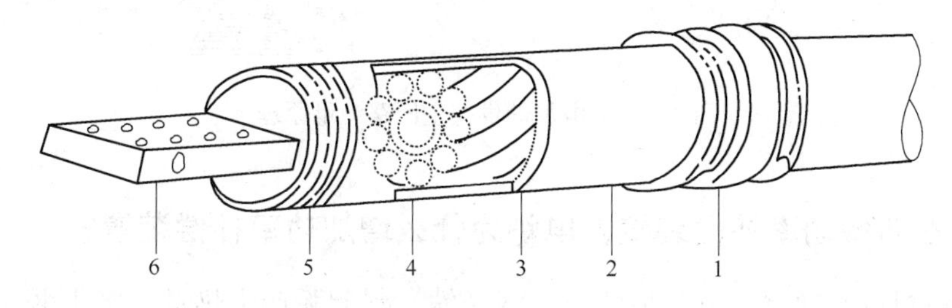

图 2－9　短网部分的水冷母线结构

1—保护套；2—橡胶管；3—铜线；4—中心管；5—不锈钢钢箍；6—导电接头

38. 电炉的隔离开关起什么作用，如何保护？

隔离开关是在电炉设备检修时用来断开高压电源线路的三相刀闸形的开关。它具有明显开断点，但是却没有像负荷开关那样的灭弧罩。因此，隔离开关的接通和切断只能在真空中、油开关或者在保护性空气（CN_1 型或者 CN_2 型）氛围下断开，而且不能在有负载条件下断开，否则闸刀和夹子之间会产生电弧而使闸刀熔化，并极易造成相间及对地的短路。

39. 电炉的短路器起什么作用？

短路器是变压器的次级输出端和短网负载之间的开关，结构比较简单。冶炼过程的操作程序是首先接通隔离开关，然后合上短路器刀闸进行送电冶炼，检修时首先断开短路器，然后切断隔离开关。短路器一般采用真空短路器或者利用油进行灭弧的油开关短路器。

40. 电炉的电抗器起什么作用？

交流电炉的电抗器是一个三相铁芯线圈，与变压器高压线圈串联，特点是即使在通过短路电流的情况下，其铁芯也不饱和。电抗器可以装在变压器的内部，也可以做成独立的，其主要作用是稳定电弧和限制短路电流。直流电炉的电抗器主要有两个作用：一是起弧或塌料时，限制短路电流的上升速度，确保整流装置的电流堵截快速反应，避免整流装置过电流，保证快速熔断器的保护功能；二是平缓电弧负荷带来的波动并减少对供电系统的反馈。

41. 电炉的供电主回路测量控制是怎样实现的？

电炉的供电主回路测量原理如图 2－10 所示。

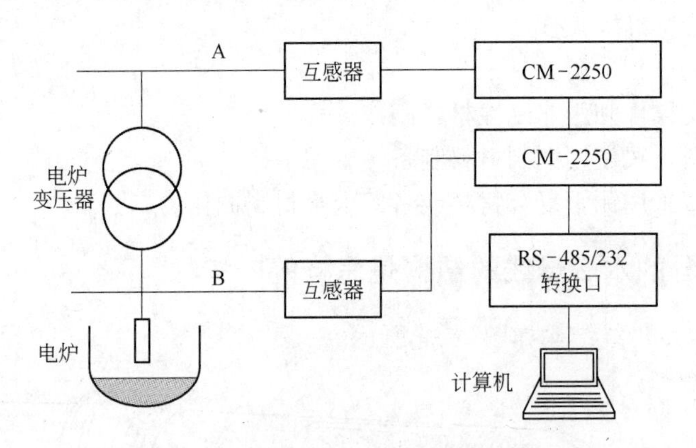

图 2－10　电炉的供电主回路测量原理

42. 什么叫做功率补偿装置，电炉为什么增加功率补偿装置？

电炉冶炼过程是通过电极与炉膛内的钢（铁）料起弧产生热量、熔化钢（铁）料及加热钢水的。在电极与钢（铁）料起弧时，对变压器及上级电网有很大的冲击。由于起弧的强度瞬间变化量很大，在电网上会产生很多高次谐波，影响电网的供电质量，降低供电的功率因数。在电网上增加功率补偿装置是一种保护电网安全、提高电网供电质量的很好的措施。

功率补偿有静态补偿和动态补偿两种。静态补偿是在供电运行过程中，保持补偿谐波次数不变的一种补偿，补偿可以根据冶炼过程中产生比较多的谐波，有针对性地配置固定装置。也可以根据不同的冶炼过程投入不同的谐波补偿。静态补偿在冶炼电网补偿中运用得比较广泛，其操作、维护也比较简单。静止式无功补偿装置在负荷多变的电力系统中，用于电压控制、提高输电容量、维持供电质量和系统的稳定运行，接于负荷侧时多为就地补偿，可减小对电网的干扰，不仅提高了系统功率因数，同时能够减少电压的波动和闪变，维持相间的平衡，也可起到抑制谐波的作用。

动态补偿是在供电运行过程中，根据电炉运行时产生的高次谐波在电网上瞬间补偿。动态补偿的要求比较高，装备也比较复杂，电网上的谐波次数在不同时刻的分配比例不一样，在动态相互变化。动态补偿就是要根据这种相互变化的比例，来自动地分配补偿的比例，补偿在运行中产生的各种高次谐波，这种补偿对电网的供电质量带来很大的好处，可以提高供电功率因数。但控制系统和装置复杂，使用得比较少。

43. 什么叫做 SVC?

SVC 就是基于晶闸管技术和数字自动化控制技术的静止式无功补偿装置（static var compensator，SVC），是一种能改善电能质量、提高功率因数而降低能耗的高效节能技术。该技术应用的实质是：利用晶闸管控制的“相控电源”（多为相控电抗器）和电容器组并联运行，从而获得快速、动态、平滑、连续、可正、可负的补偿特性，跟踪负荷进行补偿，提高负载功率因数，减少无功功率在电网中的传输数量和缩短其在电网中的传输距离，降低电流在电阻中的发热损失和在电抗中的电压降落。

44. 电炉电磁搅拌器的原理和作用是什么?

电磁搅拌器主要应用于普通功率（10 ~ 50t）的电炉。电磁搅拌器主要由薄钢片折叠的铁芯和用铜管绕成的线圈组成。其结构和原理相当于异步电动机定子的一段，主要利用磁场来搅拌熔池中的钢液。线圈有两组，当其中通入两相 0.5 ~ 1Hz 的低频率交流电时，沿着炉底就会产生一个流动的磁场，磁场驱动钢液沿着一定的方向流动，当需要扒渣时，改变连接法，钢液就会反方向移动，将炉渣集中在炉门区，以利于扒渣的操作。

电磁搅拌器对电炉的冶炼生产的主要作用有：

（1）由于电炉炉内钢液温度的分布是不均匀的，电磁搅拌作用可加速钢液温度的均匀、加速废钢的熔化、消除冷区。

（2）均匀钢液的化学成分，增加合金的熔化速度。在一些普通功率的中小型电炉上，可以取消和减轻炼钢操作工人工搅拌熔池的操作环节，有利于降低炼钢工人的劳动强度。

（3）搅拌钢液可以增加钢渣间的物理化学反应能力，提高化学反应速度，缩短冶炼周期，提高电炉的产量。

45. 什么是废钢预热，废钢预热的电炉有哪些优缺点?

废钢预热是指在电炉冶炼以前，利用各种热能加热电炉使用的废钢，使之达到一定的温度，以达到降低冶炼电耗、缩短冶炼周期、实现优化冶炼工序的目的。

电炉采用超高功率化、氧燃烧嘴助熔、泡沫渣、二次燃烧及强化用氧技术后，炼钢过程的废气量大量增加。废气的温度高达 1200 ~ 1500℃，废气带走的热量占总热量支出的 15% ~ 20% 以上，相当 80 ~ 120kW · h/t。采用废钢预热技术的优点是能耗降低13.5% ~

20%（节电 50～100kW·h/t）、电极消耗降低 29%（0.15～0.3kg/t）、粉尘降低 30%、成本降低 15%～21%；废钢预热的效果随预热温度的提高而提高，其中，双炉壳电炉的功率利用率可达 83%（一般电炉仅为 72%），缩短冶炼时间 20%，增产 10%～20%。

为了降低能耗、回收能量，在废钢入炉前，利用电炉中排出的高温烟气进行废钢预热是十分重要的。但是有些废钢预热技术由于对环境的危害是十分明显的，二恶英（dioxin）、呋喃（furan）、硫化物、氯化物等气态物质在预热过程中排放在大气里，目前还没有有效的环保治理措施，对于环境的影响即使通过现有环保技术的处理和预防，效果也不尽如人意。所以，在一些发达的欧洲国家，为了环境的优化，是不提倡废钢预热技术的，甚至是电炉炼钢产生的废气，除了二次燃烧，即一氧化碳进一步氧化放出的热能加以利用外，烟气要进行水冷处理，以减少二恶英及呋喃的生成量，以满足环境保护的要求。随着我国经济技术和环保要求的提高，废钢预热技术面临着需要进一步的发展和改善以满足环保的要求，在一些主要的城市和地区，废钢预热技术还将面临着环境保护的挑战。

46. 什么叫做料罐预热废钢技术，有何优缺点？

料罐预热法就是利用电炉的高温烟气对料罐里的废钢进行直接的预热的方法。

世界上第一套料罐式废钢预热装置是日本于 1980 年 8 月应用在 50t 电炉上，次年又将这种装置用在 100t 电炉上。之后，在不到 10 年的时间里，日本就有 50 套废钢预热装置投入运行。国内天津钢管公司的 150t 电炉、抚顺特钢公司的 50t 电炉等配备了料罐式废钢预热装置。据介绍，料罐预热法能回收废气带走热量的 20%～30%，平均节电 20～25kW·h/t，节约电极消耗 0.3～0.5kg/t，提高生产率约 5%。但废钢料罐预热带来的问题主要有：

（1）产生白烟、臭气、二恶英、呋喃等公害，恶化了工作环境，是产生职业病的一个主要源点。

（2）高温废气使料罐局部过热，从而降低了其使用寿命。

（3）废钢预热温度低，预热废钢的量不大。

为了解决这些问题，虽然采取了一些措施弥补，如再循环方式、加压方式、多段预热方式、喷雾冷却方式以及后燃方式等对付白烟与臭气；采取水冷料罐以及限制预热时间和温度等措施来提高料罐的寿命。但是，实际操作结果表明这些措施不尽理想，而且这些措施均使原本废钢预热温度就不高（废钢入炉前温降大，降至 100～200℃）的情况进一步恶化，综合效益甚微。这些问题的存在使得该项技术受到挑战，一些钢厂干脆停止了使用。

47. 什么叫做多级废钢预热技术？

多级废钢预热（multistage preheating）技术是废钢预热技术的最新发展，多级废钢预热式电炉的主要结构如图 2－11 所示。

多级废钢预热式电炉的预热原理、运行模式、组成和特点介绍如下：

（1）竖炉分两层预热室，上下两层都可以利用手指独立操作开关。

（2）在废钢加入电炉前，可以单独分批预热废钢。

（3）预热室分为3个工位，即预热位、加料位和维修位。

（4）电炉冶炼开始后，高温烟气分为两路进入预热室，一路进入下部预热室，一路进入上部预热室，解决了竖炉废钢预热不均匀和局部废钢预热温度过高而粘手指的矛盾。

（5）该系统允许上部预热室不预热废钢时，废气可以直接从下部预热室进入预热室预热废钢。废气在上下预热室之间汇集进入除尘系统。

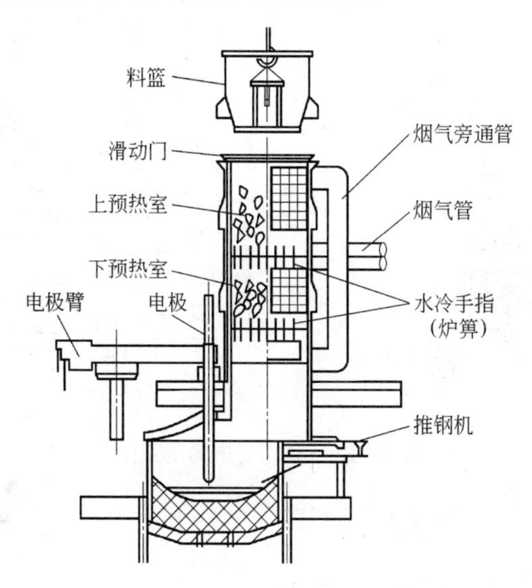

图2－11　多级废钢预热式电炉的主要结构

48. 什么叫做竖式电炉（竖窑式电炉），有何优缺点？

竖窑式电炉是Fuchs公司研制出的新一代电炉。竖炉同样有交流、直流、单炉壳电炉和双炉壳电炉之分。世界首座交流竖炉（90t/90MV·A）于1993年9月在法国联合金属公司（SAM）建成，同一时期卢森堡阿尔贝公司（Arbed）也建成类似的竖炉，它们在投产后即显示出突出的优越性。为了实现100%废钢预热，Fuchs竖炉又对原有的竖式电炉进行了新的发展，第二代竖式电炉（手指式竖炉）也已经在世界范围内推广使用。手指式竖炉可以实现100%废钢预热。珠江钢铁公司与安阳钢铁公司分别引进了150t和100t的竖式电炉，并且运行后取得了极大的成功。竖式电炉预热的简图如图2－12所示。竖窑式电炉（简称竖炉）的主要优点有：

（1）节能效果明显，可回收废气带走热量的60%～70%，节电50～80kW·h/t以上。

（2）减少了电炉由于加料和装料的停工时间，提高生产率15%以上。

（3）减少了环境污染，烟尘在废钢中得到沉降，减轻了除尘负担，增加了金属收得率。

（4）与其他预热法相比，还具有占地面积小、投资省等优点。

竖式预热电炉存在的问题主要有：

（1）手指容易发生断裂，使其失去作用。

（2）温度过高会发生手指上方的废钢局部熔化，使手指黏结冷钢，形成塌料困难。

（3）要求炉料的块度搭配必须在中小型以下，否则容易发生堵料事故。发生堵料时

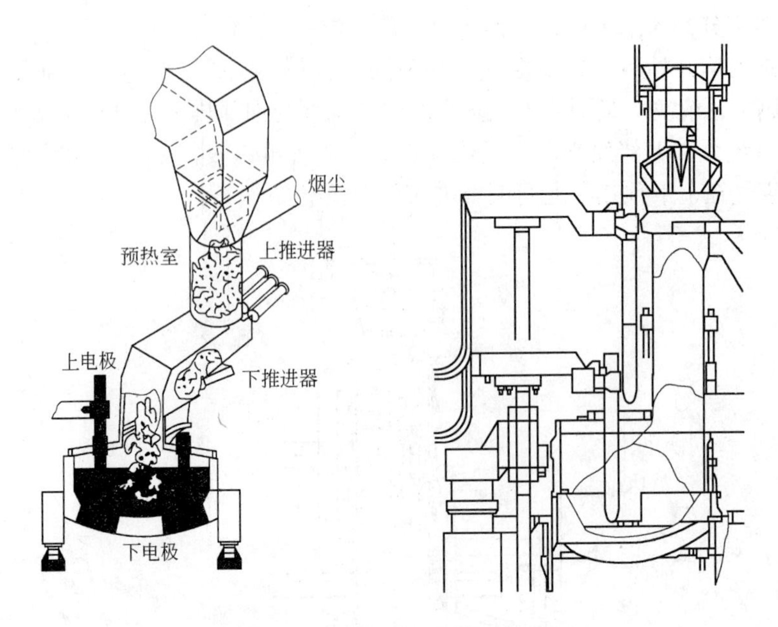

图 2－12　竖式电炉的示意图

需要提升竖井促使塌料，影响冶炼周期。

49. 什么叫做双炉壳电炉预热技术？

双炉壳电炉的废钢预热技术就是两座电炉，只有一套供电系统、两个炉体，即“一电双炉”。即一座电炉冶炼时，产生的炉气通过烟道进入另外一个装入了废钢的电炉，对废钢进行预热，冶炼结束后立即进入另外一个废钢预热了的电炉冶炼，循环冶炼操作。从中国宝山钢铁公司引进 CLECIM 公司 150t 双壳炉电炉的运行情况来看，废钢的堆密度与废钢在电炉中的布料位置对废钢预热效果影响很大，废钢预热以后温度可达 300℃左右，总的电耗可降低 30kW · h/t 左右，冶炼周期可缩短至 45min。据介绍，这种预热方式在宝钢 150t 双炉壳电炉使用的最大问题是烟道内部的积灰将发生周期性的堵塞现象，影响预热效果。宝钢 150t 双炉壳电炉的示意图如图 2－13 所示。

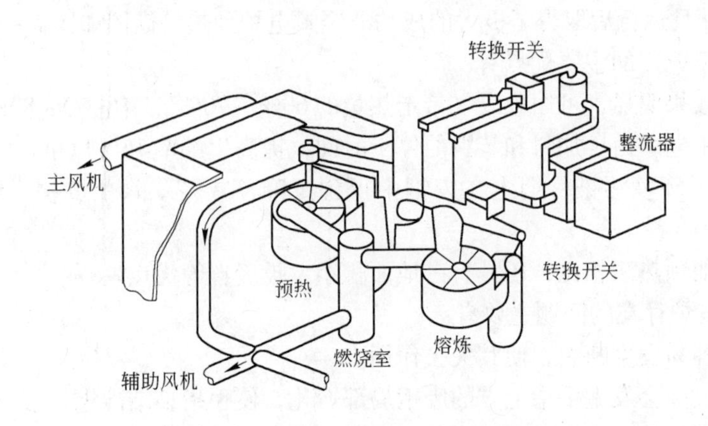

图 2－13　宝钢 150t 双炉壳电炉示意图

50. 什么叫做 Consteel 连续炼钢技术，有何特点？

废钢连续预热和加料的新技术和新炉型用于工业化生产的电炉，其出钢还是周期性的，故称为准连续化生产技术。

Consteel 电炉炼钢工艺是 20 世纪 90 年代在世界炼钢行业推行的一种新的电炉炼钢技术，是意大利得兴（Techint）钢铁公司的专利技术。该技术具有连续加料、连续预热、连续熔化、连续冶炼的特点，它具有冶炼周期短、冶炼能耗低、冶炼噪声小、投资成本低等优点，是一种具有较强竞争力的电炉炼钢先进技术。

51. Consteel 电炉炼钢的基本工艺流程是怎样的？

Consteel 电炉炼钢的工艺流程如图 2－14 所示。即废钢（生铁）→装料输送机→废钢制动器→动态密封→预热输送机→预热器连接小车→电炉熔化冶炼→出钢。

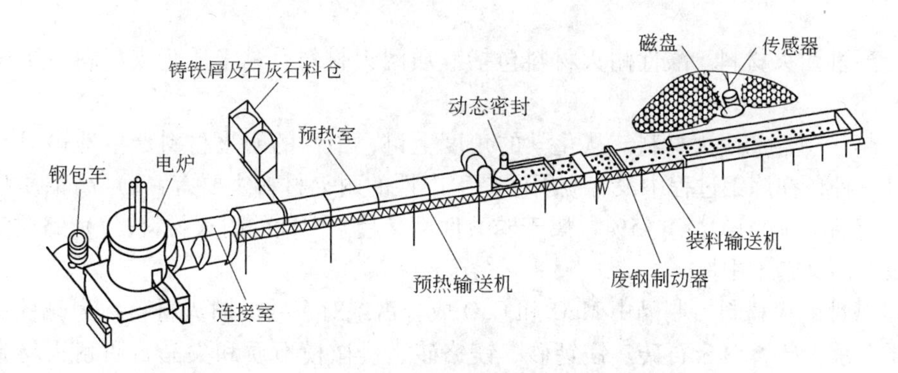

图 2－14　Consteel 电炉炼钢的工艺流程

装料输送机的作用是把废钢输送至预热输送机；废钢制动器的作用是把废钢压平至一定的高度，确保废钢顺利进入动态密封；动态密封的作用是隔开预热器的烟气与外界的空气对流；预热输送机的作用是输送废钢在预热室里预热；预热室有多个燃气烧嘴，可以把进入预热室的废钢预热至 300～600℃ 后进入电炉；连接小车的作用是把预热的废钢输送给电炉。

52. 什么叫做高阻抗电炉？

高阻抗电炉通过提高电炉装置的电抗，使回路的电抗值提高到原来（同容量）的 1.5～2 倍。对于 40t 以上普通阻抗电炉，其电抗值为 3.5～4.0mΩ，高阻抗电炉的电抗值可提高至 6～8mΩ，使之成为能够长弧供电的电炉，由于阻抗较高，因此称为高阻抗电炉。

第三章　电炉炼钢用耐火材料

53. 什么叫做耐火材料的主成分？

耐火材料的主成分是耐火材料的特性基础，是构成耐火原料的主题成分，其含量和性质决定了耐火材料的特性。主成分可以是高熔点的氧化物，例如氧化镁、氧化锆、氧化铝和二氧化硅等；也可以是复合氧化物，典型的有镁铝尖晶石（$MgO \cdot Al_2O_3$）、白云石（$MgO \cdot CaO$）等；还可以是一些单质和非氧化物。按照主成分的含量，耐火材料可以分为三种：

（1）酸性耐火材料。酸性耐火材料包括硅质耐火材料、黏土质耐火材料、半硅质耐火材料。

（2）趋于中性的耐火材料。从化学的角度上讲，中性的耐火材料严格地讲只有碳质耐火材料一种，在炼钢过程中没有应用。趋于中性的耐火材料主要有：1）高铝质耐火材料，该类制品中 $w(Al_2O_3) > 45\%$，属于弱酸性而又趋于中性的耐火材料；2）铬质耐火材料，偏碱性而又趋于中性。

（3）碱性耐火材料。制品中 MgO 和 CaO 成分占绝对多数的耐火材料称为碱性耐火材料，主要有镁炭砖、白云石砖、镁钙砂、镁铬砖、镁橄榄石质和尖晶石质耐火材料，其中，强碱性耐火材料主要是镁质和白云石质耐火材料。

54. 什么叫做耐火材料的添加成分？

在耐火材料的生产过程中，添加一些少量的其他成分，目的是为了促进某一种耐火材料的一些性能转变，使得生产工艺简单化，比如降低烧结温度和烧结范围、实现成本结构的优化和耐火材料使用性能的提高，添加的一些少量成分称为添加成分。添加成分能够明显地提高耐火材料的性能，降低生产成本。

55. 什么叫做耐火材料的杂质成分？

杂质成分是指在耐火材料的生产加工工艺过程中，由于原料的纯度有限，一些对于耐火材料使用性能有负面影响的少量成分进入了耐火材料中，这些少量成分就称为杂质成分。通常，氧化铁或者氧化亚铁、氧化钾（K_2O）、氧化钠（Na_2O）是耐火材料中的有害杂质成分。杂质成分在高温下具有强烈的熔剂作用，它们之间相互作用或者和主成分相互作用，使得生成共熔液相的温度降低或者液相的产生量增加，从而降低了耐火材料的使用性能。比如，镁铬砖中的 Fe_2O_3 含量较高时，钢水精炼气氛从氧化到还原之间变化时，铁酸镁（$MgO \cdot Fe_2O_3$）和镁浮氏体之间转变，造成镁铬砖开裂。

对于以氧化物为主的碱性耐火材料来讲，含有的酸性氧化物，以及以氧化物为主的酸性耐火材料来讲，含有的碱性氧化物，都被视为杂质成分。

56. 什么叫做耐火材料的气孔率?

耐火材料在生产过程中产生的气孔形式有三种，即开口气孔、闭口气孔和贯穿气孔。图3－1所示为耐火材料气孔的类型。

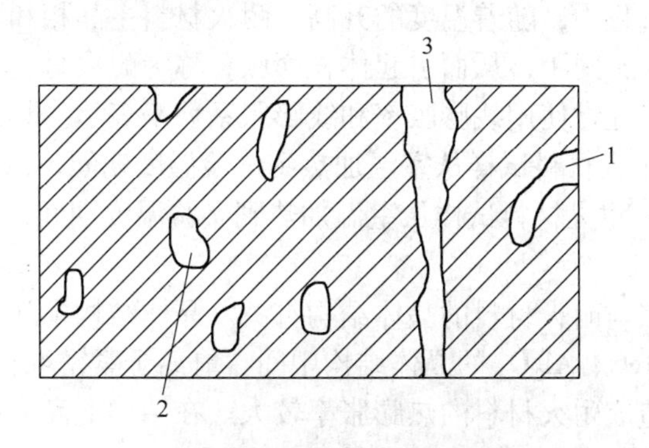

图3－1　耐火材料气孔的类型
1—开口气孔；2—闭口气孔；3—贯穿气孔

显气孔率为耐火材料与大气相通的孔隙（开口气孔）的体积与总体积之比。真气孔率为耐火材料全部孔隙的体积（包括开口气孔、闭口气孔和贯穿气孔的体积）与总体积之比。

由于闭口气孔的体积难以直接测定，耐火材料的气孔率通常使用开口气孔率，即显气孔率表示。

显气孔率 B 可以表示为：

$$B=\frac{V_1}{V_0}\times 100\% \tag{3-1}$$

式中　V_0——耐火材料的总体积，cm^3；

V_1——开口气孔的体积，cm^3。

57. 什么叫做耐火材料的透气度?

透气度是表征特定条件下一定量的气体通过一种耐火材料制品难易程度的特性值。其定义为：在一定的时间内，一定压力的气体透过一定断面和厚度的耐火材料试样的数量，可以用式（3－2）表示：

$$K=\frac{Qd}{(p_1-p_2)At} \tag{3-2}$$

式中　K——透气度系数，又称透气率，$L\cdot m/(N\cdot h)$；

Q——透过气体的数量，L；

d——试样的厚度，m；

p_1-p_2——试验测得的试样两端气体的压力差，N/m^2；

A——试样的横截面积，m^2；

t——气体通过的时间，h。

除了钢包的透气砖以外，其余的耐火材料透气度越小越好，可以减小炉渣的侵蚀速度，降低耐火材料的热导率。

58. 什么叫做耐火材料的热膨胀？

耐火材料在使用过程中，随着温度的升高，耐火材料主晶相和基质中间的原子非谐性振动增大了物体中的原子间距，从而引起体积膨胀，称为耐火材料的热膨胀。

耐火材料的热膨胀通常使用线膨胀率和线膨胀系数来表示。其定义为：

（1）线膨胀率。耐火材料试样从室温加热到试验温度期间，试样长度的相对变化率。

（2）线膨胀系数。耐火材料试样从室温加热到实验温度期间，温度每升高1℃，试样长度的相对变化率。

耐火材料的热膨胀与耐火材料的晶体结构有关。晶体结构中间形成晶体的键能决定了热膨胀系数。比如，MgO、Al_2O_3 的晶体结构中间，氧离子紧密堆积，耐火材料受热以后，氧离子的相互热振动造成耐火材料的热膨胀率较大。在结构上高度各向异性的耐火材料热膨胀率较低，典型的有堇青石（$2MgO \cdot 2Al_2O_3 \cdot 5SiO_2$）。

耐火材料的热膨胀关系到炼钢过程中的安全使用性能。比如，热膨胀性能较差的耐火材料在使用的烘烤阶段，就会发生膨胀崩裂，造成耐火材料损坏；还有在使用过程中产生裂纹，也是影响炼钢顺利实施的一个重要因素。

59. 什么叫做耐火材料的热导率？

热导率是指单位温度梯度下，单位时间内通过单位垂直面积的热量。热导率和耐火材料制品的气孔率、矿物组成有较密切的关系。

一般来讲，耐火材料的气孔中间的气体热导率很低。因此，气孔率较大的耐火材料的热导率较低。

耐火材料的矿物组成中，晶体结构越复杂，热导率越低；杂质成分越多，热导率越低。

60. 什么叫做耐火材料的热容？

常压条件下加热1kg的某一种物质，使之升温1℃所需要的热量，称为该物质的热容，也称为比热容。比热容在耐火材料的使用过程中，会影响耐火材料的烘烤加热和冷却。比热容较大的耐火材料，烘烤的时间相对较长一些。

61. 什么叫做耐火材料的耐火度？

耐火材料抵抗高温作用而不熔化的性能称为耐火度。耐火材料没有固定的熔点，所以耐火度实际上是指耐火材料软化到一定程度时的温度。耐火度是耐火材料的重要指标，耐火材料的耐火度应高于其最高使用温度。耐火度的测试是将待测的耐火材料按照规定做成锥体试样，与标准试样一起加热，锥体受高温作用软化而弯倒，当其弯倒至锥体的尖端接触底盘时的温度，即为该耐火材料的耐火度。耐火度的测试示意图如图3－2所示。

62. 什么叫做耐火材料的荷重软化温度？

荷重软化温度又称荷重软化点。耐火制品在常温下耐压强度很高，但是在高温下承受

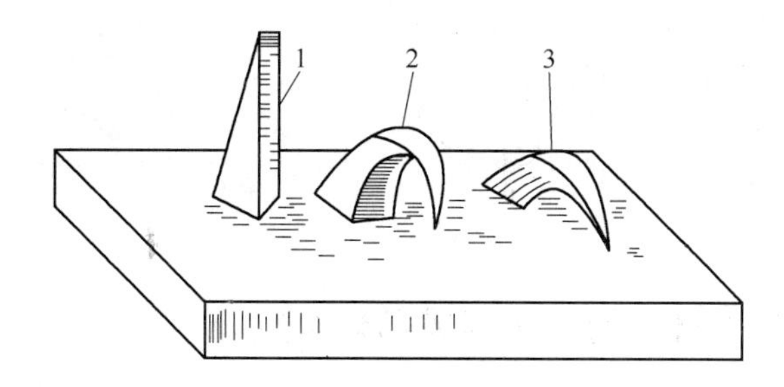

图 3－2　耐火度的测试示意图

1—软化前的试样；2—在耐火度时弯倒；3—超过耐火度弯倒

载荷后，就会发生变形，降低耐压强度。荷重软化温度就是指在高温承受恒定载荷的条件下，产生一定变形的温度。

63. 什么叫做耐火材料的热稳定性？

耐火材料随温度急剧变化而不开裂、不损坏的能力，以及在使用中抵抗碎裂或破裂的能力，称为耐火材料的热稳定性。耐火材料的热稳定性用急冷急热的次数表示，也称耐急冷急热性。

64. 什么叫做耐火材料的抗渣性？

耐火材料在高温下抵抗炉渣侵蚀的能力称为抗渣性。

炉渣以液态方式和耐火材料接触，与耐火材料形成液相，从耐火材料表面剥离；或者从耐火材料气孔进入耐火材料内部，在温度变化的过程中，造成体积膨胀变化，导致耐火材料疏松损坏，或者进入耐火材料内部，形成新的高熔点尖晶石相，造成钢包等耐火材料不能够正常使用而损坏。炉气和各类与电炉耐火材料接触的物质，都有可能发生以上几种的损坏形式，所以在熔渣对耐火材料的侵蚀除了表面溶解以外，熔渣还能够侵入或者渗透到耐火材料内部，扩大炉渣和耐火材料的反应面积和深度，造成在耐火材料的表面附近，耐火材料的组成和结构发生质变，形成能够容易溶解到炉渣的变质层，缩短耐火材料的使用寿命。这种耐火材料的蚀损方式主要和耐火材料的气孔率有关。不同的耐火材料，组分相同，如果组织结构不同，蚀损速度也是不一样的。耐火材料的气孔率越高，抗渣性越弱。

65. 什么叫做耐火材料的烧损指数？

耐火材料的烧损指数表征着电弧对于炉壁的烧损作用的指数，是美国的施维博（W. E. Schwabe）于 1962 年提出的，这个指数对于确定冶炼的工艺路线有着重要的作用，比如钢包精炼炉二次侧电压的确定就是根据耐火材料的烧损指数来确定的。

耐火材料烧损指数可以表示为：

$$R_e = \frac{P_A U_A}{3l^2} = \frac{I(\sqrt{U^2 - I^2X^2} - IR)}{l^2} \tag{3-3}$$

式中　P_A——输入功率，kW；

U_A——电压，V；
l——电极侧面到炉壁的距离，m；
I——电流，A；
X——感抗，Ω；
R——电阻，Ω。

66. 什么叫做耐火材料的矿物组成和化学成分？

矿物组成即耐火材料制品中含有的矿物岩相结构成分。比如，镁炭砖中的主要晶相方镁石晶相，就是镁炭砖的主要矿物组成。矿物组成相同的耐火材料，其矿物结晶的大小尺寸、形状和分布不同，耐火材料的性质也会不一样。耐火材料的矿物组成可以是单一晶相，也可以是多晶相组合体。其中的矿物相目前一般分为结晶相和玻璃相两种。其中，构成耐火材料主体并且熔点较高的矿物组成称为主晶相，其余在耐火材料大晶体或者骨料间隙中间存在的物质称为基质，如镁炭砖中的炭即基质。主晶相的性质、数量和结合状态直接决定了耐火材料的使用性质。

67. 什么叫做不定形耐火材料？

不定形耐火材料是指由粒状料（骨料）、粉状料（掺和料）、结合剂（也称为胶结剂）共同组成的，没有经过烧成成形，而直接供使用的耐火材料，又称为散状耐火材料或整体耐火材料。不定形耐火材料根据施工的方法和材料的性质，可以分为捣打料（电炉炉底）、可塑料、耐火浇注料、喷涂料、投射料等。最常见的是用于钢包喷补的喷补料、热补料、RH 喷补料和各类的耐火泥等。

68. 不定形耐火材料有何特点和作用？

不定形耐火材料的骨料对于不定形耐火材料的高温物理力学性能起到重要的作用，其粒度有一定的限制。凡是能够做耐火材料制品的原料，都可以做不定形耐火材料的骨料。

不定形耐火材料的结合剂根据品种和特性，以及添加以后对于耐火材料的反应和影响，分为无机结合剂和有机结合剂两类；根据其硬化的特点，又分为气硬性结合剂、水硬性结合剂、热硬性结合剂以及陶瓷结合剂。

气硬性结合剂是指在大气中和常温下就可以逐渐硬化，并且强度可以达到较高的水平的结合剂。常见的水玻璃即属于此类。

热硬性结合剂是指在常温下硬化很慢，强度很低，但是在高于常温、低于烧结温度下就可以较快地达到硬化目的的结合剂，如磷酸铝结合剂。

镁质、MgO－CaO 质干式捣打料常用的烧结剂是氧化铁，氧化铁及铁酸钙的熔点低，并会逐渐被方镁石吸收形成固溶体，即镁浮氏体（(Mg·Fe)O）。镁质与镁钙质干式捣打料的杂质分别为 SiO_2 与 Al_2O_3，其含量应越低越好，不要超过 1%。若 MgO－CaO 干式捣打料采用低熔点的硅酸钙或硅酸镁作烧结剂，此时氧化铁就成为有害杂质，而应受到限制。

对于 MgO－MgO·Al_2O_3干式料，可采用氧化铁或硅酸镁作烧结剂；而 Al_2O_3－MgO·Al_2O_3 干式料可采用氧化铁或低熔点铝酸钙作烧结剂。

69. 什么叫做尖晶石耐火材料？

广义上讲，尖晶石是指结构上基本相同的一类矿物，化学通式表示为 $AO \cdot R_2O_3$ 或者 AR_2O_4。其中，A 表示二价元素离子，比如 Fe^{2+}、Mg^{2+}；R 为三价元素，包括 Fe^{3+}、Al^{3+}、Cr^{3+}等。这些相同矿物都以相同的晶型固溶体的形式存在，天然的尖晶石很少见，工业化生产使用的尖晶石全部是人工合成的产品，此类耐火材料属于中高档的耐火材料。炼钢常用的主要是镁铝尖晶石耐火材料和镁铬砖，铬镁砖是炼钢过程中较为理想的耐火材料之一。按照 Bartha 的分类方法，尖晶石耐火材料可以分为以下三类：

（1）Al_2O_3 的质量分数小于 30% 的，称作方镁石－尖晶石耐火材料。

（2）Al_2O_3 的质量分数在 30% ~68% 之间的，称作尖晶石－方镁石耐火材料。

（3）Al_2O_3 的质量分数在 68% ~73% 之间的，称作尖晶石耐火材料。

70. 什么叫做白云石质耐火材料？

白云石是一种沉积岩，其成分以碳酸钙和碳酸镁组成，化学式为 $CaCO_3 \cdot MgCO_3$ 或者 $CaO \cdot MgO \cdot 2CO$，结构式写作 $CaMg[CO_3]_2$。以白云石为主要原料生产的碱性耐火材料称为白云石质耐火材料。

71. 炉衬镁炭砖的成分范围如何？

镁炭砖的理化指标见表 3－1。

表 3－1 镁炭砖的理化指标

砖　型	MgO/%	C/%	显气孔率/%	常温耐压强度/MPa
渣线 MT－148	78	14	<3	>40
MT－10AT	83	10	<1	>40
MT－10A	82	10	<3	>40

72. 什么叫做高铝质耐火材料？

使用天然产的高铝矾土为原料制造的 Al_2O_3 含量在 48% 以上的耐火材料称为高铝质耐火处理。高铝质耐火材料主要分为如下三等：

Ⅰ等——Al_2O_3 含量大于 75%；

Ⅱ等——Al_2O_3 含量在 65% ~75% 之间；

Ⅲ等——Al_2O_3 含量在 48% ~65% 之间。

73. 什么叫做莫来石质耐火材料？

莫来石是矿物的名称，其得名缘于其天然的矿物最早发现于苏格兰西海岸的莫尔岛（Mull）。天然的莫来石矿物稀少，我国的河北武安县和河南省林县有部分矿床发现。到目前为止，世界上还没有发现有工业价值的矿床。工业化使用的莫来石是通过烧结法或者电熔法人工合成制得的。其化学式为 $3Al_2O_3 \cdot 2SiO_2$，其各个成分的理论组成为：Al_2O_3

71.8%，SiO_2 28.2%，理论密度 3.2g/cm^3。

合成莫来石是一种优质的耐火材料，具有热膨胀均匀、抗热震稳定性极好、荷重软化温度高、高温蠕变值小、硬度大等优点。

74. 什么叫做刚玉质耐火材料制品？

Al_2O_3 含量在 90% 以上的耐火材料称作刚玉质耐火材料或者氧化铝耐火材料。炼钢使用的刚玉质耐火材料主要有透气砖和钢包的水口座砖、滑板、钢包砖等。

75. 什么叫做镁炭砖，有何特点？

镁炭砖是采用死烧镁砂或者电熔镁砂和炭素材料（主要是结晶完全的石墨）为原料，以树脂做结合剂配制加压，经过热处理以后形成的。为了提高抗氧化性，镁炭砖中经常加入金属或者其他防氧化剂。镁炭砖中耐火氧化物以及 MgO 与一些氧化物形成复合氧化物或二元系的熔点见表 3－2。

表 3－2　镁炭砖中耐火氧化物以及 MgO 与一些氧化物形成复合氧化物或二元系的熔点

耐火氧化物或复合氧化物	熔点/℃	复合氧化物或二元系	熔点/℃
Al_2O_3	2045	$2MgO \cdot SiO_2$ (M_2S)	1900
CaO	2600	$2MgO \cdot TiO_2$ (M_2T)	1732
Cr_2O_3	约 2400	$MgO \cdot Fe_2O_3$	1700℃以上转变为镁浮氏体固溶体（MgO－FeO）
MgO	2825	MgO－FeO	固溶体
SiO_2	1723	MgO－CaO	低共熔点温度 2380
ZrO_2	2677	MgO－ZrO_2	低共熔点温度 2150
$MgO \cdot Al_2O_3$ (MA)	2135		
$MgO \cdot Cr_2O_3$ (MK)	2365		

从表 3－2 可以看出，在所有常用的耐火氧化物中，MgO 的熔点最高，而且 MgO 可以与许多氧化物或熔渣中成分形成高熔点的化合物或固溶体，MgO 与一些氧化物形成的二元系的低共熔点温度也很高。因此，炼钢的首选耐火材料应是含 MgO 的镁质耐火材料。

随着钢铁冶炼的发展，使用的镁质耐火材料多为镁质复合材料，如镁炭砖、镁钙碳砖、镁钙砖、镁铝尖晶石砖、镁铬砖等。

镁质耐火材料的应用历史很长，但镁砖的热膨胀系数大，使用过程中容易剥落。镁炭砖是在镁砖的基础上添加石墨而发展起来的。由于石墨的热膨胀系数较小且不易被熔渣润湿，因此可以提高镁炭砖的抗剥落性能，并且能够减缓熔渣向砖内部渗透，提高其抗侵蚀性。目前，镁炭砖已被广泛地用于炼钢炉和钢包中。有人将碳阻止熔渣渗透的作用归结为以下几个方面的原因：（1）碳与熔渣之间的润湿角很大，不能被熔渣浸润；（2）熔渣中氧化铁被还原成金属，使熔渣黏度增大。在我国和日本，除特殊情况外，一般都使用含碳量为 12%～20% 的以树脂结合的镁炭砖。在欧洲多采用沥青结合的镁炭砖，碳含量一般在10%左右。低碳镁炭砖一般是指总碳含量不超过8%的，由镁砂与石墨通过有机结合剂结合而成的一类材料。

76. 镁炭砖中的石墨有何作用？

镁炭砖中的石墨具有以下作用：

（1）石墨能将 Fe_2O_3 还原为FeO甚至铁，避免了与砖中CaO形成低熔点的铁酸钙。

（2）砖内碳的存在可避免高价铁与低价铁变化，导致方镁石固溶体较大的体积变化，影响体积的稳定性。

（3）石墨的热膨胀系数低、导热性好，石墨基底能滑移以及石墨有很好的挠曲性与可塑性变形，裂纹能在石墨中分岔。因此，含碳耐火材料具有抗热震性好等优点。

77. 电炉炉壁采用镁炭砖的理化指标有哪些？

电炉炉壁目前一般采用镁炭砖为耐火材料，其理化指标见表3-3。

表3-3　电炉炉壁采用镁炭砖的理化指标

体积密度/g·cm^{-3}		显气孔率/%		耐压强度/MPa		化学成分/%					
碳化前	1000℃碳化后	碳化前	1000℃碳化后	碳化前	1000℃碳化后	MgO	Al_2O_3	Fe_2O_3	CaO	SiO_2	残碳
3.00	2.95	<6	<12	>30	>30	97	0.1	0.2	1.9	0.5	10

78. 电炉炉衬镁炭砖的损耗机理是什么？

一般镁炭砖使用优质镁砂配加高纯石墨以及硅、碳化硅等添加物，并用酚醛树脂作结合剂压制而成。电炉对镁炭砖的基本要求是：

（1）热导率低，以保证热损失少，提高电炉的热效率；

（2）抗热化学和热物理蚀损系数高，即要求具有良好的体积稳定性能；

（3）抗渣、抗剥落、抗氧化性及较高的耐压强度，从而获得低消耗与高寿命。

烘烤新炉衬时，在炉衬温度达到750℃时会发生以下的主要反应：

$$MgO_{(s)} + C_{(s)} \longrightarrow Mg_{(g)} + CO_{(g)} \tag{3-4}$$

$$Mg_{(g)} + R_nO_m \longrightarrow MgO \cdot R_nO_{(m-1)(s)} \tag{3-5}$$

反应（3-4）主要是生成的镁气和一氧化碳气体沿孔隙迁移到高温区，反应（3-5）是在炉壁表层镁气再次被氧化物氧化成氧化镁，并且与镁炭砖中的其他微量化合物组成高熔点的岩相化合物。所以，控制烘炉的温度制度，防止反应（3-4）的大量发生是保持镁炭砖的体积稳定性的关键，这一点不论在转炉还是在电炉，都很重要。烘炉失败的直接后果是炉衬垮塌，或者是炉衬寿命大幅度地降低，这一点在国内大多数的厂家已经有为数不少的经验与教训。

79. 电炉炉衬在正常使用时的侵蚀原因有哪些？

在正常冶炼时，炉衬与高温钢水和熔渣直接接触，工作条件十分恶劣，炉衬损坏的原因有：

（1）电弧的辐射造成的热剥落和高温状态的化学侵蚀。

（2）熔渣、钢水、炉气对炉衬的冲刷作用。

（3）熔渣对炉衬的化学侵蚀。

（4）温度变化引起的剥落。

（5）由于炉衬砖本身的矿物组成的分解引起的层裂等。

（6）加废钢和兑铁水时对炉衬的机械冲撞和冲刷。

80. 电炉冶炼过程中对于镁炭砖的侵蚀过程如何？

镁炭砖侵蚀的基本过程为：

（1）镁炭砖产生反应以后分为三层：原砖层（没有发生反应的砖体）→脱碳层（内部的 MgO 和碳发生自耗反应）→致密层（和钢渣接触部分）。

（2）高温下镁炭砖内部的 MgO 和碳发生自耗反应：

$$MgO + C = Mg + CO$$

$$Mg + [O] = MgO$$

（3）渣中的氧化物直接反应：

$$(Fe_2O_3)_{渣中} + C_{砖} = 2(FeO) + \{CO\}$$

氧化镁被还原成为镁气沿着耐火材料的气孔迁移至表面被二次氧化成为 MgO，并且和砖体中间的其他杂质元素形成高黏度的岩相结构，即通常所说的致密层。其侵蚀过程分别如下：

（1）物理磨损。这些岩相结构在转炉的吹炼过程中，物理的钢渣炉气的运动造成其物理机械磨损剥落进入炉渣。

（2）化学侵蚀。化学作用为炉渣中间的各类成分会和砖体致密层发生反应，其中 FeO 能够促进氧化镁向炉渣中间的溶解转移，增加镁炭砖的侵蚀。

（3）温度对于侵蚀的影响。温度越高，钢渣的黏度降低，物理侵蚀加剧，并且脱碳层加深，造成侵蚀加剧。脱碳层和砖体温度的关系如图 3－3 所示。

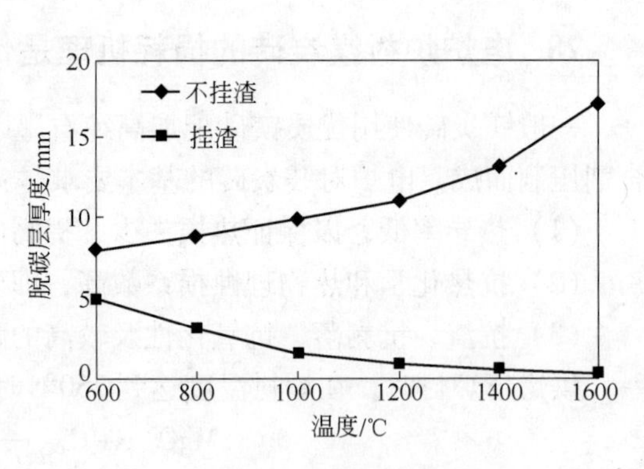

图 3－3 脱碳层和砖体温度的关系

81. 镁炭砖形成致密层的大概结构是什么，对于抗渣性有何影响？

镁炭砖与熔渣反应形成致密的反应层（见图 3－4），则其抗渣侵蚀性能也会提高。材料的抗渣侵蚀性能与其抗氧化性能也是相关的。如果材料抗氧化性差，使用后组织结构必然疏松，熔渣便会侵入材料内部，损坏原砖层，使材料彻底损坏。

82. 电炉炉底耐火材料是什么材质的？

电炉炉底采用捣打料砌筑，其中以镁钙质干式捣打料为主，具有陶瓷结合，低硅、高

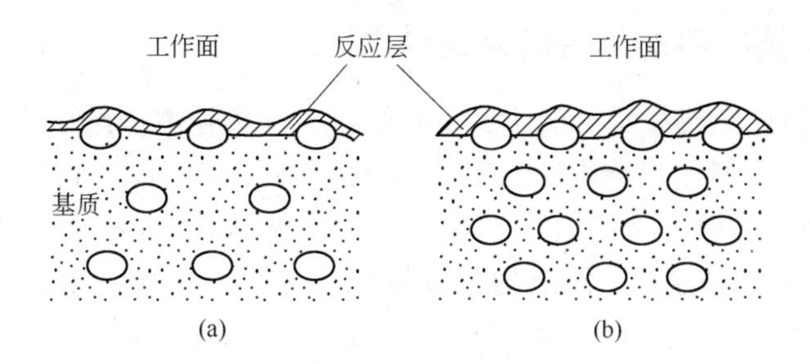

图 3－4　高碳与低碳镁炭砖的保护工作面示意图
（a）高碳；（b）低碳

钙，适量的铁，细粉多，具有烧结层薄、烧结致密、高密度、高热态强度，良好的抗钢水渗透性以及体积稳定性等特点。不同的炉型，其炉坡捣打料厚度和炉底捣打料厚度各不相同，施工时应分层铺料，每层150mm，用脚踩实，用钢钎戳实以利于排气，最后用专用振捣机振实。表 3－4 所示为一种炉底干式捣打料的理化性能指标，表 3－5 所示为一种炉底捣打料的化学矿物组成。

表 3－4　一种炉底干式捣打料的理化性能指标

MgO/%	Al_2O_3/%	Fe_2O_3/%	CaO/%	SiO_2/%	粒度/mm	应用极限/℃	堆密度/g·cm^{-3}
75	0.3	3.8	20	0.6	0～5	>1750	2.3

表 3－5　一种炉底捣打料的化学矿物组成

名　称	化学组成/%	矿物组成/%
MgO	86.6	
CaO	6.79	
Fe_2O_3	4.67	
SiO_2	0.95	
Al_2O_3	0.23	
I. L	0.41	
方镁石（MgO）		87
铁酸二钙（2CaO·Fe_2O_3）		7.4
铁铝酸四钙（4CaO·Al_2O_3·Fe_2O_3）		1.1
硅酸三钙（3CaO·SiO_2）		3.2
方钙石（CaO）		1.3

83. 电炉炉底捣打料应该具备哪些技术特征？

理想的炉底捣打料一般应具备以下技术特性：

（1）快速烧结，形成坚实的工作层。

（2）使用中低熔胶结相转变为高熔点相。

（3）最大限度地阻止熔渣渗透并使深层材料保持适度的松散性等。

84. 电炉炉底捣打料的结合特点是什么？

电炉炉底的捣打料以陶瓷结合为主，也是晶界工程和耗散理论在冶金工程中最为典型的成功应用。陶瓷的典型微观结构如图3－5（a）所示，是由微晶、晶界、晶界析出物、晶界气孔、晶粒内析出物、晶粒内气孔等构成的。构成陶瓷主成分的微晶尺寸一般为1μm至几十微米，结晶轴方向是任意的。微晶直径与原料颗粒直径、杂质、烧成条件有关。陶瓷晶界有位错、空孔等晶格缺陷和晶格畸变存在，因而杂质容易集中，形成如图3－5（b）、图3－5（c）和图3－5（d）所示的晶界偏析层、层状析出物等。每次电炉炉底的捣打料烧结以后，以及炼钢过程中损耗以后，就有新的陶瓷结合的烧结层出现。

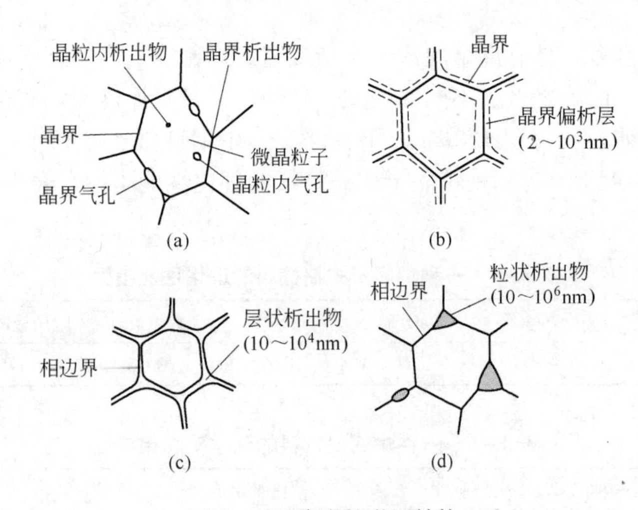

图3－5 陶瓷的微观结构
（a）陶瓷的典型微观结构；（b）晶界偏析层；（c）层状析出物；（d）粒状析出物

85. 电炉炉底捣打料的使用和损耗机理是怎样的？

捣打料的烧结机理为：在电炉生产送电后，当温度达到1250℃时，炉底材料的少量Fe_2O_3可以降低CaO的熔点从而析出少量的液相溶于方镁石中，而方镁石也少量溶于铁酸钙液相中形成固溶体。形成有限的固溶体者可促进材料烧结，当废钢熔化后，随温度进一步上升，微液相继续分解固溶于MgO中形成RO相，CaO形成富钙液相或析出CaO晶体或同SiO_2形成C_2S，原始材料由MgO＋C_2F变成RO＋SiO_2，完成烧结过程，由于方镁石与水蒸气可以发生以下反应：

$$MgO_{(s)} + H_2O_{(g)} \longrightarrow Mg(OH)_{2(g)}$$

$$2MgO_{(s)} + H_2O_{(g)} \longrightarrow 2Mg(OH)_{(g)} + \frac{1}{2}O_{2(g)}$$

所以，防止捣打料的受潮和防止烘烤新炉时的漏水是关键的操作之一。此外，为了防止加料对于炉底的冲击，保证有足够的烧结层也是不容忽视的要点。当温度过高时液相向钢液的迁移会导致捣打料的龟裂，这些在烘炉工艺中尤其要注意到，而重要的是保持合适的温度，使捣打料完成烧结后保持炉底熔池的工艺要求，这是基本的任务。

炉底熔蚀损耗作用受时间和温度限制，是缓慢而轻微的循环反应。而且，这一反应是循环的，当下一炉次炼钢时，与钢水接触，则 C_2F 重新分解，使炉底工作层表面厚度小于1mm的氧化层在不断地消失与新生循环往复。从化学侵蚀的观点看，捣打料修砌的炉底寿命是优于砖砌炉底的。实践表明，干式捣打料的使用好坏还与捣打料施工时的捣实程度密切相关，捣打不密实，不仅熔损快，而且易渗冷钢。

86. 电炉底电极对耐火材料的要求有哪些？

电炉底电极由导电的耐火材料、阳极铜板、出线端子及风冷系统组成，并要求与炉壳绝缘。它要求耐火材料本身除具有良好的高温性能外，还要具有良好的导电性能。在导电炉底风冷式底电极系统中，作为阳极的炉底导电耐火材料必须具有如下特征：

（1）电阻尽可能低，而且要均匀、稳定。这既要求导电耐火材料要有良好的导电性，否则电阻过大，导致电耗增加、炉底温度升高与寿命降低。为此，要求电阻率应在10^{-4} ~ $10^{-3}\Omega \cdot m$之间；同时要求导电耐火材料的电阻率均匀，且不随温度变化或变化很小。

（2）热导率低。以保证热损失少，提高电炉的热效率。

（3）抗热化学和热物理蚀损系数高。即要求具有良好的抗渣、抗剥落、抗氧化性及较高的耐压强度，从而获得低消耗与高寿命。

满足上述要求对直流电炉正常运行有着重要的意义。首先，炉子在开始送电操作时，炉底电极电阻低、导电性良好，用不着任何预热，也不用启动电极就可以启动。其次，稳定和均匀的导电性能避免电流密度过大，使底衬过热，出现热点而过早损坏。

87. 导电镁炭质耐火材料的性能指标有哪些？

导电镁炭质耐火材料最早由奥地利的Radex公司开发出，并且在使用中取得了较好的效果。Radex公司生产镁炭砖经过特殊处理后（型号为PMK9412VT），电阻率为（1.8 ~ 2.0）$\times 10^{-4}\Omega \cdot m$，且随着温度变化很小。由于在低温下具有良好的导电性能，因此可以实现冷起弧。该公司同时还研制出导电捣打料（其残碳量15%，电阻率为$10^{-3}\Omega \cdot m$数量级）以及镁炭质高温浇注料（干燥30min后，电阻率为$2.5\times 10^{-4}\Omega \cdot m$）。

为确保导电性，在炉底工作衬和永久衬的导电镁炭砖的水平接缝之间使用了鳞片状石墨。其工作衬和永久衬用的都是烧成砖。修补用的耐火材料有冷态捣打料和高温修补料。第一个炉役就达2250次。修补材料的消耗为：冷态捣打料0.19kg/t，高温修补料0.20kg/t。表3-6为一种炉底耐火材料的理化性能。

表3-6 一种炉底耐火材料的理化性能

种类		工作衬烧成砖	永久衬烧成砖	捣打料	修补料
化学组成/%	MgO	76	86	74	46
	CaO	76	86	74	20
	固定碳	20	10	16	19
电阻率/$\Omega \cdot m$	成品	0.00005	0.0002		
	200℃ ×5h		0.0046		
	1400℃ ×2h，埋炭	0.00004	0.00017	0.00018	0.00085
1000℃热传导率 /$W\cdot(m\cdot℃)^{-1}$		19.2	11.0	6.0	

88. 镁铝质浇注料预制件作为底电极套砖的特点有哪些？

镁铝质浇注料预制件一般采用高纯镁砂和尖晶石为原料，以磷酸钠为结合剂浇注而成，并且经300~400℃低温干燥而成。底电极套筒砖采用齿形状设计，可以防止套筒砖上浮，与炉底耐火材料紧密结合，底电极套筒砖与钢棒之间间隙不填料。与镁炭砖套筒砖相比，镁铝质浇注料预制件套筒砖具有高温通电状况下更好的抗钢水熔渣侵蚀和抗热震冲击能力。底电极套筒砖理化性能见表3-7。

表3-7　底电极套筒砖理化性能

指标	MgO /%	Al_2O_3 /%	Fe_2O_3 /%	CaO /%	SiO_2 /%	Na_2O /%	P_2O_5 /%	体积密度 /$g \cdot cm^{-3}$	显气孔率 /%	300℃干后耐压 /$N \cdot mm^{-2}$	1500℃烧后耐压/$N \cdot mm^{-2}$
数值	73	22	0.1	1.2	0.5	1	2	2.8	<17	80	40

图3-6是镁炭质底电极套砖和镁铝质浇注料套砖示意图。

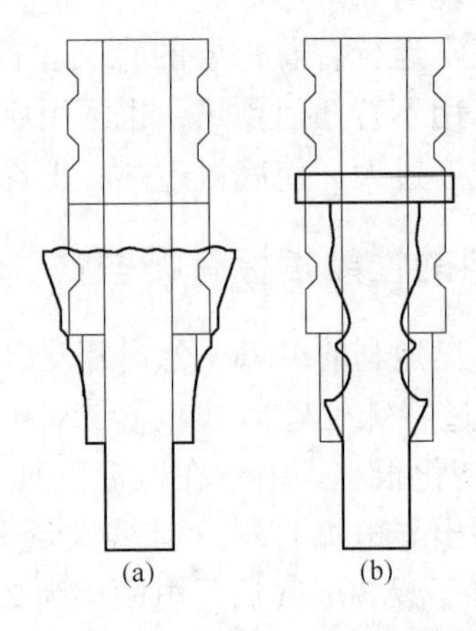

图3-6　镁炭质底电极套砖和镁铝质浇注料套砖示意图

(a) 镁炭砖；(b) 镁铝质浇注料预制块

89. 水冷棒式直流电炉底电极的耐火材料是什么材质？

直流电炉的底电极采用3~4根钢棒（图3-7），外套上、中、下三节套筒砖，材质为镁炭质套砖或者镁铝质浇注料预制件。

90. 导电炉底的耐火材料砌筑特点有哪些？

底电极下部由总厚度为775mm的两层导电镁炭砖立砌，两层砖之间砖缝错开并有一定角度，其上是175mm厚的导电砂打结层，导电砖与炉坡砖之间用绝缘材料打结夯实，下层导电砖内深150mm处对称装有1~4号测温点，另有8个测温点均匀装配在钢铜复合板圆周上以实现对阳极温度的密切监控（图3-8）。1~4号最高允许温度为600℃，炉底通过轴流式风机强制冷却。

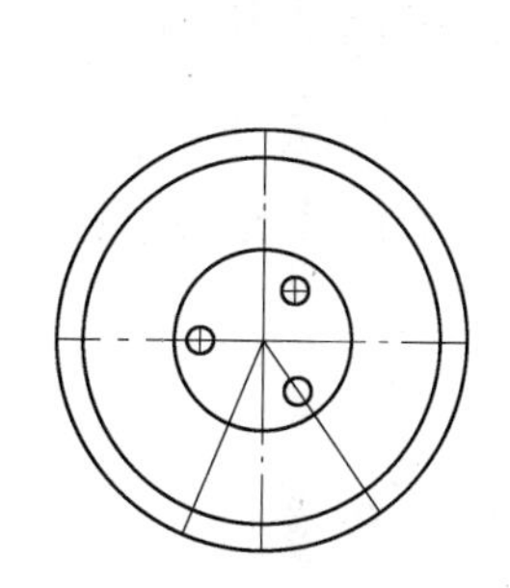

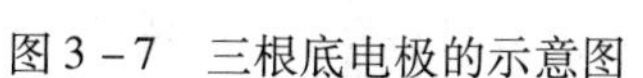

图 3－7 三根底电极的示意图

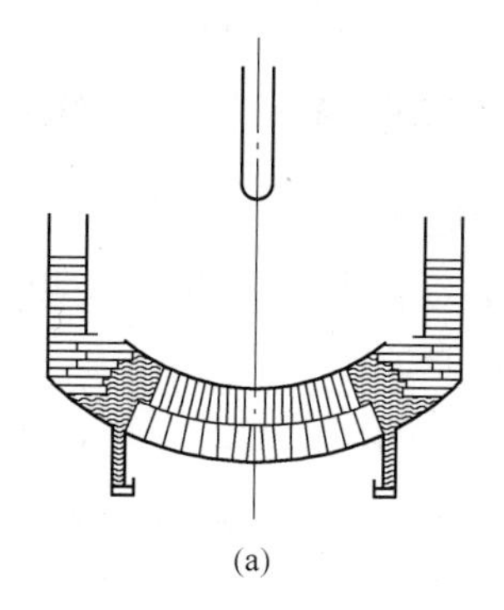

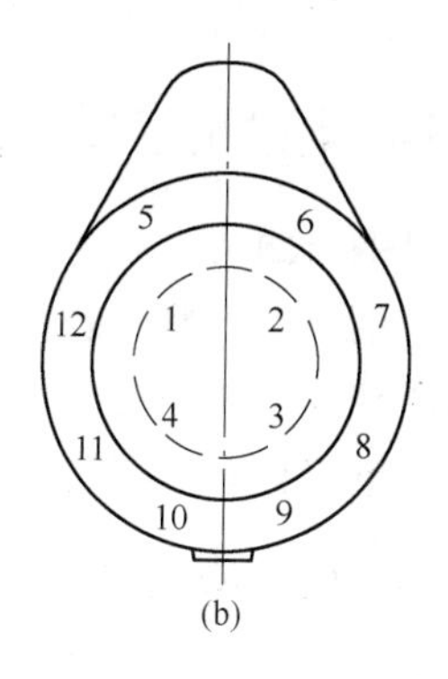

图 3－8 底电极结构

91. 直流电炉的导电耐火砖正常使用需要注意哪几点？

直流电炉阳极导电砖碳含量在10%～20%之间，导电砂碳含量在5%左右，经过特殊的热处理工艺保证其中的固定碳起导电作用，在实际操作中应做到如下几点，以保护炉底：

（1）热补后应至少炼完一炉钢方可停炉，防止导电砖在高温下裸露并氧化脱碳。

（2）正常冶炼必须采用留钢操作，计划停炉时应装10t废钢使其与所留钢水有良好接触。

（3）注意配碳量，尽可能避免钢水过氧化。

92. EBT 出钢口由哪几部分组成，各部分的耐火材料采用什么样的材质？

EBT 出钢口耐火材料由端砖、内管砖和外围砖组成。出钢口内管砖与外围砖之间用干式捣打料填充，以利于热态更换。出钢口内管砖采用锥形设计，以利于出钢口填料的迅速打开。

出钢口端砖为树脂结合的镁炭砖或者镁铬砖、锆质砖等。常见的镁炭砖采用高纯烧结镁砂和鳞片状石墨为主要原料，外加抗氧化剂。内管砖也为树脂结合镁炭砖，采用电熔镁砂和鳞片状石墨为主要原料，外加抗氧化剂。外围砖为沥青浸渍镁砖，采用高质量烧结镁砂为主要原料制成。

93. EBT 填料应该具备哪些性质？

EBT 填料应该具备以下性质：

（1）冶炼期间，必须作为炉底耐火材料的一部分，保证冶炼期间的安全。

（2）应该具备合适的烧结性能，以便形成均匀而较薄的烧结层，使得烧结层既可以防止高温钢水向出钢口下部渗漏，又要保证填料不上浮。

（3）EBT 填料的粒度必须合适，颗粒不能太大，防止冶炼过程中钢水渗透进入填料内部，出现危险。

（4）EBT 填料在冶炼期间应该分为三层：最上面为高黏度液相层，高黏度液相层下面为烧结层，最下面为松散层。

出钢口填料采用镁橄榄石砂、钙镁橄榄石等。

94. 电炉出钢口的使用寿命情况如何，修补料常用何种耐火材料？

出钢口耐火材料是很多电弧炉的薄弱环节。一般情况下，出钢口寿命只有 100 ~ 150 炉，出钢口热态修补技术能够延长出钢口砖寿命 40 ~ 50 炉，整个修补过程不到半小时。热态修补一次可以延长出钢口寿命。

出钢口修补料采用高纯大结晶镁砂为主原料，并添加少量 Cr_2O_3。

95. 电炉的小炉顶常用什么耐火材料制作，使用寿命情况如何？

在水冷炉盖的中心电极孔周围有一个可拆卸的小炉顶，耐火材料常用的有高品位的刚玉质浇注料预制件和铬刚玉质耐火材料制作。一种刚玉质耐火材料的理化性能见表3 - 8。

表 3 - 8　一种刚玉质耐火材料的理化性能

指标	300℃干后体积密度/$g \cdot cm^{-3}$	应用极限/℃	Al_2O_3/%	TiO_2/%	Fe_2O_3/%	SiO_2/%
数值	2.85	1700	97	0.1	0.1	0.1

小炉顶耐火材料受电弧弧光辐射、间歇作业带来的冷热变化热冲击、石墨电极喷淋冷却、飞溅的熔渣化学侵蚀以及电弧炉冶炼过程中强烈的震动的影响，损毁严重，损毁主要形式为剥落、烧损和化学侵蚀。使用寿命为 120 ~ 600 炉。

96. 电炉渣线的侵蚀原理是怎样的，电炉渣线的喷补料有哪些？

电炉渣线的侵蚀原理如图 3 - 9 所示。

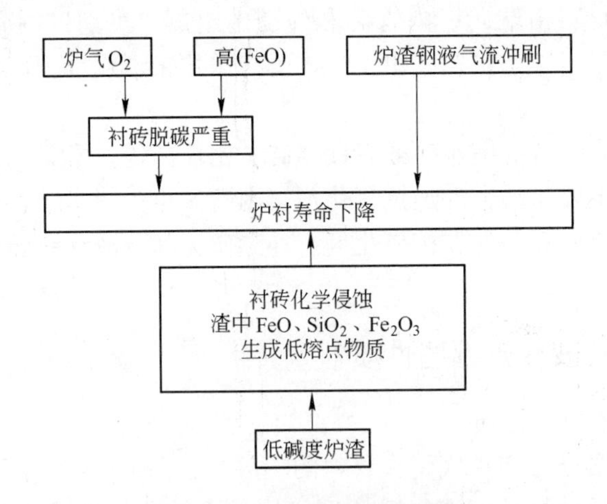

图 3 - 9　电炉渣线的侵蚀原理

电炉渣线的喷补料有两种：一种为镁质喷补料，以喷补渣线为主，采用喷补机械手和手动喷补机结合，水在枪头混合；另一种是以镁质耐火材料基料为主，添加部分黏结剂，用于热态修补。此外，炉底炉坡热态修补料，镁钙质，陶瓷结合，高铁，以利于高温下的迅速烧结。

97. 炉门损坏以后如何修补?

炉门损坏以后，修补的方法有三种：

（1）使用不定型的热态快补料，在电炉出钢以后，修补在破损的区域，修补以后冶炼，熔化期电炉推迟吹氧时间，以待烧结牢固以后，开始正常的冶炼，常用的有焦油镁砂、炉底捣打料等。

（2）使用不定型喷补料喷补破损区域。

（3）使用定型的专用耐火材料，如白云石焦油砖、焦油镁炭砖、镁炭砖对破损的区域进行修补。

98. 如何修补电炉炉底?

电炉炉底的修补在电炉出钢以后进行，使用电炉炉底捣打料，行车吊起以后，按照炉型的要求，投补在需要修补的区域，然后使用工具将捣打料整理平整即可，开炉前按照开新炉第一炉的方法操作即可。

电炉修补炉底前，需要将炉内的钢渣出尽，除了氧化期的倒渣以外，电炉出钢以后，将剩余的钢渣一次出尽，或者出钢结束以后，将钢渣出在专用的钢包内，这需要注意以下几点：

（1）电炉修补炉底以前，减少废钢加入量，尽量不加白云石。

（2）电炉出钢前需要将出钢温度比正常的出钢温度提高 30～70℃。

（3）调整电炉炉渣的流动性，以便于倒渣。

（4）电炉出钢没有一次出尽钢渣，等待钢包期间，电炉送电化渣保温，这需要在修补炉底以前，将电炉的电极接长，防止电极短送不上电。

（5）出钢不尽，可以使用钢坯将炉内的残余钢水黏附干净。

99. 减少电炉热点区耐火材料损耗有何措施?

减少电炉热点区耐火材料损耗的措施有：

（1）三相二次回路阻抗平衡，使输入各相的热量平衡。

（2）采用小的电极极心圆，扩大电极与包壁之间距离，使耐火材料失效侵蚀指数 R_e 减少。

（3）在渣线附近采用耐火度高、抗渣性强、耐崩裂性强的耐火砖。

（4）侵蚀严重的部位增加耐火材料砖体的长度。

（5）采用泡沫渣操作工艺。

第四章　电炉炼钢工艺基础

100. 超高功率电炉炼钢生产的主要特点有哪些?

超高功率电炉炼钢生产的主要特点有：

（1）电炉的功率水平较高。

（2）供氧强度大。目前超高功率电炉的吨钢氧耗（标态）在 28～40m^3 之间，有的甚至达到 50m^3 以上，氧气总流量在 3500～10000m^3/h 之间。供氧强度如果达不到一定的强度，熔池钢液已经形成，冶金反应不能够迅速进行，将会影响冶炼进程，出现停电或者降低输入功率等待冶金反应的进行，影响冶炼周期。

（3）冶炼周期加快。由于采用了多种现代电炉炼钢技术，目前全废钢冶炼最快的炼钢周期达 27min，相当于相同容量的顶底复吹转炉的水平。普遍的冶炼周期在 40～65min 之间。

（4）冶炼过程中的界限不再明显，熔化期与氧化期有时候熔氧合一，各阶段的冶金反应在不同的阶段都有进行。

（5）炼钢过程中噪声增加，一般在 80～150dB 之间，采用冶炼密封罩可以把噪声降低在 80～100dB 之间。

（6）冶炼过程中的冶金反应速率加快，脱磷、脱碳速度比普通功率电炉有了成倍的提高。

概括地讲，目前超高功率电炉的基本特点是：功率水平在中下（<850kV·A/t）的，采用废钢预热、热兑铁水、输入辅助化学能的手段用来提高台时产量；功率水平比较大的除了采用以上措施外，还采用低配碳、底吹气搅拌的手段来体现超高功率电炉升温速度快的优势。电弧炉的主要功能是快速熔化废钢，控制钢水中的碳、磷含量，满足所需的出钢温度，出钢过程粗调成分，按工序质量控制要求向炉外精炼工位提供合格钢水。图 4－1 为变压器额定功率水平与冶炼周期之间的统计关系。

101. 电炉的冶炼周期是如何定义的?

电炉的冶炼周期就是从冶炼一炉钢加料开始到出钢结束的这段时间，也可以定义为从上次出钢时间到本次出钢时间之间的时间总和，即出钢到出钢之间的这一段时间定义为冶炼周期，可由式（4－1）来表示：

$$T_{冶炼周期} = 60cw/pa + t_0 \qquad (4-1)$$

式中　c——吨钢电耗，kW·h/t；

w——钢水总质量，t；

p——变压器容量；

a——变压器利用率，%；

t_0——冶炼周期内非通电时间总和，包括出钢以后处理填充 EBT 的时间、测温取样时间、加废钢铁料的时间等。

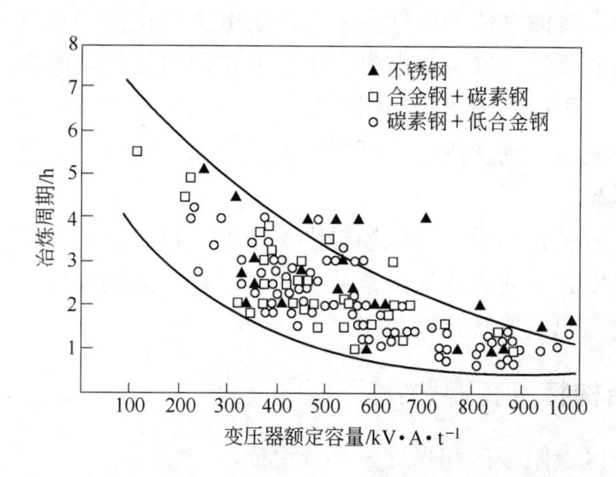

图 4－1　变压器额定功率水平与冶炼周期之间的统计关系

102. 电炉炼钢的产能水平有几种表示方法？

有三种方法表征电炉炼钢的产能水平：

（1）单位炉容量年利用系数，即单位炉容量一年内的合格粗钢的生产量。比如，公称容量为 70 吨的电炉年产 70 万吨合格粗钢，电炉的炉容量年利用系数为：70 万吨/年 ÷ 70 吨 = 1 万吨/(吨 · 年)。

（2）电弧炉的年出钢炉数，即用电炉一年炼钢的炉数表示。一般先进电炉的年出钢炉数为 7000 炉左右。

（3）冶炼周期，即电炉冶炼一炉钢消耗的时间。目前先进电炉的冶炼周期已经达到或者超过了相同容量顶底复吹转炉的冶炼周期，笔者所见的实绩为 26min。

103. 为什么说温度是电炉炼钢的基础保证？

炼钢的过程就是通过冶金的化学反应实现去除杂质和有害元素的过程，废钢没有达到一定的温度，就不可能熔化，熔池就不会形成，炼钢就不可能进行。

合适的温度是熔池中所有炼钢反应的首要条件，所以温度的高低会对冶炼操作产生直接的影响。终点温度控制的好坏，会直接影响到冶炼过程的能量消耗、合金元素的收得率、炉衬的使用寿命及成品钢的质量等技术经济指标。温度太低，炉渣流动性差，钢渣间的脱氧、脱硫等物化反应不能顺利进行，钢中夹杂物不易上浮；温度太高，易导致钢液脱氧不良，钢液吸气严重，同时炉衬侵蚀加剧，容易增加外来夹杂物。

104. 电炉炼钢过程中电弧的起弧原理是什么？

电炉内的电弧起弧原理是：当两根电极与电源接通以后通电时，将两极做短时间的接触（即短路）以后分开，保持一定的距离，在电极两极之间就会出现电弧。这是因为电极接触时，短路电流非常大，而电极的接触并不是理想的平面接触，只是某些突起点的接触，在这些接触点中，通过的电流密度非常大，即大的短路电流，很快将接触点加热到很高的温度。电极分开以后，阴极表面产生热电子发射，发射出的电子在电场的作用下向阳极方向运动，在运动中碰撞气体的中性分子，使之电离为正离子和电子。此外电弧的高温使得气体，包括金属的蒸气，发生热电离，电场的作用也使气体电离，产生的带电质点在电场的吸引下，电子向阳极，正离子向阴极运动，所以电流能够通过两极之间的气体。由于电子的质量和体积较小，到达阴极的可能性大，电弧主要靠电子导电，在此过程中放出大量的热和强烈的弧光。

电弧在电离气体时吸收热量，由电场提供。带电质点复合放出电离时吸收的能量，或是使中性质点激发而发光，或者是加强紊乱运动，又称热运动而发光升温。靠同时进行的电离和复合过程，电弧把电能转化为热能。

105. 电弧的结构特点有哪些？

整个电弧由阴极区、阳极区和弧柱三部分组成。

阴极区是指电弧中紧靠阴极端面的气体微薄区域，厚度大约等于电子在气体中的自由程（约 10^{-6}cm）。所谓的阴极斑点就是电流集中通过的小块面积，该小块面积的温度很高，是热电子发射最激烈的地方；阴极斑点也是阴极端面上存在氧化物或者杂质的斑点，该点的逸出功降低，容易发射热电子。阴极亮斑随着阴极斑点的转移而移动，这是阴极亮斑跳动的现象。阴极区的电流中主要是阴极发射的电子流，还有弧柱中的正离子流，前者向弧柱移动，后者则撞击阴极使之加热。阴极区的范围很窄，所以电场的强度很大，能够达到 10^6V/cm，因此电子从阴极表面逸出以后就得到加速。

阳极区是指电弧中紧靠阳极的区域，阳极区比阴极区的范围要大，但是压降相差不大，所以阳极区的电场强度比阴极区小。阳极区电流集中的地方，也会出现光亮的斑点，叫做阳极斑点。

弧柱是指介于阳极区和阴极区的区域。电弧中三个区域产生的热量都是电能提供的，但是机理不同，温度也不一样。

106. 电弧区的温度为什么能够达到3000℃以上？

电弧实质上是一种气体放电现象，是由外施电场加至两电极之间产生的。即在两个电极间加一定的电压，就能自行放电，放电时两电极间气体被电离，出现大量带电质点，电极间出现导电通道，电流密度达每平方厘米几千安，气体达几千摄氏度。

阴极区热能的产生是由于正离子碰撞到阴极上，给出自己的电离功和动能，转化为热能；此外，电流通过阴极区克服阴极区压降也产生热能，所产生的热能用于电子的逸出功、阴极蒸发和熔化所需要的热能，以及辐射和传导的热能损失。

阳极区的热能来源于电子撞击阳极时释放出的全部动能和逸出功。与阴极区相比较，阳极区不支付电子的逸出功，所以阳极区产生的热量多，温度高于阴极区，这就是直流电炉以炉底作为底阳极的原因。

对于炭质电极来讲，阴极亮斑的温度为 3000 ~ 4000℃，大电流电弧温度较高，阳极斑点的温度在 4900℃左右。

弧柱中热能的产生基本上是由带电质点复合所放出的能量。气体包括金属蒸气分子或者原子最初吸收电能而电离成正、负离子和电子，然后正离子捕获电子，正、负离子复合成中性分子，又放出相当于电离功的光和热。在常压和绝热条件下，弧柱中单位体积产生热量的多少和所到达的温度，取决于气体电离功的大小，弧柱最高温度 T_{max} 与电离电位的关系可以表示为：$T_{max}=810V_i$。

炼钢电炉的电弧气体中除了空气以外，还有金属和碳的蒸气，综合电离电位为 6 ~ 10V，所以理论上弧柱的最高温度为 4720 ~ 7727℃，实际值能够超过 3000℃以上。

由于向其他物体传热，使弧柱的实际温度较低。弧柱热在熔化热中所占的比例由于炉型的不同而不同，炼钢电弧炉中的电弧热基本上是弧柱热。

107. 什么叫做传导传热，什么叫做导热系数？

物体内部依靠分子、原子或电子的热运动（热振动）而引起的热量传输过程称为传导传热。传导传热的基本定理是傅里叶定律。单位时间内的传热量称为热流 φ（J/s 或 W）；而通过单位传热面的热流称为热流密度 q（J/(m^2 · s) 或 W/m^2）。按傅里叶公式，有：

$$dQ=-\lambda\frac{\partial t}{\partial n}dFd\tau \qquad (4-2)$$

即传导传热量与其在传热方向上的温度梯度 $\frac{\partial t}{\partial n}$ 和传热面积 dF 以及传热时间 $d\tau$ 成正比。式（4-2）中，负号表示传热向温度下降的方向。λ 为比例系数，又称导热系数。

108. 什么叫做辐射传热，如何计算？

由于物体内部分子、原子或离子的振动，一切物体都向外界辐射电磁波，单位表面积辐射的热流量与表面温度的关系遵循斯忒藩－玻耳兹曼定律：

$$\varphi=\varepsilon\delta(T+273)^4 \qquad (4-3)$$

式中 φ——单位表面积辐射的热流量，W/m^2；

ε——物体黑度，在 0 ~ 1 之间取值；

δ——黑体辐射常数（斯忒藩－玻耳兹曼常数），其值为 5.672×10^{-8} W/(m^2 · K^4)；

T——物体的表面温度，℃。

固体在空气中冷却时的辐射散热计算公式为：

$$q=\varepsilon_w C_0\left[\left(\frac{T_w+273}{100}\right)^4-\left(\frac{T_a+273}{100}\right)^4\right] \qquad (4-4)$$

式中 ε_w——固体表面黑度系数，在 0 ~ 1 之间取值；

C_0——黑体辐射系数，$C_0=\delta\times108=5.672$ W/(m^2 · K^4)；

T_w——固体表面温度，℃；

T_a——环境空气温度，℃。

109. 什么叫做对流换热，如何计算？

流体流经物体表面引起的热量传递称为对流换热，它发生在液体和固体之间、液体和气体之间或者气体和固体之间。对流换热的热量按牛顿热流量方程计算：

$$\varphi = \alpha(t_1 - t_2)F \tag{4-5}$$

式中 φ——热流量，J/s 或 W；

α——对流传热系数，W/(m^2 · ℃)；

$t_1 - t_2$——流体与固体之间的温度差，℃；

F——换热面积，m^2。

110. 电炉的热能是如何传递的？

电炉炉膛中参与热交换的物质是电弧、炉料和炉衬，炉衬包括炉壁和炉顶，三者共同构成一个封闭的体系，电弧是热源，炉料是受热体，而炉衬是绝热体。炉衬把炉料和电弧与外界大气隔离，减少热损失。热交换包括辐射、传导和对流。实际的传热过程是这三种基本传热方式的不同组合。在实际生产中有以下两种类型的传热：

（1）热从热源直接向固体炉料传递，以及随后的炉料加热和熔化的过程。

（2）向熔体传热，固体炉料在熔体内部熔化或者溶解。

111. 电炉的炉膛传热是以哪几种方式进行的？

电炉的传热属于复杂的综合传热。电炉炉膛内的热交换比较复杂，以辐射传热为主。电炉炉膛内部在冶炼过程中的传热分为以下步骤：

（1）电弧直接向熔池液面辐射。

（2）电弧向炉衬的表面辐射。

（3）炉衬内表面向熔池液面辐射。

（4）炉衬内表面向炉衬内表面辐射，包括炉顶向炉墙的辐射、炉衬向炉顶的辐射。

（5）熔池液面向炉衬内表面辐射。

（6）熔池上表面向钢液内部传导和对流传热。

（7）通过炉衬、炉门、水冷件和烟道的散热。

电炉炼钢过程中常用固体炉料废钢做主要原料，在电弧被固体炉料包围以后，输入炉内的电弧功率直接被固体炉料吸收。所以，输入功率越大，固体炉料的熔化速度越快，在这个阶段，炉衬承受电弧的辐射强度较小。

在熔化末期，电炉内存在由钢液和熔渣组成的熔池，高温弧光以辐射的方式把热能传给被加热的熔池和炉衬（包括炉墙和炉盖）。其中，约10% ~30%的电弧功率是从电弧的端面直接射向熔池面，70% ~90%的电弧功率是从弧柱体射向炉衬和熔池，两者各约占一半。炉渣的黑度在0.5 ~0.6之间，钢水的黑度为0.65。因此，尽管电弧与渣面的距离很近，但是钢渣直接吸收电弧功率的比重不多，炉渣吸收的功率大概是电弧功率的0.275 ~0.33倍。有70%的电弧功率是由电弧光和熔池面辐射到炉衬内表面（所以电炉镁炭砖的导热性一般有严格的要求），炉衬的黑度高达0.8 ~0.9，所以炉衬的内表面被加热到比熔池温度高许多的温度。虽然炉衬本身不是一个放热体，但是能够吸收弧光辐射来的热量而具有高温。当炉衬温度稳定以后，它吸收的热量除了一小部分经过热交换散失以外，大部分都反射给炉渣，所以炉衬是传递热量的中间介质。这一点正好说明了新炉体烘烤时，为什么要执行缓慢升温的工艺。

在实际的生产中，如果能够增加炉渣的黑度，并且减少电弧弧光向炉衬的辐射强度，炉衬的热负荷就会下降，这就是泡沫渣埋弧操作，它是能够提高炉衬寿命的主要原因。

炼钢的熔池是由钢液和液态熔渣组成的。炉渣位于钢液和电弧之间，电弧从上面加热炉渣，炉渣再以热传导的方式来加热钢液。由于钢液内部没有垂直方向的自然对流，电弧产生的电动力的范围仅仅局限于电弧下面的局部熔池，而整个熔池是接近于平静状态的。因此，只是依靠自上而下的定向热传导来加热熔池深处的钢液，效果是较差的。

112. 如何提高电炉熔池的传热效率?

提高电炉熔池传热效率的有效途径如下:

（1）电炉氧化期的脱碳反应是搅动熔池、强化对流传热的有效手段。电炉要在这一阶段将温度控制在一个合理的水平。因为脱碳反应产生的一氧化碳气泡能够在逸出的过程中，造成熔池剧烈沸腾，从而减小钢液内部的温度差。所以，合适的配碳量和沸腾量，是电炉提高热效率的关键环节之一。电炉的脱碳反应能够持续到氧化期结束，这是最理想的结果。

（2）容量较小、自动化程度不高的电炉，使用人工搅拌，可以均匀熔池的温度和成分，是一种有效的方法。

（3）电炉底吹气系统可以减少熔池垂直方向的温差，是一种可以简化工艺的手段。

（4）直流电炉的磁场力对熔池的搅拌比较明显，所以直流电炉的传热效率较高。对于使用返回法冶炼的钢种，直流电炉是一种比较经济的选择。比如电炉冶炼不锈钢母液，就要选择直流电炉或者具备底吹气工艺的交流电炉，比较有利于工艺的操作。

在电炉熔池的水平方向上，除了电极极心圆下面的高温区以外，熔池水平方向上的温度差比熔池垂直方向上的差要小许多，而且水平方向上温差的绝对值不会随着炉子容量的加大而增加。钢包炉吹氩气的搅拌，可以减少钢液纵深方向的温差，吹氩不正常或者没有吹氩的情况下冶炼，发生的穿包事故原因就基于以上的分析。

113. 什么叫做电炉炼钢过程中的能量供给制度?

电炉冶炼各个阶段的钢液具有一定的温度，温度制度是要靠合理的能量供给制度来实现的。电炉炼钢的能量供给制度是指在不同的冶炼阶段向电炉输入电弧功率的多少，以及辅助能源的多少。

114. 电炉熔化期的能量传递有何特点?

电炉加入废钢铁料以后，电弧在固体炉料上面和接近炉盖的区域起弧，弧光会辐射到炉盖，如果炉料的配加和布置比较合理，电极很快就会插入炉料内，电弧就会被炉料包裹。当电弧被炉料包裹以后，直到炉料大部分被熔化，电弧暴露在熔池面上为止，在这一阶段，炉料直接吸收电弧的功率，炉衬几乎不参加热交换，所以电炉可以输入最大的电压和电弧功率，各类烧嘴在这一阶段也要满功率地输入能量。

随着废钢的熔化，电弧暴露在熔池面上，炉衬参与了热交换，熔池非高温区主要依靠炉衬辐射而加热，由于炉墙的位置和熔池之间的夹角略大于90°，炉盖可以认为是与熔池液面平行的。因此可以认为，在加热熔池方面，炉盖起着主要作用。输入电炉的电弧功率的分配可以表示为：

$$P_{电弧} = P_{有用功率} + P_{热损失} + P_{炉衬储热} \tag{4-6}$$

式中 $P_{电弧}$——电弧的功率，kW；

$P_{有用功率}$——加热炉渣和钢液的功率，kW；

$P_{热损失}$——通过炉衬和其他途径散失的功率，kW；

$P_{炉衬储热}$——炉衬储存的能量，使得炉衬升温，kW。

随着冶炼的进行，炉衬的温度升高，炉衬储存能量的程度降低，$P_{热损失}$增加，$P_{有用功率}$由两部分组成，一部分是电弧直接辐射给炉料或者熔池的功率，另外一部分是首先辐射到炉衬，再从炉衬反射给熔池的功率。炉衬反射给熔池功率的大小，由炉衬的温度和熔池表面温度的四次方之差来决定。

熔化期的温差大，这种传热可以大量地进行。随着熔池温度的升高，这种传热的进行程度变小，当输入的电弧功率不变时，由于熔池表面温度的升高，$P_{有用功率}$将会下降，$P_{热损失}$和$P_{炉衬储热}$将会增加，$P_{热损失}$的增加将会增加冶炼的电耗，$P_{炉衬储热}$的增加会引起炉衬温度的升高，当温度升高到炉衬耐火度的时候，炉衬就会损坏，特别是炉盖。为了减少热损失和延长炉衬、炉盖的寿命，输入电炉的电弧功率要随着熔池温度的升高而降低。

通常，炉衬的薄弱部位是在废钢熔清70%左右穿炉的，就是以上传热因素造成的。

115. 电炉氧化期的传热有何特点？

氧化期由于脱碳反应的作用，熔池剧烈沸腾，熔池内部的对流传热得到强化，钢液内部的温差小，为钢液的升温操作提供了有利的条件；同时，由于氧化放热反应，熔池的升温速度会更快。因此，要根据装入量和配碳量，合理地调整送电的挡位和输入电炉的电弧功率。

需要特别说明的是，在超高功率电炉的生产中，如果氧化期脱碳反应能够正常地进行，温度控制的合理，即使是炉役后期的薄弱处也很少穿炉。穿炉就是在脱碳反应没有开始，熔池内部钢液之间的传热较差，炉渣乳化以后经常发生，就说明了这一点。

116. 电炉炼钢过程中的能量平衡关系如何？

电炉炼钢过程中的能量平衡关系如图4－2所示。

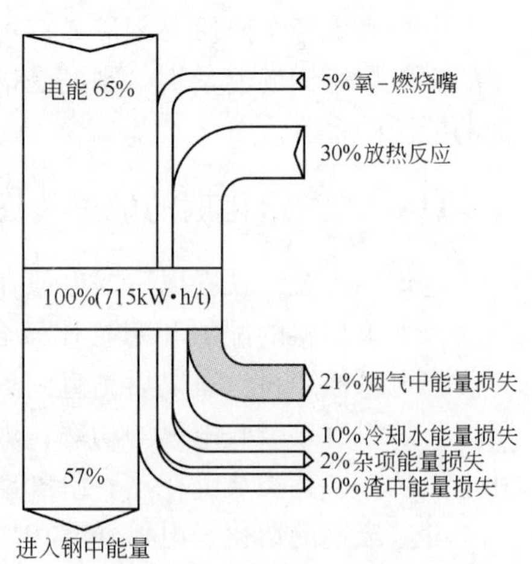

图4－2　电炉炼钢过程中的能量平衡关系

117. 热兑铁水的方式常见的有哪几种？

目前，世界上兑加铁水的方式主要有三种：

（1）从炉顶兑加铁水的方式。这种方式主要应用于炉盖旋开式加料的电炉。这种方式在电炉加入废钢后，用行车吊起铁水罐，直接从炉顶兑入铁水。图4－3是新疆八一钢铁股份公司电炉厂70t直流电炉热兑铁水的实地照片。这种方法简单易行，其特点是不需要增加多余的附属设备，可操作性强，兑加铁水的时机与兑加速度灵活多变，可实现铁水的快速热兑；唯一受影响的因素是受废钢料况的影响产生飞溅，但在一定程度上可以控制。比如，选择在兑加铁水的这一批料的料型搭配上做调整，或者在废钢加入后送电，电极穿井后，旋开炉盖，将铁水兑加在“井”内。这种热兑方式可以将铁水兑在炉门区后，使炉门区形成热区，炭 - 氧枪可以迅速工作，可以提高吹氧效率，尽早利用铁水的物理热与化学热，对于缩短化料时间，早期脱碳，降低电耗、铁耗，保护炉门区炉衬有积极意义。这种方式的缺点是造成了加废钢的行车与兑加铁水的行车之间相互影响（当车间配置了两台行车时，这种矛盾可以消除或者缓解），铁水的散热损失较多。

（2）用专用铁水流槽车从电炉炉门（也称渣门）兑入铁水的方式。图 4 - 4 所示为利用渣门热兑铁水的示意图。这种方案热兑铁水时受影响的因素较多，其中受渣门积渣或废钢的堆积影响最多，流槽难以插入炉内进行铁水热兑，严重影响了铁水的热兑，限制了生产能力，而且流槽车的维护是否正常也影响着热兑铁水的进行；此外，在铁水流槽车上兑加铁水时产生的烟尘也难以被炉顶除尘系统捕集，污染较大。所以此方案在生产中的实用意义不大。

图 4 - 3　新疆八一钢铁股份公司电炉厂 70t 直流电炉热兑铁水的实地照片

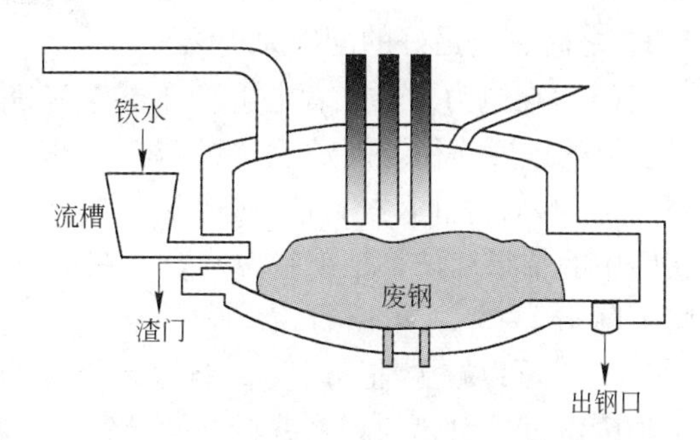

图 4 - 4　利用渣门热兑铁水的示意图

（3）从炉壁的特定位置用专用装置兑入铁水的方式。这种方式主要应用于竖式电炉和连续加料的 Consteel 电炉，这种兑加铁水的方式特别适合于超声速氧枪和超声速集束氧枪的吹炼。国内采用这种方式的主要代表是安阳的 100t 竖式电炉和广东韶钢的 90t Consteel 电炉。安阳钢铁公司的做法是：在电炉的出钢侧与电炉中心线呈 30°角的炉壁上开一个兑加铁水的孔，把铁水从铁水罐中倒入专门为热兑铁水设计的铁水包中，将铁水包吊到兑铁水小车上，锁定后，通过液压缸的倾动，将铁水经过铁水流槽和兑铁水口兑入炉内，后来做改造，直接将铁水罐通过液压缸的倾动，将铁水经过铁水流槽和兑铁水口兑入炉内。图 4 - 5 是炉壁热兑装置热兑铁水的实地照片。

所以本着简单实用的角度看，（1）和（3）是较成功的兑加铁水方式。

118. 热兑铁水有何优缺点？

电炉新铁料的应用的一个共同特点就是优质废钢的替代品，电炉热兑铁水生产推动了电炉炼钢转炉化的进程。电炉热兑铁水生产优质钢，已经是目前一种流行的工艺趋势，主要具有以下优点：

图4-5 炉壁热兑装置热兑铁水的实地照片

(1) 在电力充足，废钢资源不足，铁矿石资源充足的地区，电炉热兑铁水生产是缓解废钢资源不足的重要手段。

(2) 电炉热兑铁水生产是电炉冶炼纯净钢的最佳途径。由于铁水中的有害元素含量低，金属铁含量高，可以稀释废钢中有害元素的含量，而且铁水中碳一般在3.8%~4.2%之间，是最好的配碳原料之一。

(3) 在电力不足或者电炉变压器容量能力不大的短流程企业，热兑铁水可以作为辅助能源的重要途径。高炉铁水的温度一般在1250~1350℃之间，物理热的能量在298~340kW·h/t，同时含有硅、碳等氧化放热元素，计算的化学热在160~220kW·h/t之间。实践中的结果和计算结果基本吻合。在电炉的生产中，铁水的比例每增加1%，吨钢电耗将下降4.2~5.2kW·h/t。

(4) 可以减少辅助时间，缩短冶炼周期。由于热兑铁水可以减少废钢的加入量，减少加废钢过程引起的废钢铁料高而导致的压料操作，有时候可以将全废钢冶炼加料的次数减少一次，加上铁水的热能，可以缩短通电时间。电炉的冶炼周期将会随着铁水加入比例在一定的波动范围（20%~50%）内大幅度地下降。

(5) 可以提高金属的收得率。这一点可以在以下几点中得到体现：

1) 热兑铁水后，电炉可以提前形成熔池，增加废钢的熔化速度，缩短熔化期，减少电弧区金属铁的蒸发量。

2) 缩短冶炼周期会减少冶炼过程中金属铁的各种损失途径和时间。

(6) 电炉热兑铁水可以提高炉龄。电炉热兑铁水后，以下方面有助于提高炉龄：

1) 缩短冶炼周期后可以减少钢液炉渣对炉衬的侵蚀时间，所以相应地提高了炉衬的寿命。

2) 电炉热兑铁水一般可以在炉底极心圆附近形成局部熔池，可以减少电弧穿井过程对于炉底的高温侵蚀，还可以防止超声速氧枪吹氧对于吹氧区炉底的侵蚀。

电炉热兑铁水的技术的缺点如下：

(1) 电炉热兑铁水时烟气发生量大，增加了除尘系统的负担。而且，在热兑过程中析出的无定形石墨碳与氧化铁粉尘对冶炼环境的影响十分明显。

(2) 电炉热兑铁水在冶炼操作中对于操作工的要求比较高，在冶炼中会出现炉壁黏结冷钢渣的现象，严重时会影响冶炼周期，脱碳不当时会引发大沸腾事故。

(3) 电炉热兑铁水生产对于供氧条件的要求比较高，因此会引起导电横臂氧化严重的现象。

（4）电炉热兑铁水的过程中出现的飞溅现象，在操作不当时会引起各种事故。

119. 怎样计算铁水带入的物理热？

铁水带入的物理热可以由式（4-7）计算：

$$E_T = 1/3600 G_{铁} C_{铁}(t - t_0) \tag{4-7}$$

式中 $G_{铁}$——装入的铁水量，kg；

$C_{铁}$——铁水的平均热容量，为0.7955kJ/(kg·℃)；

t——兑入铁水的温度，℃；

t_0——室温，取25℃。

铁水带入的物理热与化学热的综合热效应表现为铁水每增加1%，吨钢电耗下降5kW·h。

120. 如何根据铁水的加入比例估算送电的电字？

现代电炉炼钢过程中，钢水温度达到1600℃，排除正常的化学热的平衡关系，钢水需要的电能为396～405kW·h/t。计算是根据热兑铁水比例对输入电能的量进行初步预测的，举例如下。

例1　装入量为60t，留钢10t，热兑铁水为30t，冶炼正常时，计算输入的电能的量。

热兑比例为30%，由以上分析可以认为，热兑铁水比例每增加1%，电耗下降5kW·h/t。所以，吨钢电耗降低的数值为：30×5kW·h/t＝150kW·h/t；冶炼中吨钢电耗的数值为：397kW·h/t－150kW·h/t＝247kW·h/t；输入电能为：247kW·h/t×(60t＋30t＋10t)＝24.7MW·h。

即正常冶炼过程中，输入的电能达到24.7MW·h左右（即电炉的电耗达到24.7MW·h）时，就可以测温取样的操作了。

121. 常见的各种热能的转换关系大致如何？

常见的各种热能的转换关系大致为：

1kcal＝4kJ

1度＝1kW·h＝3600kJ

1kJ＝0.23kcal

122. 什么叫做电炉的二次燃烧技术？

对于一些利用冷生铁或铁水以及其他方式配碳，并且配碳量较大的电炉，在熔化期和氧化期的脱碳反应中，产生大量的一氧化碳气体，如果不加以利用，直接进入除尘系统，不仅损失了气体中的热焓，而且加剧了除尘的负担。在电炉炼钢过程中碳氧化成CO，再把产物CO氧化成CO_2的过程就称为电炉炼钢过程的二次燃烧技术，简称PC（post-combustion）技术。二次燃烧的基本原理如下：

$$C + \frac{1}{2}O_2 = CO \qquad \Delta H_1 = 5.04 \times 10^6 J/kg \tag{4-8}$$

$$CO + \frac{1}{2}O_2 = CO_2 \qquad \Delta H_2 = 20.88 \times 10^6 J/kg \qquad (4-9)$$

由以上的化学反应方程式可知，使 CO 氧化成 CO_2 产生的热量是常规脱碳产生热量的4倍，所以目前二次燃烧技术已经普遍应用在超高功率电炉上。二次燃烧技术采用专门的PC枪或者烧嘴来实现二次燃烧的目的。

123. 什么叫做二次燃烧比和二次燃烧的热效率？

通常将二次燃烧热得到回收的效率比表示为：$PCR = CO_2/(CO_2 + CO)$，其中，PCR又称为二次燃烧比（%）。熔池吸收的由二次燃烧产生的热量 q（J）和二次燃烧产生的理论热量 Q（J）之比称为热效率（%），用 HTE 表示，可以表示为：$HTE = q/Q$。

124. 二次燃烧释放的热能情况是怎样的？

电炉操作中，PCR 可超过 80%。当炉中有冷废钢时，HTE 可望达到 65%。电炉炼钢过程中，由炉料中配碳、造泡沫渣和外加热源用材料等在冶炼过程中产生大量 CO，只要有足够的氧使其二次燃烧就能得到可利用的热量。

由反应式（4－8）和式（4－9）可知，使 CO 氧化成 CO_2 产生的热量是常规脱碳产生热量的4倍。在大多数吹氧炼钢过程中，包括二次燃烧，均有气、固、液三相，均存在着气/液、气/固和液/固界面的反应。由冶金反应知，当熔池中［C］>0.3%（电炉炼钢满足这一条件）时，氧优先与碳反应生成 CO，即表4－1中1号在4号之前反应。进入炉气中的 CO、H_2 按表4－1中的2号、3号进行二次燃烧反应，产生大量可利用的化学热，炉气中 CO_2 和 H_2O 的比例增加，鉴于它们分别比 CO 和 H_2 有更高的辐射传热能力，因此二次燃烧也有利于改善炉内传热条件。电炉废气中 CO、H_2 和有机物经二次燃烧可产生 216～360MJ/t 的热量。表4－1列出了与二次燃烧有关的化学反应。

表4－1 与二次燃烧有关的化学反应

序 号	反 应	序 号	反 应
1	$C + 1/2O_2 \longrightarrow CO$	5	$C + CO_2 \longrightarrow 2CO$
2	$CO + 1/2O_2 \longrightarrow CO_2$	6	$C + FeO \longrightarrow CO + Fe$
3	$H_2 + 1/2O_2 \longrightarrow H_2O$	7	$Fe + CO_2 \longrightarrow FeO + CO$
4	$Fe + 1/2O_2 \longrightarrow FeO$		

125. 二次燃烧有何优点？

二次燃烧具有如下优点：

（1）缩短冶炼时间。实测知，采用二次燃烧消耗 $1m^3$ 氧气可缩短冶炼时间 0.43～0.50min。德国、意大利、法国等国应用二次燃烧技术的电炉可缩短从通电到出钢时间的 8%～15%。

（2）降低单位电耗。测得用于二次燃烧 $1m^3$ O_2 可节电 5.8kW·h/t。德国 BSW 公司的大量试验得到，一般用于二次燃烧的氧量为 $16.8m^3/t$，该厂实际节电 62kW·h/t；若能将冶炼过程中来自吹氧和泡沫渣中产生的 CO 完全燃烧成 CO_2，可节电 80kW·h/t。美国

Nucor公司在一座60t电炉上实测得到，每炉冶炼时间从58min降为54min；电耗从380～400kW·h/t降为332kW·h/t。据报道，电炉采用二次燃烧技术后，由于减轻对除尘系统的负荷，由此可节电10kW·h/t。

（3）提高生产率。电炉使用二次燃烧技术后改善了电特性，且产生大量的化学热，又由于二次燃烧可减少CO向环境的放散，这样在炼钢原料中较大量地加入DRI、HBI和Fe_3C等也不会增加CO的放散量，大大有助于提高生产率。某公司应用二次燃烧技术后，使粗钢产量从0.54Mt/a上升到0.66Mt/a；某公司采用二次燃烧技术后，平均产量从67t/h增加到75t/h，提高生产率12%。

（4）减轻炉子的热负荷。对炉子热损失测定表明，只要合理使用二次燃烧技术，从水冷炉壁、烟道进出口冷却水温度测知，其影响几乎可以忽略；只有水冷炉壁的热损失有所增加，最大可达21.96MJ/t。但由于冶炼时间缩短，产量增加，实际热损失从76.32MJ/t降到72.72MJ/t。

从采用二次燃烧技术后的大量生产实践统计得到，除氧和碳的用量有不同程度的增加外，只要正确应用二次燃烧技术，其他指标均可得到改善。美国Nucor公司测定，二次燃烧形成的泡沫渣对电极的屏蔽作用使单位电极消耗下降；普遍关注的受炉气中氧势的变化而影响较大的铁损问题，也经实测得到，渣中FeO达到低水平，并不造成铁损增大。某公司应用二次燃烧技术后，使侧壁烧嘴的工作时间减少15%，降低天然气消耗20%，相当于节约天然气0.9m^3/t。德国BSW公司应用Alarc－PC技术，合理调节并尽可能增大氧耗，使输入电功率降低7%，生产率提高7%。

（5）优化对环境的影响。在电炉冶炼过程中，PCR最高可达80%，废气中CO含量从20%～30%降到5%～10%；CO_2从10%～20%增加到30%～35%，且大大减少了NO_x有害气体向环境的放散，有利于环境的改善。

二次燃烧技术在电炉炼钢过程中的应用具有潜在优势，但冶炼过程中的炉气成分及数量受许多因素影响而变化。为此，应有针对性的操作工艺才能使这一技术真正发挥效益。

126. 电炉吨钢多吹1m^3的氧气，吨钢电耗下降多少？

电炉吨钢多吹1m^3的氧气，吨钢电耗下降4kW·h左右。

127. 什么叫做电炉的冷区？

电炉在冶炼过程中，需要的能量主要由电能和化学热两部分供给，在电炉的炉膛中，离电弧辐射的区域相对较远的，电炉的吹氧或者烧嘴的供氧产生的供热不能够影响到的区域，废钢传热相对少，熔化速度较慢，称为电炉的冷区。

128. 交流电炉的冷区部位有哪些？

各种不同交流电炉的冷区如图4－6所示。

129. 什么叫做电炉底吹气技术？

电炉底吹气技术（DPP）最早是在1980年德国蒂森特殊钢公司110t电炉上实现了工业化应用，主要具有以下优点：

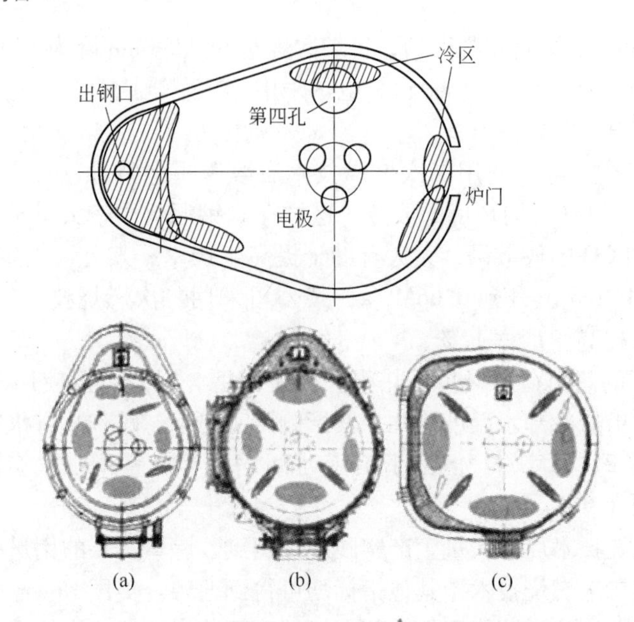

图 4-6　各种不同交流电炉的冷区（见图中的阴影部分）
（a）高阻抗电炉；（b）Consteel 电炉；（c）带废钢预热的竖式电炉

（1）促进了废钢的熔化，减少了电炉冷区的软熔现象，有助于消除电炉炼钢过程中存在的冷区。

（2）有益于提高钢渣界面的反应速度，有助于电炉粗炼钢水夹杂物的吸附和去除，增加了脱磷、脱碳的反应速度，对于缩短冶炼周期有积极的意义。

（3）增加了钢水在熔池内的运动速度，有助于消除熔池内的温度不均衡现象，可以降低出钢温度。

（4）由于底吹气的搅拌作用，使得钢渣界面的反应更加趋于平衡，降低了渣中氧化铁含量，有利于铁耗的降低。

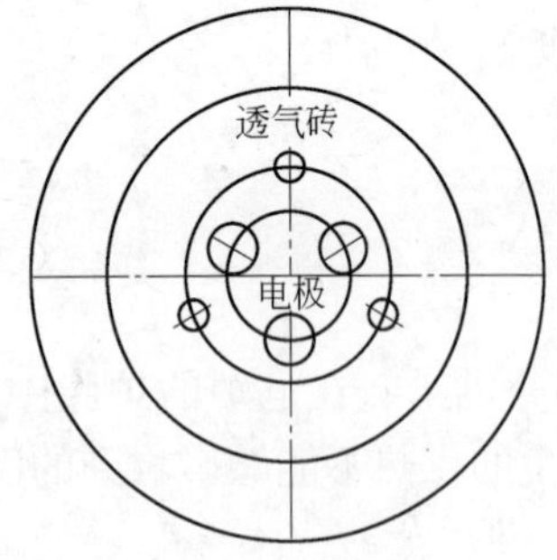

图 4-7　电炉底吹气砖的分布简图

（5）由于降低了电炉的出钢温度和渣中氧化铁的含量，提高了炉衬的寿命。

由于以上的优点，电炉底吹气技术在最近几年里得到了重视和发展。底吹气技术主要是在电炉炉底成 120°分布装三块透气砖，透气砖和套砖之间用炉底捣打料填充。第一炉使用时不供气，透气砖受损严重时可以更换，更换方式与更换 EBT 套砖的方法相似。电炉底吹气砖的分布如图 4-7 所示。一般供气压力在 0.3～1.2MPa 之间，搅拌气体的流量（标态）控制在 0.002～0.01m^3/(min·t) 效果最佳。

130. 电炉炼钢过程中熔渣是从哪里来的?

炼钢熔渣的来源主要有:

（1）炼钢过程中有目的地加入的造渣材料，如石灰、白云石、萤石及火砖块等。

（2）炼钢过程中的必然产物，包括原材料带入的杂质及合金元素的氧化产物或脱硫产物，在冶炼过程中上浮到钢液的表面，如 Fe、Si、Mn、Cr、Ti、V、Al、P 的氧化物及 Ca、Mn、Mg 的硫化物等。

（3）化学和高温热对炉衬耐火材料的侵蚀作用物，如碱性渣中的 MgO 和酸性渣中的 SiO_2 等。

131. 熔渣在电炉炼钢过程中的作用有哪些？

炼钢过程中电炉熔渣的作用主要有：

（1）通过调整炉渣的成分来控制钢液的氧化和还原反应的进行速度。

（2）脱除钢中的杂质（如 S、P、Pb、Zn 等），将它们转变为各种化合物稳定在炉渣中，或者通过炉渣排出。

（3）吸收夹杂物。通过炉渣将钢中的各类夹杂物吸附在渣中，达到净化钢液的目的。

（4）覆盖钢液，防止钢液的吸气和降温散热；减少吹炼过程中的飞溅损失。

（5）熔渣是电炉炼钢过程中加热钢液的传热介质，可以稳定电弧燃烧；在电渣炉熔炼时，熔渣是电阻的发热体。

（6）用作保护熔渣时，可减少钢液裸露时金属的氧化，防止散热，提高钢锭、铸坯的表面质量。

132. 电炉炼钢对于熔渣的要求有哪些？

电炉炼钢对熔渣有以下要求：

（1）导电能力大，熔点不宜太高，并具有适当的流动性和相对的稳定性，即在一定的温度下，不因成分的微小变化而引起黏度急剧地改变。

（2）能确保冶炼过程中各项化学反应的顺利进行。

（3）渣钢易于分离。

（4）对炉衬耐火材料的侵蚀要尽量小。

（5）选用的造渣材料应该资源丰富、价格便宜、容易获得。

133. 什么叫做酸性渣、中性渣和碱性渣？

不同的炼钢方法往往采用不同的渣系进行冶炼，但因炼钢电炉的炉衬有酸性和碱性之分，所以电炉钢的熔渣也有酸性、碱性之分，此外还有中性渣系。当渣中酸性氧化物占优势，即 $\frac{\sum\%\mathrm{CaO}}{\sum\%\mathrm{SiO_2}}<1$ 时，称为酸性渣；当渣中碱性氧化物占优势，即 $\frac{\sum\%\mathrm{CaO}}{\sum\%\mathrm{SiO_2}}>1$ 时，称为碱性渣；当 $\frac{\sum\%\mathrm{CaO}}{\sum\%\mathrm{SiO_2}}\approx1$ 时，称为中性渣。根据电炉钢的冶炼过程，又可将熔渣分为氧化渣、还原渣以及合成渣。常见的还原渣有白渣和电石渣；合成渣的种类较多，主要用于液渣保护浇注及炉外精炼等。

134. 电炉钢渣的密度如何计算？

固态钢渣的密度可近似地用单独化合物的密度和组成计算：

$$\rho_{渣} = \sum\rho_i w_i \qquad (4-10)$$

式中 $\rho_{渣}$——固态钢渣的密度，g/cm³；

w_i——渣中各化合物的质量分数,%；

ρ_i——各化合物的密度，g/cm³；

i——熔渣的组成物质。

当渣中含有大量密度大的化合物（FeO、MnO、Cr_2O_3）时，熔渣的总密度就大，而占据的体积就小。在电炉钢的冶炼过程中，一般氧化渣的密度均大于还原渣的密度。

一般液态碱性渣的密度为 3.0g/cm³，固态碱性渣为 3.5g/cm³，而 FeO >40% 的高氧化铁渣的密度为 4.0g/cm³，还原初期熔渣的密度约为 3.0g/cm³，酸性渣一般为 3.0g/cm³，泡沫渣或渣中存在弥散气泡时，密度低一些，所占据的体积也就更大一些。

135. 什么是炉渣的熔点，电炉炼钢对炉渣的熔点有何要求？

在炉渣被加热时，固态渣完全转变为均匀液相，或者液态渣冷却至开始析出固相的温度称为熔渣的熔点。炼钢过程产生的炉渣是由多种化合物构成的体系，它的熔化过程是在一定的温度范围内进行的。针对某一种炉渣而言，目前还不能准确讨论它的准确熔点。通常，炼钢过程要求炉渣的熔点应低于所炼钢的熔点 40 ~ 220℃。电炉钢炉渣的熔点一般低于所炼钢熔点的 60 ~ 120℃，以促使熔渣在冶炼过程中充分发挥出功能作用。

136. 电炉炉渣的熔点大概是多少，为什么电炉炼钢炉渣的实际熔点一般较低？

一般电炉炼钢的氧化渣的熔点为 1230 ~ 1525℃，还原渣的熔点一般在 1430 ~ 1520℃之间。

在炼钢温度下，组成炉渣的金属氧化物的熔点远远高于炉渣的熔点。炉渣的熔点较它们各自氧化物熔点低，目前的解释是由于化学键的作用，使得复杂化合物的键能减弱，使得炉渣的熔点大幅度下降，这样才使熔渣的形成成为可能。其中，CaO、MgO、SiO_2 及 FeO 是碱性渣中的主要成分，它们决定或影响着该类炉渣熔点的高低。不同炉渣的熔点取决于成渣过程中生产的岩相化合物，这些岩相化合物的熔点是各不相同的。炉渣中的化合物及其熔点见表 4 - 2。

表 4 - 2 炉渣中的化合物及其熔点

化合物	矿物名称	熔点/℃	化合物	矿物名称	熔点/℃
$CaO \cdot SiO_2$	硅酸钙	1550	$CaO \cdot MgO \cdot SiO_2$	钙镁橄榄石	1390
$MnO \cdot SiO_2$	硅酸锰	1285	$CaO \cdot FeO \cdot SiO_2$	钙铁橄榄石	1205
$MgO \cdot SiO_2$	硅酸镁	1557	$2CaO \cdot MgO \cdot SiO_2$	钙黄长石	1450
$2CaO \cdot SiO_2$	硅酸二钙	2130	$3CaO \cdot MgO \cdot 2SiO_2$	镁蔷薇辉石	1550
$2FeO \cdot SiO_2$	铁橄榄石	1205	$2CaO \cdot P_2O_5$	磷酸二钙	1320
$2MnO \cdot SiO_2$	锰橄榄石	1345	$CaO \cdot Fe_2O_3$	铁酸钙	1230
$2MgO \cdot SiO_2$	镁橄榄石	1890	$2CaO \cdot Fe_2O_3$	正铁酸钙	1420

137. 影响电炉炉渣熔点的主要原因有哪些?

影响电炉炉渣熔点的因素主要有:

(1) 炉渣中碱度的影响。这一点主要指渣中氧化钙的含量。炉渣碱度不同,炉渣的岩相结构也不一样。一般来讲,炉渣的碱度越高,熔点也越高。炼钢过程中加入过量的石灰,就会导致成渣速度较慢。

(2) 渣中氧化镁含量的影响。渣中含有一定量的氧化镁,有利于降低炉渣的成渣温度,这主要是由于合理的氧化镁会在冶炼过程中生成低熔点的钙镁橄榄石。但是氧化镁含量过高,会引起炉渣熔点的上升。

(3) 渣中氧化铁的含量。由于氧化铁的离子半径不大,和氧化钙同属于立方晶系,有利于向石灰的晶格中迁移,并且生成低熔点的化合物,从而降低了炉渣的熔点。在电炉的氧化期,如果炉渣的熔点较高,石灰没有完全熔化,或者电炉扒渣以前,炉渣太黏,需要在送电的同时,向钢渣界面吹氧,提高渣中氧化铁的含量,降低炉渣的熔点,提高炉渣的流动性。

138. 什么是熔渣的黏度,熔渣和钢液的黏度大概和哪些物质接近?

熔渣内部相对运动时各层之间的内摩擦力称为熔渣的黏度。合适的熔渣的黏度在0.02~0.1Pa·s之间,相当于轻质机油的黏度,钢液的黏度在0.0025Pa·s左右,相当于松节油的黏度。熔渣的黏度是钢液黏度的8~10倍。

139. 电炉炼钢过程中,熔渣是否导电?

电炉炼钢过程中的渣料大多属于离子晶体。从分子理论的角度出发,可以得出,渣料的导电性很差或者基本上不导电。炼钢过程中的化学溶解或者高温区的电弧的溶解,使得这些离子晶体在液体状态下,解离为不同的离子或者络合物,属于典型的电解质溶液,使得熔渣具有很大的导电能力,这样才使电炉炼钢成为可能。在一定的电压下,熔渣中带电荷的离子和其中的自由电子的混合流动使熔渣具有了导电性。在生产中会常常遇到这样的现象,在电炉熔清阶段,磷高补加石灰,加入石灰渣料量如果比较大,刚好在电极的下方,这时通电时,电极下降到石灰渣料上,电极就不会起弧通电,通常需要吹氧,将石灰吹开,才能够进行正常的通电冶炼。事实上,熔渣的导电能力在冶炼过程中是一个由小变大的过程。熔渣的导电能力常用电导率 γ 或 σ 表示,它等于电阻率的倒数,单位为S/m或S/cm。熔渣电导率的大小主要取决于渣中离子数目的多少,当然也取决于正、负离子间的相互作用力,即离子在渣中移动的内摩擦力。

140. 什么是熔渣的氧化能力?

炼钢生产中,熔渣的氧化性是指熔渣向金属相提供氧的能力,是熔渣氧化金属熔池中杂质的能力。熔渣的氧化能力是指在一定温度下,单位时间内由熔渣向钢液供氧的数量。在其他条件一定的情况下,熔渣对钢液的氧化能力决定了脱磷、脱碳以及夹杂物的去处等,因而规定着电炉钢生产的熔化和氧化过程。渣中溶解的纯氧含量少,而熔渣中氧的总含量却比溶解的纯氧含量高得多,多余的氧一般以 FeO 和 Fe_2O_3 的形式存在,其中主要是

FeO。当渣中存有大量的自由 FeO 时，才会使熔渣具有很大的氧化能力；相反，当 FeO 含量很低时，钢渣之间氧的分配比例发生改变，熔渣具有还原能力。

141. 熔渣对钢液的氧化能力是如何实现的?

熔渣对于钢液的氧化能力以两种方式实现：一种是熔渣中 FeO 在钢液和熔渣之间分配，从而使钢液中也有 FeO；另一种可能是通过熔渣中的 O^{2-} 向钢液转移。熔渣中有各种正负离子，如 Ca^{2+}、Mn^{2+}、Fe^{2+}、O^{2-}、SiO_4^{4-} 等，它们都有向钢液中转移的趋势，但这种转移趋势的大小取决于离子半径的大小和对铁的亲和力的大小。由于熔渣中 O^{2-} 与钢液中铁的亲和力最大，而在所有的负离子中，O^{2-} 的离子半径小于 SiO_4^{4-} 等的离子半径（O^{2-} =0.132nm、PO_4^{3-} =0.276nm、SiO_4^{4-} =0.279nm），因此，O^{2-} 可先于其他负离子由熔渣转移到钢液中，即：

$$O^{2-} = [O] + 2e \tag{4-11}$$

又由于 Fe^{2+} 在正离子中具有较小的离子半径（Ca^{2+} =0.106nm、Mg^{2+} =0.078nm、Mn^{2+} =0.080nm、Fe^{2+} =0.075nm）和最大的正电性，因此，在发生 O^{2-} 由熔渣向钢液转移的同时，也伴随着 Fe^{2+} 的转移，从而保持熔渣与钢液两相的电中性，即：

$$Fe^{2+} + 2e = [Fe] \tag{4-12}$$

将式（4-11）和式（4-12）相加，得 O^{2-} 由熔渣相转移到钢液相的反应，即：

$$O^{2-} + Fe^{2+} = [Fe] + [O]$$

由此可见，熔渣中 FeO 为氧的传递与转移起着重要的作用。

142. 熔渣氧化能力的表示方法及主要影响因素有哪些?

按照分子理论，由于 FeO 在钢液和熔渣两相之间的溶解服从分配定律，因此用渣中含有的氧化铁（FeO 和 Fe_2O_3）含量的多少来表示炉渣的氧化能力。熔渣的氧化能力主要取决于组成和温度。在一定的温度下，随着熔渣中 a_{FeO} 的升高，铁液中［%O］含量也相应增高。当 a_{FeO} 一定时，随着温度的升高，铁液中［%O］含量也提高，即熔渣对铁液的氧化能力提高。在其他条件相同的情况下，高温钢液的脱碳速度比低温钢液的脱碳速度快就与此有直接关系。

143. 电炉的渣量为什么不能够多，也不能够少?

电炉渣料的熔化依靠渣中的氧化铁作为熔剂进行，并且渣中必须保持 14% 以上的氧化铁以保持钢渣的流动性，并且电炉的吹炼过程中，钢渣的乳化会使得钢渣中间有小铁珠弥散其间，随着炉渣的倒出，会造成钢铁料消耗的增加，同时化渣需要的电耗、氧耗也会增加，冶金过程中的动力学条件也会恶化，引起熔池脱碳困难、大沸腾等事故；钢渣太少，炉渣的厚度不够，钢渣的埋弧效果不好，同时钢渣也不能够有效地减少吹氧过程中引起的金属料的飞溅损失。因此，电炉炼钢的钢渣既不能多，也不能够少。

144. 现代电炉为什么要使用泡沫渣技术?

泡沫渣技术是现代电炉炼钢发展的产物和新技术，随着电炉输入功率的增加，二次侧电压最高可以达到 1000V 以上，电弧长度最长的可以达到 1.5m 以上，电弧的裸露不仅降低了热效率，增加了电极的消耗，恶化了钢水质量，而且对于电炉的水冷盘和耐火材料都是一个挑战和威胁。为了应对以上矛盾，电炉除了改进和发展性能优良的耐火材料外，泡沫渣技术成为解决以上矛盾的核心。所以，超高功率电炉的冶炼操作中，全程造泡沫渣的冶炼技术是工艺要求的核心。从泡沫渣的质量就可以直观地看出一座电炉的运行情况。

145. 泡沫渣的原理是什么？

当石灰和白云石被溶解成为渣液后，在渣中有气体逸出时，溶解的渣液成为气体的液膜，形成一个个气泡，由 $2CaO \cdot SiO_2$、$3CaO \cdot P_2O_5$、MgO、$MgO \cdot SiO_2$ 等悬浮物质点分割开，随着气体的不断逸出，气泡压力的增大，溶解的渣液体积随着气体的膨胀变大到几十甚至上百倍，这就是泡沫渣的形成原理，如图 4－8 所示。

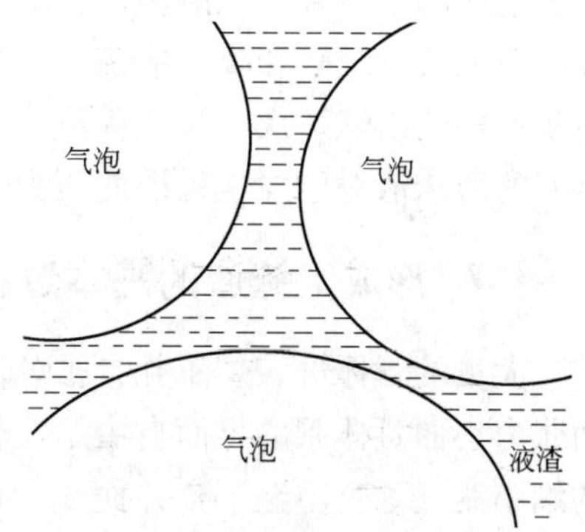

图 4－8　泡沫渣的形成原理

146. 泡沫渣有哪些功能？

目前，泡沫渣的冶金功能有了更多的扩展，主要功能有：

（1）反应介质，参与去除 [P]、[S]、[Zn]、[Pb]、[Si]、[C] 等不需要的杂质。统计以及有关文献都表明，良好的泡沫渣可以成百倍地提高钢渣反应的界面，可以极大地提高钢渣间的物理化学反应，使电炉粗炼钢水的质量得到极大的提高。

（2）覆盖钢液，防止钢液的吸气降温。实践的统计结果表明，碱度在 2.0～3.0 之间，持续时间大于 12min 的完全埋弧的泡沫渣，炉膛保持在微正压左右的条件下，可以基本消除电弧区电弧电离炉气使钢液吸气的影响，减轻电极喷淋水进入熔池后导致钢水中氢含量增加的现象。

（3）埋弧传热，防止电弧裸露对炉衬的高温辐射。实践证明，泡沫渣完全埋住电弧时，热效率大于 90%；在泡沫渣埋弧高度达到弧长 50% 以上不能完全埋弧时，电能的热效率约为 75%；泡沫渣埋弧高度达到弧长的 40% 以下时，热效率小于 70%。而且对于直流电炉来讲，存在“偏弧现象”，即由于磁场对于电弧的吸引，电弧会向靠近变压器一侧偏移，弧光辐射产生的高强热负荷会对炉壁造成不良影响。电弧区的高温对于该区域的耐火材料和水冷盘的冲击效果非常明显。偏弧区的耐火材料侵蚀速度是其他区域的 0.7～1.6 倍；偏弧区水冷盘的温度升高 400 次（超过 80℃），就有可能发生一次水冷盘被击穿的停炉事故。

（4）提高输入电能的速度，减少“断弧”现象，弱化闪变对于电网的冲击，减少电弧的热辐射损失和噪声损失。实践生产中，泡沫渣不能埋弧时，高挡位送电由于弧长较长，容易引起水冷盘温度升高以后跳电，只能够低挡位送电，输入电能的速度较慢，而且弧光和噪声会恶化操作环境，降低操作工的劳动效率。实际上，当泡沫渣不能完全埋弧时，29% 以上的输入电能转化为弧光辐射和声能损失。良好的泡沫渣可以屏蔽部分噪声，降低噪声 10～30dB。

（5）冶炼过程中泡沫渣作为保护炉衬耐火材料的重要组成部分，可以减少渣线部位的耐火材料及炉衬的侵蚀速度。冶炼过程中的脱碳反应会使钢水剧烈地沸腾，泡沫渣的覆盖作用会减轻这种剧烈沸腾对炉衬的物理冲刷和侵蚀，而且氧化镁含量较高的泡沫渣（氧化镁含量大于5%），会降低钢渣对于镁炭砖的侵蚀速度。

（6）可以作为良好的夹杂物吸附剂，吸附溶解钢中大颗粒的一次氧化物，提高粗炼钢水的纯净度。在电炉的吹炼过程中，良好的泡沫渣是吸附一次氧化产物成为硅酸盐、磷酸盐的吸附剂，是提高粗炼钢水纯净度的主要手段。

（7）减少吹炼过程中铁及其氧化物的飞溅损失。目前，超高功率电炉普遍采用增加供氧强度的手段来强化冶炼，这对于冶炼过程产生的金属飞溅是不利的。良好的泡沫渣可以覆盖钢液，减轻和降低冶炼过程的飞溅损失。实践统计表明，同比条件下，全程泡沫渣质量不好的冶炼炉次，与全程泡沫渣质量较好的冶炼炉次相比，金属收得率低3% ~8%。良好的泡沫渣对于除尘系统的压力也比较小。

147. 形成泡沫渣的基本过程是什么？

大量的气体进入炉渣并且被分散，使炉渣有分散的多个不连续的界面。如果炉渣的表面张力小而且体系的界面自由焓有较小的值,使体系的能量仍处在较低的状态,炉渣中分散的细小的气泡就不至于合并而成为稳定的泡沫渣。在泡沫渣内部,气泡被液膜分隔以后,提高了液膜的强度,可以延迟气泡排出液膜的时间,气泡在压力作用下上升,引起炉渣体积的不断变化,促使了炉渣的泡沫化。由于要保持炉渣埋弧的稳定性,要求发泡的炉渣表面有一定的张力,这就要求炉渣有一定的黏度和适当的固体颗粒,即悬浮物质点。经典的研究认为,二元碱度在1.8 ~2.5之间,可以满足炉渣发泡的碱度和悬浮物质点存在的需要。

148. 形成泡沫渣的基本条件是什么？

冶炼过程中形成泡沫渣的基本条件是：

（1）炉渣具有一定能量的气体存在。

（2）炉渣应具有相适应的物理性质与化学组成。

具有这两个条件时才能使炉渣泡沫化。

149. 什么叫做炉渣的乳化现象，乳化现象是如何产生的？

炉渣的乳化现象是指钢水、炉渣、炉气三相之间互相作用的效果特别明显的一种现象，即在炉气的作用下，钢水和炉渣交织，渣中有大量的小铁珠或者明显的钢水的现象。乳化现象的主要特征是钢渣之间不分层，炉渣覆盖不住钢液，是影响冶炼的主要不利因素。炉渣乳化以后，炉渣看起来接近于水渣和玻璃渣之间。

高碱度乳化渣形成的基本原因是：

（1）喷吹炭粉控制不合理造成的乳化现象。在冶炼过程中的脱碳反应有一部分在钢水内部发生时，在钢水内部产生气泡排出时，气泡是以钢液为表面液膜的，气泡进入渣层破裂时，将金属小液滴带入渣中，形成自由的小铁珠，在脱碳反应较快和供氧强度较大的时候，进入渣子中的小铁珠将会大量增加。氧化钙被氧化铁从大颗粒的石灰表面溶解剥离以后形成低熔点的铁酸钙，在没有被二氧化硅结合之前，遇到化学键的结合能力大于铁元素时，氧化铁还原成为铁珠（比如喷吹的炭粉），将会影响石灰的溶解速度，容易在气体—熔池—炉渣三相间发生乳化现象。由于乳化现象发生后，渣中的 FeO 低于钢液中的 FeO，渣钢间氧的分配关系发生改变，影响了渣中的氧向钢中的扩散，从而减弱了钢渣界面的脱碳反应，由于钢渣界面的脱碳反应能力减弱，经常会导致钢中碳高，这是以上“炉渣变稀”的原因，也是操作工根据炉渣判断钢中碳高的依据，这是在所有的操作要点中最难理解和掌握的。

（2）吹氧操作不合理造成的炉渣乳化。这种乳化现象主要发生在熔池刚刚熔清以后，熔池内钢液中抑制脱碳反应进行的元素含量较高，吹氧过程中氧气在熔池内部进行了选择氧化而造成的，即脱碳反应较缓慢，供氧强度较大，氧气射流将钢液冲击为细小的铁珠进入炉渣中，渣中氧化铁的量不足，此时炉渣中的石灰溶解将会受到阻碍，从而与气体、金属液滴发生乳化现象。

（3）脱碳反应剧烈造成的炉渣乳化。这一类的乳化现象在超声速氧枪（包括超声速集束氧枪）吹炼条件下发生的几率比较大，自耗式氧枪吹炼过程中发生的几率较小。当氧气射流在钢液内部进行脱碳反应时，脱碳反应比较剧烈时，如果炉渣的碱度较高，黏度较大，大量的气泡携带着金属小铁珠直接进入渣子中，造成炉渣轻度的乳化现象。自耗式氧枪吹炼过程中，由于脱碳速度较快，渣中的氧化铁含量降低，如果没有调整吹炼方式，也会产生轻度的乳化现象。此类乳化现象的危害较小，而且随着熔池内碳含量的降低，以及渣中氧化铁含量的增加，比较容易消除。

炉渣碱度不够最容易引起炉渣的乳化现象产生。炉渣碱度较低时，炉渣的张力过大，钢渣之间不分层的现象比较普遍。熔池内脱碳速度较快，或者吹氧量较大时，炉渣的乳化现象就会出现，危害也最明显，这是造成吹炼过程中钢水从炉门溢出的主要原因。

150. 良好的泡沫渣应该具备哪些特征？

良好的泡沫渣应该具备的特征如下：

（1）炉渣的原料应该能够迅速熔化成为黏度合适的液态，成为气泡的液膜，当气体排出时形成的气泡能够保持一定的时间，即成泡时间与气泡破裂时间在 4 ~ 8s，这段时间称为泡沫渣的发泡指数。

（2）炉渣的黏度要适宜，保证炉渣的流动性良好。既要防止黏度过大，影响冶金过程的化学反应要求的碱度（如脱磷反应的放渣操作），也要避免炉渣过于稀，对炉衬的侵蚀加剧，还要保持一定数量的悬浮物质点（如 $2CaO \cdot SiO_2$），以及含有 MgO 的复杂化合物颗粒（如 $2CaO \cdot SiO_2 \cdot MgO$、$MgO \cdot SiO_2$）。它们是稳定泡沫渣的化合物，能够保持泡沫渣的稳定性。

（3）渣中氧化铁在 14% ~20% 之间，氧化铁含量能满足炉渣溶解需要的当量浓度。

（4）良好的泡沫渣中的金属铁珠应该保持在一个合理的水平，目测从炉门流出的炉渣应该没有乳化的特征，即流入渣坑的炉渣没有明显的金属铁珠的火化。碱度大于 2.2 的泡沫渣应该呈现出云絮状为最佳，碱度在 2.0 左右的呈现出鱼鳞状为最佳。

151. 什么叫做泡沫渣的马恩果尼效应？

在炼钢过程中炉渣的主要成分是以 CaO 为主的液体，渣中表面活性物质 P_2O_5、SiO_2、CaF_2、FeO 等在液膜上富集，能提高液膜的弹性。渣液中的气泡是以高熔点物质为形核物质的，如 $2CaO \cdot SiO_2$、$MgO \cdot SiO_2$。熔渣中悬浮的固体分散粒子主要有溶解的 CaO、MgO 颗粒，它们能附在气泡上，使液膜强度增加、弹性减弱（FeO、P_2O_5 是增强弹性、减弱强度的物质）。这些表面活性物质分布不均匀将形成表面张力梯度，能够引起渣液的流动，这种现象称为马恩果尼现象。其中，气泡液膜弹性大、强度不足和弹性小将会容易产生快速消泡，使发泡指数下降，马恩果尼效应不明显，炼钢过程的冶金效果质量也将下降。发泡指数与马恩果尼效应在实际生产中的应用比较重要，可用发泡指数来直观地反映更加符合实际生产。一般来讲，发泡指数越大，马恩果尼效应越好，冶金效果越好。

152. 什么叫做发泡指数?

发泡指数即炉渣从发泡开始到气泡破裂消泡的这一段时间，通常用秒做单位，它是衡量泡沫渣质量的重要指标，也是操作工控制冶金反应的视觉参数。发泡指数在实际生产中可以这样来描述：在一定碱度条件下的炉渣，熔池中的碳含量合适时，泡沫渣高度下降到最低的时候，喷吹一定数量的炭粉，使炉渣泡沫化并且高度达到最高，然后停止喷吹炭粉，使泡沫渣的高度从最高降低到最低这一段时间就是这种炉渣的发泡指数。

153. 碱度对泡沫渣的发泡高度有何影响?

碱度是影响泡沫渣质量的最主要的一个因素。炉渣的二元碱度低于 1.5 以后，炉渣的发泡性能是很差的，炉渣有发泡的可能，但是发泡指数很低。我们在一段时间内做的渣样分析表明：二元碱度保持在 1.5 左右，在较大的喷炭量保证的前提下，炉渣的发泡高度也可以达到基本埋弧的要求，但是泡沫渣不稳定。特别是在泡沫渣中后期，泡沫渣质量下降，不能完全满足冶炼过程中的综合要求，负面影响比较大。所以，我们在 110t 交流电炉中的泡沫渣碱度一般维持在 2.0 以上。二元碱度在 2.0 ~ 3.0 之间的泡沫渣，其发泡高度变化不大，但是随着碱度的提高，泡沫渣的发泡指数增加，稳定性会更好。从碱度影响的角度讲，碱度在 1.8 ~ 3.0 之间，泡沫渣的发泡高度将会达到最大值。以上的描述可以用泡沫渣的碱度与发泡高度的关系表示，如图 4 – 9 所示。

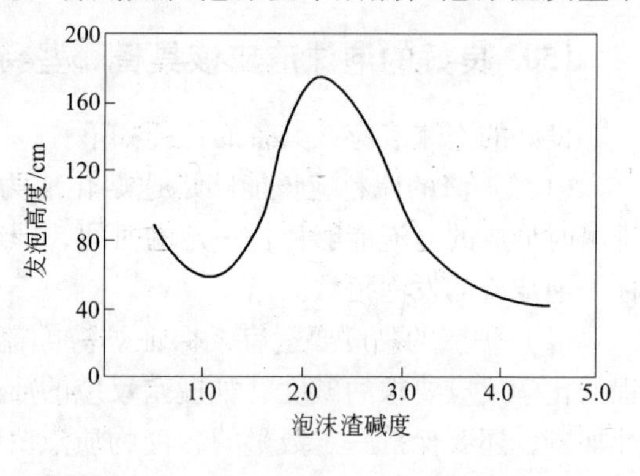

图 4 – 9 泡沫渣碱度与发泡高度的关系

154. 渣中氧化铁含量与泡沫渣质量的关系如何?

炉渣中石灰的溶解主要是以氧化铁为熔剂进行的，而且在冶炼过程中需要氧化铁为熔剂来稳定一些化合物和保证渣系的性质，使炉渣能够满足冶炼的需要。这包括氧化性的炉渣脱磷，含有适量的氧化铁保证炉渣的流动性。而且在熔池中钢水的碳含量很低时，需要喷入发泡剂炭粉与渣中氧化铁反应，产生发泡所需要的气体。渣中氧化铁含量过高，特别是含量大于 20% 以后，会降解炉渣发泡所需要的悬浮物质点硅酸二钙，导致炉渣发泡质量下降。渣中氧化铁含量与泡沫渣质量的关系如图 4 – 10 所示。

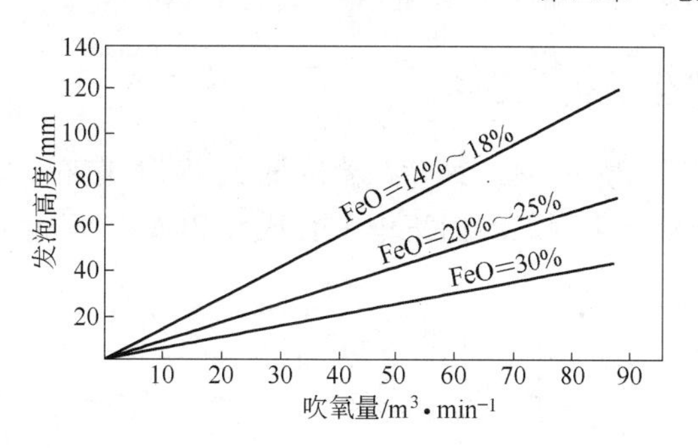

图 4－10　渣中氧化铁含量与泡沫渣质量的关系

155. 渣中氧化镁含量与发泡指数的关系如何？

氧化镁由于可以和石灰、二氧化硅形成低熔点的钙镁橄榄石，提高炉渣的成渣速度，并且由于小颗粒的氧化镁及其部分化合物熔点较高，可以成为炉渣发泡的悬浮物质点。因此，利用轻烧白云石、镁钙石灰以及其他含有氧化镁的矿物质造渣能够提高炉渣发泡指数，而且还可以减轻炉衬的侵蚀速度。渣中氧化镁含量与发泡指数的关系如图 4－11 所示。但电炉渣中氧化镁的含量超过 10%，泡沫渣的质量就明显恶化。

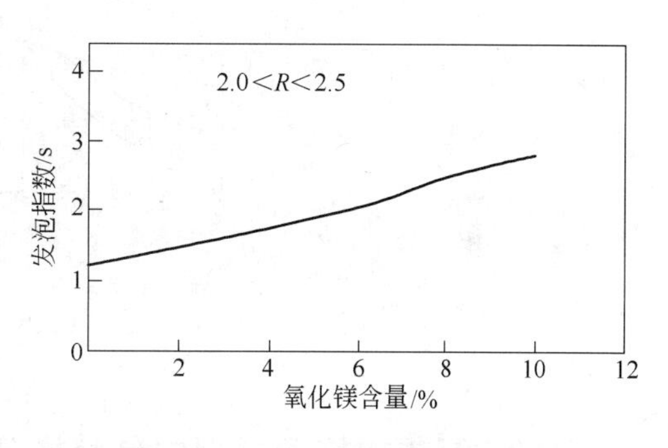

图 4－11　渣中氧化镁含量与发泡指数的关系

156. 温度对泡沫渣质量的影响有哪些？

温度是保证炉渣熔化的基本条件，只要渣料熔化以后，炉渣或者熔池中有碳氧反应进行，炉渣就可以泡沫化，温度对泡沫渣的影响比较小。这里需要强调的是碱度为 2.0 ~ 3.0 之间的炉渣，在温度逐渐升高后，特别是温度大于 1650℃ 以后，泡沫渣的质量会出现明显下降的现象，这也成为操作工判断熔池温度的一个基本常识。

157. 什么叫做水渣？

水渣是指渣中的氧化铁超过 20% 以后，从炉渣中解离出氧离子，使 Si_xO_y 解体变成简单的离子，导致渣中的主要悬浮物质点 $2CaO \cdot SiO_2$ 被降解成为低熔点的硅灰石和铁橄榄石的炉渣。由于炉渣的黏度比较低，流动性的视觉效果接近于水，在实际生产中被称为水渣。由于缺少了悬浮物质点，炉渣不能被分隔成若干个小气泡，气体容易汇集在有限的气泡内，气泡内的气压容易冲破气泡液膜逸出，从而导致泡沫渣发泡指数低，泡沫渣不稳定，冶金效果达不到超高功率电炉的冶炼要求。

158. 什么叫做精炼渣？

精炼渣是指根据冶炼不同的钢种，将电石作为基础渣的成分，添加其他的脱氧剂或者促使炉渣快速熔化的原料制成的渣料。比如，电炉用的一种袋装 10kg 的精炼渣，渣中电石：萤石：铝灰：炭粉质量比为 6：2.3：1：0.2。

159. 白渣发生粉化是何原因?

精炼炉白渣的主要成分为硅酸二钙，在温度低于400℃左右，发生晶型转变伴有体积变化，即通常所说的白渣粉化现象。白渣中主要成分 $2CaO \cdot SiO_2$ 的多晶型转变示意图如图4－12所示。

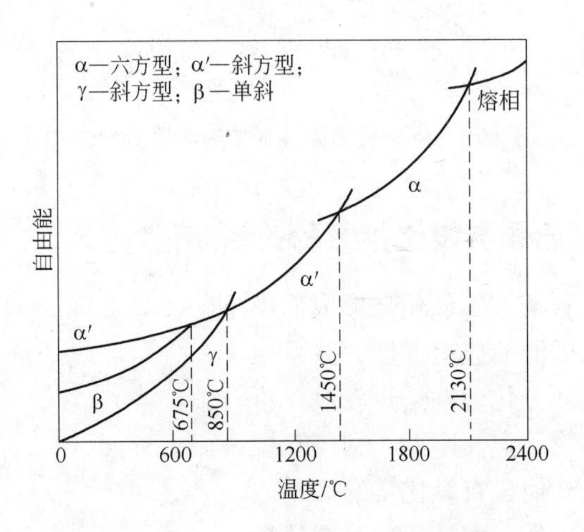

图4－12　$2CaO \cdot SiO_2$ 的多晶型转变示意图

160. 石灰在炼钢过程中是怎样分类的?

冶金石灰按照材料的不同，可分为普通冶金石灰和镁质冶金石灰。普通的冶金石灰用石灰石烧制的，氧化钙含量高，不含氧化镁；镁质冶金石灰是用镁质石灰石烧制的，含有质量分数约为5%的氧化镁，氧化钙含量低。

161. 冶金石灰的理化指标有哪些?

石灰的冶金指标不同的企业要求不同，某企业石灰的理化指标见表4－3。

表4－3　某企业石灰的理化指标

指标	CaO/%	S/%	灰分/%	气孔率/%	比表面积 /$cm^2 \cdot g^{-1}$	晶粒度 /μm	体积密度 /$g \cdot cm^{-3}$	活性度/mL
一级	≥90	≤0.02	≤2.5	≥50	≥1.5	1～3	≤1.7	≥400
二级	≥89	≤0.03	≤3.0	≥50	≥1.5	1～3	≤1.7	≥350

162. 什么叫做石灰中的游离氧化钙、活性氧化钙和非活性氧化钙?

石灰组成中有游离氧化钙和结合氧化钙。氧化钙和石灰中的其他杂质成分以化合物的形式存在的氧化钙称为结合氧化钙，反之称为游离氧化钙。

游离氧化钙又分为活性氧化钙和非活性氧化钙。非活性氧化钙在普通消解条件下，不能同水发生反应，但有可能转化为活性氧化钙（如磨细后）。活性氧化钙则是在普通消解条件下，能同水发生反应的那部分游离氧化钙，结合氧化钙是不可回复的，因此不能称为非活性氧化钙。氧化钙在石灰中的存在形式如图 4－13 所示。石灰的反应能力实际上可以看成是游离氧化钙总量中活性氧化钙的数量。

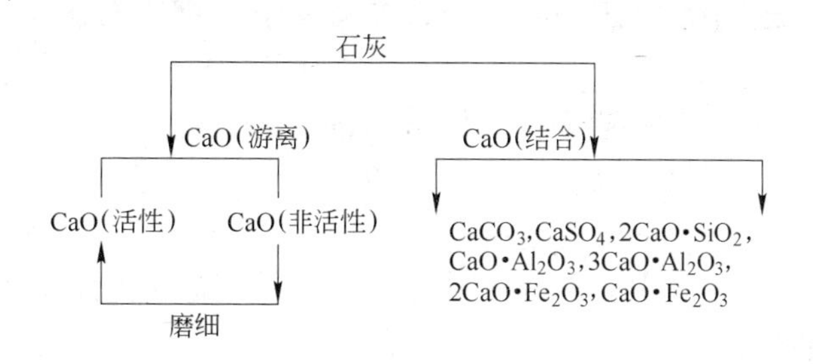

图 4－13　氧化钙在石灰中的存在形式

163. 石灰的活性是怎样定义的?

石灰的活性是指其在熔渣中与其他物质的反应能力，用石灰在熔渣中的熔化速度表示。由于直接测定石灰在熔渣中的熔化速度（热活性）比较困难，通常用石灰与水的反应速度，即石灰水活性表示。研究表明，石灰与水的反应速度反映了石灰在熔渣中的熔化速度，因此，石灰的水活性已作为检查石灰质量的指标之一。

164. 活性石灰的生产机理是怎样的?

石灰石的煅烧是石灰石菱形晶格重新结晶转化为立方晶格的变化过程，其变化所得晶体结构与形成新相晶核的速度和它的生长速度有关。当前者大于后者时，所得到的为细粒晶体，其活性氧化钙分子数量多，具有高的表面能；反之，所得到的为低表面能的粗粒晶体，其活性氧化钙分子数量少。在石灰石快速加热煅烧下，所得到的为细粒晶体结构的石灰，活性就高；缓慢加热煅烧时，所得到的为粗晶体结构的石灰，活性较低。活性高的，达到一定活性度的石灰称为活性石灰。

165. 活性石灰的溶解机理是什么?

活性石灰的溶解过程包括扩散溶解和变质解体两部分。由于活性石灰的显气孔率较大，熔池中的熔渣沿着活性石灰的气孔渗入，在内部将石灰分隔成为小颗粒，熔渣在活性石灰内部与石灰小颗粒发生界面反应，形成不连续的硅酸二钙、铁酸钙等组成的反应层，破坏了 CaO 小颗粒之间的结合。由于生成的铁酸钙的熔点低，在动力学的条件下，如搅拌、熔池的运动等作用下，活性石灰的小颗粒彼此分离，发生解体，分解成为多个石灰细小颗粒进入熔渣，进一步与熔渣中的 FeO、SiO_2、MgO 等发生反应，生成钙铁橄榄石、镁钙橄榄石等低熔点化合物，从而被进一步熔化。

166. 石灰在电炉炼钢过程中是如何溶解的?

单晶体的纯石灰熔点很高，含有部分杂质的石灰的熔点仍然很高，故依靠较高的温度条件熔化石灰较为困难，炼钢过程中的石灰溶解是依靠一定温度条件下的化学反应实现的。

电炉或者转炉吹炼初期，液态渣主要来自 Fe、Mn、Si 的氧化，渣量少而渣中 SiO_2 的浓度很高。初期渣凝固试样的矿物组成是含 FeO、MnO 很高的钙镁橄榄石、2(FeO、MnO、MgO、CaO) · SiO_2 和玻璃体。大量的冷态石灰加入后，立即在石灰块表面生成一层渣壳。渣壳的加热和熔化需要一定时间（称为滞止期），对于 40mm 块度的石灰，滞止期一般约为 50s。渣壳熔化后，石灰块的表面层开始与液态渣相接触，并发生反应。按照熔渣结构的离子理论，炉渣中存在着各种离子（其半径见表 4－4）。在阴离子中具有数量最多、离子半径最小的 O^{2-} 和 F^-，其扩散速度最大，沿着石灰毛细裂缝及孔隙向内部渗入，生成高 FeO、低 CaO 的溶液及低 FeO 的 CaO 固溶体。这种溶液或低熔点的固溶体如果同初期渣会合，石灰便很快熔化。

表 4－4　炉渣中存在的各种离子的半径

阳离子半径/nm		阴离子半径/nm	
Ca^{2+}	0.106	O^{2-}	0.132
Na^+	0.098	S^{2-}	0.184
Mn^{2+}	0.080	F^-	0.133
Mg^{2+}	0.078	SiO_4^{4-}	0.279
Fe^{2+}	0.075	PO_4^{3-}	0.276
Fe^{3+}	0.067	OH^-	0.132
Al^{3+}	0.057		
Si^{4+}	0.039		

167. 石灰在熔渣中的溶解过程分为哪几个步骤？

石灰在熔渣中的溶解成渣过程可分解为如下步骤：

（1）石灰块接触渣或金属液；

（2）块状石灰形成冷凝炉渣外壳；

（3）石灰块温度升高，冷凝层逐渐熔化；

（4）初渣 FeO 渗入石灰块内；

（5）渣中 SiO_2 与石灰块外层 CaO 或熔入初渣中的 CaO 反应，一部分成渣，一部分生成 2CaO · SiO_2 壳层；

（6）2CaO · SiO_2 为 FeO 等溶解，并重复步骤（4）~（6）逐渐成渣。

168. 为什么石灰在熔化过程中生成的硅酸二钙会阻碍石灰的进一步溶解？

石灰在炼钢过程中，熔池形成以后开始熔化，初渣中的 SiO_2 与石灰外围 CaO 晶粒或者刚刚溶入初渣中的 CaO 反应，生成高熔点的固态化合物硅酸二钙（2CaO · SiO_2，简写为 C_2S）沉淀在石灰块周围，经过一段时间析出的 2CaO · SiO_2 聚集成一定厚度且致密的附面层。2CaO · SiO_2 的熔点很高（2130℃），结构致密，石灰块表面包覆一层这样的组织时，Fe^{2+} 等向石灰块中的渗透将会变得困难，因而严重地阻碍着石灰块的继续溶解。

由熔渣的离子理论可知，$2CaO \cdot SiO_2$ 的形成主要与渣中 SiO_2 成链状集团结构和渣中 SiO_2 含量有关。SiO_2 在熔渣中具有复杂的多晶结构，但是构成各种形态的基本结构是相同的，即 SiO_4^{4-} 四面体。硅氧阳离子结构如图 4－14 所示。

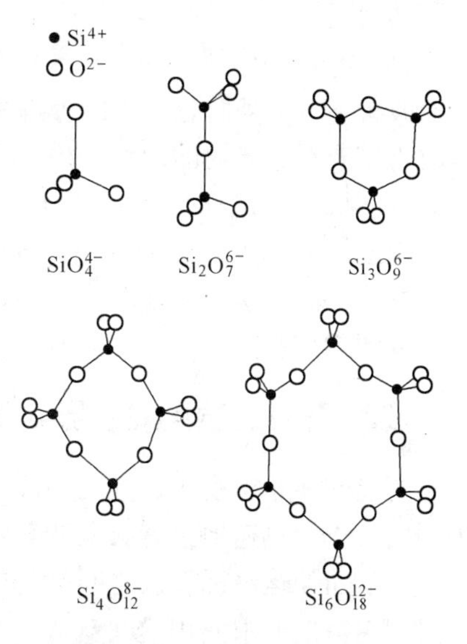

图 4－14　硅氧阳离子结构

由于 SiO_2 具有四面体结构（O : Si = 4 : 1），硅原子处于四面体的中心，而氧原子则分布在四面体的 4 个顶点。在此基本结构中，当降低熔渣中 O : Si 值时（即碱性氧化物浓度降低），O^{2-} 的数量不足以形成单独的 SiO_4^{4-}，于是便发生了 SiO_4^{4-} 聚合现象，生成更复杂的硅氧复合阴离子集团。如生成 $Si_4O_{12}^{8-}$、$Si_6O_{18}^{12-}$ 的复合硅氧阴离子集团，其离子半径几乎是简单的 SiO_4^{4-} 四面体结构的整数倍。这种粗大的离子半径集团，不仅在渣中游动困难，使炉渣黏度明显升高，而且阻碍 O^{2-}、F^-、Fe^{2+}、Mn^{2+} 等进入石灰块内部，这是延缓石灰块溶解的重要原因。

169. 影响石灰溶解的因素有哪些？

影响石灰溶解的因素主要有以下几个方面：

（1）熔池温度。通常，一定成分的熔渣当升高温度时，流动性改善。这是因为升高温度可提供更多液体流动所需要的黏流活化能，而且能使某些复杂的复合阴离子解体，或使固体微粒熔化。但是对于不同成分的熔渣，黏度受温度的影响是不同的，适当提高熔池温度和加入熔剂能增加熔渣的过热度，以降低熔渣的黏度。电炉炼钢过程中，电弧区的温度高达 3000℃以上，电弧区的石灰在电弧的温度作用下也会直接熔化。

（2）SiO_2 的影响。在一定成分的熔渣中，增加 SiO_2（在不超过 20% 的范围内），可以使熔渣的熔点下降，黏度下降，使熔渣对石灰块的润湿情况有所改善，从而导致石灰溶解的推动力增大和熔渣对于石灰吸收活性的提高。但当 SiO_2 含量超过最佳值时，它促进 $2CaO \cdot SiO_2$ 的形成，从而阻碍熔渣向石灰块内的渗透；当 SiO_2 含量超过 30% 时，由于形成大量的复合硅氧阴离子而使熔渣的黏度大大增加。

（3）MgO 的影响。采用白云石造渣，使渣中 MgO 不超过 6% 的条件下，提高初期渣中 MgO 含量，有利于早化渣并推迟石灰块表面形成高熔点致密的 $2CaO \cdot SiO_2$ 壳层。在 $CaO - FeO - SiO_2$ 三元系炉渣中增加 MgO，有可能生成一些含镁的矿物，如镁黄长石（$2CaO \cdot MgO \cdot SiO_2$，熔点 1450℃）、镁橄榄石（$2MgO \cdot SiO_2$，熔点 1890℃）、透辉石（$CaO \cdot MgO \cdot 2SiO_2$，熔点 1370℃）和镁硅钙石（$3CaO \cdot MgO \cdot 2SiO_2$，熔点 1550℃），它们的熔点均比 $2CaO \cdot SiO_2$ 低得多，因此有利于初期石灰的熔化。但是这种作用是在渣中有足够的 FeO，且 MgO 含量不超过 6% 的条件下发生的，否则熔渣黏度增大，影响石灰的溶解速度。

（4）MnO 的影响。MnO 对石灰溶解所起的作用比 FeO 差，仅在 FeO 足够的情况下，MnO 才能有效地帮助石灰溶解，而当 MnO 含量超过 26% 时，如果 FeO 不足，反而会延滞石灰的溶解。

（5）FeO 的作用。FeO 对石灰的溶解有较大的影响，FeO 能显著地降低熔渣的黏度，因而改善了石灰溶解过程中的外部传质条件；在碱性渣系中，FeO 属于表面活性物质，可以改善熔渣对石灰块的润湿程度和提高熔渣向石灰块缝隙中的渗透能力；FeO 和 CaO 同是立方晶格，而且 O^{2-}、Fe^{3+}、Fe^{2+} 离子半径不大，它们在石灰晶格中的迁移、扩散、置换和生成低熔点相都比较容易，因此促进石灰溶解；FeO 能减少石灰块表面 $2CaO \cdot SiO_2$ 的生成，同时 FeO 有穿透 $2CaO \cdot SiO_2$ 渣壳作用，使 $2CaO \cdot SiO_2$ 壳层松动，有利于 $2CaO \cdot SiO_2$ 壳层的熔化。

170. 石灰的质量如何影响石灰的溶解？

石灰的体积密度小，气孔率高，比表面积大，晶粒细小，溶解速度快，反应能力强，炉内的熔渣会迅速地沿着石灰的孔隙和裂缝向内部渗透，使熔渣和石灰间的接触面积显著增大，从而使熔渣和石灰之间的传热和传质过程加快，石灰的溶解也就加快了。因此，炼钢过程中一般要求使用活性石灰，并且要求其粒度在 10 ~ 50mm 之间，以便于石灰的迅速溶解。

171. 为什么吹渣操作会促进石灰的溶解成渣？

炼钢初期，吹氧氧化熔池中间的硅进入渣中，随渣中 SiO_2 含量的增加，石灰的溶解速度明显下降，这同样是由于生成 $2CaO \cdot SiO_2$ 致密硬壳所致。但是如果溶渣中 Fe^{2+} 的浓度很高（转炉采用高枪位吹炼，电炉沿着钢渣界面吹氧时），在石灰块表面附近的渣相，一般只会由 CaO 含量低的橄榄石转化为含 CaO 较高的橄榄石，不会形成纯 $2CaO \cdot SiO_2$。这时石灰块表面的渣膜熔点没有纯 $2CaO \cdot SiO_2$ 那么高，而且质地是疏松的，就不会阻碍石灰的继续溶解，因此能够较快地形成炉渣。

172. 电炉炼钢过程中加入白云石的目的是什么？

白云石是调渣剂，加入适量的生白云石或轻烧白云石保持渣中的 MgO 含量达到一定的含量，增加炉渣的黏度，一是能够减轻炉渣对炉衬的蚀损，二是能够提高电炉泡沫渣的发泡指数，优化泡沫渣的操作。

173. 萤石对石灰的熔化有何作用，电炉对使用的萤石有何要求？

萤石的主要成分为 CaF_2，并含有少量的 SiO_2、Fe_2O_3、Al_2O_3、$CaCO_3$ 和少量 P、S 等杂质。萤石的熔点约 930℃。萤石加入炉内在高温下即爆裂成碎块并迅速熔化，它的主要作用是：CaF_2 与 CaO 作用可以形成熔点为 1362℃ 的共晶体，直接促使石灰的熔化；萤石能显著降低 $2CaO \cdot SiO_2$ 的熔点，使炉渣在高碱度下有较低的熔化温度；CaF_2 不仅可以降低碱性炉渣的黏度，还由于 CaF_2 在熔渣中生成 F^- 离子能切断硅酸盐的链状结构，也为 FeO 进入石灰块内部创造了条件。

萤石的主要成分是 CaF_2 和 CaO，它主要是用来化渣和调整炉渣的黏度。所以要求萤石含 CaF_2 要高，而 SiO_2 和硫要低。一般情况下，萤石中 SiO_2 的含量要求低于 20%，特殊钢冶炼用的萤石，比如冶炼铝镇静钢使用的萤石，要求 SiO_2 的含量要低于 5%。

174. 硫在钢中的负面作用有哪些?

硫在钢中的溶解有着巨大的差异,在液态中能够无限溶解,在固态铁中却溶解很少(溶解的范围在0.015%~0.020%之间),在钢液凝固时便析出 FeS,熔点为1195℃,FeS与 Fe 结合,会生成 Fe-FeS 的共晶体,其熔点为988℃,沿晶界呈连续和不连续的网状分布。如果钢中 FeO 含量高,FeS 又会与 FeO 生成共晶体,熔点为940℃,由于选分结晶的结果,硫将会富集于最后的凝固部位,加剧了上述共晶化合物的形成。在钢坯热加工时,这些共晶化合物将会熔化,在压力的作用下开裂,形成热脆。在连铸过程中,硫含量较高时,也会表现为铸坯的横向裂纹的直接出现。硫在钢中的其他危害主要有:

(1) 硫和硫化物夹杂物对于钢的力学性能和物理化学性能都有不良的影响,使钢材的横向力学性能,特别是冲击韧性显著降低。

(2) 在耐候钢和耐腐蚀钢中,硫化物是引起点腐蚀的根源。

(3) 在铁磁性材料中,硫提高铁损,降低了磁导率。

(4) 在焊接过程中,硫化锰夹杂物会引起焊缝热影响区的热撕裂,降低了钢的焊接性能。

钢中硫的来源主要是生铁、焦炭、铁合金以及渣料和废钢的带入。

175. 为什么说脱硫离不开钢渣?

电炉钢水出钢和炉外精炼过程中的绝大多数脱硫反应,是通过钢水和钢渣(包括喷粉脱硫过程中形成的渣滴)相互接触反应以后完成的。还有一小部分是通过形成气相硫化物达到去除的。没有钢渣这一基础,脱硫将很困难。

176. 为什么说脱氧和脱硫是唇齿相依的关系?

钢水中的脱硫反应是个还原过程,即$[S]+2e = S^{2-}$;生成S^{2-}再与适当的金属阳离子结合。Ca^{2+}与S^{2-}的结合最牢固,它可以溶于渣中,也可以钙的化合物形式存在。生成S^{2-}的电子多是由O^{2-}提供,脱硫过程可写成:$[S]+O^{2-} = S^{2-}+[O]$。如果O^{2-}是由氧化钙提供,则反应式为:$[S]+CaO = CaS+[O]$。

从化学反应的平衡移动的角度来看,必须把氧活度用强氧化剂降下来,反应才会向生成硫化物的方向进行。按照此方式脱硫,必须满足的条件为:必须有还原剂存在,能给出电子;必须有能和硫结合也能生成硫化物的物质,结合后能转入铁以外的新相。如没有脱氧剂将氧从铁水中除去,脱硫反应会被阻碍。有时,必须加入脱氧剂如 Si、Mg、Al、C。脱硫能力取决于所生成的硫化物的稳定性和所用脱氧剂的还原能力。

177. 电炉的还原性脱硫分为哪几个步骤?

按照分子理论的观点,碱性还原渣的脱硫按以下步骤进行:

(1) 硫由钢液向炉渣扩散,即:

$$[FeS] = (FeS) \qquad (4-13)$$

(2) 在炉渣中转变为稳定的化合物,即:

$$(FeS)+(CaO) = (CaS)+(FeO) \qquad (4-14)$$

所以总的反应可以写成：

$$[FeS]+(CaO)=\!=\!=(CaS)+(FeO) \tag{4-15}$$

178. 影响碱性还原渣脱硫的因素有哪些？

影响碱性还原渣脱硫的因素有：

（1）碱度。由脱硫的反应式可见，渣中含有 CaO 是脱硫的首要条件。由于酸性渣中的氧化钙全部被二氧化硅所结合，所以没有脱硫能力。随着炉渣的碱度增加，渣中自由的氧化钙含量增加，炉渣的脱硫能力增加；碱度过高，会增加炉渣的黏度，降低在钢渣界面脱硫的动力学条件。实践表明，碱度在 2.0～3.0 之间的还原性炉渣，脱硫的动力学条件较好，脱硫的反应易于进行。

（2）渣中氧化铁的含量。在还原渣操作的条件下，降低渣中的氧化铁，有利于脱硫反应的平衡向脱硫的方向移动，有利于脱硫的操作。

（3）渣中 CaF_2 的含量。向炉内加入适量的萤石，能够改善炉渣的流动性和提高成渣速度，改善熔池中的硫向反应界面扩散的动力学条件，同时萤石还能够直接与硫反应，生成挥发性的脱硫产物，提高脱硫的能力，所以目前以萤石为原料之一的喷粉脱硫剂就是基于这个原因。但是在电炉内使用萤石的负面影响也比较多，所以利用萤石脱硫的工艺是一种接近于杀鸡取蛋的操作方法。

（4）熔池温度的影响。从平衡常数和温度之间的关系可以看出，在电炉炼钢温度范围内，平衡常数随温度的波动变化不大，但是随着温度的升高，炉渣的流动性将会改善。由于钢渣间的脱硫反应的限制环节是硫的扩散，提高温度，钢液的流动性也会提高，硫的扩散能力增加，有利于脱硫反应。

（5）渣量的影响。在保证炉渣碱度的条件下，适当地增加渣量，可以降低炉渣中脱硫产物的浓度，会提高炉渣的硫容量，有利于脱硫的反应进行。但渣量过大，会使得渣层变厚，脱硫反应的速度将会被抑制。

179. 动力学条件对脱硫有什么影响？

在同比条件下的炉渣，增加熔池或者钢渣和熔池界面的搅拌，能够增大钢渣界面的反应能力，显著提高脱硫能力。

180. 钢渣脱硫以后硫在钢渣中间以何种形式存在？

关于硫在钢渣中间存在的形式，研究的结果基本上是一致的。何环宇教授等人对于精炼炉的钢渣进行 X 射线衍射试验以后，结合计算证实，在含硫相中，静电势较低的 S^{2-} 与 Ca^{2+} 形成 CaS 离子对，并与铝酸钙基体相发生置换反应，最终硫以铝酸钙硫化物的形式赋存于精炼钢渣的低熔点渣相中。高熔点硅酸钙物相首先析出，低熔点的铝酸钙物相以基体相形式析出。根据熔渣碱度不同，首先析出高熔点物相 $C_3S(Ca_3SiO_5)$ 或 $C_2S(Ca_2SiO_4)$，由于这类高碱度物相熔点高，质点扩散速度慢，物相析出呈随机分布，在整个视场下并不均匀。对于以 CaO 和 Al_2O_3 为主要成分的渣，低熔点相 $C_{12}A_7(12CaO\cdot7Al_2O_3)$ 和 $C_3A(Ca_3Al_2O_6)$ 由于熔点低、质点扩散快，在渣中均匀析出，成为固渣的基体组织。MgO 等高熔点物质（$T_m=2852K$）由于熔点过高，无法在渣中进行有效反应，因此往往以单一物质形式在渣中存在。

X 射线衍射表明渣中存在复杂含硫相 $Ca_{12}Al_{14}O_{32}S$，$C_{12}A_7$ 为渣中主要存在的铝酸钙物相，其与渣中的 CaS 发生置换反应生成含硫复杂化合物，该置换反应式为：

$$Ca_{12}Al_{14}O_{33} + CaS = Ca_{12}Al_{14}O_{32}S + CaO \qquad \Delta_r G^{\ominus} = -92050 - 4.72T \tag{4-16}$$

若生成物和反应物均以纯物质为标准态，则高温冶炼温度下上述置换反应的 $\Delta_r G^{\ominus}$ 负值很大，使得对应的 ΔG 小于零，上述反应是一个可自发进行的过程。因此在精炼过程中脱硫形成的 CaS 最终会和渣中的 CaO 和 Al_2O_3 形成复杂物相 $Ca_{12}Al_{14}O_{32}S$ 而稳定存在，该复杂物相的组成为 CaO : Al_2O_3 : CaS = 11 : 7 : 1，但受到冷却速度和扩散的影响，$Ca_{12}Al_{14}O_{32}S$ 在硫赋存区域的量并不为一定值。故不同的脱硫反应其产物各有差别。

181. 为什么高碳钢比低碳钢容易去硫?

在相同的炼钢温度下，由于高碳钢含碳高，所以钢中与碳相平衡的氧含量要比低碳钢低，这点对脱硫有利。另外，在相同温度下，高碳钢的钢水流动性要比低碳钢好得多，所以高碳钢的钢水与渣子反应要比低碳钢容易进行。因此，在实际生产中高碳钢比低碳钢容易脱硫。

182. 磷对于钢种的作用有哪些?

对于绝大多数钢种来讲，磷在钢中的存在是有害的，这主要体现在磷能够使钢产生冷脆现象。

由于磷元素能够完全溶解于铁素体，在浇注过程中能够显著扩大两相区，使钢液凝固时的选择结晶进行得很充分，即先结晶的钢中磷的含量很低，而最后凝固在晶界处的磷含量很高，形成 Fe_2P 的脆性夹层，从而导致钢的塑性和冲击韧性大幅度降低，这种现象在低温时的危害尤为明显，通常称为冷脆。试验表明，随着钢中碳、氧、氮含量的增加，磷的冷脆危害加剧。磷的存在还会使钢的焊接性能变坏，冷弯性能变差。目前超高功率电炉生产的钢种，一般的要求是钢种的磷含量小于 0.020%。

从另外一方面讲，磷的存在对于钢的某些性能是有益的，这主要体现在：

（1）磷能够提高钢的强度和硬度，它的固溶强化作用仅次于碳，所以在一些特殊用途的钢中，磷是当做合金元素使用的。在一些低碳镀锡薄板中，磷含量有的控制在 0.08% 左右。

（2）磷在钢中的存在可以提高钢的抗腐蚀能力。在一些耐候钢中，磷含量在 0.08% ~0.13% 之间。为了抑制磷的冷脆危害，钢中加入一些特殊的元素，如 RE。

（3）磷的存在可以提高钢的切削能力。所以易切削钢中的磷含量较高，有的在 0.09% 左右。

（4）磷可以改善钢液的流动性。在一些铸造钢中，利用增加钢中的磷含量改善钢水的流动性是一种有效的手段。

（5）利用增加钢中的磷含量，来增加钢的冷脆性能，用来制造炮弹钢，可以提高杀伤力。

183. 磷在钢中以什么样的形式存在?

磷在钢中的溶解热为 122382J/mol，与 Fe_2P 的生成热 144360J/mol 相近，因此一般认

为磷在铁中以 Fe_2P 的形式存在。但这仅在熔体中的磷含量接近于 Fe_2P 的化学计量时才成立，对一般的合金钢，炉料熔化后，磷含量一般在 0.04% 左右，在这样小的磷含量的范围，虽然可能有 Fe_2P 的群聚态出现，但以分子 Fe_2P 存在的可能性极小。磷通常是钢中的有害元素，只在极特殊的钢中才作为有用的元素加入。

184. 氧化脱磷机理是什么？

炉渣离子论的脱磷机理是：钢液中的磷与炉渣中的氧离子吸附在钢液 - 炉渣相界面上，逐步形成 PO_4^{3-} 离子，在钢渣界面生成的 PO_4^{3-} 离子不断进入炉渣，与 CaO 生成稳定的化合物，同时还必须伴随进行 $Fe^{2+}+2e = [Fe]$ 的反应，用以抵消积聚在相界面处的电子。当逐步通过吸附形成 PO_4^{3-} 离子时，在钢渣相界面积聚电子，这样相界面处的两相中和性便被破坏了，钢液拥有超过平衡的电量，必然阻止 PO_4^{3-} 离子的逐步吸附及生成，此时需要有 $Fe^{2+}+2e = [Fe]$ 的反应，以吸附相界面积聚的电子，Fe^{2+} 半径小而异常活跃，O^{2-} 与钢液中的磷的反应过程是分阶段进行的，经过吸附、聚合形成 PO_4^{3-} 离子，由相界面处进入炉渣中，并与炉渣中溶解的 Ca^{2+} 相结合，形成稳定的 $4CaO \cdot P_2O_5$。炉渣脱磷反应的离子式可写为：

$$2[P] + 5[Fe^{2+}] + 8[O^{2-}] = 2(PO_4^{3-}) + 5[Fe] \quad (4-17)$$

钢渣界面的传质反应示意图如图 4 - 15 所示。

炉　渣	(O^{2-})	(PO_4^{3-})	(Fe^{2+})	(Ca^{2+})
相界面	——	——	——	——
钢　液	$[O]$	$[P]$	$[Fe]$	

图 4 - 15　钢渣界面的传质反应示意图

脱磷反应在钢渣界面进行。一般情况下，电炉氧化期炉渣中 P_2O_5 含量很低，因此炉渣中 P_2O_5 与 CaO 的结合以 nCaO - P_2O_5 形态呈现。渣中 CaO - P_2O_5 系统相图如图 4 - 16 所示。

185. 还原脱磷的机理是什么？

磷在元素周期表中属于第Ⅵ族元素，磷原子最外层有 5 个价电子，它可以完全失去 5 个价电子变成正 5 价，也可以获得 3 个电子变成负 3 价。电炉炼钢过程中，氧化脱磷就是使得金属中的磷失去 5 个价电子形成各种磷酸盐而固定在炉渣中，还原脱磷则是使得金属中的磷得到 3 个价电子，形成磷化物转入炉渣而被去除。氧化脱磷和还原脱磷取决于体系的氧势，形成磷化物的形态也取决于体系的氧势，百川和佐野测定的还原脱磷和氧化脱磷的临界氧分压在 10^{-13}Pa 左右，当氧分压低于此值的时候，进行的是还原脱磷，高于此值的时候，进行的是氧化脱磷。还原脱磷的方程式可以表示为：

$$Ca_{(l)} + \frac{2}{3}[P] + \frac{4}{3}O_2 = \frac{1}{3}(3CaO \cdot P_2O_5)$$

或者

$$\frac{1}{2}P_{2(g)} + \frac{5}{4}O_2 + \frac{3}{2}(O^{2-}) = (PO_4^3)$$

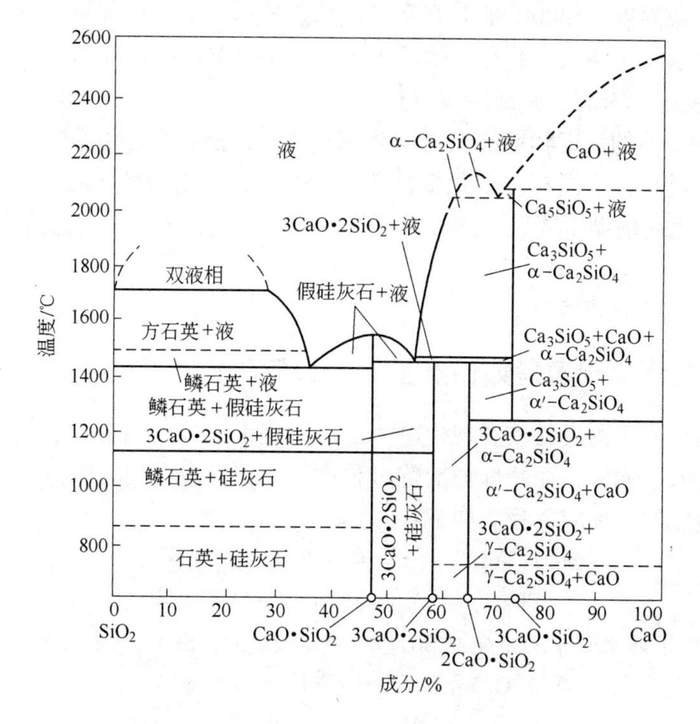

图 4－16 渣中 CaO－P_2O_5 系统相图

$$Ca_{(l)}+\frac{2}{3}[P]=\!=\!=\frac{1}{3}(Ca_3P_2)$$

也可以表示为：

$$\frac{1}{2}P_{2(g)}+\frac{3}{2}(O^{2-})=\!=\!=(P^{3-})+\frac{3}{4}O_2$$

由以上合并可以得到：

$$(Ca_3P_2)+4O_2=\!=\!=(3CaO\cdot P_2O_5)$$

电炉常用的脱氧剂是 CaC_2 和 CaSi，采用电石脱磷的反应为：

$$CaC_2+[O]=\!=\!=CaO+2[C]$$

$$CaC_2+[P]=\!=\!=Ca_3P_2+2[C]$$

采用硅钙合金脱磷的反应为：

$$3CaSi+2[P]=\!=\!=Ca_3P_2+3[Si]$$

在精炼炉的操作中，会经常发现白渣条件下，钢液内的磷含量会有所下降，就是这个道理。需要说明的是，还原脱磷的炉渣水解以后会产生对人体和环境有害的物质，需要特殊的处理。

186. 有利于电炉脱磷的条件有哪些？

钢中磷的氧化反应是在炉渣参与下进行的，因此不论是熔化后期还是氧化前期，脱磷的关键都在于造好氧化性强、碱度适当、流动性良好的炉渣。

总的来讲，脱磷的最佳热力学、动力学条件是：

（1）降低反应温度，1300℃低温有利于脱磷反应进行。

（2）提高钢水、炉渣的氧化性，炉渣 FeO 含量在 12% ~20% 之间，适当的碱度（$R=2\sim3$），流动性良好，有利于脱磷反应进行。

（3）提高钢中磷的活度和增加渣量，采用换渣、流渣操作，有利于脱磷反应进行。

（4）对熔池进行强力搅拌。熔化期的正确操作可以把钢中的磷去除 50% ~70%，剩余的残存磷在氧化期借助于渣钢间的界面反应、自动流渣、补造新渣或采用喷粉脱磷等办法继续去除。

（5）选择合理的脱磷渣系。

187. 电炉的回磷现象是如何产生的，如何防止？

传统电炉的扒渣不彻底，或者现代电炉冶炼过程中电炉出钢下渣的回磷，是由于电炉的含磷氧化渣进入了钢包，而精炼炉冶炼过程中的还原反应，使得炉渣中不稳定的磷酸四钙发生了分解造成的。反应方程式如下：

$$2(FeO)+[Si]=\!=\!=SiO_2+2[Fe]$$

$$(FeO)+[Mn]=\!=\!=(MnO)+[Fe]$$

$$(4CaO\cdot P_2O_5)+2(SiO_2)=\!=\!=2(2CaO\cdot SiO_2)+(P_2O_5)$$

$$2(P_2O_5)+5[Si]=\!=\!=4[P]+5(SiO_2)$$

$$(P_2O_5)+5[Mn]=\!=\!=2[P]+5(MnO)$$

$$3(P_2O_5)+10[Al]=\!=\!=5(Al_2O_3)+6[P]$$

在电炉出钢过程中加入的脱氧剂也会直接还原不稳定的磷酸四钙，产生钢液回磷，反应式如下：

$$(4CaO\cdot P_2O_5)+5[Mn]=\!=\!=2[P]+5(MnO)+4(CaO)$$

$$2(4CaO\cdot P_2O_5)+5[Si]=\!=\!=4[P]+5(SiO_2)+8(CaO)$$

$$3(4CaO\cdot P_2O_5)+10[Al]=\!=\!=6[P]+5(Al_2O_3)+12(CaO)$$

防止电炉出钢下渣回磷的主要操作方法有：

（1）减少出钢量，提前回摇炉体，减少下渣量。

（2）出钢口过大，下渣难免时，出钢时增加石灰的配加量。

（3）电炉出钢下渣以后，钢包要及时地进行泼渣处理。

（4）电炉出钢下渣量较少，泼渣困难时，精炼炉冶炼时增加石灰的加入量，增加碱度后，钢液的回磷现象会减轻。而且碱度较高的炉渣，在精炼炉的还原气氛下仍然可以脱除少量的磷。

（5）电炉终点磷含量离成分要求差距较大，出钢口偏大，容易下渣时，电炉的冶炼要做深脱磷的操作处理，减少回磷对于成分控制的影响。

188. 铅和锌的危害有哪些，如何去除？

作为相对原子质量和密度大于铁的元素，铅和锌在钢中的存在将会破坏铁素体的基体和晶格结构，从而影响钢的力学性能。其中，铅和锌还会沉降在炉底，对于底电极和炉底耐火材料造成破坏。所以铅和锌的危害是多方面的，铅和锌的脱除在冶炼操作工艺上也是比较困难的。欧洲由于废钢质量的原因，引起的铅和锌超标的冶炼炉次比较常见，促使在脱铅和脱锌的操作技术上有了领先的地方。其中，德国 BSW 厂的 90t 电炉的技术已经在实际生产中成为了一门成熟的技术，我们在直流电炉中也进行过实践，效果也能够满足生产要求。由于铅是一种低氧化值且状态稳定的元素，在炼钢条件下能迅速蒸发，所以如果铅氧化后进入渣中，利用发泡剂炭粉能迅速还原并且蒸发，使其进入炉气内排出，达到脱除的目的。其过程可以表示为：$PbO_2 \rightarrow Pb^{2+} \rightarrow Pb$。

在生产中熔清取样后发现铅的成分超标后，首先停止喷炭的操作，增大吹氧的强度和角度，将钢水中的碳氧化在 0.10% 以下，并且剧烈搅拌钢水，提高钢水的温度，促使沉降在炉底的铅通过钢水中的溶解氧氧化后被炉渣捕集，此阶段的操作时间在 2 ~ 6min 之间；随后喷入发泡剂炭粉，铅的氧化物很快会被还原剂炭粉还原成铅蒸发进入炉气，达到脱除部分铅的目的。统计中证明脱除部分的铅在 25% 以上，是一种实用的技术。

由于锌的化学性质和物理性质，与铅比较接近，因此锌的脱除操作与铅的脱除操作是基本一样的，脱除效果更加明显。

189. 锡高造成铸坯热脆的原因有哪些，能否用电炉去除锡？

锡高造成铸坯热脆的原因有：

（1）锡在晶界偏析降低了晶界的表面能，减弱了晶粒间的结合力，加速晶界微孔的形核与长大。

（2）锡的偏析锁住了晶界，则只能形成晶界微孔来消除位错堆积。

（3）锡阻碍了晶界迁移和动态再结晶，而晶界迁移和动态再结晶可以隔断晶界微孔连接，减少微孔形成，有利于恢复热塑性。

在 950℃ 拉伸的试样 A 中，锡在奥氏体晶界有明显的偏析，这是导致热塑性降低的主要因素。

从试样的高温拉伸的应力 - 应变曲线分析得出，含锡较少的试样的动态再结晶温度约为 1000℃，而含锡高的试样，由于有锡的偏析，动态再结晶推迟到 1100℃。发生晶界迁移的温度应比动态再结晶的温度低一些，因此含锡较低的钢坯试样的热塑性约在 950℃ 可得到恢复，而含锡较高的试样的热塑性约在 1000℃ 才能得到恢复。

锡能够降低铜在奥氏体中的溶解度，铜、锡还会在氧化铁皮/钢基体的界面富集，形成低熔点的液态 Cu - Sn 合金，沿着奥氏体晶界渗透，在应力的作用下，很容易沿晶界开裂。

目前，脱除锡元素的技术尚未见介绍，只能够通过控制原料达到减少锡元素超标引起的质量问题。

190. 铜的危害有哪些？

在高温状态下，铁优先氧化，并且铜的熔点低（1083℃），故铜在氧化铁皮下富集，容易形成低熔点合金，或者铜熔化以后，超过其在 γ 相中的溶解度，沿着 γ 晶界析出，容易使得铸坯产生热裂。

但是由于铜具备良好的强度、耐蚀性能和焊接性能，故广泛地应用于船舶用钢、压力容器钢、石油用钢、机械用钢、耐候钢等，并且由于 ε - Cu 的析出强化作用，钢中加入适量的铜可以阻碍疲劳裂纹的扩展，从而提高钢的疲劳强度。在耐蚀钢中，铜的含量被控制在0.2%～0.4%之间。在管线钢的生产中，级别X80以上的钢添加铜，美国API标准中的抽油杆钢、马氏体抗菌不锈钢和耐候钢中，铜作为合金元素加入。

铜的导电性仅次于银，居金属中的第二位，大量用于电气工业。铜具有耐腐蚀性，可用于电镀，作外镀层或作镀层衬底，如在钢镀铬前先镀薄层的铜。铜还用来作金属的包层，热压在钢或其他金属的表面上。

191. 钢中气体通常是指哪些，来源何处，各有什么危害？

钢中气体通常指氢和氮。氢来源于炉气、原材料、冶炼和浇注系统的耐火材料；氮来源于氧气、炉气和大气、金属炉料。氢在钢液中的溶解度大于它在固态钢中的溶解度，所以在钢液凝固过程中，氢会和CO、氮等一起析出，造成皮下气泡，促进中心缩孔和显微孔隙的形成。氮在钢液的溶解度远高于其在室温下的溶解度，因此，钢中的氮含量高时，在低温下呈过饱和状态。由于氮化物在低温时很稳定，钢中氮不会以气态逸出，而是呈弥散的固态氮化物析出，结果引起金属晶格的扭曲并产生巨大的内应力，引起钢的硬度、脆性增加，塑性、韧性降低。

192. 氮在钢水中以什么样的形式存在？

氮在钢水中的存在形式有两种：自由状态的氮原子和结合状态的氮离子（如AlN、TiN）。

193. 氮在钢中有何有益的作用？

氮在钢中的有益作用分别如下：

（1）增加强度。尽管氮在铁素体中的溶解度不高，但是氮能显著提高钢的屈服强度，氮的溶解度每增加0.01%，钢的屈服强度增加50MN，远远比其他固溶强化剂，如磷、锰的效果好，氮在奥氏体不锈钢中溶解度很大，氮的强化是由于生成氮化物而引起的沉淀强化。因此，氮作为不锈钢的一种有价值的固溶硬化剂。在高铬钢中，氮的固溶强化作用能使钢的强度提高，塑性几乎没有降低。

（2）晶粒细化。晶粒细化是在热处理过程中由氮化物粒子提供的。正火钢中析出的细小AlN，是非常有效的晶粒细化剂，它能够阻止奥氏体的长大。

（3）表面渗氮或碳氮共渗。渗氮或碳氮共渗的作用是增加耐磨性、硬度、疲劳强度、红硬性及抗腐蚀性。由于渗氮在钢件表面形成ε相（含氮8.1%～11.2%，Fe_2N），它硬度极高，耐磨、耐蚀性能好；其次是ε+γ相，也具有良好的耐蚀性。在合金钢的氮化层表面除存在铁-氮化合物外，还有一定数量的合金氮化物，如AlN、CrN、MoN、TiN等。这些氮化物，特别是AlN具有较高的硬度，它们非常细小且分布在回火索氏体基体上，从而大大改善基体的表面性能。碳氮共渗的效果更好，处理时间更短。

（4）耐腐蚀性。氮在奥氏体不锈钢中有三大作用：增加耐高温性能、增加强度和增强抗腐蚀能力。氮含量增加，不锈钢抗点蚀的能力会增强。所以在一些钢中氮是作为合金元素加入的。

194. 氮在钢中有何负面作用?

氮元素在钢中起着双重作用,既有有益的一面,也有有害的一面,主要的负面影响有:

(1) 应力时效。对于低碳钢,氮可以导致时效和蓝脆现象。时效现象通常是发生在100~200℃之间,但事实上当氮是以间隙状存在时,应力时效可在室温下进行。这种现象对要求有良好深冲性的薄板钢产生危害,也降低了冷轧结构钢的断裂韧性。氮在α铁中的溶解度在590℃时达到最大,约0.1%,在室温时则降至0.0015%以下。当将氮含量较高的钢自高温较快地冷却时,铁素体就会被氮“过饱和”。如果将此钢材在室温下静置,随着时间的延长,氮将逐渐以Fe_4N的形式析出,将会引起晶格扭曲,这虽然能使钢的强度和硬度上升,但是塑性和韧性下降,这种现象称为时效,又称时效老化或者时效硬化。钢中自由氮含量越高,时效现象越严重。

(2) 降低钢的成形性。钢中自由的氮形成固溶体,造成固溶强化,加上时效作用,使钢的塑性和韧性降低,冷加工性能下降。为了减少氮的固溶硬化作用,需加入与氮结合能力强的元素,如Ti、Al、B或V,形成氮化物。这种类型的典型钢种是IF钢。

(3) 降低钢的高温韧性和塑性。氮含量影响着结构钢的生产。已经证实氮会促进钢水连铸时铸坯开裂,这是由于AlN的析出是在奥氏体边界上,减少了连铸过程中产生的应力的释放。由于氮降低了钢的高温韧性和塑性,减少了由于氮高造成的连铸裂纹,通过加入一定的钛降低自由的氮含量,可以得到良好的效果。降低钢中的残铝量是解决裂纹问题的方法之一,最好的途径是把铝和氮同时降下来。

(4) 破坏钢材的焊接性能。氮对HSLA钢的焊接性能的影响比较大。在氩弧埋弧焊管线钢时,存在较大的焊接冲稀作用,影响焊接质量。焊缝的氮含量取决于母体的氮含量,母体的氮含量越高,焊缝的氮含量越高。即使氮在母体中以氮化物形式存在,氮的传递依然存在。氮含量越高,钢的脆性转变温度升高,韧性下降。韧性降低的原因是由于有益的针状铁素体数量随氮含量增加而减少造成的。因此,降低母材中的氮含量是提高钢的焊接性能的唯一办法。

此外,钢中的氮还会使镇静钢铸坯产生皮下气泡,降低磁导率和电导率,并且增加矫顽力和磁滞损失等。

195. 哪些炼钢原料的氮含量较高?

钢液中氮的来源主要有以下形式:

(1) 铁水和生铁。铁水和生铁中通常含有0.004%~0.01%的氮。这主要是由于铁水氧含量低,高炉风口处的氮气分压较高造成的。

(2) 废钢带入。

(3) 渣料和合金带入。氮以溶解的形式或以空气组分(在缝隙和块料之间的空隙里含有的氮)带入的。

(4) 焦炭带入。这在以焦炭为配碳原料的电炉特别明显。

目前开发的直接还原铁等新铁料氮含量较低,是稀释氮含量的良好原料。采用废钢预热的电炉,在预热阶段,一些含氮的化合物以及附着在钢铁料表面的含氮有机物和无机物,会在200~800℃的高温条件下分解后随烟气排出,所以采用废钢预热的电炉脱氮比没有采用废钢预热的电炉要容易。

196. 电炉如何脱氮，有何影响因素？

脱氮主要是利用脱碳反应过程在钢液内部产生的一氧化碳气泡上升来实现的。氮在钢液内部的分压很小，产生的一氧化碳气泡好比一个真空室，氮和氢遇到一氧化碳气泡后，就进入一氧化碳气泡内，随一氧化碳气泡的上升而上升去除。目前，国内对于钢液脱氮的研究已经达到了一定的高度，研究认为，在钢中自由氧含量在0.02%以上时，钢液基本上不吸氮，这是由于钢渣界面的氧化铁的作用阻碍了氮的扩散吸收，但是随着温度的升高，当温度大于1650℃以后，这种作用将会消失，钢液吸氮的作用将会明显，同时研究发现钢中硫含量在0.035%以上钢水基本上也不吸氮，这两点在实践中得到了充分的证实。目前，电炉生产低氮钢主要是通过提高配碳量、增加熔池的沸腾量来实现的；另外一方面，利用含氮低的原料，比如直接还原铁、碳化铁等来稀释原料中的氮含量。

197. 电炉钢水的精炼过程中能够全程吹氮气吗？

氮气在高压状态下，可以作为钢包吹氩不通的事故吹氩气体，可以短时间对钢液吹氮，但是对于绝大多数的钢种来讲，精炼全程吹氮气，钢液中间的氮含量增加，铸坯将会出现角部裂纹和气泡现象。笔者工作的工厂，出现过误将氮气作为氩气冶炼，导致1200t钢水出现质量异议，400t铸坯判废品的事故。

198. 氢在钢中有何副作用？

氢以间隙原子的形式固溶于钢中，在钢中的溶解度很小，并且随着温度的降低而降低，钢材中的氢溶解度很小。氢在钢中的存在会引起以下缺陷：

（1）氢会降低钢的塑性和韧性，易于脆断，引起氢脆。

（2）氢在钢中存在会在钢材内部产生显微裂纹，破坏钢材基体的连续性。由氢造成的微裂纹有两种：在钢材试样横向酸蚀面上呈现放射状的细裂纹，在钢材断口上为银亮色的斑点；氢气泡和显微孔隙在加工时，沿轧制方向上被拉长而形成的微裂纹。前者称为白点，后者称为发纹。

（3）造成铸坯形成皮下气泡。

199. 钢中氢的来源有哪些？

钢中的氢来源主要有：

（1）潮湿的炉料带入，包括潮湿的钢铁料、容易吸水的渣料和脱氧剂，如石灰、电石等。

（2）油污严重的废钢铁料带入。这类废钢进入电炉以后，油污的裂解会带入一部分的氢。

（3）一些吸附氢能力较强的合金带入。典型的主要有镍铁。

（4）电炉冶炼过程中，进入熔池的水，包括电极喷淋水、水冷盘渗漏的水。

（5）锈蚀严重的废钢，由于含有氢氧化亚铁，也会带入熔池一定的氢。

200. 电炉的脱氢操作措施有哪些?

电炉脱氢的原理与脱氮的原理基本一致，在冶炼一些对于氢含量要求严格的钢种时，除了增加脱碳量，保证全程的良好泡沫渣操作以外，还要在源头上杜绝氢的来源。主要措施有：

（1）不加入含有油污的废钢。废钢铁料中不能带入汽车轮胎等橡胶制品。

（2）锈蚀严重的废钢要尽量少加或者不加。

（3）冶炼前检查水冷盘是否有漏水，如果有漏水现象，必须处理好以后才能生产。冶炼过程中减少或停止电极喷淋水的使用量。

（4）加入的石灰和萤石必须是干燥的，没有储存过期。

（5）电炉出钢合金化过程使用的渣料、合金，要保证没有受潮，如果能够烘烤合金，效果会进一步地改善。

201. 脱碳反应有何作用?

脱碳反应是电炉炼钢过程中最重要的化学反应，脱碳反应在炼钢过程的主要作用如下：

（1）脱碳反应的热效应是最主要的化学反应热，为电炉炼钢提供了必要的化学热。

（2）脱碳反应在熔池进行后，提供了冶金反应的主要动力学条件，可以搅动熔池传热，加速冶金反应的传质速度，成倍地提高反应速度，对于消除电炉炼钢的冷区起着决定性的作用。

（3）配碳可以降低铁素体的熔点，促使熔池尽快形成，对于缩短冶炼周期有积极的意义。

（4）碳优先于铁和氧反应，采用合适的配碳以后，脱碳反应有利于降低铁的吹损，有利于提高金属收得率。

（5）熔池内部脱碳反应产生的一氧化碳气泡是电炉脱除氢、氮的最经济、最有效的手段。

（6）脱碳反应是通过搅动熔池运动，促使熔池内大颗粒夹杂物上浮，并被炉渣吸收去除，从而提高粗炼钢水质量的保证。

（7）脱碳反应产生的气体是超高功率电炉泡沫渣操作的主要气源。

202. 怎样比较准确地计算脱碳反应的氧耗，怎样计算总的氧耗?

脱碳需要的氧耗计算只需要将配料过程中炉料的碳含量代入公式计算即可。

脱碳反应的主要产物为CO，故方程式表示为：

$$2C + O_2 = 2CO$$

脱碳反应的氧耗表示为：

$$O_{脱碳} = \frac{Q \times C\% \times 1000}{2 \times 12 \times \mu \times \varphi} \times 22.4 \tag{4-18}$$

式中　Q——废钢铁料的总质量，t；

$C\%$——炉料配碳的平均碳含量。

同样可以计算出氧化其他元素的氧耗。假设电炉的渣量为吨钢120kg，渣中的氧化铁含量为14%，总的氧耗可以表示为：

$$O=\left[\frac{22400Q}{\mu\varphi}\left(\frac{\alpha}{28}+\frac{\beta}{65}+\frac{5(\gamma_0-\gamma_1)}{4\times32}+\frac{\chi_1-\chi_0}{2\times12}\right)+120Q\times\frac{56}{72\times32}\times14\%\right] \quad (4-19)$$

式中 α，β，γ_0，χ_1——分别为入炉料中的硅、锰、磷、碳的质量分数；

γ_1，χ_0——分别为冶炼钢种的目标出钢磷和碳的质量分数；

μ——氧气的利用率，取0.95~0.99；

φ——氧气的纯度，取99%。

203. 脱碳主要依靠什么方式完成，氧气直接和钢中碳反应的几率大吗？

电炉脱碳主要依靠钢渣界面的碳氧反应。氧气直接脱除钢液中的碳的几率很小。因为碳在钢液中的含量较小，浓度较低，所以氧气直接脱碳的可能性很小，这一点已经证实。

204. 电炉炼钢的供氧方式主要有哪几种？

目前电炉炼钢的用氧技术主要有四种：

（1）以德国巴登公司为代表的自耗式BSE炉门炭氧枪。

（2）以PTI公司为代表的水冷超声速炭氧枪，分为炉门和炉壁两种，其中以炉门式的居多。

（3）超声速凝聚射流氧枪，又称超声速集束射流氧枪，或者集束射流氧气喷吹系统。

（4）多功能氧燃烧嘴，或者氧－油烧嘴。这些烧嘴在不同的冶炼阶段起不同的作用，在熔化期起烧嘴作用，在氧化期起氧枪的作用。

总的来讲，氧枪可以划分为助熔废钢用氧枪和脱碳控制成分和造泡沫渣的氧枪两类。现代电炉炼钢厂将不同的用氧方式进行组合使用，比如德国的BSW厂将自耗式氧枪和超声速集束射流氧枪联合使用。使用炉门炭氧枪的同时，在出钢口EBT附近增加了一支集束氧枪；新疆八钢第三炼钢厂的110t电炉在使用了炉壁超声速氧枪的同时，增加了一支炉门自耗式氧枪联合使用，70t直流电炉采用集束氧枪和炉门自耗式氧枪联合使用等。以上各种氧枪国内也有相关的生产厂家。

205. 炉门自耗式氧枪的使用情况是怎样的，有何优缺点？

自耗式氧枪通常在炉门使用，氧气流量（标态）控制在2500~7500m^3/h之间，其基本外貌如图4－17所示，冶炼时的现场照片如图4－18所示。炉门自耗式氧枪的优点在于：

（1）安装和操作简单。

（2）使用方便，便于维护。

（3）泡沫渣容易控制，可以动态地人为干预炉内的冶炼进程。

（4）可以比较容易地实现留碳操作，对于冶炼品种钢来讲是一种最佳的选择之一。

（5）可以灵活地使用氧枪，根据要求可以升降氧枪，左右、上下摆动氧枪，每一个氧枪好比一个移动的点热源，可以消除炉门区的冷钢。

炉门自耗式氧枪的缺点在于：

（1）脱碳效率低，据测算和实际的对比，并且参考多家外厂的实际情况，认为这种

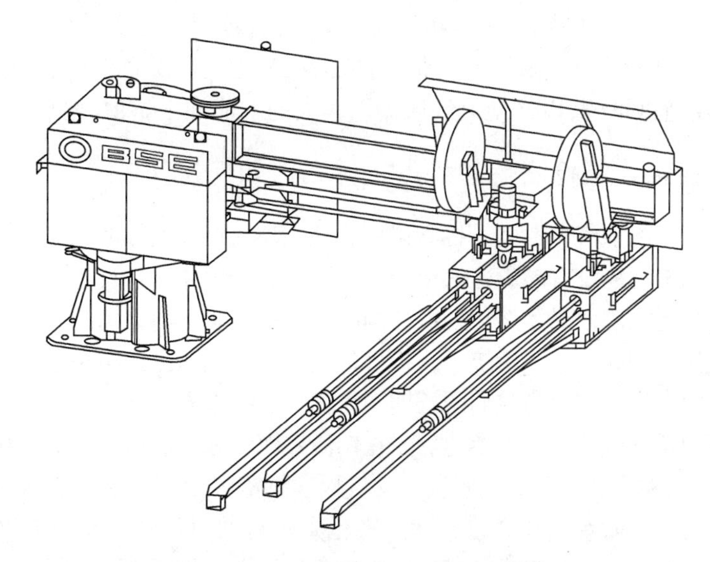

图 4－17　炉门自耗式氧枪的基本外貌

图 4－18　炉门自耗式氧枪冶炼时的现场照片

氧枪脱碳速度在 0.03% ~0.08% 之间。

（2）工人更换自耗式枪管的劳动量比较大，需要专门的吹氧管和吹氧管的接长装置，也有的厂家采用焊接吹氧管的方法，即把消耗了的残余吹氧管与新的吹氧管焊接在一起，劳动量比较大。

（3）吹炼时受炉门废钢的限制，所以炉门炭氧枪使用与炉壁烧嘴、炉门叉车要紧密配合起来，才会收到满意的效果。

（4）炉门区的耐火材料消耗较快。

206. 自耗式氧枪的射流特性是什么？

自耗式氧枪的枪管是直筒形的，氧气离开枪管以后，流股发散得比较快。天津钢管公司对此做过相关的实验，测出了氧枪的氧气流股特性：射流的速度在离开枪口 20d_e（d_e

为氧枪枪管内径）之前衰减较快，氧气流量越大，其射流衰减越慢。当单枪流量在 $3000m^3/h$ 时，枪口附近的氧气射流速度仍然能够达到超声速氧枪的水平，所以在强化脱碳的时候，需要不断地进枪管，以便使氧气射流以较大的动能冲击熔池，增加脱碳的速度。

207. 炉门自耗式氧枪吹炼的特点是什么，如何操作？

炉门自耗式氧枪的氧气流股离开枪管以后，就呈现出迅速发散的状态，氧气流股的冲击面积较大，但是冲击动能没有超声速氧枪的大，所以吹炼时要求将自耗式枪管进入一个合适的吹炼位置，以达到吹炼效果，熔化期以切割废钢为主，兼顾熔化期的脱碳任务，熔池出现后，要考虑造泡沫渣和脱碳、脱磷统一，枪管不能进入到电弧区，防止电极与枪体起弧烧坏炭氧枪。实验室的水模拟实验与我们的长期操作实践的结果是一致的，即自耗式氧枪吹炼过程中，氧枪枪管的长度应该在进入熔池后，在钢渣界面吹炼，氧枪枪管的入射角度与熔池之间的夹角保持在30°左右，在脱碳期间，一支氧枪吹钢渣界面，另外一支氧枪吹钢液，可以取得最佳的吹炼效果。吹炼过程角度过大，在枪管较短的时候，容易吹损炉门区的耐火材料，而且吹氧效率会下降。炉门自耗式氧枪吹炼操作示意图如图 4－19 所示。

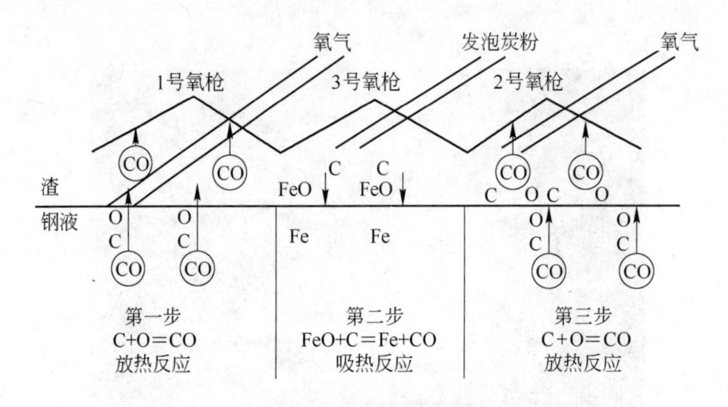

图 4－19　炉门自耗式氧枪吹炼操作示意图

208. 对于供氧强度较大的现代电炉，氧气的压力和利用率有关系吗？

对于供氧强度较大的现代电炉，氧气的压力越大，利用率越高，二者的关系如图 4－20 所示。

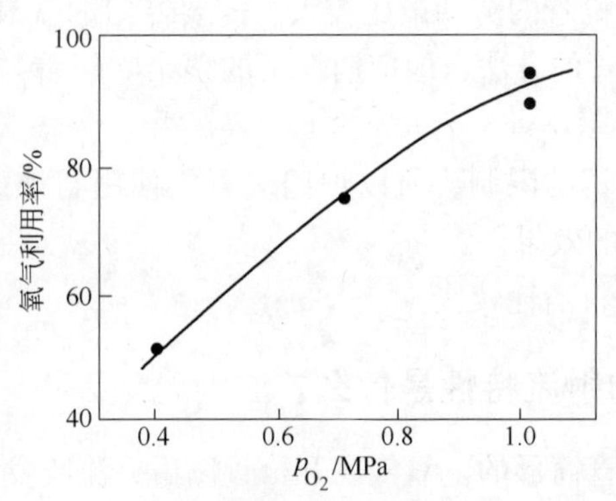

图 4－20　现代电炉氧气的压力和利用率的关系

209. 什么叫做马赫数、超声速氧气射流和超声速氧枪的射流长度?

马赫数（Mach Number）以奥地利物理学家马赫（1838～1916 年）为名，其定义为物体速度与声速之比值，即声速的倍数。其中又细分为多种马赫数，如飞行器在空中飞行使用的飞行马赫数、气流速度的气流马赫数、复杂流场中某点流速的局部马赫数等。炼钢过程中的氧气的速度和炉膛中的声速之比大于 1 的氧气射流称为超声速氧气射流。

电炉炼钢过程中的射流长度是指氧气从拉瓦尔喷嘴出口由 1.5～2.4 倍马赫数衰减到亚声速的这一段距离。

210. 水冷超声速氧枪的结构是怎样的?

目前超声速氧枪有两种，一种是炉壁超声速氧枪，另一种是炉门超声速氧枪。通常以炉门超声速氧枪较为常见。炉门超声速氧枪的基本动作功能包括前进、后退、上下摆动、左右小范围的摆动。炉门超声速水冷氧枪有的是把炭枪和氧枪集成为一个整体，有的则是把炭枪和氧枪分开，其使用寿命大约在 300 炉左右。炉壁超声速氧枪通常是布置在与炉门中心线成 30°角的位置，在炉壁水冷盘上开一个比枪体外径稍大的进枪孔，只有向上、向下、前进与后退四个动作。向上的动作只是将枪体升高到进枪孔，完成进枪动作；向下的动作只是在冶炼结束后，出钢前将枪放在停泊位的动作。炉壁超声速水冷氧枪的炭枪和氧枪是集成为一个整体的。

211. 超声速氧枪吹炼的优点和缺点有哪些?

超声速氧枪吹炼的优点在于：

（1）氧气的利用效率较高，脱碳反应速度较快。

（2）省去了人工更换枪管的环节，节省了工人的劳动力。

（3）设备的故障点较少，便于维护。

（4）渣中氧化铁含量较低。

超声速氧枪吹炼的缺点在于：

（1）氧枪使用不灵活，受炉门的冷钢限制，限制了氧枪的及早使用，为了克服这一缺陷，有的厂家在炉门超声速炭氧枪上同时加装了氧－油烧嘴或者氧燃烧嘴。使用这些措施，使炉门区的废钢出现红热或者熔化状态后才开始使用。炉壁超声速氧枪由于受废钢的限制条件更多，影响了氧气的使用，还会发生烧枪的事故以及枪体黏结钢渣退不出来的事故，影响了电炉的作业率。

（2）对于操作工的要求较高，石灰的溶解速度较慢，泡沫渣不容易控制。

（3）容易发生氧化期碳高和脱碳时的大沸腾事故。

（4）冶炼过程中脱磷的反应速度比较慢。

（5）氧枪发生漏水以后，容易产生安全事故。

212. 什么叫做超声速集束射流氧枪?

超声速集束射流氧枪是在超声速氧枪的基础上发展起来的。其原理是在氧气拉瓦尔喷嘴周围增加烧嘴或者介质喷嘴，使得射流氧气在高温、低密度的燃气介质或者辅助介质中前进。这类介质主要有辅吹氧气、各类燃气或者雾化油、氮气或者氩气。这项技术最早在美国的 MacSteel 钢厂 60t 电炉改造中被应用，在随后的时间里，世界上有超过 60 座的电炉采用了这项技术，目前被作为电炉高效化改造以及电炉炼钢转炉化的首选技术。世界各国有实力的公司已经有多家介入到此技术的研发。超声速集束射流氧枪已经由美国多家公司取得了凝聚（集束）射流技术的专利技术，目前应用于生产的公司主要是 PTI 公司、普来克斯公司、ACI 公司，以及德国 BSE 公司的产品。国内的北京科技大学也开发了这项技术。

213. 超声速集束氧枪的工作原理是什么？

超声速集束氧枪的工作原理如下：

（1）氧枪的中心为氧气拉瓦尔喷嘴，保证氧气离开喷嘴后有较大的动能。

（2）氧气射流的长度调节是通过调整氧气的不同压力（或者流量）来实现的，以满足冶炼过程中不同阶段对于射流长度的要求。

（3）氧枪的中心孔四周为燃气烧嘴孔，可以喷吹天然气、煤气或者其他气体，有的厂家在没有燃气的条件下，使用的是氧气辅吹。这些亚声速气体成为超声速氧气射流的外层包裹气流，限制了射流的发散，使得射流的长度增加，达到了射流较强穿透熔池的目的。一般集束氧枪的射流可以达到 2.0m 左右。

214. 超声速集束射流氧枪的结构特征是什么？

超声速集束射流氧枪枪体的主要结构特征有：

（1）氧枪由拉瓦尔喷嘴、枪套两部分组成。枪体有内置的冷却水管道。

（2）每个喷射氧枪枪体材质为钢，枪套为纯铜。枪体用螺栓安装于集束射氧箱（Jet-Box）上（材质为脱氧纯铜铸焊件，内含水冷通道，箱体外表面有挂渣槽）。

（3）集束射流氧箱。箱体内置有冷却水管道，在其冷却水入口及出口处安装有温度检测器，可感知并防止氧气流反射。控制系统根据铜箱和氧枪的进出冷却水温度及铜箱热端温度变化，实时地监测火焰反射的情况，给出报警信号并能及时采取自动保护措施。控制系统会自动根据炉况增加氧气和燃气流量，以帮助切割被电能预热过的钢块。一旦 Jet-Box 系统前方有大块废钢，系统会根据温差变化自动减少氧气流量，防止对炉衬、水冷盘或 JetBox 造成损坏。

（4）用于固定和保护集束氧枪的铜箱，上有氧枪孔和炭枪孔，可通过此箱体将氧枪和炭枪以最好的组合安装于最合适的位置上。通过安装板和法兰将箱体固定在电炉侧壁水冷盘合适的位置上，可以使嵌入在箱体中的喷炭管和超声速氧枪更靠近炉中心以及熔池，有效地提高化学能的利用率，形成良好的泡沫渣。水冷铜箱固定在水冷盘上，氧枪出口中心距离钢液面的垂直距离为 600mm 左右，喷射角度约 45°。

（5）以氧气为辅吹介质气流的集束氧枪，内有超声速氧流通道和环流氧气通道，枪体的专利设计使氧气从一个入口进入后自动分成超声速氧流和环绕氧流，也可设计为单独控制的保护环氧。

（6）集束射氧箱基本上是免维护的，寿命在 1 年以上，当箱体出现较大磨损时，可更换下来进行修复。集束氧枪是免维护的，只有氧枪中的枪套（枪头）部分为铜质易损件，正常使用寿命为3～6个月。超声速集束氧枪系统的基本结构如图4－21所示。

图4－21　超声速集束氧枪系统的基本结构

215. 超声速集束氧枪的优缺点是什么？

超声速集束氧枪的主要优点有：

（1）在吨钢供氧强度为1.2m^3/(min·t)（总的氧气流量为公称容量与供氧强度的乘积）时，当炉中的碳大于0.20%时，脱碳速度可达0.08%～0.15%/min，当炉中的碳小于0.20%时，脱碳速度为0.05%～0.06%/min。系统独特的火焰结构使得早期便能脱碳。碳含量在0.2%～0.8%的临界值时，JetBox的多点反应和高效的集束射流仍能保持高的脱碳速度。

（2）可充分利用热铁水和残留钢水钢渣，提前促使泡沫渣的形成。

（3）喷氧的效率高，无效的自由氧少，脱碳速度快。

（4）集束射流在一定的距离内（1～2m），保持其起始速度、流股直径、氧气浓度和冲击力明显长于任何传统射流。可以实现多点脱碳，炉内化学成分比较均匀。特别适合于热兑铁水和利用大量冷生铁高配碳的电炉生产。在热兑铁水生产时，铁水的热兑比例最高可以达到70%左右，可以实现零电耗的冶炼，冶炼周期不会明显增加。

（5）熔池混合均匀所需时间相当于采用炉底底吹气技术的搅拌方法。

（6）大沸腾的现象大幅度减少。

（7）提高配碳量后，增加了化学热的利用，降低了冶炼电耗，提高了粗炼钢水的大部分质量。

（8）设备的安装、组成简洁，操作工艺简易化，设备的维护得到了简化。

超声速集束氧枪的缺点有：

（1）对于安装该系统的资源环境要求较高。一般集束氧枪大多数采用多点喷炭，增加了设备的维护点。

（2）钢水过度氧化（又称过吹）的几率增加，炉后脱氧的任务增加了难度，增加了脱氧剂和合金的消耗。

（3）操作不当时，造成的钢渣飞溅现象严重，对于水冷盘的热冲击和热负荷加大，炉壁、炉沿上黏结冷钢的现象比较普遍，炉沿黏结钢渣后造成炉沿上涨。对于炉盖旋开加料形式的电炉来讲，是一个要注意避免的关键点和难点，所以对于操作工的要求较高。

（4）石灰渣料的熔化速度将会减慢，石灰的利用率会下降。

（5）简化了操作工艺，但是带来的负面影响较多，比如不适合留碳操作，或者留碳操作的难度加大。钢水过氧化后，脱氧剂的使用量增加，相应增加了钢水的夹杂物和成本。

（6）炉衬寿命降低，特别是枪口附近和炉底的耐火材料侵蚀比其他供氧方式要严重。

（7）脱碳速度快，容易造成炉门翻钢水和跑钢，导致渣坑中渣铁的量增加。

（8）由于选择氧化的原因，吹炼过程中配碳量过大，乳化现象容易产生，也是炉门容易跑钢水的主要原因，而且乳化现象产生以后，影响了冶炼的正常进行。

（9）在炉役后期，特别是炉底加深以后，超声速集束氧枪也会同样产生脱碳困难的问题。

（10）超声速集束氧枪吹炼过程中，产生大沸腾事故的后果损害比其他吹炼方式要严重。

（11）操作不当时，容易造成烧枪的事故，这种事故包括氧枪回火、钢渣倒灌堵塞枪体喷头，造成氧枪不能正常使用。

216. 超声速集束氧枪是怎样安装的?

超声速氧枪喷射器沿电弧炉四周安装在炉壁水冷盘上。根据供氧强度、烧嘴功率和二次燃烧的要求，电弧炉集束氧枪系统一般配置 1 ~ 4 个喷射器。这种喷射器被安置在炉壁上，管道连接于氧气和燃料气阀架。氧气和燃料气阀架可单独计量和控制。JetBox 布置的基本考虑主要有：

（1）要避开炉门口和 EBT 位置。

（2）对于交流电炉来讲，要避开三个电极的位置，减少对电极消耗的影响；对于直流电炉来讲，尽量不在偏弧区的“热点”位置安装，避免电弧对于 JetBox 箱体的损伤，此外如果安装在热点区，对于该区域炉衬的热负荷也会增加。

（3）避开除尘烟道口下方位置。

（4）有一个靠近炉门口，消除炉门冷区和废钢。

（5）增加对熔池的搅拌。

（6）现场检修维护和操作上的方便。

217. 目前超声速集束氧枪的安装特点主要有哪些?

目前超声速集束氧枪的安装特点主要有：

（1）安装位置低，离钢液面的距离为 500 ~ 700mm，可充分利用热铁水和残留钢水，提前泡沫渣的形成。

（2）减少从氧气和炭粉喷嘴到达钢水面的射流行程，以便提高喷氧效率、降低氧耗、提高脱碳速度。

（3）更陡的氧气喷射角度（40° ~ 48°），优化射流对熔池的冲击，降低钢水和炉渣对炉顶及电极的喷溅。射流冲击点远离电极，减少电极消耗。

（4）容量较大的电炉一般安装4个超声速集束氧枪，安装位置在炉门两侧和靠近出钢口的两侧；容量较小的安装3个超声速集束氧枪，一般在炉门两侧各自安装一个，在EBT区安装一个。一种典型的超声速集束氧枪的安装示意图如图4－22所示。

该系统1号、3号、4号氧枪配置了3个喷炭枪，2号氧枪没有配置喷炭枪。从炉门区起，顺时针方向依次为1号、2号、3号、4号氧枪。

218. 常见的各种氧－燃气烧嘴的枪头结构如何？

各种氧－燃气烧嘴的结构示意图如图4－23所示。

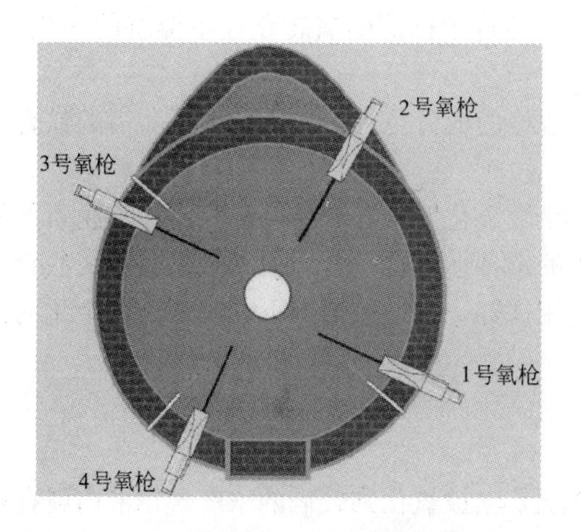

图4－22　一种典型的超声速集束氧枪的安装示意图

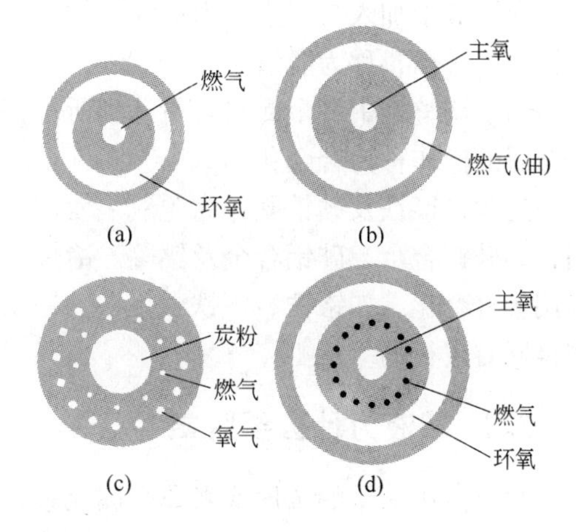

图4－23　各种氧－燃气烧嘴的结构示意图

219. 氧在钢液中以什么样的形式存在？

氧在钢液中间的溶解，是氧得到铁液（也可以理解为钢液）中的电子，和铁形成FeO，或者和FeO形成离子团，在氧化铁含量超过一定的浓度时，氧化铁迁移至铁液表面，形成氧化铁薄膜。一般氧在液体和固体铁中的溶解度都非常低，而且氧在固体铁中的溶解度比在液体铁中更低。

220. 氧在钢液中的溶解度和温度有何关系？

不同的钢液温度，钢液中间氧化铁存在的浓度各不相同。在相同的条件下，氧在钢液中的溶解度随着钢液温度的增加而增大，随着温度的降低而减小。

221. 钢液的测氧原理是什么？

钢液测氧的原理是固体电解质浓差测氧，其装置是由两个“半电池”组成，其中一个是已知氧分压的参比电池，另一个是待测钢水的氧含量，两个“半电池”之间用氧离子固体电解质连接，插入钢液，构成一个氧浓差电池，通过测得氧电势及温度，即可知道钢液中的氧含量。

222. 影响钢水氧含量的因素有哪些？

吹炼终点钢水氧含量也称为钢水的氧化性。钢水氧化性对钢的质量、合金吸收率以及对沸腾钢的脱氧，都有重要的影响。影响钢水氧含量的因素主要有：

（1）钢中氧含量主要受碳含量控制。碳含量高，氧含量就低；碳含量低时，氧含量相应就高；它们服从碳氧平衡规律。

（2）钢水中的残锰含量也影响钢中氧含量。在温度一定时，锰对氧化性的影响比较明显，余锰含量高，钢中氧含量会降低。

（3）钢水温度高，钢水的氧含量就高，反之亦然。

223. 什么是脱氧，什么是合金化，常见的合金起的作用是怎样区分的？

向钢液中加入与氧亲和力比铁大的元素，使溶解于钢液的氧转化成不溶解的氧化物，自钢液中排出，称为脱氧。

为了调整钢中合金元素含量达到所炼钢种规格的成分范围，向钢中加入所需的铁合金或金属的操作称为合金化。

通常，锰铁及硅铁既作为脱氧剂使用，又是合金化元素。有些合金只是作为脱氧剂使用，如硅钙合金、硅铝合金及铝等。冶炼含铝的钢种，铝也是合金化元素。另有一些合金只用于合金化，如铬铁、铌铁、钒铁、钨铁、钼铁等。在一般情况下，脱氧与合金化的操作是同时进行的。

224. 钢液为什么要脱氧？

当钢液中大量的金属或者非金属元素，特别是碳被氧化到较低的浓度，钢液内就存在着较高量的氧（0.02% ~0.08%）。这种没有脱氧的钢液在冷却凝固时，不仅在晶界析出 FeO 及 FeO - FeS，使钢的塑性降低及发生热脆；随着温度的进一步的降低，氧在冷却的钢液中溶解度减小，溶解氧析出，和钢液中的碳继续反应，甚至是强烈反应。因此，氧浓度在毗连于凝固层的母体钢液中增高，超过了碳氧平衡值，于是 CO 气泡形成，使钢锭包含气泡，组织疏松，质量下降。因此，只有在控制沸腾（沸腾钢）或不出现沸腾（镇静钢）时，才可能获得成分及组织合格的优质钢锭或钢坯。为此，对于沸腾钢，氧含量需降到 0.025% ~0.030%，对于镇静钢，氧含量应小于 0.005%。当钢液中的碳达到钢的标准要求后，便应降低钢中氧含量，保证温度下降时，不产生 CO 气体而降低钢材质量。因此，钢液在连铸之前必须采取有效方法，以降低钢液中氧含量。

225. 脱氧的任务是什么？

脱氧的任务是：

（1）按钢种要求降低钢液中溶解的氧。

（2）排除脱氧过程中产生的大部分脱氧产物。

（3）控制残留夹杂物的形态和分布。

226. 脱氧的方式有哪几种？

按氧除去方式的不同，有 4 种脱氧方法：

（1）沉淀脱氧法，也是应用最广的方法。它是向钢液中加入能与氧形成稳定氧化物的元素（称脱氧剂），而形成的氧化物（脱氧产物）能借自身的浮力或钢液的对流运动而排出。

（2）扩散脱氧法。它是利用氧化铁含量很低的熔渣处理钢液，使钢液中的氧经扩散进入熔渣中，而不断降低。

（3）真空脱氧法。利用真空的作用降低与钢液平衡的 p_{CO}，从而降低了钢液的氧含量及碳含量。

（4）复合脱氧法。既有沉淀脱氧，又有扩散脱氧的脱氧方法。

227. 钢液的脱氧原理是什么？

钢液的脱氧原理是选用和氧的亲和力大于铁的元素，加入钢液内部，或者和钢液接触以后，这些脱氧元素和钢液中的氧化铁发生还原反应，和氧结合，形成氧化物排出钢液的过程。部分的脱氧产物没有及时排除钢液，成为夹杂物留在钢中，影响钢材的性能。

228. 什么叫扩散脱氧和沉淀脱氧，各有何特点？

将粉状脱氧剂撒在炉渣上，还原渣中氧化铁，降低其氧含量，促使钢中的氧向渣中扩散，从而达到降低钢液氧含量的目的，称为扩散脱氧，也称界面脱氧。其缺点是脱氧速度慢，优点是钢液不会被脱氧产物所污染。

将脱氧剂加入钢液，在钢液内部进行的脱氧称为沉淀脱氧，其优点是脱氧速度快。

229. 常见元素脱氧能力与温度的关系是怎样的？

锰的脱氧能力随温度的升高而下降，但是，即使在较低的温度下，锰的脱氧能力仍较弱；硅的脱氧反应是放热反应，随着温度的降低其脱氧能力明显提高；铝的脱氧能力随温度的降低而增强；碳的脱氧反应是弱放热反应，温度变化对碳的脱氧能力影响不大。

230. 为什么脱氧剂的脱氧能力越强，加入数量越多，生成的二次、三次脱氧产物越少？

二次夹杂物和三次夹杂物是指在出钢和浇注过程中由于钢液温度降低，导致平衡移动生成的非金属夹杂物。元素的脱氧能力越强，生成的脱氧产物越稳定，钢中的氧含量越低，二次、三次脱氧产物的生成量越少。

231. 使用复合脱氧剂脱氧的优点是什么？

使用复合脱氧剂时，各元素生成的脱氧产物易于聚结和反应，形成较大的低熔点颗粒。这种液态的大颗粒夹杂物能迅速地离开反应区上浮进入熔渣中，从而起到脱氧作用，降低钢中氧含量，去除脱氧产物，减少钢中非金属夹杂物，改善钢的性能。

232. 复合脱氧剂具有哪些优点？

复合脱氧剂的优点有：

（1）复合脱氧剂的脱氧产物熔点较低，易于从钢液中排出。

（2）使用多元复合合金有利于合金元素利用率的提高。复合合金是多组元合金，可根据使用要求，进行不同性能、不同密度的元素搭配，以利于其综合性能的发挥，提高合金元素利用率。如高钙、高铝及混合稀土合金的密度小，且易于氧化，加入钢液后烧损大、利用率低。如果增加 Fe、Ba、Mn、Cr、W、Mo 等密度大的元素在合金中所占的比例，则可增大复合合金的密度，减少合金元素的烧损，提高元素的利用率，使钢液成分均匀。如果将密度大的 W、Mo 元素配入密度小的 Si、Ca 等复合合金中，调整合金的密度，加入钢液后，可起到提高脱氧效率和合金元素均匀化的双重作用。

（3）复合脱氧剂去除夹杂物的效果显著。

233. 为什么现代炼钢的方法普遍选用复合脱氧的方法？

炼钢脱氧的工艺进步和脱氧材料的生产、使用和选择，也经历了一个漫长的历史过程。19 世纪 20 ~ 30 年代以前，廉价的电解铝产生以前，钢水的脱氧是采用单一合金进行的。由于铝是强脱氧元素，它能够细化钢的晶粒组织，阻止低碳钢的时效，提高钢的低温韧性等。所以早在二战之前和二战期间，炼钢主要用单一元素铝进行脱氧。加入的方法是将块状的金属铝加入炼钢炉内或钢包中。19 世纪末和 20 世纪初，铁合金工业逐年发展，只含有一种主要元素的铁合金，如硅铁、锰铁、铬铁等相继被开发，并在炼钢的脱氧和合金化中得到应用，但单一元素的脱氧效果较差，并且其脱氧产物从钢中的排除比较缓慢。随着钢铁工业的发展，目前转炉流程生产的钢铁制品对脱氧合金化使用的铁合金、脱氧剂的性能要求越来越高，主要有以下几点：

（1）化学组成的主元素含量波动范围小，杂质含量低，以满足钢的高纯净度和不同钢种的微合金化、控制钢中夹杂物形态等工艺需要。

（2）化学反应方面，如脱氧、脱硫、脱磷效果好，化学反应产物（夹杂物）的熔点低，易于从钢液中聚合上浮去除，使钢水纯净度更高。

（3）在钢铁材料的铸态组织中间易于形成晶核，改善碳化物分布及石墨形态。

（4）提供不同块度、不同粒度范围或特殊形状的合金（如粉剂、包芯线等），易于加入，提高利用率。

（5）复合合金中合金元素分布均匀，偏析少。

从以上的要求来看，使用单一合金脱氧的这些缺陷是无法满足目前炼钢生产的需要的。因此，采用复合脱氧剂和复合合金，成为现代炼钢方法的首选。

234. 钢液脱氧对脱氧环境有何要求？

钢液脱氧工艺对于脱氧环境的要求如下：

（1）脱氧时，钢中的夹杂物含量必须尽可能低。

（2）脱氧剂与氧的亲和力必须尽可能高，这样即使脱氧剂加入量很小，钢中的残余氧含量也很少。

（3）脱氧产物必须易于快速从钢水中去除。

（4）脱氧后，必须防止钢水进一步氧化。

235. 采用钡脱氧的优势有哪些？

脱氧剂的脱氧效果既与它的脱氧能力有关，又与其脱氧产物的排除能力有关。脱氧产物的类型越多，就越易复合成较大颗粒的低熔点化合物而排除。含钡合金加入到钢液中时，由于钡在钢液中的溶解度极低，只在初期生成极少量的氧化钡。脱氧剂中的其他脱氧元素均参与脱氧反应，首先生成各自的脱氧产物，再聚集、长大，生成复合脱氧产物。由于钡的相对原子质量大，生成的脱氧产物半径较大，因而，与其他脱氧产物碰撞、长大形成复合脱氧产物的几率较高，同时其复合脱氧产物的半径也较大。由于夹杂物上浮速度与夹杂物的半径成正比，因而，含钡合金的脱氧产物上浮速度较快，冶炼终点的夹杂物数量必然减少。所以，钡合金处理钢液，能够减少钢液中间的夹杂物，提高钢液的质量和可浇性；另外，由于钡的加入能够降低钙的蒸气压，使钙在钢液中的溶解度上升，从而提高了钙的脱氧和球化夹杂物的能力。因此，含钡、钙的合金具有较高的脱氧能力和夹杂物变质作用，其脱氧产物易于上浮且速度很快。

236. 金属铝脱氧的特点有哪些?

由于金属铝的脱氧速度快，能力强，普遍应用于炉外精炼过程中。但是使用金属铝脱氧存在的问题如下：

（1）Al_2O_3 夹杂对于弹簧钢和硬线钢的加工性能有着致命的影响，是精加工过程中影响钢材拉拔性能的主要原因。目前生产硬线钢丝的技术关键是解决钢丝拉拔断裂的技术问题，其核心技术是控制钢中夹杂物，严格避免出现富 Al_2O_3 的脆性夹杂物。可在 LF 炉内采取渣洗精炼工艺和无铝脱氧工艺，控制钢中 T[O]≤0.003%；也可采取夹杂物变性技术与保护浇注技术等。

（2）氧化铝还是结构钢中疲劳裂纹的形核核心，尤其会降低轴承钢、重轨钢和车轮钢的疲劳抗力。

（3）铝脱氧的反应产物和残留在钢中的铝会引起耐热钢的蠕变脆性，致使钢的高温强度降低，并导致轴承钢、钢轨钢和车轮钢疲劳性能的恶化。

（4）Al_2O_3 颗粒在炼钢温度范围内时，是边缘较锋利的、有棱角的固体物质。这种物质很容易在中间包水口处聚集，堵塞水口，造成连铸停浇，生产中断。

237. 什么叫做酸溶铝?

炼钢生产中，铝是强脱氧元素，大部分钢种都采用铝或者含铝的复合脱氧剂脱氧，这样不仅可以有效地降低钢中的氧含量，还具有细化钢的晶粒，改善韧性，防止时效的作用。加入钢中的铝，部分形成 Al_2O_3 或者含有 Al_2O_3 的各种夹杂物，部分则溶解于固态铁中，以后随加热和冷却条件的不同，或者在固态条件下形成弥散的 AlN，或者继续保留在固溶体（奥氏体、铁素体）中。通常将固溶体中的铝以及随后析出的 AlN 称为酸溶铝。氧化铝以大小、形状不等的颗粒存在于钢中，称为酸不溶铝。一般情况下，钢中酸溶铝的含量达到 0.015% 以上，钢中的氧基本上全部转化为铝的氧化物存在于钢中。脱氧在某种程度上讲，就是将钢中氧化物排出钢液的过程。

238. 什么叫做碳当量?

碳当量是指冶炼高强度钢筋时，将钢中对于提高强度贡献最大的碳和锰用一个关系来表示，称为碳当量，即[C]+1/6[Mn]，也有的以[C]+1/6([Mn]+[Si])表示。比如，[C]=0.19%、[Mn]=1.2%时，碳当量为0.39%。

239. 合金元素加入时要考虑哪些原则?

合金元素加入时要考虑的原则有:

(1) 在不影响钢材性能的前提下，按中、下限控制钢的成分以减少合计的用量。

(2) 合金的收得率要高。

(3) 溶解在钢中的合金元素要均匀。

(4) 不能因为合金元素的加入使熔池温度产生大的波动。

(5) 先加难熔、不易氧化的合金，再加易熔、易氧化的合金。

(6) 考虑价格因素。

240. 低合金钢合金化铁合金的加入量如何计算?

低合金钢的生产中，由于钢中合金元素的含量低，一般采用式 (4-20) 计算:

$$G=\frac{A-B}{F\times C}\times W \tag{4-20}$$

式中 G——合金加入量，kg;

A——目标成分,%;

B——残余成分,%;

F——铁合金中元素的成分,%;

C——回收率,%;

W——钢液质量，kg。

例 2 冶炼 45 号钢，钢水量 12t，控制锰的目标成分为 0.65%，炉中成分中锰含量为 0.25%，锰铁的回收率为 98%，锰铁中锰含量为 65%。计算锰铁的加入量。

$$G=\frac{0.65\%-0.25\%}{98\%\times 65\%}\times 12000=72.36\text{kg}$$

例 3 冶炼 HRB400 钢，钢水量 100t，要求电炉将锰的成分控制在精炼炉到站以后目标为 1.2%，电炉出钢残余锰为 0.15%，硅的目标值为 0.55%，出钢时残余硅忽略，电炉出钢使用硅锰合金和硅铁合金化，硅锰合金中锰的回收率按照 100% 计算，硅的回收率为 80%，硅铁的回收率为 70%。硅锰合金中锰含量为 64%，硅含量为 17%，硅铁中硅的含量为 74%。计算各种合金的用量。

首先使用硅锰配锰，计算加入硅锰的量 G:

$$G=\frac{1.2\%-0.15\%}{100\%\times 64\%}\times 100000=1641\text{kg}$$

然后计算 1641kg 硅锰合金带入的硅含量 P:

$$P=\frac{1641\times 17\%\times 80\%}{100000+1641}\times 100\%=0.22\%$$

最后计算硅铁的加入量 S:

$$S=\frac{0.55\%-0.22\%}{70\%\times 74\%}\times 101641=647\text{kg}$$

241. 单元素高合金钢的合金加入量是如何计算的?

单元素高合金钢的合金加入量计算按式 (4-21) 进行:

$$G = \frac{A - B}{F \times C - A} \times W \tag{4-21}$$

式中 G——合金加入量，kg；

A——目标成分,%；

B——残余成分,%；

F——铁合金中元素的成分,%；

C——回收率,%；

W——钢液质量，kg。

例4　钢液量为82t,钢液中铬含量为0.65%,碳含量为0.34%。现有高碳铬铁铬含量为68%,碳含量为7%,低碳铬铁铬含量为62%,碳含量为0.42%。要求控制钢液中铬含量为1.3%,碳含量为0.4%,铬铁的回收率按照100%计算。求高碳铬铁和低碳铬铁用量。

先从满足配碳量求出高碳铬铁的加入量 Q：

$$Q = \frac{0.4\% - 0.34\%}{7\% \times 100\% - 0.4} \times 82000 = 745.45\text{kg}$$

加入高碳铬铁后，钢液中铬含量 S 为：

$$S = \frac{82000 \times 0.65\% + 745.45 \times 68\%}{82000 + 745.45} = 1.26\%$$

低碳铬铁的加入量 W 为：

$$W = \frac{1.3\% - 1.26\%}{62\% \times 100\% - 1.3\%} \times 82745.45 = 55\text{kg}$$

需要说明的是，锰铁的回收率有些时候可以超过100%，其主要原因是电炉下渣或者带渣以后，炉渣中的氧化锰被还原进入钢液造成的。

242. 多元素高合金钢的补加系数法怎样计算合金加入量?

补加系数法的计算原理：根据多元素高合金在钢中的合金占有量以及各个元素的补加系数，首先计算出各个合金的初期加入量，然后对于初加合金总量按照各个元素补加系数计算各个合金补加量，最后得出各个合金的加入总量。补加系数法的计算分为6步：

（1）求出钢量。出钢量 = 装入量 × 收得率。现代电炉的钢水收得率为91% ~95%。

（2）求加入合金料的初步用量和初步总用量。

（3）求合金料的占有量，即把化学成分规格含量，换算成相应合金料占有的百分数：

$$合金料占有量 = \frac{规格控制成分}{合金料成分} \times 100\% \tag{4-22}$$

（4）求纯钢液占有量和铁合金的补加系数：

$$铁合金的补加系数 = \frac{合金料占有量}{纯钢液占有量} \times 100\% \tag{4-23}$$

$$纯钢液占有量 = 100\% - 各项合金占有量之和 \tag{4-24}$$

（5）求补加量，利用单元素低合金钢的计算公式求出各种铁合金的补加量。

（6）求出合金料用量及总和。

例5 冶炼 W18Cr4V 高速工具钢，装入量为120t，钢铁料收得率按照90%计算，合金收得率全部按100%计算。求各种合金的用量。其他数据见表4-5。

表4-5 其他数据 (%)

成分	控制成分	现有成分	Fe-W	Fe-Cr	Fe-V
W	18.2~19	17.6	80		
Cr	4.2	3.3		70	
V	1.2	0.6			42

(1) 求出钢量：

$$出钢量 = 120000 \times 90\% = 108000\text{kg}$$

(2) 求合金料的初步用量：

$$\text{Fe-W} = \frac{18.2\% - 17.6\%}{80\%} \times 108000 = 810\text{kg}$$

$$\text{Fe-Cr} = \frac{4.2\% - 3.3\%}{70\%} \times 108000 = 1389\text{kg}$$

$$\text{Fe-V} = \frac{1.2\% - 0.6\%}{42\%} \times 108000 = 1543\text{kg}$$

$$合金料初步总用量 = 810 + 1389 + 1543 = 3742\text{kg}$$

(3) 求合金料占有量：

$$\text{Fe-W} = \frac{18.2\%}{80\%} \times 100\% = 22.8\%$$

$$\text{Fe-Cr} = \frac{4.2\%}{70\%} \times 100\% = 6\%$$

$$\text{Fe-V} = \frac{1.2\%}{42\%} \times 100\% = 2.9\%$$

$$纯钢液占有量 = 100\% - (22.8\% + 6\% + 2.9\%) = 68.3\%$$

(4) 求补加系数，即纯钢液的合金成分占有量：

$$\text{Fe-W} = \frac{22.8\%}{68.3\%} \times 100\% = 33.4\%$$

$$\text{Fe-Cr} = \frac{6\%}{68.3\%} \times 100\% = 8.8\%$$

$$\text{Fe-V} = \frac{2.9\%}{68.3\%} \times 100\% = 4.3\%$$

(5) 求补加合金料的量：

$$\text{Fe-W} = 3742 \times 33.4\% = 1250\text{kg}$$

$$\text{Fe-Cr} = 3742 \times 8.8\% = 329\text{kg}$$

$$\text{Fe-V} = 3742 \times 4.3\% = 161\text{kg}$$

合计：1250 + 329 + 161 = 1740kg

最终钢水量：108000 + 1740 = 109740kg

(6) 求各个合金料的总加入量：

$$Fe - W = 1250 + 810 = 2060kg$$

$$Fe - Cr = 329 + 1389 = 1718kg$$

$$Fe - V = 161 + 1543 = 1704kg$$

（7）验算：

$$钢水中\ W\% = \frac{108000 \times 17.6\% + 2060 \times 80\%}{109740} \times 100\% = 18.8\%$$

243. 合金加入量的方程式联合计算法怎样计算？

合金加入量的方程式联合计算法简单易行，主要利用方程组来求解。

例 6 钢水量为 15t，钢水中的铬元素含量为 10%，碳含量为 0.20%，现有高碳铬铁铬含量为 65%，碳含量为 7%，低碳铬铁铬含量为 62%，碳含量为 0.42%。要求钢液中铬含量为 13%，碳含量为 0.4%，求高碳铬铁和低碳铬铁的用量。

设加入高碳铬铁 x kg，低碳铬铁 y kg。

$$x \times 65\% + y \times 62\% = 15000 \times (13\% - 10\%) + (x + y) \times 13\%$$

$$x \times 7\% + y \times 0.4\% = 15000 \times (0.4\% - 0.2\%) + (x + y) \times 0.4\%$$

由以上两个方程解得：$x = 454.5$；$y = 436.04$。

244. 锰在钢中的作用是什么？

锰在钢中的作用如下：

(1)锰能消除和减弱钢因硫而引起的热脆性，改善钢的热加工性能。

(2)锰能溶于铁素体中，即和铁形成固溶体，提高钢的强度和硬度。

(3)锰能提高钢的淬透性，锰高会使晶粒粗化，增加钢的回火脆性。

(4)锰会降低钢的热导率。

245. 钼在钢中的作用是什么？

钼能提高钢的淬透性、回火稳定性、红硬性、热强性和耐磨性。

246. 稀土元素有何特点，在炼钢中有何作用？

稀土被称为工业的味精，在工业生产和科学研究中应用很广，钢铁行业也不例外，目前稀土元素已经成功地应用于重轨钢、耐候钢等钢种的大生产中。稀土元素包括周期表中原子序数从 57 ~ 71 共 15 种镧系元素，以及在化学性质上与它们相近的钪和钇共 17 种元素。自然界中稀土元素主要包括铈、镧、镨和钕，它们约占稀土元素总量的 75% 以上。稀土元素的性质都很类似，熔点低、沸点高、密度大，与氧、硫、氮等元素有很大的亲和力。与其他元素的氧化物和硫化物比较，稀土氧化物和硫化物的密度较大（5 ~ 6g/cm^3），在炼钢温度下都呈固态。

根据稀土元素的物理化学性质，又可把稀土分为轻、中、重三组。稀土元素常见的是三价，电子层结构是[Xe][4f]^x，属于周期表中第ⅡB 族。稀土元素的化学性质较活泼，易与其他元素相互作用，具有典型的金属特性，轻稀土金属的熔点在 800 ~ 1000℃间；重稀土金属的熔点在 1300 ~ 1700℃之间。我国稀土资源十分丰富，不仅储量大，而且品种齐全，轻、中、重稀土配套，资源优势得天独厚。

稀土元素之所以具有极强的化学活性，是因为其独特的电子壳结构，4f 壳层结构的能价态可变和大原子尺寸的特点，使其成为极强的净化剂和洁净钢夹杂物的有效变质剂，以及有效控制钢中弱化源、降低局域区能态和钢局域弱化的强抑制剂。在钢的炉外精炼过程中，优化和掌握好稀土的使用工艺，对改善钢的性能和开发新型钢种有着重要的意义。

247. 钢液的熔点如何计算？

钢液的熔点计算见式（4－25）：

$$t_s = M_{Fe} - \sum \Delta t_i w_i - 6 \quad (4-25)$$

式中 t_s——钢的液相线温度,℃；

M_{Fe}——纯铁的熔点，为 1535～1539℃；

Δt_i——温度系数,℃；

w_i——钢液中组元 i 的实际质量分数,%；

6——钢中的氧气、氮气、氢气等气体对于纯铁熔点的综合影响的温度系数,℃。

纯铁溶入元素对钢液熔点影响的温度系数值见表 4－6。

表 4－6 纯铁溶入元素对钢液熔点影响的温度系数

元 素	C							Si	Mn	P	S	Al	Cr	V	Ti	Sn	Co	Mo	B
溶解度/%	5.41							18.5	无限	2.8	0.18	35.0	无限						
Δt_i(1%)/℃	65	70	75	80	85	90	100	8	5	30	25	3	1.5						
浓度/%	<1.0	1.0	2.0	2.5	3.0	3.5	4.0	≤0.3	≤15	≤0.7	≤0.08	≤1	≤18						
Δt_i(1%)/℃	70	75	80	85	90									2	18	10	1.5	2	90
浓度/%	<1.0	1.0	2.0	2.5	3.0									<1.0	<0.03		<0.3		

碳对纯铁熔点的影响见表 4－7。

表 4－7 碳对纯铁熔点的影响

碳含量/%	0.0	0.1	0.2	0.3	0.4	0.5	0.6	0.7	0.8	0.9	1.0	1.5	2.0	2.5	3.0	3.5	4.0	4.4
熔点/℃	1535	1514	1503	1494	1486	1480	1477	1474	1469	1459	1458	1422	1382	1341	1290	1232	1170	1190

对于一般的钢种：

$$t = 1539 - \{70w[C] + 8w[Si] + 5w[Mn] + 30w[P] + 25w[S] + w[Cu] + 4w[Ni] + 1.5w[Cr]\}$$

对于碳钢的熔点：

$$t_s = 1536 - \{78w[C] + 7.6w[Si] + 4.9w[Mn] + 34.4w[P] + 33w[S] + 4.7w[Cu] + 3.1w[Ni] + 1.3w[Cr] + 3.6w[Al]\}$$

248. 不同钢种常见密度的计算方法如何进行？

在 20℃时，钢的密度按式（4－26）计算：

$$\rho_{20℃} = 7.88 + \sum \Delta\rho w[B] \quad (4-26)$$

式中 $\rho_{20℃}$——钢液在20℃时的密度，g/cm^3；

7.88——铁在20℃时的密度，g/cm^3；

$\Delta\rho$——钢中某元素含量增加1%时，密度的变化量，g/cm^3；

$w[B]$——某元素的质量百分含量，%。

249. 温度对钢液密度有何影响？

一般情况下，随着钢铁材料温度的升高，由于原子间距随着温度升高而增加，纯铁的比体积增大，密度降低。但随着温度的进一步的升高，纯铁的晶格类型也发生转变：当温度升到912℃时，发生α-Fe向γ-Fe的转变，这时比体积减小，密度增大；当温度升到1394℃时，却发生γ-Fe向δ-Fe的转变，这时比体积增大，密度降低；这是由于α-Fe和δ-Fe的致密度为0.68，而γ-Fe的致密度为0.74，因此α-Fe(δ-Fe）的密度比γ-Fe的密度小。所以，当α-Fe向γ-Fe转变时，密度增大，比体积减小；而γ-Fe向δ-Fe转变时，密度减小，比体积增大。纯铁液密度的测定结果差别较大，但在1550℃时普遍认为约为$7.04g/cm^3$左右。

250. 钢液成分中碳含量对钢液的密度有何影响？

各种金属元素和非金属元素对纯铁密度的影响不同，有的使密度增大，有的使密度降低，也有的对密度影响不大。其中，碳在钢中对密度的影响是较大的且又比较复杂。当碳含量为0.15%和0.40%时，铁碳熔体的密度出现最小值和最大值，这是因为铁碳熔体的结构发生了变化。在碳含量小于0.15%时，结构为近似于δ-Fe的近程排列；当碳含量超过0.40%时，结构为近似于γ-Fe的近程排列；当碳含量在0.15%~0.40%之间时是过渡性的，同时存在着上述两种结构的排列；当碳含量接近共晶成分（约4.2%）时，密度又有明显的最大值，这是由于质点间有强烈的相互作用，熔体具有压缩趋势造成的。

在钢液中，当碳含量大于0.40%后，密度是随碳含量的增加而降低，且碳含量越高，温度越高，尤其是当温度大于1600℃时，由于温度高能使渗碳体Fe_3C发生分解，即：$Fe_3C \rightarrow 3Fe + [C]_{石墨}$。该反应中析出的是石墨碳，而石墨碳的密度较小，约为$1.85g/cm^3$，所以能使钢的密度降得更低些。这也是高碳钢浇注后易出现缩孔的主要原因。

251. 什么叫做钢种的相对密度系数？

从钢液的密度影响因素的分析可知，钢的密度随钢种而变，而且同一钢种，在不同的温度下，密度也不同。严格说来，不仅不同的钢种，钢液的密度是不同的，就是同一钢种，因钢液成分不同，密度也有微小的不同。但是，这种微小的不同往往可忽略不计。为了研究问题方便起见，通常将45号钢在20℃时的密度（$7.81g/cm^3$）定为钢的标准密度。在20℃时，某钢种的密度与钢的标准密度之比，称为该钢种的相对密度系数。

252. 合金元素的成分和组织成分对钢液的密度有何影响？

钢中W、Cr、Ni、Cu等元素含量增加时，密度增大。因为这几种元素本身的密度大于铁的密度，所以相应也使钢的密度增大。钢中Al、S、P、Si和V等元素含量增大时，密度减小，因为它们本身的密度小于铁的密度。钢中锰含量变化时，密度虽略有变化，但影响不大，这是因为锰的密度与铁的密度相差不大。

除此之外，钢的密度还与钢的组织有关，一般是按马氏体—屈氏体—索氏体—珠光体—奥氏体的顺序依次增高。

253. 怎样计算轴承钢的密度？

轴承钢的密度根据成分计算即可。如计算滚珠轴承钢 GCr15SiMn 的密度，钢种的成分见表 4－8。

表 4－8 滚珠轴承钢 GCr15SiMn 的成分

元　素	C	Si	Mn	Cr	P	S
含量/%	1.0	0.5	1.0	1.5	0.02	0.01

把有关数据代入式（4－26）可以得到：

$$\rho = 7.88 - 0.04 \times 1.0 - 0.073 \times 0.5 - 0.016 \times 1.0 + 0.001 \times 1.5 - 0.0117 \times 0.02 - 0.164 \times 0.01 = 7.79 \mathrm{t/m^3}$$

254. 怎样利用计算成分与实际成分的偏差校核钢水的量？

通常，在出钢车称量装置不正常、钢水回收率不正常的情况下，可以使用合金加入以后成分的变化，主要是计算成分和实际的成分来校对钢水量。这种方法误差较大，仅供参考。参考的合金回收率要求稳定，通常采用锰铁作为参考。主要原理如下：

（1）计算铁合金加入量：

$$G = \frac{k}{F \times C} \times W \tag{4-27}$$

式中 G——计算的合金加入量，kg；

k——计算加入合金以后的成分变化，成分变化 = 目标成分 - 残余成分；

F——铁合金中元素的成分，%；

C——回收率，%；

W——计算的钢液质量，kg。

（2）计算铁合金加入以后引起的成分变化：

$$G = \frac{m}{F \times C} \times T \tag{4-28}$$

式中 m——合金加入以后合金元素成分的实际变化值；

T——实际的钢液质量。

由于合金加入量一定，所以式（4－27）和式（4－28）两式相等，所以：

$$T = \frac{k}{m} \times w$$

例 7 计算钢液量为 5000kg，钢液锰含量为 0.25%，加锰铁计算钢液锰含量为 0.5%，实际分析锰含量为 0.45%。求实际钢液量。

$$T = \frac{0.5\% - 0.25\%}{0.45\% - 0.25\%} \times 5000 = 6250 \mathrm{kg}$$

255. 如何计算炼钢的渣量，钢铁料带入的二氧化硅，有何意义？

计算电炉炼钢的渣量需要统计三个量，即石灰加入量、白云石加入量、其他含有氧化钙的加入量，冶炼过程中待氧化期脱碳反应开始，炉渣充分熔化以后，取渣样分析渣中的氧化钙的含量，然后就可以计算渣量和二氧化硅量。渣料的主要化学成分见表4-9，渣样分析结果见表4-10。

表4-9 渣料的主要化学成分 (%)

渣 料	CaO	MgO	SiO_2
石 灰	91		1.6
白云石	45	29	3.2

表4-10 渣样分析结果 (%)

组 元	SiO_2	CaO	MgO	FeO
含 量	17.22	41.95	1.44	14.28

由渣样分析可以得到渣量、二元碱度 R、渣中 SiO_2 的含量，以及微分调节增加渣料的依据，计算方法如下：

渣量 $$Q=(Q_1\times X_1+Q_2\times X_2)\div\alpha \quad (4-29a)$$

渣中 SiO_2 的含量 $$G=(Q_1\times X_1+Q_2\times X_2)\div R \quad (4-29b)$$

$$R=\alpha\div\beta \quad (4-29c)$$

式中 Q_1，X_1——石灰加入量和氧化钙含量；

Q_2，X_2——白云石加入量和白云石中氧化钙含量；

α——渣样分析中 CaO 的含量；

β——渣样分析中 SiO_2 的含量。

经过计算，可以知道目前钢铁料中杂质的水平，评价钢铁料的采购情况，提高采购质量，更加重要的是以此为依据，调整渣料的加入量，使得效益最大化。

256. 炼钢使用过的钢渣如何处理？

近十年来，钢渣已不再被认为是废渣，而是作为炼钢的副产品。钢渣处理技术在这变废为宝的过程中，起着至关重要的作用。目前，国内基本上采用湿法处理钢渣，该技术简便，但产生大量污水、腐蚀性蒸气和粉尘，对环境造成很大影响。国外炼钢业，正在研究采用干法处理技术风淬钢渣。钢渣干法处理对环境无明显影响，粒化效果也很好。

257. 什么叫做钢渣的干法处理技术？

钢渣干法处理技术即不采用加水冷却的处理方法。钢渣干法处理技术主要有转碟法等。国外处在应用阶段，目前已有具体运用实例。

英国克凡纳（Kvaerner）公司研制了一种转碟法的干渣处理技术。采用炉渣处理罐（见图4-24），罐内有可变速旋转的浅碟，罐上设气罩。起重机将中间渣罐的熔渣，通过内衬耐火材料的渣道，导入快速旋转的转碟，转碟的离心力迫使熔渣破碎，并抛向处理罐的水冷罐壁，罐壁光滑不粘渣，熔渣凝固，下落至气动冷却床，冷却床由空气振动，渣粒径向运动，确保渣粒不结团，并进一步冷却。冷却后的渣粒斜向进入下料槽。下料槽将部分渣粒再次提升重新导入处理罐和转碟。这种设计可以使熔渣迅速凝固，又可打磨处理罐壁，使其不粘渣。下料槽中的渣粒，经过风冷后，通过料口卸在输送机上运出。

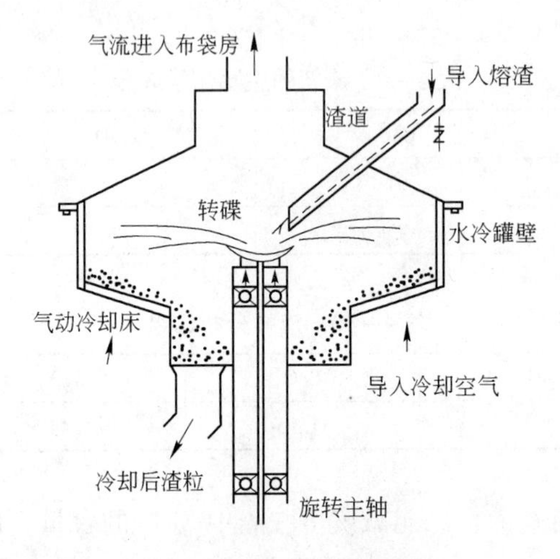

图 4-24　炉渣处理罐

258. 什么叫做钢渣的湿法处理技术，各有何特点？

钢渣湿法处理技术就是利用熔融态钢渣的热量，喷水直接将钢渣淬碎。一般大中型钢厂都采用露天倒渣水淬、浅盘热泼水淬、渣箱热泼法、滚筒渣处理、热闷渣处理等。另外，中小型钢厂（包括电炉钢厂）也有的用闷渣水淬法等。

259. 电炉的水泼渣的工艺指什么？

电炉渣落至8m下的铸铁板上，在一批渣流完之后，立即向热渣表面喷洒适量的水，使快速冷却，渣在温降过程中硬化、脆裂，形成松散结构，用轮式前端装载机快速铲除，用自卸式汽车运至渣场。

第五章　电炉炼钢用原材料

260. 电炉炼钢用原材料有哪些?

电炉炼钢使用的原料主要有废钢铁料主原料和石灰、白云石等渣辅料，以及造渣使用的发泡剂、脱氧剂和合金化使用的各类合金。一些传统的小电炉还使用氧化剂等原料。其中，废钢主原料分类较多，包括废钢、生铁、返回废钢、直接还原铁等，造渣材料包括石灰、白云石、萤石等；氧化剂包括氧化铁皮、铁矿石等。

261. 电炉冶炼对废钢铁的一般要求是什么?

电炉冶炼对废钢铁的一般要求是：

（1）废钢的表面应清洁少锈。

（2）废钢中不应混有铅、锡、砷、铜、锌等有色金属。

（3）化学成分要明确。

（4）废钢块度要合适。

262. 怎样计算超高功率电炉的合理废钢加入量?

超高功率电炉的吨钢额定功率越大，电炉的升温速度越快，越有利于缩短冶炼周期，所以超高功率电炉的装入量应该围绕这一中心概念进行，考虑留钢留渣量确定装入量，所以装入量可以按式（5－1）进行计算：

$$装入量 < M \div 700 - Q \tag{5-1}$$

式中　M——变压器的容量；

　　　Q——留钢量。

263. 电炉的废钢加料顺序有何要求?

废钢的加料顺序见表5－1。

表5－1　废钢的加料顺序

废钢类型	高度方向的规则	主要原因
轻薄料	料篮底部	减少废钢对于炉底的冲击
中型废钢	中部	优化炉料的热模型结构
生　铁	中下部	生铁的热容较大，难以熔化
大块废钢	中下部	防止折断或者砸断电极
重型废钢	中下部	防止折断或者砸断电极
加入废钢的准则	轻薄料（生铁）→中型废钢、重型废钢或者渣钢→中型废钢→轻薄料	

264. 直流电炉的废钢布料原则是什么?

直流电炉的废钢布料原则见表5－2。

表5－2　直流电炉的废钢布料原则

废钢配料的冷区示意图和热区示意图	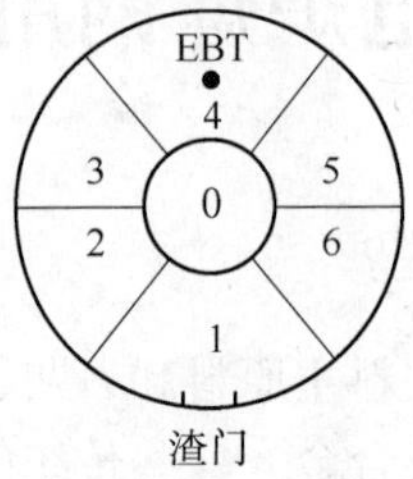 EBT 4 3 5 0 2 6 1 渣门	热区包括偏弧区和吹氧产生的点热源区域。分别为1区、2区、6区、3区；冷区包括距离热源和反应熔池较远的区域，包括4区、5区
废钢的类型	适合区域	禁止区域
大块废钢	热区、偏弧区（2区、3区、6区）	1区、EBT、5区
中型废钢	没有限制	没有限制
轻薄料	没有限制	没有限制
生　铁	0区、2区、3区、5区、6区	1区、EBT、5区
渣钢（钢包铸余等）	2区、3区、6区	0区
粒　钢	禁止在电炉炼钢过程中加入	禁止使用
热压快	0区、2区、3区、6区	1区、4区、5区
直接还原铁	0区、2区、3区、6区	1区、4区、5区
含氧化铁的返回废钢	0区、2区、3区、6区	1区、4区、5区

265. 冶炼不同的钢种，废钢配料的基本要求有哪些?

冶炼不同的钢种，废钢配料的基本要求见表5－3。

表5－3　废钢配料的基本要求

钢种要求	对主原料的要求	备　注
普通钢种	无要求	
低磷钢	不配渣钢、渣铁	成品 $[P]_{max} \leq 0.010\%$
低硫、低氮钢	不允许全废钢冶炼，不配渣钢、渣铁，铁水采用低硫铁水	成品 $[S]_{max} \leq 0.003\%$
低残余元素钢	废钢中转炉返回废钢比大于45%	成品 $[Cu]_{max} \leq 0.15\%$
低硫、低氮、残余元素钢	不允许全废钢冶炼，废钢中的返回废钢比大于45%，不配渣钢、渣铁	成品 $[S]_{max} \leq 0.010\%$ 成品 $[Cu]_{max} \leq 0.15\%$
极低残余元素钢	不允许全废钢冶炼，废钢全部采用返回废钢	成品 $[Cu]_{max} \leq 0.05\%$
特殊钢种	不允许全废钢冶炼，废钢全部采用返回废钢，不配渣钢、渣铁，铁水采用低硫铁水	成品 $[Cu]_{max} \leq 0.05\%$ 成品 $[S]_{max} \leq 0.003\%$

266. 电炉开第一炉的配料如何配加，为什么?

电炉开第一炉的炉料配加，需要考虑到电炉新修砌的耐火材料不能够受到较大的冲击，尤其是炉底和炉墙，此外第一炉的冶炼还要考虑到收得率和留钢量的关系，一般比正常的配料多10%～20%，废钢以小型重废钢为主。

267. 废钢配料为什么讲究料型的搭配?

不同料型的废钢，收得率不同，杂质元素含量也不同，废钢的堆密度也不同。合理地搭配料型，主要是将废钢的加入体积控制在合理的经济范围以内，减少加料的次数，减少炉盖旋开造成的热损失，降低能耗，缩短冶炼周期。此外，通过料型的搭配，将配入电炉的炉料中的有害杂质元素的含量控制在一个合理的范围内，减少各类的渣料消耗，减轻操作难度。所以，料型的搭配是电炉炼钢最为关键的一个环节。国外电炉行业曾说炼钢始于废钢，足见料型搭配的关键。

268. 为什么说潮湿的废钢对电炉冶炼的危害最大?

由于潮湿的废钢在加料时可能引起爆炸，不仅会对炉衬的寿命产生影响，而且会损坏水冷盘或者设备，引起生产中断，这种情况在有热兑铁水的时候尤为明显，此外潮湿的废钢中间的水蒸发吸热，会造成冶炼电耗增加。在质量上，还会引起钢中氢含量的增加。由于缺少废钢的烘烤和干燥处理的手段，新疆八一钢铁股份公司电炉厂，在每年春季和下雪的季节，都会频繁地发生由于废钢潮湿或者夹杂冰雪引起的爆炸事故，轻的事故会引起加料的中断，重大的引起爆炸后，废钢四处飞溅，最远的达到离炉体60m远的地方，水冷盘被炸漏水，主控室的玻璃被经常损坏。所以，电炉冶炼用废钢应保持干燥，其中不得夹带冰雪。最基本的要求是当潮湿不可避免时，废钢中不能有滴水现象的出现。废钢加工后在储运过程中要防止废钢的受潮。

269. 为什么含有耐火材料的大块废钢不能够在电炉炼钢中使用?

几乎所有的普通耐火材料导电性都很差，这些废钢加入电炉以后，成为不导电物质(NCC)，造成电极折断，同时冶炼开始不起弧，需要人工处理，增加了工人的劳动强度，也影响了冶炼周期。同时含有较多耐火材料的废钢熔化速度受耐火材料的影响，难以正常熔化，会发生堵塞出钢口等事故。所以，含有明显不导电耐火材料的废钢处理后入炉是很必要的。

夹杂有耐火材料的典型废钢主要指渣铁、连铸的中间包铸余、模铸的中铸管、汤道、地沟铁、事故钢包的冷钢、钢包浇完的包底、钢包和铁水罐的包口铁等。

270. 为什么电炉炼钢对密闭容器和爆炸物废钢有要求?

由于密闭容器、爆炸物在受热后也会引起爆炸，所以要杜绝密闭容器、爆炸物入炉。这一点在使用可疑废钢或者军火销毁时，要更加小心，在使用前要予以清除或者处理。比如液化气罐、气体压力容器，使用前要切割开罐体或者瓶体后方可使用；锈蚀的炮弹状、地雷状的废钢要做特殊处理后才能够使用。某厂曾经发生过1号110t行车在加入了第一批废钢料后，由于混入了锈蚀严重、外形变形的反坦克压发地雷，加完废钢后，2号110t

行车紧接着进行兑加铁水的操作，在兑加铁水进行到三分之一后，发生了爆炸，爆炸后废钢抛入高空 20m 高的行车磨电道后引起短路，导致生产中断达 5h 左右的事故。

271. 为什么电炉炼钢对含有油脂类废钢有要求?

由于油脂类在高温下会裂解成氢和碳，因此含油脂类的废钢会导致钢液的氢含量增加，还会产生大火，烧坏设备。新疆八一钢铁股份公司直流电炉厂发生过 5 起以上由于废钢中易燃物过多，引起行车加料后易燃物产生的火焰过大引发大火，行车来不及开走，火焰冲上钢丝绳，直到行车本体，引起大火的事故。直接后果是行车损坏、钢丝绳的寿命下降等恶性事故。所以，在冶炼高质量钢或者对于氢有敏感性的钢中要杜绝含油脂类较多的废钢的加入，此类废钢主要指车床加工后的切屑、汽车的油箱、带润滑的轴类废钢、橡胶轮胎等。

272. 电炉炼钢对含有色金属的废钢有何要求?

由于一些有色金属元素，如 Cu、Ni、As、Cr、Pb、Bi、Sn、Sb 等在钢中大多数都是有害元素（除非是特殊钢种有要求），而且不容易去除。这些有害元素的存在主要是恶化钢材和钢坯的表面质量，增加热脆倾向，使低合金钢发生回火脆性，降低连铸坯的热塑性，在含氢的气氛里发生应力腐蚀，降低耐候钢和耐热钢的寿命和热塑性，降低 IF 钢的深冲性能。其中痕量元素（Sn、Sb、As、Pb 和 Bi，统称五害元素）对钢的影响机制主要表现为：

（1）在钢坯的表面形成低熔点液相，形成网状裂纹（红脆）。

（2）在晶界（或亚晶界）偏聚削弱了铁的原子间力，脆化了晶界（回火脆）。

（3）砷在一些核工业用钢部件上使用后会产生强烈的同位素转变引起的辐射。

（4）有些有色金属如铅等，在炉底会发生沉降积累现象，除了影响钢材质量外，对于炉底的寿命，特别是直流电炉的炉底寿命影响特别突出。据有关文献报道，由于有色金属元素的沉积导致的穿炉事故已经成为生产中的主要问题之一。所以含有有色金属的废钢，必须做处理后才可以加入电炉冶炼，主要的手段之一就是将每次加入量控制在一个特定的值，使入炉有色金属的含量控制在钢中成分要求的安全范围内。新疆八一钢铁股份公司第三炼钢厂就发生过铜含量超标造成铜废的事故，以及铬、镍、铜三者之和超标的事故。国内一些厂家对于钢材有色金属的含量要求见表 5－4。目前已有一些去除钢中有色金属元素的有效方法，对于特钢企业来讲是一个明智的选择，这些手段有：

1）添加抑制元素，如添加抑制元素硼和钛，它们会增加铜在奥氏体中的溶解度或者是与铜在晶界处形成合金，来减少或者消除铜含量超标所造成的热脆性。

2）添加稀土元素，如添加镧和锶，可以有效抑制锌等带来的偏聚现象。

表 5－4　国内一些厂家对于钢材有色金属的含量要求

元　素	允许含量/%	
	一般用途	深冲钢和特殊用途钢
Cu	0.25	0.10
Sn	0.05	0.015

续表 5-4

元　素	允许含量/%	
	一般用途	深冲钢和特殊用途钢
Sb		0.005
As		0.010
Pb	0.014~0.0021	
Bi	0.0001~0.00015	
Ni		0.100

273. 电炉炼钢对含放射性废钢如何检测？

随着冷战结束，前华约和北约在冷战期间大量的核爆破试验用的车辆、坦克等效应物，以及核电站、核设施使用过的报废钢铁原料，随着不同的渠道会进入不同的市场，所以在进口废钢辐射剂量的监测上一定要有过硬的技术装备和值得信赖的部门把握。某一个口岸曾经发生过废钢的辐射剂量严重超标，为了消除辐射的影响，把堆放废钢场地地下1m 厚的土铲起后运走深埋处理的事故。

具有放射性的废钢产生的辐射，不仅会污染环境，还会造成对接触放射性废钢的职工健康的伤害，使他们身体产生病变。由于放射性物质及其不稳定会发生衰变，产生的射线有 α、β 和 γ 射线。其中，α 和 β 射线的电离能力强而穿透物质的能力弱，容易被物质屏蔽，γ 射线电离能力弱而穿透物质的能力强，能够杀死它穿过的人体部位的细胞和组织，故放射性物质的检测只能够检测 γ 射线。

国产的废钢重点对不锈钢、铜、铝、医疗器械等进行外照射及 α、β 射线表面污染水平检测。进口废钢主要针对管子、链轨板、各类军用品等。国外的不法厂商可能将一些冷战时期核爆的效应物、报废的核电装置输入。新疆的口岸曾经发生过前华约国家的放射性废钢。

电炉炼钢对含放射性废钢检测要求如下：

（1）必须指定专人进行放射性污染物的检测，检测前穿戴好防护用品。

（2）检测应以一节火车车皮或单辆汽车所载运的废钢铁为检测对象。

（3）废钢铁必须全部卸下，平铺于平坦的地面上，堆料高度不得高于 1m。

（4）卸完料后 20min 内即可开始检测。

（5）测量时应进行巡测，即对废钢铁进行普查测量。

放射性物质的检测流程如图 5-1 所示。

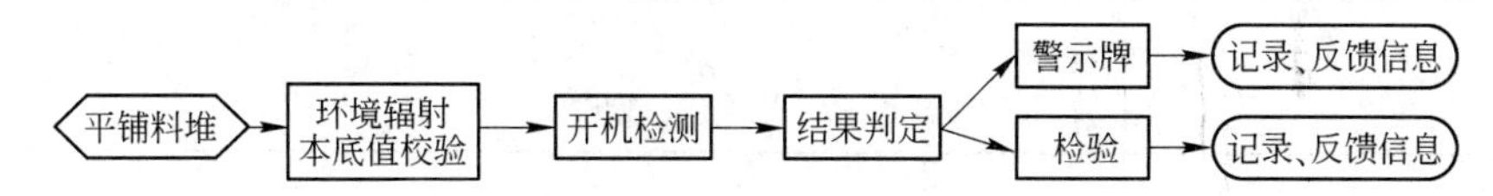

图 5-1　放射性物质的检测流程

274. 电炉使用的废钢中为什么不能够有大量泥土存在?

电炉使用大量的废钢，在废钢的装料转运过程中，会将地上的泥土掺入废钢，也有商贩为盈利故意将泥土掺入废钢。泥土中的土含量主要成分为二氧化硅，加入电炉会降低电炉的炉渣碱度，引起脱碳和脱磷困难，以及石灰的加入量增加，增加了各种消耗，故必须严格控制电炉入炉废钢的泥土含量。笔者取样化验废钢加料以后，废钢池子内渣土的成分见表 5 - 5。

表 5 - 5　废钢池子内渣土的成分

组　元	SiO_2	S	P
质量分数/%	16 ~ 35	0. 23 ~ 0. 44	0. 18 ~ 0. 30

275. 固态废钢的预处理技术有哪些?

固态废钢的预处理是降低或者消除残余有害元素不利影响的有效手段，常用的处理技术主要有:

(1) 机械挑选法。目前主要是依靠废钢回收部门的人工挑选，依靠有色金属的密度、使用的类型加以挑选分类。目前一种废钢自动化颜色识别系统已经产生，该系统把破碎后的废钢由皮带运输机运送到识别系统，由计算机进行感光性和色泽的识别后，在特定的区域由机械手或者气缸把废钢推到指定的区域堆放，达到去除的目的。

(2) 含铜废钢的冷冻处理。这种手段主要是利用液氮把含铜的废钢冷冻破碎后达到分离的目的。其优点是去除有色金属的工作效率高，缺点是投资较大。

(3) 硫化渣法脱铜。这是世界上研究最多的脱铜方法，其主要原理是利用在 600℃以上的铁液里 Cu_2S 比 FeS 稳定，采用硫化钠作渣料，促使钢中的硫化铜向渣液转移，达到去除的目的，这是一种成熟的技术。

在没有废钢预处理设备的废钢里，常见的有害元素含量较高的废钢有报废的电机发动机、汽车电瓶、轴承、易拉罐压块等。

276. 电炉炼钢过程中典型的异常废钢有哪些?

常见的会引起冶炼异常的废钢的成分见表 5 - 6 ~ 表 5 - 9。

表 5 - 6　带轴的齿轮机座成分

成　分	Si	Mn	C	P	S
含量/%	2. 01	0. 45	3. 65	0. 35	0. 073

表 5 - 7　铸铁管成分

成　分	Si	Mn	C	P	S
含量/%	2. 17	0. 54	3. 63	0. 54	0. 097

表 5-8　暖气片成分

成　分	Si	Mn	C	P	S
含量/%	2.95	0.66	4.07	0.054	0.084

表 5-9　各类其他废钢的成分　（%）

品　名	C	Si	Mn	P	S	Cu	Cr	Ni	Mo
螺纹钢	0.24	0.3	1.1	0.038	0.026	0.016	0.05	0.018	0.003
阀门钢	0.12	0.29	0.19	0.015	0.013	0.037	0.034	0.023	0.005
轧钢导卫	2.96	1.73	0.42	0.028	0.027				
汽车车毂	0.17	0.16	0.49	0.013	0.029	0.019	0.004	0.013	0.003
传动齿轮	0.39	0.27	0.65	0.024	0.012	0.057	0.98	0.035	0.15
定向齿轮	0.2	0.29	0.93	0.017	0.008	0.12	2.05	0.046	0.008
液压缸体	0.23	0.27	0.52	0.035	0.028	0.12	0.036	0.041	0.014
弹簧钢板卡座	3.94	1.3	0.08	0.034	0.014				
导　轨	0.73	0.43	1.14	0.012	0.003	0.028	1.03	0.023	0.049（V0.12）

277. 废钢中硅含量高有何危害？

废钢中硅含量较高，吹炼以后渣中的二氧化硅含量高，渣料石灰的消耗就会增加，吹氧时间相应地延长，造成冶炼的各种难度增加。

278. 如何区分高锰废钢，电炉配料时如何加入？

锰含量高于8%的废钢称为高锰钢。高锰钢的一个典型的特点是电磁盘吸不起来，只能够使用废钢抓斗子配加，生产过程中可以利用此特点区分。

目前高锰钢废钢的循环量处在一个上升的时期，包括各种履带车量的履带、耐磨铸球、碳素工具废钢等。由于高锰废钢中带入的锰含量较高，因此会增加冶炼中脱磷、脱碳的难度，影响冶炼的进程。所以高锰废钢应该分类堆放后，均匀地小批量加入，以消除高锰带来的影响。

279. 电炉炼钢对高硫废钢的加入要求有哪些？

电炉流程冶炼的一个显著特点是：电炉出钢时和精炼工序具有较强的脱硫能力，但是配入一些硫含量特别高的废钢，会导致钢中的硫含量特别地高，导致精炼炉冶炼时间延长，冶炼成本超过了企业能承受的底线。所以高硫废钢的配入应该考虑到综合平衡，使粗炼钢水的硫控制在一个合理的水平很重要。

硫特别高的废钢主要有：制药厂的一些锅炉蒸馏器的管道、一些机械厂的切削碎屑、使用过的铸铁暖气片、部分报废的生铁、耐候钢板等。在使用这类废钢时要慎重，要考虑使用大量优质低硫的废钢，少量地配入此类废钢，达到稀释原料中硫含量的目的。

橡胶工业用硫或 S_2Cl_2 使橡胶硫化以改变生橡胶受热发黏遇冷变硬的不良性能，故含有橡胶的轮胎等物品必须挑拣出去。

280. 电炉炼钢对高磷废钢的加入要求有哪些？

与高硫废钢相比，高磷废钢的配加也要考虑到对冶炼成分控制的影响，以及对冶炼成本的影响，做到全面、平衡。一些高磷废钢的使用，也要依靠使用多数优质低磷废钢与之搭配使用，达到稀释的目的。某厂在生产中由于对废钢搭配的不重视，发生过这样的事故：冶炼普通钢时，对于脱磷的要求也不高，加上由于一直使用优质的低磷废钢，因此没有发生过脱磷的矛盾。一次由于配入的磷过高，粗炼钢水温度和碳的成分合适后，炼钢工只是注意了成分中的碳和锰，忽略了磷，把磷的含量0.07%认为是0.007%，出钢后造成了废品。所以高磷废钢的使用，特别是以下几种的废钢尤其要注意：一些焊管、铸件、易切削钢的碎屑、废的炮弹皮、油罐车的罐体、支架、低碳镀锡钢板、一些民营的小高炉冶炼的铸造铁。

281. 电炉炼钢对废钢尺寸的要求有哪些？

由于大块废钢难熔，会影响吹氧操作，造成吹氧过程的飞溅和氧气射流的反射，增加冶炼过程中的操作难度。为了熔化这些大块废钢，需要提高熔池的温度，而且大块废钢在加料过程中会对炉衬产生冲击。此外，大块废钢在穿井过程中砸断电极也是冶炼中常见的事故之一。因此，电炉冶炼用废钢的尺寸有严格的要求，不同厂家的电炉公称容量不同，要求也各有不同，但是50～120t容量的电炉要求如下：废钢堆密度应大于0.7t/m^3，最大长度不超过1.2m，最大断面小于500mm×500mm，最大单重不超过500kg。为了便于配料，各种类型的废钢应分类堆放。

282. 中型废钢铁的料型及尺寸要求有哪些？

中型废钢铁的料型及尺寸要求见表5－10。

表5－10　中型废钢铁的料型及尺寸要求

类型			外形尺寸/mm	含渣、土量/%	典型举例
中型	1类	一级	厚度≥10 方圆状及圆柱实心体：$\phi \geq 20$	≤1.5	报废的钢锭、钢坯、初轧坯、切头、切尾、铸钢件、钢轧辊、重型机械零件、切割结构件、车轴、钢轨、管材、船板、火车轮、工业设备等
		二级	厚度≥10 方圆状及圆柱实心体：$\phi \geq 20$	1.5＜含量≤4	
		三级	厚度≥10 方圆状及圆柱实心体：$\phi \geq 20$	4＜含量≤7	
		四级	厚度≥10 方圆状及圆柱实心体：$\phi \geq 20$	7＜含量≤10	
		五级	厚度≥10 方圆状及圆柱实心体：$\phi \geq 20$	＞10	

续表 5－10

类	型		外形尺寸/mm	含渣、土量/%	典型举例
中型	2类	一级	6≤厚度＜10 方圆状及圆柱实心体：12≤ϕ＜20	≤1.5	轧废的钢坯及钢材、车船板、机械废钢件、机械零部件、切割结构件、火车轴、钢轨、管材、废旧工业设备等
		二级	6≤厚度＜10 方圆状及圆柱实心体：12≤ϕ＜20	1.5＜含量≤4	
		三级	6≤厚度＜10 方圆状及圆柱实心体：12≤ϕ＜20	4＜含量≤7	
		四级	6≤厚度＜10 方圆状及圆柱实心体：12≤ϕ＜20	7＜含量≤10	
		五级	6≤厚度＜10 方圆状及圆柱实心体：12≤ϕ＜20	＞10	

283. 统料和轻薄料的技术要求和标准有哪些？

统料的技术要求和标准见表 5－11。

表 5－11　统料的技术要求和标准

类	型		外形尺寸/mm	含渣、土量/%	典型举例
统料	1类	一级	4≤厚度＜6 方圆状及圆柱实心体：8≤ϕ＜12	≤1.5	机械废钢件、机械零部件、车船板、废旧设备、汽车破碎料、钢管、带钢、边角余料等
		二级	4≤厚度＜6 方圆状及圆柱实心体：8≤ϕ＜12	1.5＜含量≤4	
		三级	4≤厚度＜6 方圆状及圆柱实心体：8≤ϕ＜12	4＜含量≤7	
		四级	4≤厚度＜6 方圆状及圆柱实心体：8≤ϕ＜12	7＜含量≤10	
		五级	4≤厚度＜6 方圆状及圆柱实心体：8≤ϕ＜12	＞10	
	2类	一级	2≤厚度＜4 方圆状及圆柱实心体：4≤ϕ＜8	≤1.5	机械废钢件、机械零部件、车船板、废旧设备、汽车破碎料、钢管、带钢、边角余料等
		二级	2≤厚度＜4 方圆状及圆柱实心体：4≤ϕ＜8	1.5＜含量≤4	
		三级	2≤厚度＜4 方圆状及圆柱实心体：4≤ϕ＜8	4＜含量≤7	
		四级	2≤厚度＜4 方圆状及圆柱实心体：4≤ϕ＜8	7＜含量≤10	
		五级	2≤厚度＜4 方圆状及圆柱实心体：4≤ϕ＜8	＞10	

轻薄料的技术标准和要求见表5－12。

表5－12　轻薄料的技术标准和要求

类　型		外形尺寸/mm	含渣、土量/%	典型举例
轻薄料	一级	厚度<2 方圆状及圆柱实心体：$\phi<4$	≤1.5	薄板、切边、化工废钢、容器、医疗器械、直径不大于4.0mm的盘条和钢丝等
	二级	厚度<2 方圆状及圆柱实心体：$\phi<4$	1.5<含量≤4	
	三级	厚度<2 方圆状及圆柱实心体：$\phi<4$	4<含量≤7	
	四级	厚度<2 方圆状及圆柱实心体：$\phi<4$	7<含量≤10	
	五级	厚度<2 方圆状及圆柱实心体：$\phi<4$	>10	

284. 什么叫做直接还原铁，直接还原铁是怎样生产出来的?

直接还原是指在矿石不熔化、不造渣的条件下将铁的氧化物还原为金属铁的工艺方法。这种方法用烟煤或天然气作还原剂，不用焦炭，也不用庞大的高炉。直接还原是在固态温度下进行，所得的产品称为直接还原铁（direct reduction iron，DRI）。目前直接还原法主要有气基直接还原法和煤基直接还原法两大类。直接还原铁的金属化率均在90%左右。直接还原铁由过去的海绵铁（sponge iron）发展为现在的粒状直接还原铁（DRI）以及块状的热压块HBI，由于直接还原铁中金属铁的含量较高，而且硫和磷的含量比较低，因此是电炉生产纯净钢的重要钢铁原料的替代品。目前全世界的直接还原铁的总产量占生铁产量的6%～9.4%，每年为3000万～6000万吨。气基生产直接还原铁的技术和产量都占主导地位，气基生产法主要有Midrex法、HYL法、Fior法；煤基生产法主要有回转窑法，包括SL/RNI法、Krup法、Corex法、DRC法、ACCAR法。正在开发的煤基法有Inmetco法、Fastmet法、Comet法以及Finmet法。其中竖炉法生产的DRI是优质废钢的替代用品，是用来生产优质钢种的理想原料。

285. 一般的直接还原铁的理化指标和形状有哪些?

直接还原铁的主要的理化指标见表5－13。

表5－13　直接还原铁的主要的理化指标

组成元素	含量/%	组成的化学成分	含量/%
全　铁	90～93	SiO_2	1～3
金属铁	80～86	Al_2O_3	0.5～2
金属化率	90～94	脉石（Al_2O_3、SiO_2、CaO、MgO）	2.7～5
C	0.2～1.4	残余元素的总量	0.015～0.04
S	0.01～0.04	堆密度/$t\cdot m^{-3}$	2.7～2.9
P	0.04～0.07		

直接还原铁有三种外观形状：

（1）块状。块矿在竖炉或回转窑内直接还原得到的海绵状金属铁。

（2）金属化球团。使用精矿粉先造球，干燥后在竖炉或回转窑中直接还原得到的保持球团外形的直接还原铁。

（3）热压块铁 HBI。把刚刚还原出来的海绵铁或金属球团趁热加压成形，使其成为具有一定尺寸的铁块，一般尺寸多为 100mm × 50mm × 30mm，其密度一般高于海绵铁与金属化球团。HBI 的表面积小于海绵铁与金属化球团，使其在保管或运输过程中不易发生氧化，在电炉中使用时装料的效率高。

286. 电炉炼钢对直接还原铁的性能要求有哪些？

由于电炉炼钢的特殊性，所以对于直接还原铁有一定的要求，一般要求如下：

（1）密度要在 4.0 ~ 6.5g/cm^3 之间。

（2）一般要求冷态条件下抗拉强度大于 70MPa，以保证运输和加料过程中不易破碎。

（3）要求粒度合适。既不能含过量的粉尘，也不能尺寸过大，使其能避免氧化或被电炉除尘装置吸收，又能适于炉顶连续加料的要求。一般粒度要求在 10 ~ 100mm 之间。煤基直接还原铁的实体照片如图 5 - 2 所示，Finmet 工艺生产的热压块实体照片如图 5 - 3 所示。

图 5 - 2　煤基直接还原铁的实体照片

图 5 - 3　Finmet 工艺生产的热压块实体照片

（4）要求直接还原铁中杂质含量不能过高，尤其是脉石的含量。脉石的含量过高，会导致造渣的石灰量加大，不利于节电和提高技术回收率。

（5）要求金属化率不能太低（金属化率是 DRI 中金属铁与总铁的百分比）。金属化率越低，则 DRI 中的氧化铁越高，理论上 DRI 每增加 1%，需要 10.4kW · h/t 的电能还原氧化铁，而且会影响冶炼钢水的金属总收得率。

287. 直接还原铁如何加入？

直接还原铁（DRI）的密度介于炉渣（2.5 ~ 3.5g/cm^3）与钢液（7.0g/cm^3）之间。加入炉内后容易停留在渣钢界面上，有利于渣钢界面的脱碳反应，促进炉内传热的进行。DRI 用于电炉炼钢，其中金属化率和碳含量不同，所以加入量也不相同。对于碳含量和金属化率较高的 DRI，可以 100% 作为电炉炼钢的废钢炉料。如果所用的 DRI 的加入比例为 30% 以下，则可用料罐加入。料罐的底部装轻废钢，随后装入重废钢和 DRI，这样可避免

DRI 结块太多。DRI 主要装在料罐的下半部，使 DRI 尽可能装入炉内中心部位，防止 DRI 接近炉壁以及冷区结块而不能熔化。有一种情况需要注意的是：当电弧从上部加热相当厚的 DRI 料层时，熔化的金属便充填各个 DRI 球团之间的空隙并凝结，不能渗入到球团深部，球团易烧结在一起而且密度小，难以落入钢水中，延长了熔化时间。实践表明，成批加入大于总炉料 30% 的 DRI 时，由于 DRI 传热慢，会出现难以熔化的问题，恶化其经济技术指标，使用连续加料技术，会改善这种情况。连续加料一般从炉顶的加料孔加入：一是在炉顶的几何中心开一个加料孔，使 DRI 垂直落入；另一种方式是在炉顶半径的中间开孔，经轨道抛射落入炉内的中心区域。炉顶上部的连续加料系统必须有足够的高度，以保证 DRI 具有足够的动能以快速穿过渣层。由于一般的 DRI 的碳含量比较低，不利于熔池的尽快形成。气基还原铁能较好地控制 DRI 中的碳含量，一般可做到其中的碳与未还原的 FeO 相平衡，即所谓“平衡的 DRI”。冶炼时无需额外配碳，DRI 也不会向熔池增碳。对于煤基还原的 DRI，一般碳含量在 0.25% 左右，冶炼时需配入一定的碳（根据 DRI 的金属化率和所炼钢种而定），以保证熔池合适的碳含量并使 DRI 中的 FeO 还原。

288. 直接还原铁配加铁水冶炼的操作要点有哪些？

在生产实践中经过大量的实践证明，碳含量较低的直接还原铁，全废钢冶炼中使用效果不理想，在配加铁水的生产中取得的效果是比较理想的。基本操作要点如下：

（1）不同产地的直接还原铁中脉石含量不同，大量使用时要注意渣料石灰的加入量，避免炉渣碱度低造成冶炼过程的脱磷化学反应不能达到成分控制的要求。

（2）热兑铁水冶炼时，直接还原铁的第一批料随废钢铁料一起加入，并且采用较大的留钢量，对于优化脱碳、脱磷操作十分有利。

（3）使用直接还原铁要注意提高入炉料的配碳量，如果配碳量不足，会造成直接还原铁形成冷区，不容易熔化。由于碳可以降低铁素体的熔点，合适的配碳量会帮助熔池尽快形成，有利于消除直接还原铁的大块凝固现象。一般情况下，直接还原铁加入量在 20% ~30% 之间，配碳量保持在 1.2% ~1.8% 之间；低于 20% 的直接还原铁，配碳量控制在 0.8% ~1.5% 之间是合适的。这种方式有利于炉渣的早期形成和促进脱碳反应的速度，脱磷效果好，缩短了冶炼时间，原因是直接还原铁中的氧化铁促进了石灰的早期溶解和增加了渣中氧化铁的含量。实践中铁水加入比例与直接还原铁加入比例的最佳比例为 3.5∶2。

（4）热兑铁水配加直接还原铁冶炼时，尽可能地使用最大的功率送电，有熔池形成时就进行喷碳操作，促使泡沫渣埋弧冶炼，尽快提高熔池的温度。

（5）吹氧冶炼期间，要注意吹氧的操作和送电的操作，从炉门放渣的时间要尽量晚一些，脱碳反应开始以后，要来回间歇性地倾动炉体，利用脱碳反应的动力促使熔池内部的冷区消熔。冶炼过程中，铁水的比例小于 20%，直接还原铁的加入量在 10% ~30% 之间，冶炼的电耗将会增加 15 ~50kW · h/t，所以铁水加入比例较小时，直接还原铁的兑入量要偏下限，以便于快速提温和缩短冶炼周期。热兑铁水的比例大于 30% 以后，兑入量控制在中上限，有利于增加台时产量。

289. 直接还原铁配加生铁冶炼的操作要点有哪些？

直接还原铁配加生铁冶炼的操作要点有：

（1）全废钢冶炼时，直接还原铁的加入量要控制在30%以内，最佳的加入量要根据熔池的配碳量来决定。配碳量加大时，直接还原铁的加入比例可以大一点，反之亦然。

（2）电炉的留钢量要偏大一些，直接还原铁的加入不能加在炉门区和EBT冷区。料篮布料时，废钢首先加在炉底，再加直接还原铁，当直接还原铁加入量较大时，应该分两批加入。

（3）加入废钢铁料的配碳量要控制在1.2%～2.0%之间，炉渣的二元碱度要保持在2.0～2.5之间。

（4）装入量要控制在公称装入量的中限以下，以利于熔池快速提温。

（5）冶炼过程中，在有熔池形成时，就要考虑进行喷炭操作，以降解渣中的氧化铁含量，营造良好的泡沫渣埋弧冶炼。在有脱碳反应征兆出现时，可以根据冶炼的进程调节喷炭的速度。

（6）直接还原铁容易在炉壁冷区和熔池靠近EBT出钢口的附近沉积，在脱碳量不大，熔池温度较低时，形成难熔的“冰山”，所以出钢温度要保持在1620～1650℃之间，出钢前还要仔细观察炉内的情况，防止冷区的存在引发事故。

在没有辅助能源输入的时候，或者熔池升温速度较慢的阶段，最好少加或者不加直接还原铁。主要是因为冶炼过程中熔池温度较低时，碳氧反应开始得较晚，低温阶段铁会大量氧化加入渣中，在渣中富集以后流失，增加了铁耗，在熔池温度升高以后还有可能导致大沸腾事故的发生。

290. 电炉使用直接还原铁对电耗的影响如何？

碳含量较低的直接还原铁使用后冶炼电耗有增加的趋势，这种趋势是随着入炉料的配碳量和直接还原铁的加入量动态波动的，直接还原铁加入量超过25%以后，增加的电耗比较明显。气基法生产的直接还原铁碳含量较高，脱碳反应的热效应会减少冶炼电耗的上升。整体来说，电炉使用直接还原铁，冶炼电耗会增加。

291. 电炉使用直接还原铁对金属收得率的影响如何？

配加直接还原铁以后，炉料的配碳量决定了直接还原铁的金属收得率。通过提高熔池的配碳量，实行多点喷炭，增加炭氧枪喷吹炭粉的数量来调整钢渣中的氧化铁含量，促进直接还原铁中的氧化铁还原进入钢液，是提高金属收得率的有效方法。利用直接还原铁配加高比例的热装铁水，可以显著提高金属的收得率。

实际上直接还原铁带入的脉石与废钢带入的杂质含量是差不多的，有时候甚至比废钢带入的要低。所以配加直接还原铁以后，对于渣料的影响不大，直接还原铁的加入比例在30%以内，渣料的加入量不会显著上升，有时候还可以有所下降。

292. 电炉加入直接还原铁对冶炼周期、电极消耗、脱碳和氧耗的影响如何？

对于全废钢冶炼来讲，配加直接还原铁，由于电耗有所增加，通电时间延长，冶炼周期也随之增加。热装铁水冶炼的时候，铁水比例大于30%以上时，由于直接还原铁的加入会提高脱碳速度，控制好送电曲线，冶炼周期不会明显增加，有时候还会有所下降。铁水加入比例低于20%时，冶炼周期取决于装入量和配碳量。总体的统计表明，热装铁水冶炼时，配加12% ~30%的DRI一般可使一炉钢的冶炼时间缩短3 ~5min。此外配加直接还原铁冶炼时，电极的消耗有所上升，这主要是由于通电时间增加以后，增加了电极的消耗。

配加直接还原铁以后，由于直接还原铁带入一定量的氧化铁会促进炉渣的熔化，提高脱碳速度，冶炼的氧耗有所下降，下降的值在0.5 ~3.5m^3/t之间。

293. 加入直接还原铁对电炉钢质量的影响如何？

配加直接还原铁以后，钢中有害元素的含量，特别是重金属元素Ni、Cr、Mo、Cu、Sn的含量会有所下降，有利于提高钢水的洁净度，同时直接还原铁中的气体含量也比较低，配加直接还原铁以后，泡沫渣的控制在一定的程度上比较容易，脱碳反应也能够比较顺利地进行，对于降低钢中的气体含量比较有利。加入直接还原铁以后，对于废钢中有害元素的稀释作用如图5 -4所示。

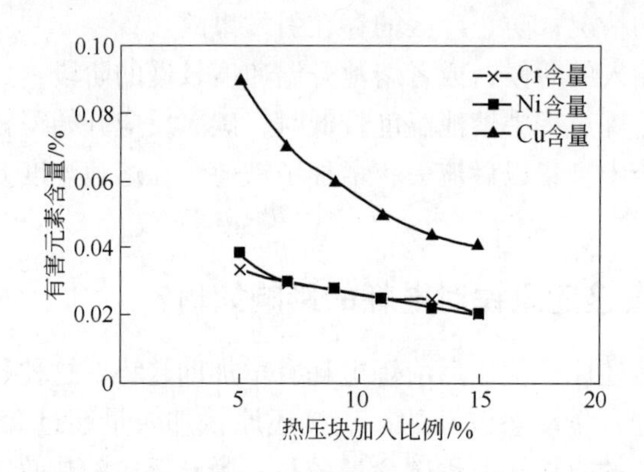

图5 -4　直接还原铁加入后对于废钢中有害元素的影响

294. 直接还原铁的理论密度如何计算？

直接还原铁的理论密度可以按照式（5 -2）计算：

$$\rho_{\sigma} = \sum \rho_i \times \alpha_i \tag{5-2}$$

式中　ρ_{σ}——直接还原铁的理论计算密度；

ρ_i——组分的密度；

α_i——组分的含量，%。

其中典型的热压块，供货粒度为50mm×100mm，按照组分的含量计算密度的方法见式（5 -3）：

$$\rho_{\text{热压块}} = \rho_{\text{铁}} \times 88\% + \rho_{\text{氧化铁}} \times 5.5\% + \rho_{\text{二氧化硅}} \times 4.1\% + \rho_{\text{锰}} \times 0.056\% \tag{5-3}$$

理论计算的密度在6.1 ~6.5t/m^3之间，与实物的密度接近。

295. 直接还原铁的理论金属收得率如何计算？

直接还原铁的理论金属收得率计算公式表示为：

$$\mu_{热压块的收得率} = 100\% - SiO_2\% - P\% - S\% - Mn\% - \sum\prod_i = 88\% \sim 90\% \qquad (5-4)$$

式中　$SiO_2\%$，P%，S%，Mn%——各个组分的质量分数；

$\sum\prod_i$——其余的杂质成分的质量分数。

计算结果表明，各类直接还原铁的金属收得率的范围在86%～92%之间。

296. 加入直接还原铁对电炉冶炼安全有何影响?

直接还原铁碳含量较低，金属化率较低的直接还原铁使用过量后，由于氧化铁在渣中容易富集，操作不当会引发熔池大沸腾的恶性事故。同时直接还原铁容易形成难熔的"冰山"，操作不当时，会发生出钢时堵塞出钢口，出钢量得不到保证的事故。

297. 冷生铁作为电炉炼钢的原料有哪些特点?

生铁块的熔点低于废钢，比热容大于废钢，两者的熔化热大致相等（1.35MJ/kg）。冷生铁作为电炉炼钢的原料，是一种优质的炼钢原料，其基本成分见表5-14。

表5-14　冷生铁的基本成分

成　分	Fe	C	P	S	Mn	Si
含量/%	>93	3.8～4.2	<0.08	<0.6	0.2～0.4	<1.0

298. 冷生铁的配碳量如何计算?

冷生铁和铁水带入的配碳量可以由式（5-5）确定：

$$C\% = Q\alpha/G \qquad (5-5)$$

式中　C%——生铁或者铁水带来的配碳量；

Q——生铁或铁水加入量；

α——生铁或铁水的碳含量；

G——加入的废钢铁料的总量。

299. 冷生铁配碳时的电炉冶炼有哪些特点?

冷生铁配碳时的电炉冶炼特点有：

（1）冷生铁的导热性不好，所以加入时要注意尽量避免加在炉门和出钢口附近，给冶炼操作带来困难。配料时生铁的加入应该加在料篮的中下部最为合理，这样可以利用生铁含碳量较高的优点，及早形成熔池，不仅有利于提高吹氧的效率，而且会提高金属收得率。如果加在炉门区，一是加料后堆积在炉门区的冷生铁，很有可能从炉门区掉入渣坑，造成浪费；二是影响了从炉门区的吹氧操作；三是会影响取样操作，或者取样的成分没有代表性。加在出钢口区，会发生堵塞出钢口的事故，或者出钢时，未熔化的生铁在等待出钢和出钢过程的这段时间内发生熔化，导致出钢增碳现象，引起成分出格的事故。

（2）一般来讲，冷生铁的配入量在装入量的20%～65%之间，自耗式氧枪吹炼方式下的配加比例为20%～45%，冶炼低碳钢取中下限，冶炼中高碳钢取中上限。超声速氧枪吹炼模式下的冷生铁的加入量在40%～65%之间，具体的比例可以根据与之搭配的废钢的条件来定。超声速集束氧枪吹炼条件下的配加比例最多可以增加到70%。统计表明，生铁加入量在超过40%以后，生铁的比例每增加5%，金属的收得率将会提高1%～1.6%。某厂在超声速炉壁氧枪和炉门自耗式氧枪复合吹炼条件下，生铁配加废钢，生铁的比例在60%时，金属总体收得率达到平均95%以上，冶炼时间没有延长。

（3）使用冷生铁配碳冶炼优质钢的炉次，在冷区会出现软熔现象，即第一次取样与第二次取样的结果偏差较大，包括磷、碳，尤其是磷。这种现象在自耗式氧枪吹炼的条件下尤其明显。供氧强度较大的超声速氧枪或者超声速集束氧枪吹炼模式下，这种情况会有所好转。所以用生铁配碳冶炼时，终点取样温度应该在1580～1630℃之间。出钢前从炉门仔细观察炉内是否有未熔的冷废钢是必须的。

（4）加入较高比例的冷生铁冶炼时，保持炉内的合适的留渣、留钢量是促进冶炼优化的关键操作。

（5）有些生铁含有较高的硅和磷，在加入生铁比例较高的冶炼炉次，要根据生铁的成分合理地配加渣料石灰，防止冶炼过程出现磷高和频繁的沸腾现象。笔者多次在实际操作中遇到这种现象：在石灰称量秤误差较大时，因为石灰加入量不够，出现过磷高的事故，而且冶炼中随着脱碳反应和冷生铁的不断熔化，炉内不断发生剧烈沸腾，从炉门溢出钢水的事故，经过后来的化验分析证实，这是由于加入的冷生铁硅含量和磷含量严重超标，石灰加入量的偏差较大造成的。

（6）冷生铁表面具有许多不平的微小孔洞和半贯穿性的气孔，有利于脱碳反应的一氧化碳气泡的形成，有利于脱碳反应的进行。在废钢资源紧张的地区，利用铁水和冷生铁一起配碳，不会延长脱碳的时间和冶炼周期。其中铁水占30%，生铁占35%的比例搭配，在实际操作中的效果最佳。

300. 什么叫做碳化铁？

碳化铁（Fe_3C）也是气基直接还原铁的一种半工业化的实验产品，其工艺是通过气体－固体的反应，将铁矿粉转变为碳化铁的闭环吸热的一步式工艺。经过处理的气流（CO、CO_2、H_2、CH_4、水蒸气）在550～600℃下与0.1～1.0mm的铁矿粉反应生成碳化铁。由于碳化铁具有较高的化学潜热，有害杂质含量很低，被认为是一种最有潜力的电炉炼钢原料的替代品。由于规模化生产的技术问题与资源矿产的制约，目前没有形成规模化的生产，但是对于它的实验性使用和工业性应用，已经有了大量的文献报道。典型的碳化铁成分见表5－15。

表5－15　典型的碳化铁的成分

成　分	总铁	金属铁	Fe_3C	Fe_3O_4	SiO_2	P	S
含量/%	89～94	0.5～1	88～94	2～7	2～3	<0.035	<0.01

301. 电炉炼钢对碳化铁的要求有哪些？

电炉炼钢对碳化铁的要求有：

（1）金属化率要高。由于碳化铁中的Fe_3O_4与碳反应为还原吸热反应，当碳化铁中

Fe_3O_4 的含量超过 19%，将会是一个负的热效应。所以电炉使用的碳化铁的金属化率要尽可能地高。生产中做的实验表明：还原 1t 的氧化铁，需要 1 ~4MW · h 的电能。

（2）碳化铁中的酸性物质（脉石）的含量要低，避免带入炉内酸性物质过多，增加石灰的用量。

（3）由于碳化铁的硬度较大，因此电炉使用时，粒度和块度要适当。用于料篮加入的，要和生铁的块度差不多；用于喷吹的，粒度要满足喷吹的需要。

302. 碳化铁的加入方式有哪些？

碳化铁可以在热态下压块或者粒化，通过料篮向电弧炉中加入，也可采用炉顶第四孔或者第五孔加入。采用料篮加入时，加入方式可以和加生铁的方式差不多，加在料篮底部或者中下部。由于碳化铁坚硬，无黏性，流动性好，如果采用竖井预热后加入或者喷吹加入，效果会更好。采用竖井加入时，发生碳化铁过热以后粘手指的现象会较少。采用炉顶第四孔或者第五孔加入方式，加入的灵活性会更大，不会在加料过程中发生由于黏结造成的管道堵塞。加入可在冶炼过程中进行而不必中断冶炼，能够缩短冶炼时间，还可以减少热损失，提高热效率。采用喷吹加入，则喷吹速度要控制合适。

303. 什么叫做脱碳粒铁，脱碳粒铁是如何生产的？

脱碳粒铁是一种生产工艺已经试验成功，并且在 30t 和 150t 电炉上试验过的新型电炉炼钢原料。脱碳粒铁的生产流程如图 5 –5 所示。

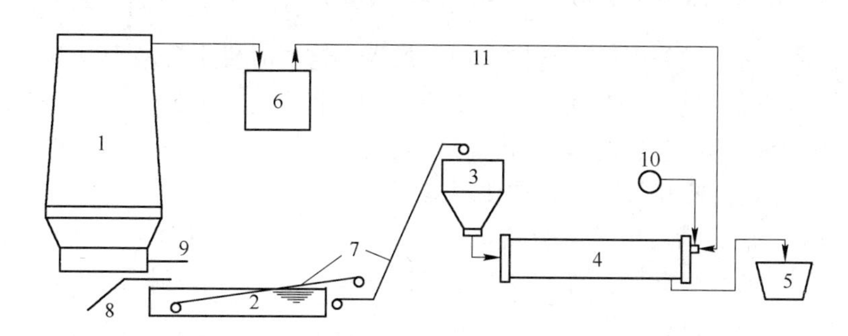

图 5 –5 脱碳粒铁的生产流程

1—高炉；2—水池；3—料仓；4—回转窑；5—粒铁罐；6—除尘设施；7—皮带输送机；8—高压水；9—铁水；10—风机；11—高炉炉顶煤气

脱碳粒铁具体的生产流程是：先将炼钢生铁用高压水冲制成 3 ~15mm 的粒铁，粒铁的粒度可以通过控制高压水的压力和流量来进行控制，然后把粒铁装入回转窑中进行固态脱碳，如图 5 –5 所示，粒铁由窑尾的给料装置连续均匀地加入窑内，依靠窑头的高炉煤气和粒铁脱碳后的产物 CO 燃烧所放出的热量来加热粒铁。脱碳使用的氧化剂为高炉的尾气和隧道窑的尾气 CO_2，粒铁里的碳含量可以随机控制，可以控制在 0. 2% ~2. 0% 之间，有害元素含量低。与直接还原铁相比，粒铁没有脉石，可以减少炼钢的渣料，降低电耗；堆密度比较大，可以减少加料次数，电炉可以实现热装，是一种冶炼高级质量的优质炼钢原料。脱碳粒铁的主要成分与理化指标见表 5 –16。

表 5-16 脱碳粒铁的主要成分与理化指标

化学成分/%						理化指标		
C	Si	P	S	FeO	Cu	Ni + Cr + Pb + Sn	粒度/mm	密度/$t \cdot m^{-3}$
<1.5	0.6	<0.05	<0.04	<5	<0.01	<0.007	5~15	3.5~4.0

根据以上介绍可以知道，作为电炉新铁料的一种，脱碳粒铁可以根据其中的碳含量，决定加入量，加入量可以在30%~100%之间。加在料篮底部对于减少加料对于炉底的冲击、调整吹氧操作有好处。对于直流电炉来讲，脱碳粒铁更是一种理想的原料。

304. 什么叫做 Corex 铁?

Corex 铁是炼铁工业的一种新产品，目前的报道证实这是一种可以工业化生产的炼钢原料，使用与铁水（或者冷生铁）的原理大致相同。

305. 什么是铁水热装技术?

铁水热装技术就是将铁水加入电炉，作为炼钢原料的一种技术。热装铁水是一项影响电炉冶炼历史的新技术，铁水热装技术除了具有冷生铁的相同的优缺点外，还带入了大量的物理热，为缩短冶炼周期、强化冶炼创造了良好的条件。

306. 热兑铁水的时间控制在什么时候最好?

热兑铁水的时间一般采用第一篮料入炉后加入，这种时机主要基于以下几点考虑：

（1）一般来讲，目前电炉均采用出钢后炉内留钢和留渣的技术，第一批加料后兑入铁水，上一炉次冶炼的留渣、留钢中，含有较高的氧化铁，可以使铁水中的部分元素氧化放热，而且有利于提高吹氧效率，增加化料速度。

（2）在以水冷棒式为底电极的直流电炉中，电炉热兑铁水还可以在特殊情况下，取代直流电炉必须要求的留钢量，帮助底电极起弧导电。所以在出钢控制失误的条件下，电炉炉内留钢过少，为防止底电极与废钢接触不良产生不导电现象，在出钢后首先兑入3~7t 铁水，可以代替留钢帮助起弧。

（3）电炉的能量主要消耗在废钢的熔化期，统计结果表明电炉50%以上的电能损耗在熔化期，从节约热能的角度讲在第一批料加入电炉后兑加铁水是最合理的。

（4）第一批料加入电炉以后兑加铁水，在采用强化吹氧的操作，可以提前进行脱除部分硅、锰、磷、碳的操作，达到提高热兑铁水比例的目的。

（5）出钢后，首先兑入铁水，此时电炉内所留钢渣中的氧与铁水中的碳发生剧烈的反应，从而使炉内留钢、留渣与兑入的铁水反应后大量溢出炉门，流入渣坑，引起铁耗的急剧上升与热能损失。我们在110t 电炉就发生过数次兑加铁水时，铁水与钢渣剧烈反应，导致钢渣从炉壁氧枪孔溢出烧毁炭氧枪线路的事故。实践中的结果证明：电炉兑加铁水时，炉内的废钢处于穿井阶段或者穿井结束为最佳时机，60%的炉料熔清后兑加铁水，具有一定的危险性。

（6）采用第二批料兑加铁水，将会增加脱除铁水里的硅、锰、磷、碳的操作时间，从而增加了冶炼时间。为了减少脱除硅、锰、磷、碳的矛盾，在相同的供氧条件下，只有减少热兑铁水的比例。

综合以上分析，可以认为电炉热兑铁水的最佳时机是在第一批料加入以后，电极穿井0～3min时加入。

307. 热兑铁水对渣料的加入有何要求？

电炉脱碳反应的主要部分是经过钢渣界面进行的，这一点在电炉热兑铁水的生产中也得到了充分的验证，炉渣的二元碱度低于1.5，电炉热兑铁水的冶炼状况就会恶化。所以在增加铁水热兑比以后，渣料的加入量要根据铁水中磷、硅含量，合理地调剂石灰的加入量，在没有铁水成分预报的情况下，石灰的加入量要比正常多20～25kg/t，以保证冶炼的正常进行。

308. 现代电炉兑加铁水的最佳比例是多少？

现代电炉兑加铁水的最佳铁水比例为31%，最佳铁水比对应着电炉冶炼周期最短及工序效益最大化。一座100t烟道电炉的冶炼周期和铁水兑加比例之间的关系如图5－6所示。

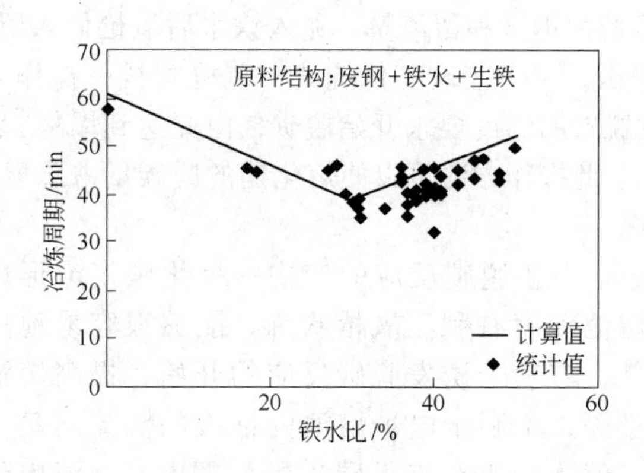

图5－6 一座100t烟道电炉的冶炼周期和铁水兑加比例之间的关系

309. 零电耗冶炼的炉料结构指什么？

零电耗冶炼是指电炉热兑铁水比例大于65%以后，通过烧嘴或者氧枪吹氧的冶金反应输入化学热，再充分利用铁水的物理热和化学热就可以将炉料加热至熔化状态，继而满足炼钢的冶金热力学条件，使得继续升温达到出钢温度，不需要送电，或者只需要极小的一部分电能的冶炼工艺。

310. 什么叫做电炉炉料的三角形结构？

电炉炉料三角形结构的提出：电炉炼钢炉料结构一般是指各种含铁原料配入量在含铁原料总配入量中所占的比例。如果含铁原料为废钢（scrap）、生铁（pig）和直接还原铁（DRI），按传统意义其炉料结构参数为scrap、pig和DRI（其中scrap = $G_{scrap}/(G_{scrap} + G_{pig}$

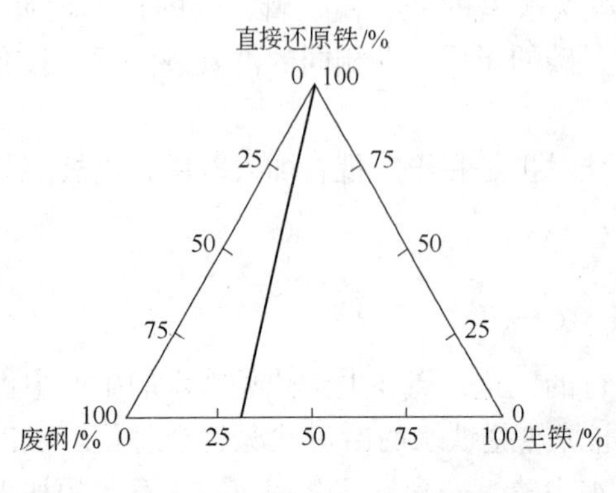

图 5－7 炉料的三角形结构

$+G_{DRI}$）。G_{scrap}、G_{pig}、G_{DRI} 分别为废钢、生铁和直接还原铁的配入量）。传统方法分析炉料结构中各参数对吨钢耗电、出钢量、冶炼周期等主要技术经济指标的影响，是将这三个因素分别讨论，而这三个炉料结构参数应满足总量为 1（100%）的条件，实际上只有两个独立变量。可见，按常规将三个参数 scrap、pig 和 DRI 作为炉料结构参数在理论上是有缺陷的。为了更科学地描述三元炉料的结构，参照物理化学中三元相图的浓度三角形的概念，引入了电炉炼钢炉料结构三角形见图 5－7。图中，等边三角形的三个顶点分别表示某一种原料（配入比例为 100%），由此构成的炉料结构三角形具有与浓度三角形类似的性质，称为炉料的三角形结构。

311. 自耗氧枪吹炼条件下提高铁水热兑比例的方法有哪些?

采用自耗式氧枪吹炼的电炉，由于自耗式氧枪的脱碳速度比较低，因此提高自耗式氧枪吹炼过程的脱碳速度是提高兑加铁水比例的关键，主要方法有：

（1）适当增大电炉的留钢量和留渣量。兑入铁水后氧枪伸入留钢、留渣与兑入铁水组成的局部熔池吹氧脱碳，尽可能改变传统的“氧枪割料”操作。在送电吹氧 3min 左右，局部熔池即可达到脱碳的温度要求开始脱碳，由此达到塌料、熔清 70%～80% 的废钢料，然后加料的目的。此操作方法可以使熔化期的脱碳量占总配碳量的 40% 以上，减轻了氧化期的脱碳任务。

（2）定期修补炉底。由于脱碳反应的产物一氧化碳气泡形成在炉壁和炉底的耐火材料表面，合理的熔池深度有利于氧枪吹炼，能够很容易地把氧气喷吹在钢渣界面，或者吹入钢液内部，有利于诱发脱碳反应的开始，提高熔池脱碳反应的活跃程度。此外，电炉熔池过深，不利于电炉熔池内钢液的湍流运动，不利于钢液内部一氧化碳气泡的排出，也就不利于在临界碳含量范围内，钢液内部的碳向钢渣界面或者脱碳反应区的扩散和迁移。

（3）提高炉渣的碱度。提高脱碳速度，首先要稳定操作，将炉渣的碱度适当提高（$R \geqslant 2.0$），电炉的废钢铁料熔清大部分以后先化渣，成渣充分后，喷入适量炭粉用以扩大钢渣反应界面，以促使脱碳反应尽早进行。脱碳反应开始后，控制喷入发泡剂炭粉的量，以保证渣中 FeO 含量在 20% 左右，以获得较高的脱碳速度，促进熔化初期熔池搅动传热充分熔清。泡沫渣发泡气源通过熔池脱碳反应取得，这对于临界碳浓度范围内的脱碳很关键，也很有利。

（4）提高供氧强度。一般来讲，供氧强度越大，氧气的利用率越高，脱碳速度也越快，增加供氧强度以后，相应地可以增加铁水的热兑比例。

312. 如何提高超声速氧枪吹炼条件下铁水热兑比例?

为了增加超声速氧枪吹炼条件下的铁水热兑比例，主要手段有：

（1）配加低碳的直接还原铁、氧化铁皮，作为成渣的辅助熔剂，提高成渣速度，为脱磷反应创造条件，同时为钢渣界面脱碳反应的进行提供了可靠的保证。辅助熔剂加入量的多少根据加入铁水的具体量来确定，铁水量较大时，可以提高加入量，反之亦然。最经济的加入量为铁水量的 10% ~40% 。

（2）采用自耗式氧枪和超声速氧枪复合吹炼方式。使用自耗式氧枪作为辅助供氧手段，利用自耗式氧枪的优点弥补超声速氧枪的缺点，超声速氧枪主要进行脱碳反应的控制，炉门氧枪进行化渣操作，沿着钢渣界面吹氧，取得的效果要比超声速氧枪单独吹炼的效果好。

（3）采用炉门超声速氧枪和炉壁超声速集束氧枪复合吹炼。由于超声速氧枪受熔池深度的影响，在炉底较深的情况下，射流长度达不到钢渣界面或者钢液内部，利用超声速集束氧枪射流较长的优点，达到二者互补的目的，增加铁水的热兑比例。

（4）在冶炼一批料的时候，加强熔化期的吹氧脱碳操作，减轻氧化期的脱碳任务。

（5）及时地修补或者挖补炉底，保持炉底合理的尺寸，使得超声速氧枪吹炼条件下的射流能够较容易地穿透钢渣界面，降低操作难度。

（6）超声速氧枪吹炼条件下，对于炉渣的碱度要求较高，碱度既不能过大，也不能过小，理想的范围是二元碱度维持在 2.0 ~3.5 之间。

313. 电炉炼钢对石灰有何要求?

电炉炼钢对所用石灰的主要要求有：

（1）石灰中氧化钙越高越好，其他杂质（如 SiO_2、磷、硫）应尽量少。氧化钙是碱性电炉炉渣中最重要的成分，炉渣中氧化钙含量越高，则炉渣碱度就高，炉渣去除钢中有害杂质磷、硫的能力就强。石灰中的杂质二氧化硅高时，就需多加石灰，增大了渣量，而大量炉渣的熔化和加热就增加了电能的消耗量。石灰的硫含量也应尽量少（不高于 0.05% ~0.10%）。

（2）冶炼优钢时，必须使用新焙烧的石灰。由于石灰粉末极易吸水，加入炉中分解为氢和氧，造成炉气中氢的分压增加，从而使氢在钢水中的溶解度也增加，使钢中含气量增加，严重影响钢的质量。所以原则上不允许使用石灰粉末。石灰在运输时要注意避免受到雨水和冰雪的袭击受潮粉化，使用时要烘烤。

（3）对于人工加入炉内的石灰，粒度控制范围一般为 20 ~ 100mm，最大不超过 120mm。对于采用料仓加入炉内的石灰，粒度控制在 10 ~50mm 之间。

（4）石灰必须配加在料篮底部，或者在加料前使用料斗将石灰加在炉底，不能够把石灰大量地加在电极极心圆附近。

314. 怎样计算电炉的石灰加入量?

根据炉料中的硅含量以及带入杂质中的 SiO_2 的量，按照碱度 R 的要求即可计算得出电炉的石灰加入量。步骤如下：

设加入的钢铁料的总量为 Q 吨，钢铁料中的平均硅含量为 $w_{[Si]}$，炉渣的最佳碱度为 R。

首先钢铁料中的硅氧化为 SiO_2，即 $Si + O_2 = SiO_2$，生成的 SiO_2 的量为：

$$M=\frac{60}{28}\times Q\times w_{[Si]}\times 1000=2.14\times Q\times w_{[Si]}\times 1000$$

假设石灰加入量为 W，石灰中的 SiO_2 含量为 β、CaO 含量为 γ。那么石灰中带入的 SiO_2 量为 $W\beta$，由此可得：

$$W\gamma/(2.14\times Q\times w_{[Si]}\times 1000+W\beta)=R \tag{5-6}$$

由式（5－6）得出石灰加入量为：

$$W=\frac{2.14\times Q\times w_{[Si]}\times 1000}{\gamma-R\beta} \tag{5-7}$$

其中，式（5－7）的分母表示也称为有效氧化钙。

根据前面渣量的计算方法，计算出炉料中的 SiO_2 含量，就可以确定一个批次钢铁料入炉以后的石灰加入量的总量，更加方便快捷。

315. 电炉使用的萤石有何要求？

萤石的主要成分是 CaF_2 和 CaO，主要是用来化渣和调整炉渣的黏度。所以要求萤石含 CaF_2 要高，而 SiO_2 和硫要低。一般情况下，萤石中 SiO_2 的含量要求低于 20%。特殊钢冶炼用的萤石，比如冶炼铝镇静钢使用的萤石，要求 SiO_2 的含量要低于 5%。

316. 白云石造渣的目的是什么？

采用白云石造渣的主要目的是延长炉衬寿命，其基本原理是根据氧化镁在渣中有一定溶解度的特点，向炉内加入一定数量的白云石，使渣中的氧化镁接近饱和，从而减弱熔渣对镁质炉衬中氧化镁的溶解；渣中氧化镁过饱和状态而有少量的固态氧化镁颗粒析出，使炉渣黏度升高，挂在炉衬表面，形成保护层。

317. 黏土砖的成分和作用是什么？

废黏土砖的主要成分为 58%～70% SiO_2，27%～35% Al_2O_3，1.3%～2.2% Fe_2O_3。它也有稀释炉渣的作用，但是能降低炉渣的碱度，因此，只有在炉渣碱度足够的条件下方可使用。

318. 电炉废弃的镁炭砖破碎以后如何循环利用？

电炉炉衬和钢包砖大部分是使用镁炭砖制成的。将镁炭砖及钢包砖破碎后，作为白云石的替代品，每炉配加 150～200kg 的轻烧白云石和 100～150kg 的破碎镁炭砖进行生产，炉渣碱度维持 1.8～2.2 之间，炉渣发泡能力略有过剩。泡沫渣能满足全程冶炼需要，炉衬的侵蚀速度也得到了有效缓解。破碎镁炭砖的主要成分见表 5－17。

表 5－17　破碎镁炭砖的主要成分

成　分	MgO	SiC	CaO	T[C]	H_2O	P	S
含量/%	≥57	8.0±2	4.0±2	22.0±2	≤0.5	≤0.08	≤0.08

电炉生产线每年因为炉衬退役和钢包拆修后产生大量的废弃镁炭砖，每年有上千吨的废弃镁炭砖，有部分作为生产电炉炉门快补料的原料，有的作为垃圾丢弃处理。由于熔渣中的 $2CaO \cdot SiO_2 \cdot MgO$、$MgO \cdot SiO_2$ 等含 MgO 的稳定化合物是泡沫渣发泡的悬浮物质点，是保持泡沫渣稳定性的关键。因此把废弃的镁炭砖进行破碎处理，作为泡沫渣的稳定剂加入，粒度保持在 5～10mm 左右，随渣料一起加入，每炉钢加入 400kg，对于泡沫渣的操作和炉衬的维护有积极的意义。其中，破碎镁炭砖的加入方式可以分为两种：

（1）没有采用包装的，通过高位料仓的加料系统直接加在料篮里或者电炉内，这样不影响冶炼的操作。

（2）采用袋装的，行车用链条直接吊起，加在炉内。这种方式可以使破碎镁炭砖加在炉衬侵蚀较快的区域，对于炉衬的寿命也是有利的。这种方式耗时 1～3min。

破碎镁炭砖在一座 70t 的电炉应用以后，效果比较明显，主要体现在：

（1）电炉炉渣改进前炉渣中的 MgO 含量为 0.586，改进后每炉钢加入 400kg 破碎镁炭砖将渣中的 MgO 含量提高至 1.16%，提高了炉渣的稳定性，降低了炉衬侵蚀速度。电炉在前 500 炉不进行补炉操作的前提下，仍然使电炉全废钢炉衬寿命稳定在 600 炉，小炉盖平均寿命为 724 炉，降低了电炉的耐火材料消耗。

（2）添加破碎镁炭砖以后，每炉冶炼的通电时间比没有添加的炉次减少 0.79min，表明电炉的电能利用率有了极大的提高，降低了冶炼电耗，提高了电炉的产能。

（3）加入破碎镁炭砖后加快了化渣速度，并改善了渣系的流动性，钢渣界面的物化反应能力有了显著的增加。不仅显著提高了泡沫渣埋弧效果，而且对于成分的控制有了明显的进步，脱磷率提高了 10%～15%。

（4）减少了渣料中轻烧白云石的加入量，降低了渣料的消耗。

319. 电炉除尘灰如何循环利用？

电炉除尘灰一般的全铁含量在 53% 左右（氧化铁在 7% 左右），并且含有 1.5%～2.8% 的二氧化硅，5%～9% 的氧化钙，1.8%～3.5% 的锌和铅，3% 左右的氧化锰。由于含有锌，因此不适合大批量地造球后应用于高炉炼铁，原因是高炉原料锌含量较高以后，影响了高炉炉缸内的热循环和料柱的透气性。如果不加处理，直接在废钢加料车间用电磁盘吸起加入料篮，应用于电炉炼钢，会被除尘系统迅速抽走，不仅收得率低，而且加剧了除尘的负担。我们做过生产实践，即加入较大量的除尘灰（每炉 3000～5000kg），除尘系统的排灰量也相应地增加。所以电炉产生的除尘灰，目前已经被用于批量地烧结造球，或者添加石灰、石油焦、沥青焦油以后造球，应用于电炉造泡沫渣，加入的方法和使用渣料一样，通过给料篮配加渣料的高位料仓加入料篮，或者通过炉前的高位料仓直接加入电炉内。由于含有含碳的成分，因此在电炉的泡沫渣操作中，会促进电炉的泡沫渣发泡。电炉的除尘灰由于含有铅和锌，属于有毒废弃物，切不可随意排放。

320. 连铸和轧钢工序产生的氧化铁皮的成分是什么，如何利用？

连铸和轧钢工序产生氧化铁皮的成分见表 5－18。

表 5－18 连铸和轧钢工序产生氧化铁皮的成分

成　分	Fe + FeO	SiO_2	水　分
含量/%	>68	0.05	0.5～3.5

氧化铁是渣料的辅助熔剂，将氧化铁皮应用于热装铁水生产低磷优质钢的熔剂，在碳、磷高时，随着萤石、石灰一起加入，作为留碳脱磷的脱磷剂，使用效果非常好，其中氧耗和石灰的使用量明显降低，并且炉渣返干的比例大幅度降低，留碳脱磷命中率提高25%以上。在高比例热装铁水时将氧化铁皮和石灰一起加入作为熔化的脱磷剂，和废钢一起装料加入，使用后应用效果良好。

在炼钢过程中，石灰的溶解、脱磷、脱碳反应都与氧化铁有关，吹炼过程产生的氧化铁有一部分会进入除尘系统的烟气里，所以在炉渣中如果有氧化铁原料的加入，会降低氧气的消耗。生产过程中，在炼钢的后道工序，连铸和轧钢会产生数量可观的氧化铁，它们作为化渣剂也会提高泡沫渣的成渣速度。来自轧钢的氧化铁皮粘附有油污和水分，生产优质钢时使用，会增加钢中氢含量，所以使用前要经过烘烤处理。连铸工序产生的氧化铁皮可以烘干后直接加入使用。氧化铁皮的使用量为每炉加入500～4000kg。

氧化铁皮的使用方法为：

（1）全废钢冶炼时一般不加氧化铁；否则，冶炼电耗会明显地上升，影响冶炼周期。铁水热装比例在20%以上加入氧化铁，应用的综合效果比较好。

（2）一批料熔清后加入二批料，石灰和氧化铁加在二批料的料篮底部。加在第一批料，对于冶炼的操作有不利的影响。

（3）针对氧化铁是渣料的辅助熔剂这一特点，将氧化铁皮用于热兑铁水生产低磷优质钢，在碳、磷高时，随着萤石、石灰一起加入，作为留碳脱磷的脱磷剂。

加入后前期按正常工艺路线操作，后期按实际的冶炼钢种选择吹氧的供氧模式，控制供氧强度。由于脱磷的操作是钢渣界面的反应，脱碳反应的主要部分也是在钢渣界面进行的，因此这种使用氧化铁皮的方式具有积极的意义，既节省了吹氧的量，又可以达到顺利控制成分的目的，使用效果如下：

（1）加入氧化铁皮后，炉渣的成渣速度比加入前提高了1～5min，脱碳速度比加入前有了明显的提高。

（2）脱磷速度比加入前有了明显的提高，脱磷和脱碳效率分别上升20%～40%和5%～20%，优化了工艺操作，降低了操作难度。

（3）铁水的热兑比例也大幅度上升，比以前提高了5%。

由于氧化铁的还原反应是吸热反应，因此导致冶炼电耗的上升。实际表明，氧化铁皮是一种优良的造泡沫渣的辅助材料。

321. 常用的增碳剂的成分要求有哪些？

常用的增碳剂的成分要求见表5－19。

表 5－19　常用的增碳剂的成分要求

牌　号	固定碳/%	灰分/%	挥发分/%	硫/%		水分/%	粒度/mm
				一级	二级		
C－90	89.5～90.5	<6	<2.0	≤0.3	0.3～0.5	<0.5	2～6
C－91	>90.5						
C－92	>91.5						
C－93	>92.5						
C－75	70.0～75.0	—	—				
喷吹炭粉	85.0～90.0	<6	<2.0	≤0.3	0.3～0.5	<0.5	<1

322. 电炉入炉主原料中为什么要配碳?

炉料中的碳含量应保证氧化期有足够的碳进行碳氧反应，以达到去气、去夹杂物的目的。炉料中的配碳量可根据熔化期的烧损、氧化期的脱碳量和还原期的增碳量三方面来确定。

323. 电炉对废钢在废钢料场向料篮配加的主要要求有哪些?

进行配料操作前从主控室计算机画面上调出由调度站传来的当班生产调度信息或直接与值班调度联系，确定本班的配料要求（即每炉铁水、生铁块及废钢的加入比例）。料篮中渣料的配加操作和废钢的配加需要注意：

（1）料篮中物料的加入顺序为石灰→白云石→焦炭→废钢（含生铁块）。

（2）石灰加入量的确定。对于普通建筑钢，全废钢两料篮操作时，按大约 2.5%～3.5%的金属加入量来配加石灰；对于质量要求比较高的钢种，电炉冶炼石灰加入量按普通钢种的 1.1～1.2 倍计算；采用加生铁块、兑铁水需要一料篮操作时，基本石灰加入量仍然按上述比例计算，但是每增加 1t 铁水或生铁块需额外增加 20～25kg 的石灰加入量。

（3）白云石的加入量按石灰加入量的 20%～25%计算。

（4）考虑到直流电炉对炉料导电性的特殊要求，如果冶炼采用全废钢两次或三次加料操作时，渣料（石灰、焦炭及白云石）均不应在第一料篮加入，应视具体情况在第二料篮或第三料篮内一次加入炉内。交流电炉可以将渣料分为两批加入，第二批的渣料应该比第一批多 200～500kg。

（5）电炉焦炭的配加量应根据钢种而定。一般情况下，炉料中配碳量高于钢种上限碳含量的 0.3%～1.2%。对于不同钢种所需的熔清后的脱碳量，原则上非合金钢大于 0.1%，合金钢大于 0.3%。采用全废钢两次加料操作时，所有焦炭在第二料篮全部加入炉内。

（6）电炉有一定的脱磷能力，但磷过高会造成电耗增加和冶炼时间延长，因此配料时应注意使炉料中磷小于 0.10%。如果冶炼钢种对磷含量有特殊要求，则要按要求进行配料，配加低磷或者高磷废钢。

（7）装入量要求。装入量的控制应以出钢量及留钢量稳定、适当为前提。原则上应确保出钢量稳定在电炉的公称容量 ±2t 左右，同时应确保炉内留钢量在 10t 左右。应根据前一炉留钢量确定适当的装入量。

(8) 新炉衬前两炉使用全废钢配料操作。

(9) 在使用全废钢两次加料操作时，原则上第一料篮应加入总加入量的65% ~75%，其余的在第二料篮加入。

(10) 正常冶炼按电炉公称容量的出钢量进行配料操作，钢铁料收得率按90% ~95%计算。

(11) 如果需要补炉底或其他情况需将钢水出尽时，应从出倒空炉子前两炉开始逐步减少废钢加入量，倒空炉的配料按公称出钢量进行配加，以满足正常出钢的要求，同时不配加白云石，以降低炉渣的黏度，便于将炉渣倒干净。具体的废钢配加量视炉内的实际留钢量定。

(12) 废钢配料顺序。料篮中各类废钢的加入顺序是轻薄废钢（钢板、轻统型废钢）→中型废钢（打包料、统料型废钢或生铁块）→重型废钢→轻薄料（或轻统型废钢）。但应注意不要将大（重）型废钢装在料篮中部靠近炉门的一侧，以免影响炉门炭氧枪的使用。对于采用炉壁炭氧枪以及超声速集束氧枪吹炼的电炉配料，大块和难熔废钢应该避免加在氧枪的吹炼正前方。

(13) 各种类型废钢加入量的控制。轻薄废钢按料篮总加入量的30% ~50%进行配加，料篮底部和料篮顶部各加一半；中型废钢按料篮总加入量的30% ~40%进行配加，但打包料的加入量不得超过10%；重型废钢应控制在加入量的20%以内。由于重型废钢对炉底冲击大，不利于提高底电极寿命，因而单重大于500kg、小于1000kg的重型废钢每炉配加不得超过1块且只能在第一料篮内加入此类废钢。此外，如果炉子是冷炉子或新炉子时，严禁使用任何类型的重型废钢。

(14) 考虑到电炉供氧方式、供氧能力和电炉的脱碳能力，因而电炉生铁的配加量应控制在一定的范围以内，不同钢种对生铁配加量的要求，按照分钢种工艺指导卡进行配加。

(15) 考虑到不同钢种对残余元素的不同要求，配料必须满足冶炼钢种对各种元素（尤其是残余元素）的要求。如果冶炼钢种对某种不易氧化元素有特殊的要求，可在配料时加入含有该元素的合金废钢。

(16) 料篮中料位不得过高，以保证加料及冶炼过程的顺利进行。

(17) 入炉废钢、生铁必须符合技术要求，配料过程应认真负责，杜绝不合格炉料入炉。

(18) 配料时应注意，不得将非导电的物料加在料篮中上部，以免影响炉子送电起弧。

(19) 废钢配料必须根据由主控室传来的配料单进行，每一料篮的配料单必须经当班炼钢工或炼钢助手确认后，方可通过合金计算机下传至废钢配料操作室，或者电话通知废钢配料间。

(20) 料篮装料结束后，应将对应料篮的全部信息通过配料计算机或者电话传送至炉前主控室。

324. 电炉的配料操作有哪些内容？

电炉炼钢的配料是炼钢的一项很重要的准备工作，它直接影响到冶炼的速度和钢的质量以及炉体寿命、金属收得率等。合理的配料对炉前控制化学成分比较有利。配料操作时必须注意以下几点：

（1）严格按冶炼钢种的要求或配料单配料，炉料中的碳含量必须根据钢种的要求配加，磷、硫含量不得过高。废钢的磷、硫含量各不得大于0.08%，以保证熔清钢水的化学成分与计算的偏差不大。炉料的大小要按比例搭配，以达到好装、快化的目的。

（2）炉料要经过称量，做到质量准确，以保证出钢量准确，特别是冶炼高合金钢时，合金成分较高，称量不准会造成大量补加合金，造成钢水量不稳定，对模铸的生产造成冲击。炉料的好坏要按钢种质量要求和冶炼方法来搭配。如果使用不好的炉料，必须充分估计其收得率；清除炉料中的泥沙等酸性物质，以免熔炼过程中降低炉渣碱度。

（3）炉料中的爆炸物、密闭状的管子或者容器必须拣出或进行开孔处理以后，方可加入炉内。

（4）普通电炉的搅拌能力较弱，加上升温速度较慢，吹氧的压力小，机械化程度低，所以为了减少操作的压力和炉前工的劳动强度，应该避免单重大于500kg的大块废钢入炉。

（5）由于在较低冶炼温度下，硅、锰、钛、铬等元素与氧的亲和力均比碳与氧的亲和力大，熔化期这些元素比碳早氧化，推迟和减缓了碳的氧化作用。因此，当炉料中这些元素含量高时，相应地碳的氧化损失就小，就要适当减少配碳量。

（6）对采用不氧化法冶炼的炉料要求纯洁、干燥。冶炼高合金钢时，应该避免使用锈蚀严重的废钢；对于入炉的废钢中不允许有成套的机器、设备及结构件。

实践证明，好的炼钢工配好料，炉前工的劳动量减少一半，而且钢的质量也会明显提高。

325. 电炉配料避免硫高和磷高的措施有哪些？

电炉配料避免硫高和磷高的措施有：

（1）生铁磷、硫含量不稳定，使用生铁必须抽检化验，成分合格后方可使用。

（2）废钢中含有高硫物质的原料严禁入炉，此类物质包括汽车、自行车轮胎等橡胶产品，各类车辆的切割成形部件（易切削钢），炮弹钢，医药行业的废弃蒸馏罐，外购不合格生铁，以及废旧暖气包。

（3）严格禁止配加高磷废钢入炉。此类废钢包括铸钢件（铸钢时，为了改善钢水的流动性，经常添加磷，提高铸件的成形性能）、各类汽车和火车厢板（高磷耐候钢板）、废品生铁，以及废旧暖气包等。

326. 电炉EBT填料的种类有哪些，成分范围如何？

电炉EBT填料通常有镁硅质、镁铝质、铬镁质、钙镁橄榄石质等几种，表5－20是两种常见填料的化学成分和物理参数。

表 5 – 20　两种常见填料的化学成分和物理参数

类　别	成分/%					物 理 参 数	
	MgO	Al_2O_3	CaO	Fe_2O_3	SiO_2	堆积密度/$g \cdot cm^{-3}$	粒度/mm
填料一	88.47	0.98	2.4	6.0	0.91	1.74	2 ~ 5
填料二	41.85	0.46	0.6	7.7	39.1	1.7	2 ~ 5

在不同的填料条件下，EBT 填料的自流率是不同的。如果一种材料的填料的自流率一直持续较低，就要考虑材料的配比是否合理，需要调整。

327. 什么是预熔渣？

预熔渣是指在矿热炉中生产出来的各种不同成分的脱氧剂。比较典型的是 $12CaO \cdot 7Al_2O_3$，熔点为 1455℃。预熔渣的主要作用是脱硫和脱氧，以及促使钢中夹杂物上浮。

328. 石墨电极有哪些技术指标？

典型的一家炭素公司 UHP 石墨电极企业标准技术指标见表 5 – 21。

表 5 – 21　典型的一家炭素公司 UHP 石墨电极企业标准技术指标

项　目		1998 年	2001 年	2004 年						
		AC	AC	AC			DC			
		350 ~ 500℃	300 ~ 400℃	450 ~ 500℃	550 ~ 600℃	650 ~ 700℃	300 ~ 400℃	450 ~ 500℃	500 ~ 600℃	650 ~ 700℃
电阻率 /$\mu\Omega \cdot m$	电极	≤6.5	4.2 ~ 5.8	4.0 ~ 5.8	4.0 ~ 5.8	4.0 ~ 5.8	4.2 ~ 6.0	4.2 ~ 6.0	4.2 ~ 6.0	4.2 ~ 5.5
	接头	≤5.5	2.8 ~ 3.8	2.8 ~ 3.8	2.8 ~ 3.8	2.8 ~ 3.8				
抗折强度 /MPa	电极	≥10	10.5 ~ 15	10.5 ~ 15	10 ~ 15	10 ~ 15	10.5 ~ 15	10 ~ 15	10 ~ 15	10 ~ 15
	接头	≥15	16 ~ 25	18 ~ 25	18 ~ 25	18 ~ 25				
弹性模量 /GPa	电极	≤12	9 ~ 14	9 ~ 14	9 ~ 14	9 ~ 14	7 ~ 14	7 ~ 14	7 ~ 14	7 ~ 14
	接头	≤14	10 ~ 18	10 ~ 18	10 ~ 18	10 ~ 18				
体积密度 /$g \cdot cm^{-3}$	电极	≥1.65	1.65 ~ 1.75	1.64 ~ 1.75	1.64 ~ 1.75	1.64 ~ 1.75	1.65 ~ 1.76	1.64 ~ 1.75	1.64 ~ 1.75	1.64 ~ 1.75
	接头	≥1.70	1.75 ~ 1.84	1.75 ~ 1.84	1.76 ~ 1.86	1.78 ~ 1.89				
灰分/%	电极	≤0.3	0.1 ~ 0.3	0.1 ~ 0.3	0.1 ~ 0.3	0.1 ~ 0.3	<0.2	<0.2	<0.2	<0.2
	接头	≤0.3	0.1 ~ 0.2	0.1 ~ 0.2	0.1 ~ 0.2	0.1 ~ 0.2				
热膨胀系数 (20 ~ 600℃) /℃	电极	≤1.4	1.2 ~ 1.5	1.2 ~ 1.5	1.2 ~ 1.4	1.2 ~ 1.4	1.0 ~ 1.5	1.0 ~ 1.5	1.0 ~ 1.5	1.0 ~ 1.4
	接头	$\leqslant 1.6 \times 10^{-6}$	$(0.9 \sim 1.2) \times 10^{-6}$	$(0.9 \sim 1.3) \times 10^{-6}$	$(0.9 \sim 1.2) \times 10^{-6}$	$(0.9 \sim 1.2) \times 10^{-6}$				
真密度 /$g \cdot cm^{-3}$	电极						2.20 ~ 2.23	2.20 ~ 2.23	2.20 ~ 2.23	2.20 ~ 2.23
	接头									
气孔率/%	电极						20 ~ 26	20 ~ 27	20 ~ 27	20 ~ 27
	接头									

329. 电炉工况特点及对石墨电极的要求有哪些?

电炉工况特点及对石墨电极的要求有：

（1）电炉是利用电极在废钢或渣层中起弧，将电能转化成热能，产生高温，从而熔化废钢来加热钢水的。一般电弧弧心温度可达 10000～20000℃，钢水温度高于 1600℃。电有交流、直流之分，电弧有长、短之别，电炉有熔、炼两种。为此，不仅要求电极高温下有良好的导电能力，还应在多变的条件下高效、低耗地运行。

（2）电极柱上接电源的二次母线，下端起弧直通钢水，其最高电流由电源决定，截面电流密度除受集肤效应和邻近效应的影响外，纵向还受截面不均和机械连接中电阻多变的影响。电极必须能承受强大的温度梯度造成的径向、轴向和切向热应力的破坏。

（3）电阻率越低，使用时电极消耗及电耗越少，为此要求电极的续接处压降低于 5V，保证该处不起弧。

（4）高温下，电极必须有一定的强度，在外力作用下尽量少折断。

（5）高温下，电极不影响被加工钢水的质量。

330. 为什么说石墨电极是炼钢过程中最好的电极材料?

石墨电极优点：高的熔点；良好的导电性；高的强度；氧化生成 CO、CO_2 气体，不会污染钢种；可调的密度，可将抗热震性调到最佳；价格低，易加工，是理想的工业用材料。

石墨电极缺陷和不足：石墨的升华温度（3800℃）比使用中电弧的中心温度低得多，在当前 UHP 电弧炉作业的情况下，电极的升华不仅不可避免，而且最高已达 68%，接近使用极限；表面温度达 600℃以上，氧化不可避免；电极生产时受原料、各工序工艺、设备、操作多变的影响，产品性能很难达到均质、全优结构的指标要求，加上使用中要经受不断变化外力的作用，就会增加消耗。

综上所述，石墨虽不能满足电炉炼钢对电极的全部要求，但至今为止仍是实用中最好的电极材料。

石墨的主要性能优点如下：

（1）石墨加热后直接由固态升华为气态，升华温度高达 3800℃，比所有已知材料都高。

（2）石墨与大部分材料不同，在温度上升时，其机械强度上升，2000℃时，石墨抗拉强度是室温下的 1.6 倍。一般其 $\delta_{抗拉} = 1/2\delta_{抗折} = 1/4\delta_{抗压}$。

（3）石墨的电阻率 1400℃时和室温下相同，低于 1400℃时下降，高于 1400℃后上升；而金属的电阻率却总是随温度的升高而加大。

（4）石墨的导热性能好，热膨胀系数较低，抗热震性好。

（5）石墨表面温度大于 400℃时会和氧气结合，氧化量与气体中的氧含量、气体流量、氧化面积和时间有关。当温度达 608.89℃而空气又不太充足时，就会形成 CO，当空气充足时进一步形成 CO_2，温度越高，表面氧化越激烈。同时，石墨在一定温度下还能与 H_2O 发生反应：$H_2O + C \rightarrow H_2 + CO$，进一步加氧生成 H_2O 和 CO_2，加速氧化。

（6）石墨易加工。

（7）石墨价格便宜，比钨、钼等高熔点金属均易得。

（8）石墨的真密度可达 2.26 g/cm³，但过高的体积密度，虽可获得优良的电、热和力学性能，但同时其弹性模量增加及孔度减少。所以为得到较高的抗热震性能，体积密度一般控制在 1.65 ~1.85 g/cm³ 为宜。

331. 电极消耗的机理是什么？

电极是短网的最后一部分，它通过两根以上连接在一起的石墨化电极的末端产生强烈的电弧，来熔化炉料和加热钢液，即电极是把电能转化为热能的中心枢纽，电极工作时要受到高温、炉气氧化以及塌料撞击等作用，尤其是两根电极连接处，要比其他地方电阻大、导电系数低，易脱扣、氧化、脱落和折断，因而造成电极的消耗增加。电极在炼钢过程中，由于处在高温环境下，其电极表面与氧产生碳氧反应而消耗。石墨电极在低温下稳定，高温下易氧化，在空气中一般炭制品在450℃左右开始氧化，石墨化程度较高的石墨制品在600℃左右开始氧化，超过750℃后氧化急剧增加，且随着温度的升高而加剧，而在水蒸气中加热到900℃时被氧化。即影响石墨电极侧面氧化的主要因素是高温和氧化气氛，这就是电极氧化消耗，特别是随着炉门氧枪、油氧助熔、EBT 集束氧枪和炉壁氧枪等新技术的相继应用，炉内供氧强度加大，氧化气氛增强，使得电极消耗进一步增加。由于电极端部与电弧直接接触，使端部电极升华形成消耗；电极部分与熔池接触，其碳元素被熔池吸收并侵蚀消耗；电极在运行过程中受到电磁力、机械力及固体原料冲击力的作用而产生断裂、崩落而消耗。电炉电极消耗可分为化学消耗和物理损耗。

332. 什么叫做电极的物理损耗？

电极的物理损耗主要指电极前端消耗及侧面消耗，主要是由机械外力和电磁力所引起。如电极接头处的松动、折断，电极裂纹和接头螺纹部分脱落等。造成物理损耗的原因有电极本身质量差，如强度低；设备方面，如电极直径选择不当，电极夹持器、升降和控制装置不良等；操作方面，如装料不当，熔化期大块废钢塌落撞击电极，两根电极连接得不紧等。

333. 什么叫做电极的化学损耗，电极化学损耗的特点有哪些？

电极的化学损耗主要指电极表面的消耗，包括电极端部的消耗和周界的消耗。电极端部消耗主要是电极局部加热使石墨升华和电极端部与钢液接触使石墨被吸收。在正常作业情况下，端部消耗可达到电极总消耗的50%。周界消耗主要是电极被氧化造成的，消耗量约占总消耗的40%，其氧化反应速度与温度密切相关。

电极的化学损耗特点为：

（1）当温度在550 ~750℃范围内时，氧化反应速度受电极自身控制，石墨质量和温度对电极消耗的影响强于空气的影响。

（2）当温度高于800℃时，空气的流动速率开始控制反应，空气流动速率和空气压力对电极消耗的影响强于温度和电极自身质量的作用。

（3）电极与空气接触面积越大，参与氧化反应的强度越大，消耗随之增高。电极周界与钢渣的接触及炉气接触造成氧化损耗。

334. 降低电极消耗的措施目前有哪些?

目前，降低电极消耗的措施主要有：

（1）优化供电系统参数。供电参数是影响电极消耗的关键性因素。如对于一座60t电炉来讲，选择二次侧电压为410V、电流为23kA时，可以最大限度地降低电极前端消耗。

（2）采用水冷式复合电极。水冷式复合电极是近几年国外发展起来的一种新型电极，使用水冷复合电极炼钢一般可降低电极消耗20% ~40%。水冷复合电极由上部的水冷钢管段及其下部的石墨工作段构成，水冷段约占整个电极长度的1/3。由于水冷钢管段没有高温氧化（石墨氧化），故减少了电极氧化．同时水冷钢管段与夹持器之间保持良好的接触。由于水冷段与石墨段的螺纹采用水冷式，其形状稳定、无破损，并可承受较大的扭矩，提高了电极接口的强度，从而使电极消耗显著降低。

（3）采用水喷淋石墨电极防氧化机理。针对电极在冶炼过程中的消耗情况，采取对石墨电极水喷淋防氧化的技术措施，即在电极夹持器的下方采用环形喷水装置向电极表面喷水，使水沿电极表面下流，在炉盖电极孔上方用环形管向电流表面吹压缩空气，使水流雾化。采用这种方法后，吨钢电极消耗明显下降。该新技术在超高功率电炉上首先应用。水喷淋电极方法装置简单，操作方便、安全，能以少量水取得较大经济效果。

（4）电极表面涂层技术。电极涂层技术是降低电极消耗的简便而行之有效的技术，一般可使电极消耗降低20%左右。

常用的电极涂层材料为铝及各种陶瓷材料，其在高温下有很强的抗氧化性，能有效地降低电极侧表面的氧化消耗。

（5）采用浸渍电极。浸渍电极就是将电极浸入化学药剂中，使电极表面与药剂发生化学作用以提高电极的抗高温氧化能力。使用浸渍电极可比一般电极降低电极消耗10% ~15%。

335. 电极不导电现象是怎样的一个原理?

电炉冶炼开始，控制系统选定自动工作方式起弧，此时电极控制系统根据每根电极升降油缸管道中设置的压力传感器的输入变量，监控3根电极下降过程，电极与炉料接触后起弧，电极控制系统执行控制程序正常冶炼。

如图5-8所示，如果1根电极（假设为1号电极）下降过程中接触到不导电物料不起弧并继续下降，进一步接触不导电物料，此时电极导电横臂、升降套筒的重量由原电极升降油缸一点支撑瞬间变成了两点支撑，液压系统中压力剧降，当降至压力传感器调定压力9MPa以下时，其信号迅速通过A/D转换器传至电弧炉控制系统，其程序中计时器开始工作。计时3s后，电极控制系统中断该电极的自动工作方式。并且提升该电极，同时电极控制系统向电炉控制系统发出Non-conducting Electrode 1（1号电极不导通）信号。这时主控台相应的电极不导通指示灯亮（报警），电炉监控系统在控制画面及程序中验证报警信息。该电极出现不导通信号后，经电炉控制系统确认后，电极仍恢复自动工作状态，重新下降。电炉控制系统允许此过程15s内连续发生3次，如果超出3次后，只能重新确认工作方式，使电极下降直至电极接触到导电物料起弧为止。这种电炉常规操作中的特殊情况即为电极不导通现象。但应值得注意的是，电极升降系统及压力传感器调整不当也通过电极不导通的现象表现出来，此为负面作用，在正常工作中有时不易区分。如果电极控制系统中不设置电极不导通程序，那么导电横臂、升降立柱仍继续下降，最终电极的强度支撑不了横臂、立柱的重量致使电极易被破坏断裂，增加了电极的消耗并影响生产。

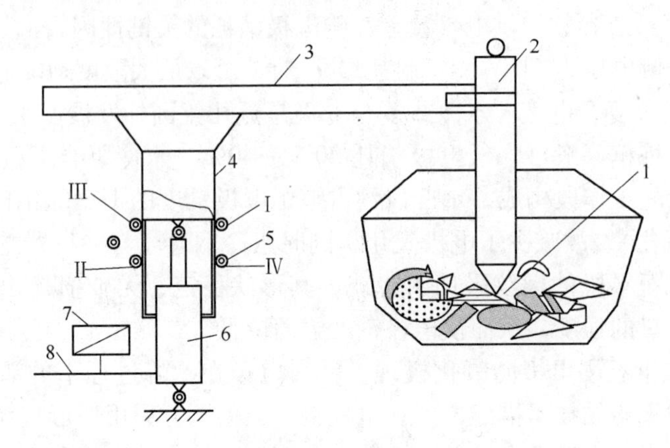

图 5－8　电极控制系统

1—不导电物料；2—电极；3—导电横臂；4—升降立柱；5—Ⅰ、Ⅱ、Ⅲ、Ⅳ导向辊轮；6—电极升降油缸；7—压力传感器；8—液压管道

336. 锰铁合金有何特点和用途？

锰铁主要是锰与铁的合金，其中还有碳、硅等元素。按照碳含量的不同，锰铁可分为中碳锰铁、低碳锰铁。含有足够量锰和硅的合金为锰硅合金，锰硅合金是由硅和锰及其他少量杂质元素组成的。

锰铁合金中的锰元素是钢铁工业中必不可少的元素，俗语道："无锰不成钢。"大约80%的锰被用作炼钢脱氧剂，它能细化钢的晶粒，提高钢的淬透性；锰又常用作合金剂，可增强钢的抗大气腐蚀性，并可提高钢的可锻性和可轧性。耐磨高锰钢广泛应用于制造挖土机、破碎机的设备构件。在冶炼不锈钢时，锰能代替稀缺的金属镍。锰硅合金是炼钢的复合脱氧剂和合金元素添加剂。用锰硅合金脱氧形成的脱氧产物熔点低，容易上浮。

337. 什么是低碳锰铁，低碳锰铁的成分如何？

低碳锰铁是指碳含量小于0.7%，锰含量大于80%的合金。低碳锰铁是钢铁工业和电焊条生产行业的重要原料，特别在冶炼高锰钢、不锈耐酸钢等特殊钢时尤为重要。目前，低碳锰铁的生产均采用国际87标准，其化学成分见表5－22。

表 5－22　低碳锰铁的化学成分　（%）

牌　号	Mn	C	Si		P		S
			Ⅰ组	Ⅱ组	Ⅰ组	Ⅱ组	
FeMn85C0.2	85～90	≤0.2	≤1.0	≤2.0	≤0.10	≤0.30	≤0.02
FeMn80C0.4	80～85	≤0.4	≤1.0	≤2.0	≤0.15	≤0.30	≤0.02
FeMn85C0.7	80～85	≤0.7	≤1.0	≤2.0	≤0.20	≤0.30	≤0.02

338. 电炉炼钢用锰硅合金和高硅锰硅合金的成分如何?

锰硅合金的主要成分是锰和硅，一般锰硅合金的硅含量为17%，锰含量为65%。而高硅锰硅合金的硅含量则要求达到28%，锰含量为60%。

339. 铬铁合金有何用途?

铬铁主要是铬与铁的合金，其中还含有碳、硅等元素。按照碳含量的不同，铬铁可分为高碳、中碳、低碳和微碳铬铁。含有足够量铬和硅的合金为硅铬合金。

铬铁合金中的铬元素加入钢中可改变钢的特性，提高钢的韧性、耐磨性和防腐性，因此铬是不锈钢、工具钢和轴承钢等不可缺少的元素。此外，铬可强烈钝化，钢中铬含量增加，其抗氧化能力增强。因此，铬铁的主要用途是生产不锈钢。

340. 钒铁合金有何用途?

钒铁用于冶炼优质钢和特种钢。钒既是合金的组分，又是脱氧剂。钒能提高钢的韧性、弹性和强度，使钢具有很高的耐磨性和耐冲击性。

341. 硅铁合金有何用途?

硅铁合金在炼钢、铁合金等工业部门有着广泛的用途。在炼钢工业中，硅铁主要用作脱氧剂和合金剂，钢中添加一定量的硅能显著提高其强度、硬度和弹性，因而在结构钢、工具钢、弹簧钢等钢种生产中用作合金剂；在铸铁工业中，硅铁是重要的孕育剂和球化剂；在铁合金生产中，硅铁则常常用作还原剂。

342. 含硅75%左右的硅铁粉化的原因是什么?

含硅75%的硅铁是目前国内生产数量最多的硅铁品种，在一般情况下，产品放置数月不会发生明显的粉化。从全国许多生产厂家的生产实践看，粉化多发生在超厚（硅铁浇注厚度超过100mm）、含硅量低、杂质含量高的硅铁产品（Si < 72%，Al、P、Ca等杂质含量高）。但也有一些含硅75%的硅铁，因所使用的原料严重不纯，原料中某一项或两项杂质超标，而造成产品严重粉化。这种硅铁生产出来后，初期看不出粉化的迹象，放置一个多星期后，表面开始出现龟裂纹，继而大面积粉化，特别是下雨受潮后，粉化情况加剧。

硅铁中的硫含量超过0.01%，碳含量超过0.1%，且含有一定钙时，储存的硅铁易碎裂和产生气体，这是由于硫化物和碳化物与空气中的水分相作用造成的。另外，在潮湿的大气中，硅铁中磷也将与空气中的水蒸气反应生成气态磷化氢，造成硅铁粉化，还会引起人员的中毒。

343. 硅钙合金有何用途?

硅钙合金是冶炼优质钢较为理想的脱氧剂和去硫剂，是连铸钢特别是含铝钢连铸为防止水口结瘤必须使用的钙处理合金。炼钢过程中向钢中加入硅钙合金后，可以改变钢中残留夹杂物的性态，降低钢中夹杂物的含量，提高钢材的力学性能，它是高纯净钢生产用的净化剂。近二十年来，硅钙合金向钢液中的加入方法和工艺有很大改进。块状合金投入钢包中，粉剂喷入（喷射冶金）到钢包中的工艺，目前已改进为以硅钙粉剂包芯线形式通过喂线机喂入钢包或 LF 精炼炉中。喂线工艺的采用，大大提高了钙元素在钢液中的利用率。硅钙合金的相图如图 5－9 所示。

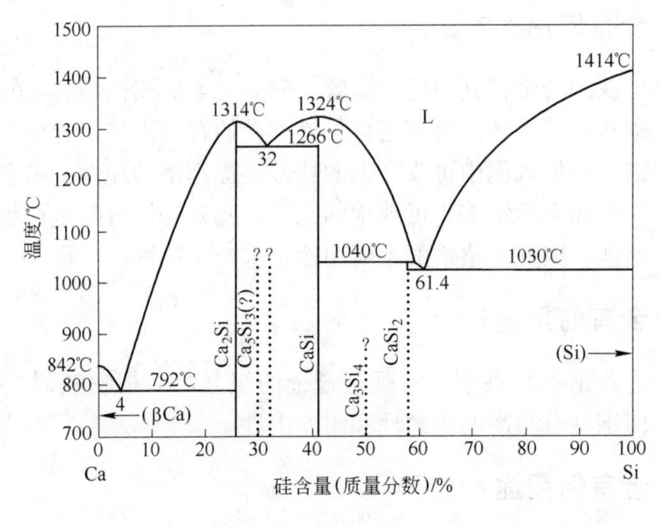

图 5－9　硅钙合金的相图

344. 硅钡合金为什么会发生粉化，如何保管？

生产出的硅钡合金储存时会不同程度地存在着粉化现象。这是由于冶炼出的硅钡铁合金硅含量偏低，温度降低时硅钡铁内部易发生体积膨胀；产品中钡含量高，钙、铝杂质含量也较高，遇水时易发生如下反应：

$$CaC_2 + 2H_2O = C_2H_2 + Ca(OH)_2$$

$$BaC_2 + 2H_2O = C_2H_2 + Ba(OH)_2$$

$$Al + 3H_2O = Al(OH)_3 + \frac{1}{2}H_2$$

为了减少合金粉化现象，应该严格控制合金中的硅含量，不要过低；提高原料质量，减少合金中钙、磷、铝含量；适当减小铁水浇铸厚度；产品储存期间必须做到通风和防潮。

345. 铝脱氧和铝锰铁脱氧相比有何优点？

铝锰铁、铝钡锰铁合金的密度大于钢渣而小于钢液，其上浮速度较慢，但是表面不会形成纯铝脱氧时形成的氧化铝薄膜影响其溶解速度。铝锰铁的脱氧溶解速度优于铝脱氧的溶解速度，并且铝锰合金溶解以后同时参与脱氧反应，使得合金溶解区域形成一个以铝锰铁为中心的富锰区。

富锰区的存在能够提高溶解铝的活度，降低了对铝浓度的相应的氧平衡浓度，提高了溶解铝的脱氧能力，生成的锰橄榄石的脱氧产物，熔点在 1195℃左右，在钢液中间以液态存在，容易生成聚合上浮，加快了合金的继续溶解和脱氧的继续进行。常见的铝锰铁成分见表5－23。

表5－23　常见的铝锰铁成分

合金元素	Al	Mn	Ba	Ca	Si	C	P	S	Fe	Ti
铝锰铁	20～26	30～35	—	—	≤1.5	≤1.0	≤0.1	≤0.1	余	—
铝钡（钙）锰铁	±20	±25	10～15	2～5	≤1.5	≤1.0	≤0.1	≤0.1	余	—
铝锰钛	20～26	30～35	—	—	≤2	≤4.0	<0.03	<0.03		1～5

铝锰铁脱氧的步骤示意图如图5－10所示。

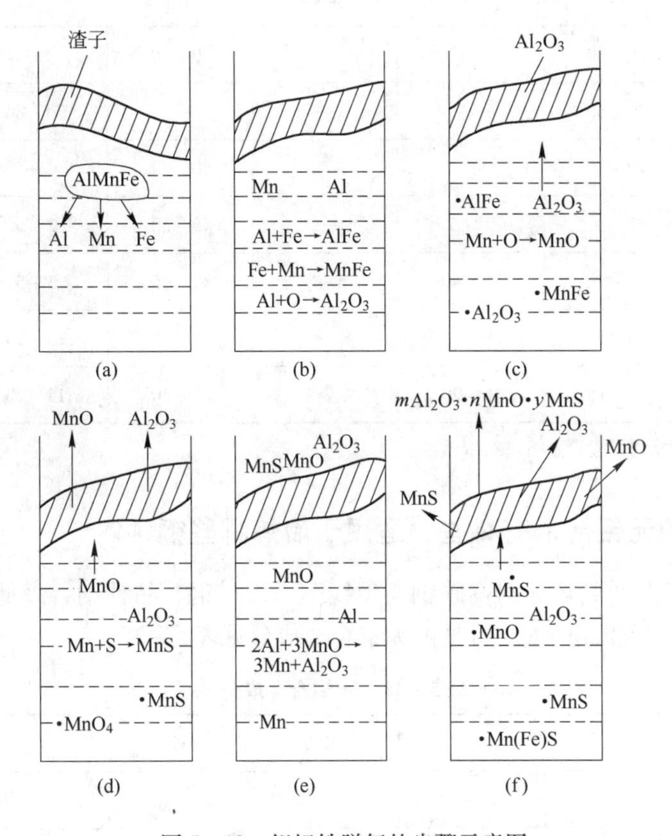

图5－10　铝锰铁脱氧的步骤示意图

铝锰铁脱氧的具体步骤如下：

（1）铝锰铁加入钢中，铝锰溶解于钢液中，如图5－10（a）所示。

（2）铝、锰分别溶解以后，发生反应$4[Al]+6[O]=2Al_2O_3$，如图5－10（b）所示。

（3）铝脱氧以后，氧化铝上浮进入渣中，锰开始参与钢液的脱氧反应$Mn+O=MnO$，如图5－10（c）所示。

（4）锰脱氧到一定的时候，锰开始和钢液中的硫反应：$Mn+S=MnS$，脱氧产物

MnO 和 MnS 能够结合形成液态化合物上浮到钢渣，如图 5－10（d）所示。

（5）继续脱氧，铝会还原氧化锰，形成氧化铝，一部分上浮，一部分残留钢中，如图 5－10（e）所示。

346. 无硅（或低硅）合金的成分范围是多少？

无硅（或低硅）合金（如汽车板钢、08Al 钢等），能使钢中的自由氧控制在 0.0005%以内，钢中硫为 0.002%～0.005%，对夹杂物能够进行有效的变性处理而去除。无硅（或低硅）合金的成分见表 5－24。

表 5－24 无硅（或低硅）合金的成分

合 金	Ca	Ba	Mg	Al	Fe	Si
Ca－Al	20～30	—	—	70～80	—	≤0.5
Ca－Fe	20～30	—	—	—	70～80	混合物
CaMgAl	20～30	—	5～8	60～70	—	≤0.5
Ba－Al	2～3	约 45	—	45～50	2～5	≤1.0
BaMgAl	2～3	35～40	5～8	40～45	3～5	≤1.0
CaBaAl	15～18	20～25	—	40～45	15～20	≤1.0
CaBaMgAl	10～15	18～20	5～8	35～40	15～20	≤1.0

注：根据用户的要求，元素含量可进行调整。

347. 常见的无铝合金有哪些，适用于冶炼哪些钢种？

无铝合金用于炉外精炼，对高碳钢、硬线钢、板材钢、品种钢、高低合金钢的脱氧、脱硫和对夹杂物进行变性处理。常见的无铝合金成分见表 5－25。

表 5－25 无铝合金成分

合 金	Ca	Ba	Mg	Al	Fe	Si
Ca－Al	20～30	—	—	70～80	—	≤0.5
Ca－Fe	20～30	—	—	—	70～80	混合物
CaMgAl	20～30	—	5～8	60～70	—	≤0.5
Ba－Al	2～3	约 45	—	45～50	2～5	≤1.0
BaMgAl	2～3	35～40	5～8	40～45	3～5	≤1.0
CaBaAl	15～18	20～25	—	40～45	15～20	≤1.0
CaBaMgAl	10～15	18～20	5～8	35～40	15～20	≤1.0

注：根据用户的要求，元素含量可进行调整。

348. 合金材料的管理工作包括哪些内容?

对合金材料的管理工作包括:

(1) 合金材料应根据质量保证书，核对其种类和化学成分，分类标牌存放；颜色断面相似的合金不宜邻近堆放，以免混淆。

(2) 合金材料不允许置于露天下，以防生锈和带入非金属夹杂物，堆放场地必须干燥、清洁。

(3) 合金块度应符合使用要求，块度大小根据合金种类、熔点、密度、加入方法、用量和电炉容积而定。一般来说，熔点高、密度大、用量多和炉子容积小时，宜用块度较小的合金。常用合金的熔点、密度及块度要求见表5-26。

表5-26 常用合金的熔点、密度及块度

合金名称	密度（较重值）/g·cm^{-3}	熔点/℃	粒度/mm
硅 铁	3.5（Si=75%） 5.15（Si=45%）	1300~1330（Si=75%） 1290（Si=45%）	10~50
高碳锰铁	7.10（Mn=76%）	1250~1300（Mn=70%，C=7%）	10~50
中碳锰铁	7.10（Mn=81%）	1310（Mn=80%）	10~50
硅锰合金	6.3（Si=20%， Mn=65%）	1240（Si=18%） 1300（Si=20%）	10~50
高碳铬铁	6.94（Cr=60%）	1520~1550（Cr=65%~70%）	10~50
中碳铬铁	7.28（Cr=60%）	1600~1640	10~50
低碳铬铁	7.29（Cr=60%）		10~50
硅 钙	2.55（Ca=31%，Si=59%）	1000~1245	
金属镍	8.7（Ni=99%）	1425~1455	
钼 铁	9.0（Mo=60%）	1750（Mo=60%） 1440（Mo=36%）	10~50
钒 铁	7.0（V=40%）	1540（V=50%） 1480（V=40%） 1080（V=80%）	5~50
钨 铁	16.4（W=70%~80%）	2000（W=70%） 1600（W=50%）	<80
钛 铁	6.0（Ti=20%）	1580（Ti=40%） 1450（Ti=20%）	5~50
硼 铁	7.2（B=15%）	1380（B=10%）	5~50
铝	2.7	约660	饼状
金属铬	7.19	约1680	
金属锰	7.43	1244	

（4）合金在还原期入炉前必须进行烘烤，以去除合金中的气体和水分，同时使合金易于熔化，减少吸收钢液的热量，从而缩短冶炼时间，减少电能的消耗。

由于硅锰合金和铬铁合金、高碳锰铁和硅锰铁、高碳铬铁和低碳铬铁、高硅铁与中硅铁都不能相邻堆放。它们从表面看都很相似，有的物理性能也相似，如高碳铬铁和低碳铬铁的密度就很相近。为了避免混淆，以上四组铁合金中任何两种都不能相邻堆放。

349. 电炉冶炼前原料的准备有哪些内容？

在生产计划下达以后，电炉应提前准备好以下原材料：

（1）根据钢种决定废钢料池进入的废钢类型，并且做好分类工作。

（2）冶炼钢种需要的铁合金、脱氧剂和丝线。

（3）各种渣料。

第六章 传统电炉冶炼操作

350. 传统的电炉炼钢有何优缺点?

传统的电炉炼钢操作集熔化期、氧化期和合金化脱氧的还原期于一炉，在电炉炉内既要完成熔化、脱磷、脱碳、升温，又要进行脱氧、脱硫、去气、去除夹杂物、合金化以及温度、成分的调整，因而冶炼周期很长，缺点比较突出。但是电炉的传统三期冶炼一些品种钢，它的优势也有其独特的不可替代性，在一些地区还有较大的生存空间，而且它们的操作工艺在现代电炉的操作中，大部分是有异曲同工之处，了解这些知识也是很有必要的。

传统电炉炼钢的缺点主要有:

(1) 电炉炼钢的劳动工作环境条件比较差，噪声和弧光的辐射对工人的健康影响很明显，在有防护条件的情况下，某些职业病可以减轻，但是不能消除。

(2) 电炉炼钢的成品钢坯的气体含量比转炉炼钢的气体含量高。电炉炼钢过程中，一是原料的限制，二是在电弧的作用下，能解离出大量的氢、氮，而使钢中的气体含量增高。

(3) 电炉炼钢过程中，由于有些废钢的循环使用，电炉钢坯的有害元素的含量比转炉流程的高。

(4) 电炉炼钢过程中的危险源点较多，安全工作的难度较大。

(5) 普通功率的中小型电炉，由于机械化作业程度较低，工人的劳动强度较大，产能水平不高。传统的电炉吹氧操作一般采用人工吹氧，劳动强度较大，效率较低，污染大，能耗高。现在国家已经明令禁止容量低于70t的非用于特钢生产的电炉的建设。

351. 传统电炉的配置有哪两种方式，有何特点?

传统电炉的配置主要分为高架配置和一般配置。高架配置也就是电炉建设在一个5m左右的平台上面，出钢采用钢包车或者行车吊钢包出钢，电炉的炉渣从炉门区排出，易于清理，电炉的产能受排渣操作和出钢操作的限制因素较少，也比较安全，是目前电炉建设者青睐的一种方式。一般配置是指电炉安装在厂房基础的水平面上，排渣设有渣坑，利用渣罐接渣，渣灌满了以后更换渣罐，出钢采用出钢坑，行车吊钢包放在出钢坑出钢。这种配置减少了投资，但是受到排渣能力的影响，不仅安全事故较多，而且产能受限制的因素较多，是一种落后的配置。笔者亲身经历了在3年中遇到十几起清理渣坑工伤的事故。

352. 传统电炉冶炼的主要方法有哪些，具体如何定义?

电炉冶炼的主要方法有氧化法、不氧化法和返回吹氧法三种。一般以有无氧化期来区分氧化法和不氧化法。而返回吹氧法是介于两者之间的一种冶炼方法，该方法既有氧化期，但又不具有氧化期的全部任务，同时要进行预还原才进入还原期，也有将其归入氧化法的。具体介绍如下：

（1）氧化法，是指整炉钢包括熔化期、氧化期、还原期、出钢全过程的一种冶炼方法。其主要特点是具有氧化期及还原期的全部任务。

（2）不氧化法，是一种没有氧化期，而只有熔化期、还原期至出钢的一种冶炼方法。其主要特点是没有氧化期，一般不供氧，因此不能脱磷。装料时各元素成分配入为规格的中下限或略低于下限，炉料全部熔化后，只要达到温度要求，就可以还原，调整成分出钢。

（3）返回吹氧法，是一种利用返回料回收合金元素，并通过吹氧脱碳来去气、去夹杂物，从而保证钢的性能要求的冶炼方法。配料时，合金元素可配至接近规格或稍低些，炉料熔化 80% 左右时，适量吹氧助熔。炉料全部熔化，钢水达一定温度（一般为 1570℃）左右时，吹氧脱碳消除冷区废钢以及少量脱碳，脱碳量一般不小于 0.1%，然后用硅铁粉或碳化硅进行预脱氧，再扒渣、还原，最后调整成分，出钢。

353. 什么是传统电炉冶炼的熔化期、氧化期和还原期，为什么称为三期冶炼？

传统电炉冶炼的熔化期、氧化期和还原期分别定义如下：

（1）电炉在加入废钢以后，电炉开始送电穿井，一直到废钢基本上全部熔化。这一阶段称为电炉的熔化期。

（2）电炉的废钢熔清以后，温度达到脱磷的要求以后，电炉开始脱磷、脱碳，一直到将钢液中的磷含量和碳含量调整到合适的成分，然后扒出大部分的氧化渣。这一阶段称为电炉的氧化期。

（3）电炉的主要有害元素磷、碳调整结束，扒出大部分的氧化渣以后，电炉加入脱氧剂和合金进行脱氧、脱硫、调整成分和温度，一直到温度和成分满足出钢要求出钢。这一阶段称为电炉的还原期。

电炉炼钢是将废钢熔化成为可以进行化学反应的溶液（此阶段为熔化期），然后经过化学反应去除钢中的大部分有害元素（此阶段为氧化期），最后脱氧和调整钢液的组织成分（此阶段为还原期）的过程。传统的电炉炼钢是将熔化废钢开始到钢水组织成分的调整结束，全部在电炉一个工位内完成，即炼钢经历了废钢熔化→氧化反应去除有害杂质→还原脱氧出钢三个主要的过程，因此称为三期冶炼。

354. 三期冶炼过程中熔化期的操作为什么很重要？

在电炉炼钢的工艺中，从通电开始到炉料全部熔清为止称为熔化期。熔化期约占整个冶炼时间的一半左右，耗电量要占电耗总数的三分之二左右。因此，熔化期加速炉料的熔化是提高产量和降低电耗的重要途径，所以很重要。

355. 出钢口的堵塞操作如何进行？

加料前或者一批料加入电炉以后，首先要清除上炉出钢后出钢槽上的冷钢残渣，如有凹坑等要补好，使出钢槽平滑。检查出钢口是否良好，必要时应加以修补。用大块石灰和小块石灰搭配使用，把出钢口堵死、堵牢，一定要尽量向炉膛内推紧。不能单纯用大块石灰，否则在冶炼时钢渣易灌入大块石灰的缝隙中而结牢，使以后打开出钢口困难。也应避免全部用细石灰，因为这样不易堵牢，当钢水位置过高时，容易造成跑钢。必须认真做好堵出钢口的工作（从新炉开始就要注意），一定要堵紧、堵牢，防止跑钢和保证出钢口处炉衬不至损坏过快。有时在出钢口太大时，也采用大块白云石和小块白云石拌和少许焦油堵塞出钢口，出钢时采用氧气吹开的办法。

356. 电炉的布料如何确定？

电炉布料的原则是上松下紧，呈馒头形。上松是指靠近炉顶处要装些轻薄料，有利于电极迅速插入炉料，避免电弧燃烧影响炉顶或炉壁寿命。下紧是指大料靠下装，保证熔化中不会因为塌料的原因将电极砸断。另外，大料摆成放射状，以免熔化过程中大料彼此搭桥，妨碍正常塌料，拖延熔化时间。呈馒头形指的是要使远离电极高温区的炉坡上的料尽量少些，使全炉炉料基本上同时化完。在轻薄料较多时也要使大料集中些，不要放在炉坡上。另外要注意的是，不导电的炉料，如渣铁、带砖的汤道废钢、石灰、铁矿石等非金属料，不要放在电极下方，否则不易起弧，操作不小心时会折断电极。铁合金不要放在电极下方，因为电弧的高温不但会使铁合金熔化，还能造成合金元素蒸发，使合金元素的熔损增加。生铁不要装在炉门口，因为生铁不易被氧气切割熔化，装在门口妨碍吹氧助熔。靠炉底应装一层小料，以减轻大块废钢对炉底的冲击损伤。布料不当将造成熔化期拖长，炉料熔损过多，使熔池熔清以后碳也达不到计算要求。

357. 加料前炉底垫加石灰有何益处？

在加料前炉底要先铺上一层石灰，在装料时可减轻钢铁料对炉底的冲撞。在穿井到底时可保护炉底，减轻电弧的侵蚀作用。另外，可提早形成炉渣，覆盖钢水表面，具有防止钢水增碳、吸气以及保温、稳定电弧、去磷等作用。

358. 镍铁和钼铁为什么在熔化期就可以加入？

在冶炼含有镍元素的钢种时，由于铁比镍易氧化。因此，镍可以在熔化期加入，不会造成镍的大量氧化损失，而且能够提高镍板的熔化速度，需要注意的是镍在电弧下会挥发造成损失，所以装料时要装在炉坡上，不要装在电弧下。另外，电解镍具有能够吸附氢原子的特点，所以电解镍中含有大量的氢气，熔化期加入镍对脱气有利，能够提高钢的质量。钼和镍一样，实际上是不氧化的，不会造成损失，因此可以在氧化期或熔化期加入。

359. 小电炉的铁水热兑比例最佳是多少，有何注意事项？

小电炉的铁水热兑比例最佳在10%～15%之间，具体要根据供氧强度和炉料的具体情况决定，避免配碳过高和装入量过多，送电过程中注意温度的管控，采用综合氧化法较为合理，温度偏低吹氧，温度较高加矿综合氧化。

360. 电炉的配电操作有哪些注意事项？

电炉的配电操作需要注意以下几点：

（1）通电前应检查是否还有人在电气线路附近操作，以保证安全。还要检查电极夹头。

（2）出钢时，切断电源，抬起电极，停在中部位置，防止摇动炉体时晃断电极。

（3）炉盖开出（或转出）前，电极高于炉盖法兰边以上足够的距离，防止电极碰断。检查电极接头是否紧密，保证给电时电极夹头不冒火，电极夹头不能够夹在电极的接缝处，操作中要注意变压器温度，不要超过允许的最大温升范围。

（4）供电时要注意电极下降情况，如有不导电或卡住现象，应及时处理，以免弄断电极。

（5）熔化期电极到底前，根据需要接放电极，不得长时间地持续两相供电，电极夹头不得压炉盖。

（6）供电应按照供电制度规定的电流大小进行，不要波动太大，要使三相电流基本平衡。

（7）应与炉前密切配合，根据炉温需要适当控制电流大小。

（8）氧化期炉内大沸腾时，应及时停电并抬起电极，帮助压制沸腾，以免造成跑钢、跑渣。

（9）还原期尤其应注意电极或电极接头是否断落，如有断落应及时通知炉前工将其扒出。

361. 为什么电极夹头与电极接触处会发生冒火、漏水现象，如何处理？

电极夹头发生冒火现象是由于电极与电极夹头内壁接触不良，使局部产生高热和金属蒸气，引起电弧放电而冒火。在冒火时，会使夹头内壁接触面烧损，如不立即采取措施，烧损后促使冒火更剧烈，从而形成恶性循环，最后导致夹头内的冷却水管烧穿，就会漏水。一般来说，造成电极与电极夹头内壁接触不良的原因有：

（1）电极与电极夹头内壁接触表面不平整。

（2）电极与电极夹头内壁接触表面粘有铜屑、灰尘等。

（3）电极与电极夹头内壁接触表面曲率不同。

当发现冒火后的处理方法有：

（1）用手提砂轮机械锉刀磨平或锉平夹头的内壁，使其平整。

（2）用钢丝刷清除夹头内壁粘附的铜屑、灰尘、石墨粉等。

（3）如果烧损较厉害甚至发生漏水现象时，就应调换夹头。

362. 什么叫做电炉炼钢过程中的起弧、穿井？

电炉炼钢开始，电极下降以后和废钢接触，电路产生短路现象，电极的端头和废钢之间产生电弧燃烧的现象称为电炉炼钢过程中的起弧现象。

电极起弧以后，处于电极正下方的废钢在电弧的燃烧作用下首先熔化，电极在控制器的调解下不断地下降，电极正下方的废钢不断熔化，在电极的下方会出现一个大于电极直径的孔洞，这种现象称为电炉炼钢过程中的穿井现象。电极达到炉底，熔池出现以后，电极在调节器的作用下开始动态地回升，此阶段称为电极穿井阶段的结束。电炉炼钢过程中的起弧、穿井示意图如图 6－1 所示。

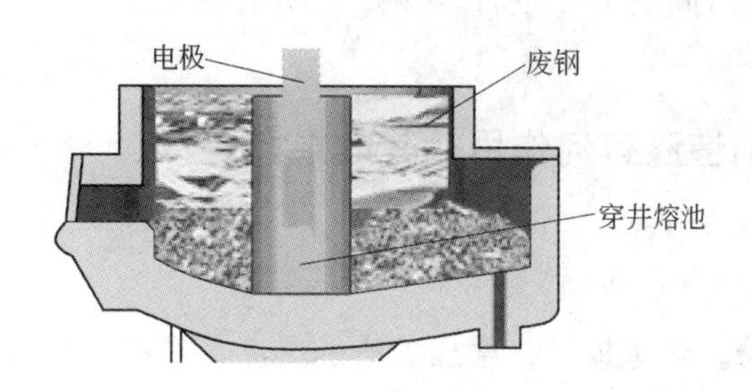

图 6 – 1　电炉炼钢过程中的起弧、穿井示意图

363. 熔化期送电起弧阶段有何特点，如何送电？

通电起弧时炉膛内充满炉料，电弧与炉顶距离很近。如果输入功率过大，电压过高（电弧较长），小炉盖易被烧坏，故一般选用最小的电压挡位送电。起弧阶段时间较短，约 1 ~ 5min，如果在炉料上部装有较多数量的轻薄料废钢，也可以一开始就使用最大功率送电，以加速炉料熔化。起弧阶段示意图如图 6 – 2 所示。

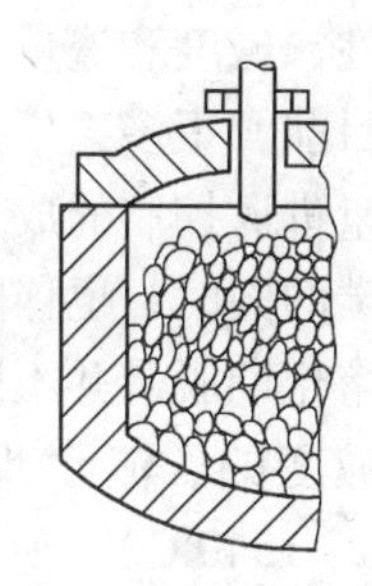

图 6 – 2　起弧阶段示意图

通电开始时，由于电极下面金属料突然受到高温冲击时，会发生爆裂，而且开始起弧的电弧不稳定，经常断弧。同时，金属料之间有空隙，通电后金属料与金属料之间也会发生电子发射轰击的现象。由上述原因造成开始通电时噪声很大，但当通电几分钟之后，由于电弧已埋入料中，电弧就稳定了，噪声就会逐渐减弱。

364. 穿井阶段如何定义，如何送电？

起弧以后，电极下面电弧四周的炉料迅速熔化，在电极调节器的作用下，电极始终与炉料保持一定距离，并且随着炉料的熔化而不断下降，交流电炉在炉料中打出三个洞，直流电炉打出一个洞，这一过程称为穿井。穿井阶段电弧完全被炉料包围起来，热量几乎全部被炉料所吸收，不会冲击炉衬，所以穿井阶段使用最大功率送电冶炼。穿井阶段示意图如图 6 – 3 所示。

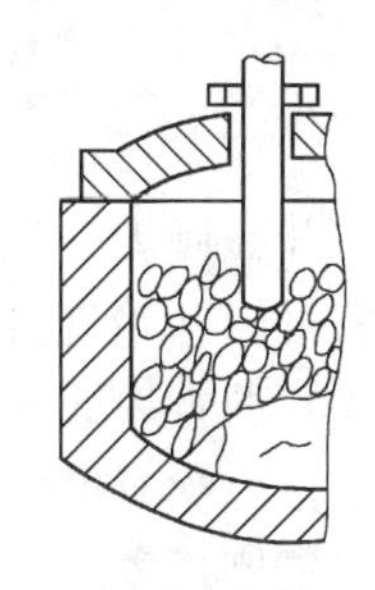

图 6 – 3　穿井阶段示意图

穿井阶段经常发生炉料倒塌，电流、电压都极不稳定，操纵台上电流表指针激烈摆动。

365. 电极上升阶段如何判断，如何送电？

电极穿井到底后，炉底已形成熔池，炉底石灰及部分元素氧化，使得在钢液面上形成一层熔渣。此时，电弧在熔池面上平稳地燃烧，电弧声以嘈杂的“嘎嘎”声变成沉闷的“嗡嗡”声。炉子上面的金属蒸气显著地减少，颜色由深红褐色变为淡褐色。四周的炉料继续受辐射而熔化，钢液增加使液面升高，电极逐渐上升。这阶段仍然采用最大功率送电能，所占时间为总熔化时间的1/2左右。穿井中期示意图如图6－4所示。

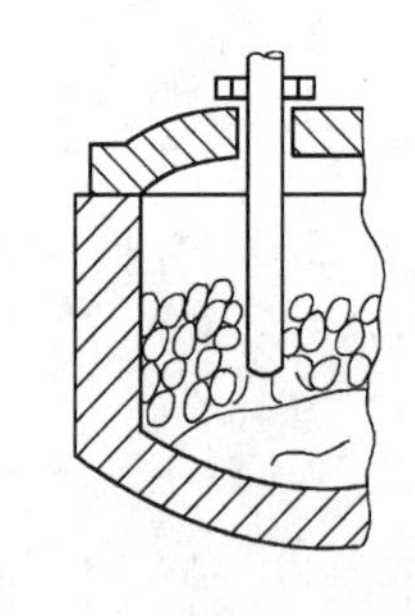

图6－4 穿井中期示意图

366. 熔化期提前造渣有何作用，其效果如何？

熔化期提前造渣的作用有：

（1）稳定电弧。

（2）覆盖钢液以防止热量损失，增加炉渣的黑度，提高传热效率。

（3）防止钢液吸气，捕集吸收废钢铁料带入的夹杂物。

（4）减少元素的挥发，有利于脱除钢中的磷、硅、锰等元素，为氧化期创造条件。

仅从满足覆盖钢液及稳定电弧的要求，熔化期只需造1%～1.5%的渣量就已足够。渣量过多，会使熔化期有用能量消耗增加。但从脱磷的要求考虑，熔化渣必须具有一定的氧化性、碱度和渣量。

目前，很多工厂已普遍把氧化期的脱磷任务提前到熔化期来完成，使炉料熔清时钢中磷含量进入控制的成分范围以内，这样在氧化期就可以吹氧升温脱碳，省略脱磷的操作，在脱碳的同时，也伴随着脱磷反应的进行，从而加快冶炼节奏，缩短冶炼周期。

熔化期脱磷并不困难，从脱磷反应的热力学条件可知，在较低的温度条件下，造具有一定碱度的、流动性良好的氧化性炉渣，可以有效地脱磷。熔化期钢水温度较低（1500～1540℃），所以能否提前脱磷的关键在于造好熔化渣。

熔化期脱磷造渣与一般提前造渣的区别在于，在配料时要在料篮中一次将渣料加够，使总渣量达到废钢铁料总量的3%～5%。由于吹氧助熔时，熔池中的温度较低，氧和碳并未激烈氧化，此时渣中FeO含量可高达20%以上，因此，只要造碱度为1.8～2.0的炉渣，就可以使原料中的磷去除50%～70%。在炉料熔清后进行流渣操作，大大缩短了氧化期的冶炼时间。目前，国内外冶炼碳钢及低合金钢时，已毫无例外地采用这种方法。

367. 熔化期如何进行吹氧助熔操作？

当通电穿井到一定的时间后，炉门附近的炉料达到红热的程度，并在倾炉一定的角度能够见到钢水时，氧气能与发红的炉料起氧化反应达到熔化，这时就可以开始进行吹氧助熔了。有很多厂家采用加料以后，把炉体前倾，在炉门区加入焦油块、沥青块或者煤块进行吹氧打火，烧红炉门区的废钢，早早地进行吹氧助熔，效果也很不错。吹氧助熔时应该采取边切割、边推料的方法进行，而不应集中吹某一处炉料，发现有搭棚现象应立即用氧气切割，使炉料落入熔池。吹氧助熔的程序根据布料情况的不同而出现差异，但基本原则是必须先打通炉门，以便吹氧操作。吹氧时可以先将炉料中心切断以减少塌料机会，也可两侧同时吹氧。

368. 电炉的吹氧助熔有哪几种方法？

电炉吹氧助熔的方法主要有：

（1）切割法。当废钢铁料产生了搭桥的现象，为了避免大面积塌料，一般都采用切割方法，使废钢铁料小块地浸入钢水，不致造成大量的塌料。其缺点是氧的利用率较低，炉料熔化慢。

（2）渣面上吹氧。一般在炉料不搭桥情况下采用渣面吹氧助熔，化料较快。一般在炉料不搭桥，配碳又比较高的情况下采用此种方法。其优点是升温脱碳速度快、氧气利用率高，缺点是冒出的火焰大，操作条件差。吹氧助熔的氧气压力一般不宜过大，在吹氧助熔时，对大块料，氧气管不宜太靠近，以免渣钢飞溅厉害，但也不能太远，以免影响化料速度。最有效的操作是氧枪头对着大块料附近的熔池钢渣界面吹氧，但不能操之过急。

（3）吹氧时应先吹中间部位，使三相熔井贯通以后形成熔池，并且逐渐扩大熔池面积。吹氧时吹钢渣界面造泡沫渣的同时，输入最大功率的能量，加速炉料的熔化。

（4）先吹熔池的冷区废钢，即先吹炉墙周围的炉料。炉龄前期，装入量较少，炉墙厚，炉料离热点区较近，无明显的温差，而且炉料不易粘连，因此吹氧助熔时，可直接打通炉门，化清电极区炉料，迅速升温，再适当吹清边缘炉料。而炉龄后期，可用氧气先打开炉门处通道，先吹清 3 号电极和 1 号电极间炉墙边缘炉料，再吹 2 号电极炉墙至出钢口边缘炉料，然后吹清炉膛中央残留炉料。

吹氧助熔要根据不同的炉龄，采用合适的吹氧方法，取得最佳效果。笔者多年的实践表明，最好的吹氧助熔的方法是向熔池合理地配碳，增加熔化期的脱碳量，然后在脱碳送电的同时，利用脱碳反应的钢水运动来搅动熔池的传热，达到进行助熔的方式是最有效的。

369. 熔化期吹氧的氧气管能否靠近电弧区吹氧？

熔化期吹氧的氧气管不能够靠近电弧区吹氧。吹氧管靠近电弧区吹氧，电流会通过吹氧管传递到吹氧的设备或者操作工的身体中，造成电击伤害。笔者经历了数起此类事故。

370. 熔化期发生导电不良的现象有何原因，如何处理？

熔化期导电不良主要是由于电极与炉料之间电阻过大、电流回路受到阻碍造成的。其主要原因如下：

（1）有些炉料中间混杂有不易导电的耐火材料、渣铁、炉渣等。

（2）炉料装得空隙太大，彼此接触不良，而造成三根电极电流断路。

（3）由于电极升降架机械故障或电极被卡住，造成电极不能下降，会发生类似于不导电的现象。

当发现不导电时，首先要找出原因，然后再区别情况及时加以处理。如果炉料导电不良，可在导电不良的电极下方加一些生铁、导电性良好的小切头、焦炭块或小电极块帮助起弧。这些措施中，以小电极块作用时间最长，效果最好，因为它导电性好，又不易烧掉。但电极块不易过大，否则导电作用完成了它还没有烧掉，使钢水碳含量增加，延长了冶炼时间。

371. 什么是熔化期废钢铁料的搭桥现象，有何危害，应如何避免？

当电炉的废钢铁料料型搭配得不好，特别是下部炉料装得不密实，当下部炉料熔化时，上部炉料没有依托，还有大块炉料装在上部，而吹氧助熔又集中在下部，形成空洞，这样就在电极穿井的热区附近，产生废钢铁料的黏结现象，废钢铁料搭在一起，没有随着送电的进行及时地熔化进入熔池，而是在某一个特定的环节里就会产生突然塌料的现象。电炉的这种熔化期的现象称为废钢铁料的搭桥现象。这种现象会引起塌料打断电极和大沸腾事故。消除的方法也是依靠吹氧助熔料的操作。钢铁料的搭桥现象使吹氧助熔的时间延长，吹氧的难度增加。为确保熔化期不塌料，必须要有合适的布料方法。

372. 熔化末期如何送电？

炉料被熔化3/4以上后，电弧已不能被炉料遮蔽，电极下的高温区已连成一片，只有在远离电弧的低温区炉料尚未熔化。此时，如长时间地采用最大功率供电，电弧会强烈损坏炉盖和炉墙。此时应降低供电挡位进行操作。熔化末期示意图如图6－5所示。

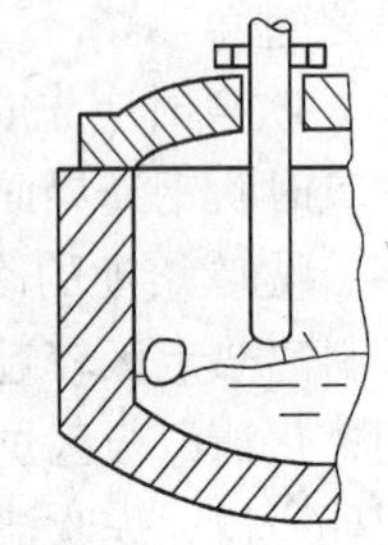

图6－5　熔化末期示意图

373. 如何缩短熔化期的冶炼操作时间？

缩短熔化期冶炼操作时间的措施包括：

（1）快速补炉和合理装料；

（2）吹氧助熔；

（3）燃料－氧气助熔；

（4）废钢预热；

（5）铁水热装；

（6）留钢、留渣；

（7）合理供电。

374. 电炉的氧化期有何任务？

氧化期是氧化法冶炼的主要过程。一般来讲，氧化法的炉料较差，含不纯净物质较多，氧化期的主要任务就是去磷、去气、去夹杂、将钢水均匀加热到高于出钢温度。完成这些任务的手段主要是靠碳的氧化沸腾作用。氧化期进行得好坏对钢的质量影响很大。要控制好氧化期操作，首先从熔化末期就要使钢水能提前氧化去磷，待钢水有足够温度，再加入大块矿石，结合吹氧脱碳，使钢水有良好而均匀的沸腾。还要根据钢水中含磷多少自动流掉部分炉渣，换造新渣，待温度、成分（如碳、磷）合适即可全部扒渣，结束氧化期。

375. 氧化期操作的原则有哪些？

氧化期的各项任务主要是通过脱碳来完成。单就脱磷和脱碳来说，两者均要求熔渣具有较强的氧化能力，只是脱磷要求中等偏低的温度、大渣量且流动性良好，而脱碳要求高温、薄渣，所以熔池的温度是逐渐上升的。根据这些特点，将氧化期总的操作原则归纳为：在氧化顺序上，先磷后碳；在温度控制上，先慢后快；在造渣上，先进行大渣量去磷，脱磷的过程中适量地流渣，然后进行薄渣脱碳操作。

氧化期基本过程是：炉料全熔经搅拌后，根据冶炼钢种的成分控制要求，取样分析碳、锰、硫、磷。然后进行脱碳、脱磷的操作和升温，待成分温度合适以后，扒渣进入还原期。

在氧化过程中，无论是脱磷还是脱碳，都要求熔渣具有较高的氧化能力和良好的流动性。理想的脱磷碱度应保持在2.5～3.0之间，而脱碳的碱度为2.0左右。所以氧化期要控制好熔渣的成分、流动性和渣量。在冶炼过程中，有的因炉壁倒塌或炉底大块镁砂上浮，使氧化渣的流动性变坏，这时应及时地扒出。

376. 电炉加料前为什么不能够加入较多的氧化剂?

电炉的脱碳反应需要一定的温度，加入过多的氧化剂，吸热效应不仅会增加电耗，并且氧化铁会在钢渣界面富集，在温度合适时发生大沸腾事故。因此，氧化剂不能够在加料前加入过多，可以加入少许，有利于早期的造渣和脱磷。

377. 为什么开始加矿氧化时要规定一定的温度?

钢液中的碳氧反应要在一定的温度下才能大量进行。对碳含量为1%的钢液，碳开始大量氧化的温度大约是1550℃。为了能使碳氧化产生很好的沸腾，因此规定了最低限度的加矿氧化温度，以防止大沸腾事故的发生。

378. 为什么温度合适时综合氧化法需要“先矿后氧”的操作方法?

先加矿能使钢水沸腾比较均匀且范围较广，有利于去除钢中气体和夹杂物；同时，该过程要吸收大量的热量，有利于去磷。如果先吹氧，易使钢水温度升温快，不利于去磷。

379. 氧化期不同的氧化方法有哪几种，各有何特点?

氧化期的氧化方法主要分为加矿石、氧化铁皮、烧结球氧化的方法（又称氧化剂氧化法）和吹氧氧化的方法，也有二者结合的方法，它们各有特点，具体介绍如下：

（1）加氧化剂氧化法能使钢水沸腾比较均匀且范围较广，有利于去除夹杂物和有害气体，又由于扩散是吸热反应，因此也有利于去磷。

（2）铁矿石等氧化剂本身含有一定的杂质，会污染钢水。

（3）加氧化剂氧化法是一个吸热反应，会增加冶炼电耗的增加，而且一定要待钢水温度足够时，才能有良好沸腾。

（4）由于氧化剂氧化法所加的氧化铁要通过炉渣扩散到钢水中起作用，达到平衡所需要的反应时间较长，因此加矿以后的一段较长的时间内还有脱碳反应，往往取样分析后还有降碳现象。

（5）加氧化剂控制难度较大，控制不好，会发生大沸腾事故。

钢液中的碳氧反应要在一定的温度下才能大量进行。为了能使碳氧化产生很好的沸腾，因此规定了最低限度的氧化加矿温度。一般规定热电偶温度大于1550℃，光学高温计温度大于1450℃，使用钢水的结膜时间判断时，结膜时间大于15s。所以加氧化剂不仅不易于优化操作，而且不利于缩短冶炼周期，提高产能和降低消耗。

吹氧氧化时，氧气直接与钢水中的各种元素发生反应，生成的氧化铁再向渣中扩散。因此，沸腾范围不如加矿广泛但是可以通过使吹氧管经常移动来弥补不足。同时因吹氧氧化为放热反应且渣中氧化铁又少，故不利于去磷。但是当用氧气助熔切割炉料或将吹氧管提至渣钢面上来吹氧时，渣中氧化铁增加，有相当大的去磷能力。而且氧气比较纯洁，有利于提高钢的质量，反应平衡时间又较短，有利于脱氧进行。操作实践证明，用氧气（或与矿石结合）氧化比单纯用矿石氧化的钢纯净度要高。此外，吹氧还能升温，适当多吹氧可加速冶炼速度，节约电的消耗。使用吹氧和加氧化剂综合氧化的方法，不仅能够提高配碳量和钢水的质量，而且对于操作也是一种优化。

380. 吹氧法吹氧时吹氧管的操作如何控制?

当吹氧管插入过深时，吹氧管的氧气流直冲炉底或炉坡会导致炉衬被毁，另外钢水飞溅厉害，吸气和冷却机会增多，钢水升温也慢，且渣钢挂结在炉盖上，容易使水冷圈被击穿漏水，在还原期掉落时又会使造渣困难，同时吹氧管的消耗量也很大。吹氧管插得过浅时，仅在渣面上吹氧，对钢水脱碳作用小，氧的利用率较低，起不到良好的氧化作用，但能使钢水升温较快，当钢水温度偏低时采用浅吹较为有利。因此，一般吹氧氧化时吹氧管插入钢渣界面附近深度约为5～10cm左右。在吹氧氧化时还要注意的是吹氧管插入的角度，如插入角度过大，也极易造成吹氧过深的害处；如吹氧角度过小，只相当于在渣面上吹氧，氧化作用也小。所以一般吹氧角度在30°左右。

在吹氧量的控制上，如果氧气压力过大，虽然可使炉料熔化加快及钢液脱碳较快，但助熔时金属氧化物喷溅得比较厉害，炉盖、炉墙易粘冷钢，氧气利用率不高。另外，在脱碳的过程中氧气压力过大，钢水沸腾过于激烈，反而容易吸收气体，影响钢的质量，使炉前操作的条件恶化等。氧气压力过小，化料和脱碳速度慢，影响冶炼时间，同时沸腾较差，不易去气、去夹杂物，影响钢的质量。因此，生产中应该适当地掌握和控制好氧的压力。

381. 吹氧过程中氧枪吹炼引起的金属喷溅有哪几种，哪种最优?

氧枪吹炼引起的金属喷溅有三种（见图6－6），其中以图6－6（b）为最佳。此种操作模式，吹氧在钢渣界面，既能够使得氧气射流搅动熔池，促进熔池的传质反应，又能够兼顾化渣，保持钢渣中的氧化铁含量，是一种理想的操作模式。

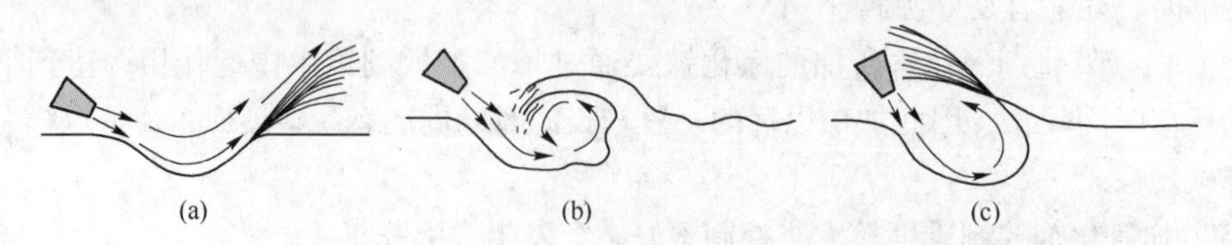

图6－6　氧枪吹炼模式

382. 氧气压力过小，为什么禁止吹氧？

氧气压力过小，会造成氧气大部分氧化钢渣界面的铁，进入渣中富集；并且氧气压力小，熔池的搅动能力小，熔池的碳向界面传质的能力减小，极其容易造成大沸腾事故。因此，氧气压力过小，不宜吹氧冶炼。

383. 吹氧脱碳过程中如何估计钢水碳含量？

吹氧脱碳过程中钢水碳含量的估计方法有：

（1）根据吹氧时炉内冒出的烟尘颜色和多少来大约估计钢水中的碳含量。烟尘为黑黄色，表明熔池中的碳含量在1.0%以上；烟尘发黄色，烟色浓烈，说明熔池碳含量较高，在0.5%～1.0%之间，反之较低。当碳含量小于0.5%时黄烟就相当淡了。

（2）根据吹氧时炉门口喷出来的火星粗密或稀疏来估计钢水中的碳含量。火花分叉多、火星粗密，说明含碳较高；火花细小不分叉，飘忽无力，说明碳低。

（3）根据吹氧时火焰长短来判定钢水中的碳含量。碳高时吹氧脱碳反应的产物一氧化碳会在熔池上部燃烧，熔池内部会向外喷射火焰；当吹氧脱碳火焰收缩时，熔池内部的冶炼状况清晰可见，一般碳含量小于0.10%。

（4）根据炉渣稀稠来估计碳含量。一般碳低炉渣就稀。

氧化期钢液中氧含量较高，当钢液从炉中舀出时，钢液温度下降，使氧与碳之间的平衡破坏，相互反应产生一氧化碳气体逸出，使钢液爆裂。钢水含碳越高，产生一氧化碳越多，爆裂越厉害，火花就越多，所以从火花冒出的多少可以判断钢液的碳含量，并且估碳时低碳钢又比高碳钢容易准确。还原期由于钢液中氧含量减少，低于钢液中碳氧的平衡值，故当钢液取出时火花冒出较少，所以较难判断钢液的碳含量。另外，还原期钢液中已有硅、锰等合金元素，破坏了火花分叉和碳含量的对应关系，所以不能按氧化期的经验来判断此时的碳含量。氧化期根据吹氧过程中用取样勺样与看样勺样中碳火花的粗密、细疏和跳跃的高度来估计钢水碳含量，决定是否准备扒渣。碳火花粗、密，则碳含量高，反之碳含量低。

384. 电炉氧化期的脱碳量如何控制？

在电炉炼钢生产过程中，氧化期的脱碳量是根据所炼钢种和技术条件的要求、冶炼方法和炉料的质量等因素来确定。一般来说，炉料质量越差或对钢的质量要求越严，要求的脱碳量要相应高些。

生产实践证明，脱碳量过少，达不到去除钢中一定量气体和夹杂物的目的；而脱碳量过大，对钢的质量并没有明显的改善，相反会延长冶炼时间及加重对炉衬的侵蚀，浪费人力和物力，因此脱碳量过大也是没有必要的。一般认为，氧化法冶炼的脱碳量为0.20%～0.50%。

385. 氧化期的脱碳速度如何控制？

生产实践证明，脱碳速度过慢，熔池沸腾缓慢，起不到充分去气和去除夹杂物的作用；而脱碳速度过快，在短时间内结束脱碳，必然造成熔池猛烈地沸腾，易使钢液裸露，吸气严重，且对炉衬侵蚀加重，这不仅对去气和去除夹杂物不利，还会造成喷溅、跑钢等事故。所以，电炉炼钢的脱碳要求要有一定的速度。合适的脱碳速度应保证单位时间内钢液的去气量大于吸气量，并能使夹杂物充分排出。一般正常的吹氧脱碳速度要求为0.005%～0.05%/min。

386. 脱硫、脱磷条件的相同点与不同点是什么？

脱硫、脱磷条件的相同点：(1) 大渣量；(2) 高碱度；(3) 炉渣流动性良好。

脱硫、脱磷条件的不同点：(1) 脱磷要求低温，脱硫要求高温；(2) 脱磷要求高氧化铁含量（14%～20%），脱硫要求低氧化铁含量。

387. 如何提高脱碳、脱磷的效率？

提高脱碳、脱磷效率的方法有：

(1) 温度合适时首先加入适量的氧化剂（矿石或者氧化铁皮等），首先脱磷。

(2) 吹氧和加入氧化剂的方法相结合。

(3) 保持较高的炉渣碱度，碱度保证在2.0～3.0之间。

(4) 合理送电，熔池保持较合理的温度，活跃熔池的反应温度。

388. 氧化期碳很低，温度很低，如何处理？

氧化期碳很低，温度很低时，小流量地向渣面吹氧的同时，向炉内加入炭粉促使炉渣发泡，同时以最大的功率送电升温，或者向炉内加入废弃的硅铁粉末等，利用化学热升温。

389. 氧化期出现碳高、磷高的情况如何操作？

氧化期出现碳高、磷高的现象发生在氧化初期。合理的操作是补加石灰吹渣脱磷，同时送电升温，这一阶段要保持炉渣的碱度在2.0以上。待温度上升，熔池沸腾良好时，在补加石灰的同时，添加适量的矿石或者氧化铁皮，使得脱碳和脱磷操作同时进行，在炉渣发泡良好，能够自动流渣时流掉一部分炉渣，根据情况补加石灰和矿石等氧化剂，进一步脱磷、脱碳，取样分析然后进入扒渣的准备期。传统的电炉先脱磷、后脱碳的操作方法，不仅费时费力，而且对冶炼的时间有明显的延长。

390. 氧化期出现碳高、磷低如何操作？

氧化期出现碳高、磷低情况下的操作要保证温度在1550～1580℃之间，保证炉渣的碱度在2.0～2.8之间，碱度不能太高，否则炉渣太黏，不利于脱碳；碱度过低，脱碳反应不容易进行，还存在引发大沸腾事故的风险。脱碳的同时，如果熔池温度较高，也不要担心，可以在吹氧的同时，加入矿石和氧化铁皮进行降温脱碳，并在脱碳过程中去磷，直至成分的控制满足工艺要求为止。

391. 氧化期出现碳低、磷高的情况如何处理，如何顺利进入还原期？

这种情况下，一般炉渣的氧化性较强，炉渣较稀，这时的操作采用石灰配加炭粉加入炉内，保证炉渣的碱度在2.0以上，间歇地补加石灰，在补加的石灰里面添加炭粉，在适当地降低渣中氧化铁含量的同时，也能够达到炉渣泡沫化埋弧的目的，同时增加钢渣界面的脱磷能力，并且及时地使用铁耙子搅拌熔池，促进传热。在升温的同时，如果炉渣的流动性较好，温度合适，就可以以小流量的吹氧流渣，氧化渣中的FeO含量、炉渣的碱度和磷的分配系数的关系如图6－7所示。

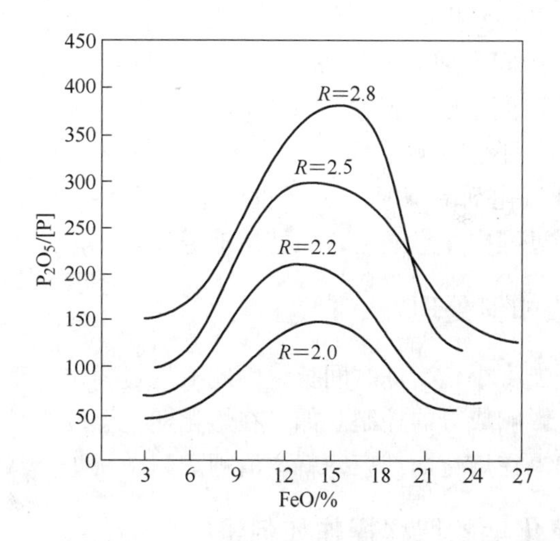

图6－7　氧化渣中的FeO含量、炉渣的碱度和磷的分配系数的关系

这种情况下脱磷的操作比较简单。待脱磷任务完成以后，温度合适，就扒渣，然后把增碳剂炭粉加在裸露的钢液面增碳，待炭粉被钢液溶解吸收充分以后，然后造渣，进入还原期。

这种现象发生以后，由于脱碳量的不足，钢水的质量将会下降，所以在出钢以后，钢包内要进行一段时间的吹氩操作，以提高钢水的质量。需要注意的是，这种情况下扒渣的温度一定要保证，如果温度不合适，会出现扒渣以后，炉内冷区废钢熔化回磷的事故。

这种情况下的另一个办法是在保证炉渣磷含量很低的时候，扒出部分氧化渣，补加部分石灰和炭粉，将碎块的粉末合金，比如高碳锰铁粉末、硅铁的粉末加入熔池，利用化学热快速升温。

392. 氧化期的纯沸腾时间如何控制？

氧化期的脱碳量和脱碳速度往往还不能真实地反映钢液沸腾的好坏，必须再考虑熔池的激烈沸腾时间，只有这样才能全面地表明钢中去气、除夹杂及钢液温度的均匀情况等。然而熔池的激烈沸腾时间取决于氧化的开始温度、渣况及供氧速度等，即熔池的激烈沸腾时间与脱碳量和脱碳速度有直接关系。在电炉钢生产过程中，氧化期熔池的激烈沸腾时间不应过短或过长，一般15～20min就可满足要求。

393. 为什么说小电炉的大沸腾是最危害的事故？

小电炉的作业机械化程度较低，并且作业环境一般较为恶劣，职工在恶劣的环境下对于危险的警惕性将会降低，大沸腾事故发生以后，往往会造成多人或者设备受到重创的伤害。笔者的工友在5t电炉的炼钢过程中，因为吹氧长时间吹渣操作，造成的大沸腾事故，引起砖砌的炉盖四处飞溅，班组共5人，除1人外，全部受伤住院，故大沸腾是小电炉冶炼的最具危害性的事故。

394. 氧化期如何防止大沸腾事故?

氧化期防止大沸腾事故发生的方法有：

（1）加料前，炉料中间配加的氧化铁、矿石不宜过多。

（2）吹氧时不宜长时间地吹渣操作。

（3）氧气压力过小，不宜吹氧冶炼。

（4）加矿或者其他氧化剂冶炼时，矿石和氧化剂不宜一次加入过量，并且严格控制加入的温度，加矿脱碳过程中注意送电，保持熔池温度。

395. 出现断电极如何处理?

由于小电炉的供氧强度小，冶炼时间长，因此冶炼过程中出现断电极，必须及时地从炉膛中间取出，否则会影响成分的控制。如果在熔化期，温度不高，旋开炉盖或者开出炉体，采用吊具吊出，如果在熔化期结束，就要清理炉门，从炉门将电极拉出来。

396. 熔化期和氧化期的取样操作如何进行?

熔化期和氧化期（有时在还原期的初期）取出的钢水是未经脱氧的，或者是脱氧不充分的，冷却时会发生碳氧反应，造成气孔。试样产生了气孔，化验分析结果就没有代表性。因此，首先要使样勺里的钢水脱好氧，插好铝条。另外，因为铝的熔化潜热很大，要吸收很多的热量才能熔化，所以要选用细薄的铝条，使之迅速熔化。如铝条稍粗，插入钢水后要稍稍移动，待熔化后才能浇入样模，以防止试样有气孔，影响化验分析。

397. 取样的样勺如何制作，如何使用，为什么必须干燥?

样勺采用25mm厚的钢板制作成圆锅形状，焊接在20mm直径的圆钢上。使用前将样勺蘸渣，待样勺表面沾满均匀的钢渣以后，即可插入熔池取样。

样勺不干燥，插入熔池会引起响爆伤人。某厂曾发生过职工取样因为样勺潮湿响爆炸瞎眼睛的事故。

398. 炉底残余冷钢难熔的原因是什么，如何消除?

在氧化期，炉底残余冷钢难熔的原因有：

（1）大块钢铁料本身比较难熔，如渣铁、大块高锰钢铸件，还有一些高熔点的铁合金，如钨铁等容易沉积在炉底，通电穿井没有到底部位置或电极到底后，时间保持不长，很快就回升了，使炉底难熔的料得不到充分的加热，造成炉料粘炉底。例如，熔化时如在通电和穿井后均用很高的电压送电，由于电压高，电弧功率很大，因此炉料被穿的“井”大且化得很快，炉底钢水面不断急剧上升，所以电极的电弧在炉底部分停留的时间相应很短。虽然上部料熔得快，钢水面上升很快，但埋在炉底的料由于受不到电弧充分加热，所以熔化极慢，造成了粘炉底。

（2）配碳量不足，脱碳量不够，熔池的搅动能力较弱，造成炉料中的大块渣钢往往由于渣的传热不好而不易化掉。

以上现象的产生，解决的有效方法是增加配碳量，提高脱碳沸腾的时间，加强熔池的搅拌，此外细化操作，在氧化期的吹氧升温要格外注意，也是很必要的，比如间歇地将氧气管子插在难熔料的区域吹氧等。采用电炉炉底的底吹气技术能够大幅度消除这种现象。

399. 氧化期结束的条件是什么，如何操作？

氧化期在完成脱磷、脱碳反应的任务以后，如果温度也合适就可以取样分析，准备扒渣进入还原期。氧化期一般取样两次以上，一次在熔清以后取样，分析磷和碳的含量，为吹氧脱磷和脱碳提供参考依据，另外一次可以根据操作的进程，认为成分控制已经完成，就可以取样并准备扒渣。

400. 良好的氧化渣有何特点？

良好的氧化渣应是泡沫渣，可包围住弧光，从而有利于钢液的升温和保护炉衬，冷却后表面呈油黑色，断口致密而松脱，这表明 FeO 含量较高、碱度合适。氧化末期有时氧化渣发稠，这主要是炉衬中的镁砂或者炉盖耐火材料进入炉渣造成的。冶炼高碳钢时，如熔渣发干，表面粗糙且呈浅棕色，表明 FeO 含量低，氧化性能差；冶炼低碳钢时，如氧化渣表面呈亮黑色，渣又很薄，表明 FeO 含量高，碱度低，这时应补加石灰。

401. 为什么要把氧化期钢渣扒出，才能够进入还原期的操作？

因为氧化渣中含有 P_2O_5 的磷酸盐，其含量比较高，在还原条件下会产生钢液的回磷现象，造成钢水的磷高而产生废品的事故；此外，氧化渣中含有大量的 FeO，如果不扒渣，不仅要浪费大量的还原剂，而且延长炉渣被还原的冶炼时间完成还原期脱氧、脱硫的任务。所以氧化末期要扒除氧化渣，才能够进入还原期。

402. 氧化期扒渣前的温度和成分有何要求？

氧化期扒渣前的温度和成分要求有：

（1）温度要求。由于还原期钢液平静，熔池没有沸腾，升温很不容易，大电流送电只能使电弧下的钢水过热，吸气量增加。同时电弧热能大量反射到炉顶、炉墙，使它们过早损坏。所以还原期一般只是小范围的升温和保温过程，一炉钢水的升温工作主要在氧化期完成。考虑到氧化期扒渣、重造还原渣以及加铁合金使钢液合金化时的降温，通常要求氧化末期的扒渣温度在熔池废钢全部熔清以后，熔池钢液温度要高于出钢温度，至少不低于出钢的温度要求。

（2）成分要求。因为去磷是一个氧化反应，在还原期中不但无法进行去磷，还会发生回磷。一旦回磷，只能进行二次氧化（又称重氧化）。所以在除渣前必须把磷控制得低些，一般要求熔池中的磷含量比成品钢的磷含量的下限要低才能扒渣。同时由于还原期只会增碳不能降碳，一旦发现碳高，也只能重氧化，造成冶炼时间延长、炉体损坏、合金料浪费等损失。如果碳过低，扒渣后必须增碳，又会使钢液气体、夹杂物增加，温度降低，冶炼时间延长，同样不利。所以扒渣前的钢水成分首先要控制好碳和磷两个元素的含量。

403. 扒渣以前的准备工作有哪些？

扒渣前要做好炉门的清理工作，将炉门上的冷钢残渣清理干净，在炉门两侧架好两个扒渣的耳朵，在耳朵上面架一个铁棒，以利于扒渣操作。扒渣前还要调整好炉渣的流动性，尽量自动放渣，扒渣前如果炉渣较干，可以适量地吹渣送电，添加火砖块、萤石加以调整；如果炉渣较稀，就要在扒渣过程中不时地加入炭粉，使得炉渣发泡和黏度增加，以利于扒渣操作。

404. 扒渣耙子如何制作？

氧化期扒渣耙子一般采用木屑经过高压制作或者是废的电极切片制作，也有的采用轻质隔热耐火材料制作。

一般根据炉型大小和渣量的多少准备好耙子，耙子尽量准备得多一些。耙子的铁杆要适中，不能太长也不能太短，太长，费力不好用；太短，够不着熔池的最远区域。

405. 电炉的扒渣操作如何顺利地完成？

扒渣过程中动作要迅速，一般要有 2 ~3 个熟练工轮流作业。操作要求如下：

（1）扒除氧化渣要迅速、彻底、干净。如果扒渣不净，炉内留氧化渣过多，还原期容易回磷，还原渣不容易造好。因扒渣时间长会造成钢水温度下降，并且在快扒完的那段时间内，钢水直接与空气接触，钢中会吸收大量气体，使钢中氢、氧含量大大增加，这样钢的发纹、白点等一些缺陷更严重。

（2）扒除氧化渣时先不升高电极，将要扒完时才升高电极。如果过早升高电极，这样炉内热损失多，使钢水温度下降特别厉害，加重还原期任务，使冶炼时间延长，炉衬侵蚀严重，还原期渣造得不好等，因此先不升高电极。但当渣子减少，钢水将要裸露时，升高电极一方面利于看清渣子情况，使扒渣迅速进行，防止钢液吸收大量气体；另一方面升高电极不通电以后，可以防止石墨电极接触钢水，发生增碳现象。

（3）炉渣较黏时，可以进行吹氧送电化渣，然后迅速扒渣。

406. 为什么除渣时向渣面上撒加炭粉，炉渣就立即成泡沫状，应注意什么？

为了尽快扒除炉渣，在炉渣上撒一些炭粉，使碳与渣中的氧化铁反应，生成 CO，从而使炉渣起泡沫，这样能迅速地把炉渣扒完。但加炭粉时要注意，应少而均匀地撒在渣面上，防止钢水增碳和回磷。

407. 如何调整好扒渣的钢渣，以便于迅速地扒渣？人工扒渣如何操作？

扒渣前调整好炉渣的碱度，碱度过低，炉渣和钢液不容易分离，扒渣容易扒出钢水，碱度过高，扒渣也容易扒出钢水，扒渣的碱度控制在 1.8 ~3.0 之间。炉渣的碱度和黏度的关系如图 6 -8 所示。

扒渣的温度要控制好，温度过高，碱度适量高一些。氧化渣的黏度和温度的关系如图 6 -9 所示。

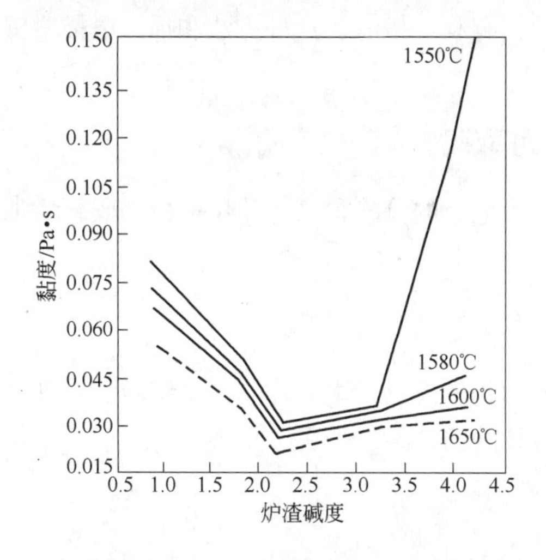

图6－8　炉渣的碱度和黏度的关系

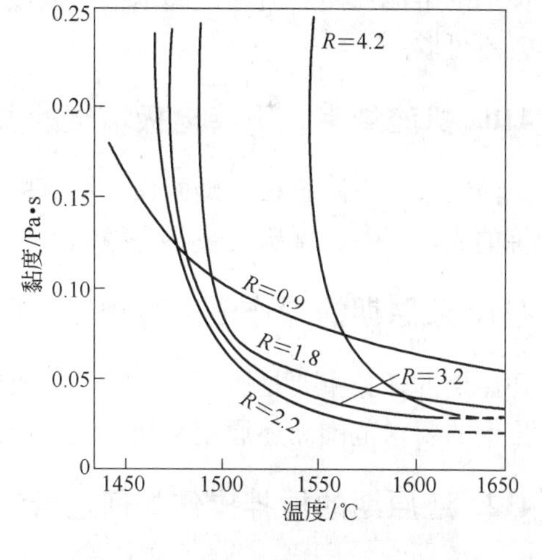

图6－9　氧化渣的黏度和温度的关系

扒渣前炉门应该通畅，扒渣过程中的炉渣要求尽量一次扒出炉门，不在炉门堆积。在炉门两侧架起两个“耳朵”，用于架设扒渣的支撑杆，“耳朵”上应该有能够调整扒渣支撑杆高度的位置。“耳朵”的示意图如图6－10所示。

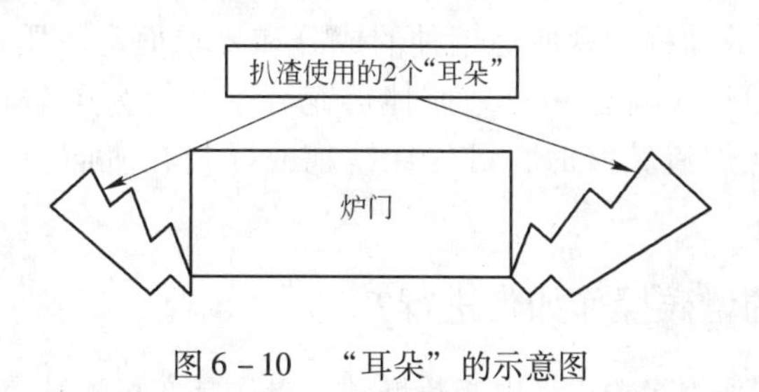

图6－10　“耳朵”的示意图

人工扒渣的时候，首先扒出靠近炉门区域的炉渣，然后向内部和四周纵深扩大，炉门积渣的时候，及时地清理掉炉门的积渣，否则会影响扒渣的效果，也影响操作工的劳动，热负荷也很大。此外，扒渣的时候，扒渣耙子控制好一次扒出的量。一次拨扒的渣量过大，耙子容易掉头，扒的过少，会增加扒渣时间。

在扒渣的过程中，如果渣子过稀，采用向渣面撒炭粉的方法，促使炉渣发泡，然后迅速扒出；如果渣子过稠，如果是石灰加多了，碱度高，可以加入少量的萤石和火砖块，送电吹氧，待炉渣黏度合适了再扒渣；如果是低温造成的炉渣黏稠，那就毫不迟疑地送电，温度合适以后再扒渣。

408. 炉衬镁砖进入熔池如何处理？

炉衬镁砖进入熔池采用加入黏土砖碎块方法处理。黏土砖碎块具有稀释炉渣的作用，特别是对于镁砂渣的稀释作用比萤石好，价钱又便宜。

409. 氧化期扒渣时，电极插入熔池为什么有利于扒渣，这种做法可取吗？

电极插入熔池以后，溶解在钢液中的自由氧和电极中的碳反应，产生气泡，搅动熔池，搅动的熔池促使炉渣向远离电极的区域流动，有利于扒渣。这种方法和插入电极增碳一样，不可取。

410. 扒渣结束，下降电极增碳的做法可取吗？

扒渣结束，下降电极增碳的做法不可取。因为电极的价格很高，使用电极增碳，增加了冶炼的成本，并且增碳的量不易控制。

411. 还原期的操作任务有哪些，何时开始？

还原期的任务主要是脱氧合金化，完成脱硫和化学成分元素的控制，将钢液的温度控制在出钢的要求范围。还原期是从扒渣结束以后开始的。

412. 还原期的搅拌操作如何进行？

电炉炼钢主要依靠三根电极的电弧加热，熔池面各部分受热强度差异很大，加大了整个熔池的不均匀性。为了均匀温度、成分，促进钢渣界面反应，就需要经常搅动。搅拌操作能够增加钢渣界面的反应面积，有利于脱硫和脱磷的反应，也有利于成分的均匀化。搅拌时，应先将搅拌耙粘好渣子，使渣子包住搅拌耙，不粘冷钢，然后逐渐将搅拌耙插入一定深度的钢水中进行搅拌（注意不要搅着炉底，以免炉底损坏，也不要碰断电极），搅拌次数和程度视所炼钢种的成分和要求而定。质量要求高的、钢水黏度大的和合金加入多的炉次就要相对地搅拌得充分一些。为了防止铁耙或样勺被熔化掉，搅拌钢水的铁耙在炉渣较好时，可先让铁耙或样勺在渣面上来回翻动，使之均匀粘上一层炉渣。

413. 还原初期的增碳操作如何进行？

还原期的增碳一是采用炭粉或者电极粉增碳，操作是在扒渣结束以后进行，向炉内钢水面添加炭粉，这种操作钢水降温明显，并且增氮严重，添加炭粉以后需要使用耙子搅动熔池，以促进熔池溶解和吸收炭粉，炭粉的回收率在80%～95%；二是采用碎的电极块增碳，也在扒渣结束以后，将碎电极加入渣面，此种方法回收稳定；三是采用生铁增碳，可以在合金加入以后加入熔池，此方法用于小范围增碳，大量使用生铁增碳，使熔池降温严重，磷、硫含量不容易控制。

414. 还原初期为什么石灰不能够一次加多？

还原初期石灰加入过多会造成石灰熔化较慢，并且提温困难，并且钢渣还原的难度增加，影响冶炼工艺的正常进行，故石灰不能够一次加入过多，只能够分批、少量、多次加入。

415. 为什么反对后升温？

后升温说明前期温度低，钢液流动性差，扩散脱氧过程进行得不好。后升温会使电弧下的钢液过热，使耐火材料进入熔池，使钢中夹杂物相对增加。同时，会使钢中气体大大增加，对钢的质量大为不利，降低了精炼效果。

416. 电炉还原期调整化学成分的原则有哪些？

合金化调整化学成分的计算在后面的章节有专门的介绍，电炉调整化学成分的原则主要有：

（1）碳的调整一般分为2～3次，前面1～2次为粗调，将碳的成分调整到目标下限以下的0.01%～0.03%，最后出钢前一次调整到中限。调整时要考虑到高碳合金、脱氧剂电石、碳化硅、炭粉的增碳影响，还要注意电极的增碳，碳的调整要格外小心。

（2）不易氧化的化学元素，一次可以将成分调整到成分控制下限以下0.02%左右，待钢液脱氧完全，熔池成分比较稳定时可以将成分调整到中限以下0.02%～0.05%。

（3）比较易氧化的元素，也可以分为2～3次调整。第一次粗调至成分下限以下0.02%～0.05%，在炉渣被充分还原以后，第二次或者第三次将成分控制在成分中限左右。

（4）特别易氧化的元素，如钛铁、硼铁，要在终点脱氧以后调整，或者在出钢过程中调整，一次将成分调整到成分要求的中限。

417. 电炉铁合金的加入顺序有哪些要求，不同的合金加入各自有何要求，收得率如何？

铁合金的加入顺序是首先加入脱氧能力弱的，然后加入脱氧能力较强的。合金一般在扒渣结束以后，增碳操作完成，加入部分渣料造还原渣以后开始加入。不同合金的加入要求分别如下：

（1）硅铁的加入。在冶炼硅钢或弹簧钢及耐热钢时，需加入大量硅铁进行合金化，所加入的硅铁必须长时间烤红。主要原因是硅铁中含有较多的氢气，烤红后可去除，而且预热硅铁也可加速熔化；此外，由于硅铁较轻，大量加入炉内时，必然有一部分硅与炉渣起脱氧作用，生成酸性产物二氧化硅，降低了局部炉渣的碱度，这样对钢的质量是不利的。为了防止这种情况的产生，在加硅铁的前后要加入适量的石灰，以保持炉渣碱度，并用大电压送电几分钟，使炉渣熔化和反应良好，成为均匀的白渣。硅铁的回收率在90%～98%之间。

在精炼中，当化学成分调整好后，温度适当，渣子良好，这时就可以加入硅铁。加入以后在10～25min之内出钢。如果时间太短，硅铁来不及完全熔化，而且硅在钢内分布也不均匀。如时间太长，容易使钢液吸收气体，影响钢的质量。

（2）锰铁的加入。锰铁在造还原渣的同时就可以加入，锰的成分控制一般第一次控制在成分的下限。锰铁的回收率在95%以上。

（3）铜的加入。冶炼耐候钢时，铜在钢中能提高钢的淬透性和耐腐蚀性能，钢中的铜不易氧化，故可在装料时或氧化期加入，回收率也稳定在95%以上。由于铜较贵，一般最好将含铜生铁、含铜的废钢铁料或含铜铁矿在熔化期配加一部分，少量的铜在还原期调整，以尽量减少纯铜的用量。

（4）铬铁的加入。铬铁一般在还原期初期加入。铬与氧的亲和力比铁与氧的亲和力大，也就是铬比铁容易氧化。如果在熔化期、氧化期加入，铬会被氧化，不仅造成合金元素的损失，而且使炉渣变稠，影响去磷和冶炼操作，所以铬铁要在还原期加入。加入后如渣子变成绿色，说明渣子脱氧不良，必须加强还原，把渣中的氧化铬还原。还原良好后，渣子会变成白色。铬铁的回收率在还原期白渣条件下大于95%。

（5）钒铁的加入。钒铁要在还原期加入。钒和氧的亲和力很大，很易氧化，故不能在氧化期加入，只能在还原期炉渣和钢液脱氧良好后加入。由于钒铁加入使钢水极易吸收空气中的氮气，影响钢的质量，因此不能过早加入，只能在出钢前加入。但是钒铁熔化需要一定时间，所以应在出钢前10～35min加入，加入量较少时，时间控制在下限，加入量较大时控制在中上限。钒铁的回收率和硅铁的回收率接近。

（6）钼铁的加入。钼铁是一个难熔的合金，一般在还原期初期加入，这样可以保证熔化完全，成分均匀。如果在后期加入，离出钢没有几分钟，钼铁来不及完全熔化，可能造成在钢液中分布不均匀，造成冶炼时间增加。钼铁的回收率一般大于98%。

（7）铌铁的加入。铌是一种与氧的亲和力较弱的元素，所以在冶炼过程中比较容易控制和掌握。一般在还原期的初期加入，加入20min以后才能够出钢，以促使其熔化均匀。当采用不氧化法冶炼时，铌也可在装料时加入，铌的回收率一般大于95%。

（8）钨铁的加入。钨铁的特点是密度大、熔点高。加入后沉入炉底，不容易熔化。钨与镍、钼相比，与氧的亲和力较大，在熔化期加入，钨会氧化，以钨酸钙的形式存在于渣中，造成钨的损失，使钨的成分控制的难度增加。因此钨铁在还原期的初期加入，不能在熔化期或精炼后期加入，由于钨铁难熔化，精炼后期大量加入要影响冶炼时间，同时在钢水中分布也不均匀，大部分钨铁应在还原期的初期加入，只留少量的在还原期的后期调整。而且加入的钨铁块度要小，而且必须烤红，以利于熔化。钨铁的回收率一般在95%以上。

（9）铝作为合金元素的加入。铝极易氧化，故一般都在临出钢前加入。对于不同铝含量的钢种，其加入方法也略有不同：铝含量低于0.2%的钢种，一般可采用不扒渣，在出钢前2～5min插入炉内。这样铝的回收率在50%左右。如钢中含钛，回收率稍高，可达55%。铝含量较高的钢种，为了防止大量加铝后炉渣回硅，使成品硅高出成分要求，就采用全部扒渣除渣方法，将还原渣全部扒渣，再加入铝块，铝块加入后，再加入钢液料重2%～3%的石灰和低二氧化硅含量的小块萤石，送电化渣均匀后，再摇炉出钢，这种情况下铝的回收率在65%～88%之间。

（10）硼铁的加入。硼极易与钢中的氧、氮化合，通常都在临出钢时加入，加硼前还必须向钢中配加适量的铝和钛，以脱氧并且稳定氮。硼的加入方法：

1）一般在出钢过程中把硼铁加入钢包，这时出钢的操作首先要扒大出钢口，摇炉的速度偏快一点，同时进行挡渣操作，必须让钢水先流入钢包，待钢包有三分之一左右的钢水时加入硼铁（投入或插入）。然后再让炉渣流出。炉前挡渣的方法：可先在出钢口处投加几铁锹石灰，并用扒渣的木屑耙挡住出钢口，然后迅速摇炉出钢。

2）加铝或加钛后，在炉前插入硼铁，再进行搅拌后，随即出钢。这时硼铁应扎牢在铁棒上，外面用铝皮或马粪纸包好，插入钢水时应尽量迅速，避免硼在渣中氧化损失。

以上两个方法的硼回收率差不多，一般为45%～85%，个别情况下会更高一些。从钢中硼的均匀性和钢的内在质量来看，后一种加入方法较好。

（11）钛铁的加入。钛与氧、氮的亲和力很大，极易氧化和氮化而成为钢中夹杂物，因此，钛一般在白渣条件下加入并完全熔化之后就出钢，即通常加入后5～15min以内就要求出钢。钛铁应加入靠炉门口处，尽量避免接近电弧，以减少烧损。如数量少，加入后也不必推渣。加入钛铁以后，在炉内停留过长时间，不仅会造成回收率的降低，而且钢水的质量也会下降。另外，由于钛铁密度较小，加入炉内就浮在渣钢面上，再逐渐熔化进入钢水，因此回收率波动较大，影响因素也较复杂。

影响钛回收率的因素主要有：

1）炉内渣量的影响。钛的烧损主要是通过炉渣起作用，因此当炉内渣子少时，影响就小，回收率就比较稳定。渣量大而炉渣脱氧良好且流动性也合适时，钛的烧损也较小并且稳定。如渣量大、渣况不良时，钛的烧损大而且极不稳定；炉渣过稀，会使钛铁与炉渣作用加强，因此回收率下降，但如炉渣过黏使钛铁浮在渣面上烧损也大，回收率也降低；炉渣脱氧不良，渣中氧化铁含量高，钛的氧化损失就多，回收率降低；温度高，尤其是炉渣温度高，造成钛铁烧损，回收率就低。钢中含钛高，回收率也高，钢中含其他脱氧元素多时，回收率也高，如加钛前先插铝钛，回收率也可提高且稳定。炉顶一次加入钛铁，由于重力的作用使钛铁可直接加入钢水，回收率也提高。

2）钛铁块度的影响。只要不全是碎块，一般不是主要因素，但是如果是粉末状，钛铁的回收率就会大幅度降低，有时候会不足25%。

3）加入方法的影响。推渣操作以后加钛铁，即使用铁耙子粘渣以后，推开炉门区的还原渣到能看见裸露的钢水时，立即加入钛铁。回收率（如不锈钢）可稳定在60% ~ 65%（炉渣情况和温度高低影响不太大）。一般含硅钒的结构钢由于与不锈钢相比脱氧程度高，故回收率可高到70%左右。

不推渣加钛铁，如果炉渣脱氧良好、温度正常、流动性合适，对一般结构钢，如齿轮钢20CrMnTi的回收率在50%左右。如果含其他脱氧元素多，并且钛含量又高时，回收率可提高到50% ~ 70%。如果炉渣过稀、温度过高或炉渣脱氧不良，回收率就显著降低，甚至低于30%。

由于钛铁含有较多的铝和硅，铝和钛又会使炉渣中的二氧化硅被还原，造成钢液回硅，在加入时要加以考虑。如冶炼20CrMnTi时，加钛后一般增硅在0.04% ~ 0.08%之间。

418. 入炉铁合金为何必须烘烤，含水分较高的铁合金直接入炉对钢质量有何影响？

加入炉内的铁合金，尤其是在还原期使用的铁合金必须进行烘烤，以去除其中的水分和气体；同时，又使合金易于熔化，吸收的热量少，从而缩短冶炼时间，减少电能的消耗。含水分较高的铁合金直接入炉易使钢中氢含量增高，加入时还会发生爆炸伤人事故。

419. 稀土元素的加入要求有哪些，其作用有哪些？

稀土元素是指镧、铈系的一些元素，共有17种。由于它们性质很相似，极不易分离，所以生产中常用其混合物，即用混合稀土金属或混合稀土氧化物。

稀土元素的作用主要有：

（1）良好的去氢、氧、氮作用，降低合金结构钢的白点敏感性。

（2）细化晶粒，有利于中高碳钢碳化物的均匀分布。

（3）改善钢的热加工性能。

（4）改善钢的力学性能，提高合金结构钢的冲击韧性。

稀土金属极易氧化，一般在出钢前插入钢水中，也可在出钢中途加入钢水中，稀土氧化物须与硝酸钠和硅钙粉等混拌均匀后，装入铁管，在出钢前插入钢水中。

420. 如何缩短还原期的操作时间？

缩短还原期的操作有：一是采用预熔渣、精炼渣等新材料配合添加石灰造渣脱氧；二是氧化期提高温度，实现留碳操作，降低钢液中间的溶解氧，合适的温度会加速脱氧的传质反应，缩短还原期的操作时间。

421. 什么叫做两期冶炼法冶炼普钢，硫高如何处理？

由于普钢的质量要求一般，故电炉采用熔化期和氧化期进行冶炼也是一种低成本的冶炼方法，出钢时合金化、脱氧，然后浇注的工艺称为两期冶炼法。在硫高的时候，最明智之举就是三期冶炼，也可以扒出大部分的氧化渣然后还原，是最快的冶炼方法。

422. 电炉的插铝如何操作？

出钢前插铝的操作是在冶炼过程中用炭粉、硅铁粉、电石等进行扩散脱氧，加入硅铁、锰铁等进行沉淀脱氧后，因为铝的脱氧能力比上述脱氧剂更为强烈，出钢前还要向钢水中插铝进行最终脱氧，目的是把钢水中的氧进一步脱去，此时钢水中氧含量很少，所以生成的 Al_2O_3 夹杂数量也很少，对钢的质量影响不大，并且能起到细化晶粒的作用，使钢的冲击韧性提高，并减少钢的时效硬化倾向。因此，在出钢前应根据不同钢种加入不同数量的铝进行最终脱氧。电炉的插铝操作要点有：

（1）插铝使用中间带孔的铝饼，铝饼的单重不超过 3kg。铁棒从铝饼孔洞中间穿过，并且使用铁丝绑紧。

（2）插铝棒不宜过短或过长。

（3）一根插铝棒不宜插铝块过多，一般不要超过 5 块，否则浮力太大，不易插好。

（4）插铝时要迅速将铝插入钢水，停留半分钟左右再移动。

（5）插铝时不要使铝浮在渣面上，以免烧损浪费并影响钢水深度终脱氧。有时还会使钢水增硅过多，造成硅高废品。

423. 碱性渣不同的颜色变化代表怎样的渣况？

碱性渣随着炉渣氧化性的高低而呈现不同的颜色。它们对控制钢的成分也有影响，如黄渣下加合金易使回收率偏低，黄渣下出炉容易降硅、降铬等。炉渣氧化性强，渣中氧化物如氧化亚铁、氧化锰等含量较高时，炉渣呈黑色，更强时炉渣乌黑发亮，随着炉渣的氧化性减弱，颜色也逐渐变浅，由黑色—棕色（含三氧化二铬量多时呈墨绿色）—黄色（含三氧化二铬时呈绿色）—淡黄色、奶黄色（含三氧化二铬时呈淡绿色）—白色（此时一般氧化亚铁含量不超过 1%）转变。使用炭粉或者碳化硅还原的还原渣，如进一步脱氧还原会形成电石渣，根据含量的多少，炉渣颜色就随着还原强度的增加，逐渐地由灰白（碳化钙小于 2%）—灰色（碳化钙含量在 2% 左右）—深灰色（碳化钙大于 2%，渣中有游离炭粉存在）转变。

氧化期炉渣一般都呈黑色。还原期如炉渣呈淡黄、黄、棕色以至发黑时，就说明炉渣脱氧不良，须进一步加强还原，如加炭粉、硅铁粉、电石等。如果炉渣呈白色或稍带一些灰色，说明炉渣脱氧良好，可以不加或少加炭粉及硅铁粉；如果炉渣过灰，说明炉渣形成了一定数量的碳化钙。

424. 氧化渣与强电石渣如何区别?

当采用稀薄渣下吹氧或氧化期脱碳很低，有过氧化情况发生时，即使加电石还原后，炉渣有时仍带氧化性而发黑，这时就要求将这种氧化性渣与强电石渣区别。区别方法为：

（1）氧化渣中含有氧化铁很高，所以有金属光泽，而强电石渣没有金属光泽，呈暗黑色，有时还带有白色条纹。

（2）氧化渣遇水没什么现象，电石渣遇水后起反应，并分解出难闻的乙炔气体。

（3）正常电压下，电石渣从炉内冒出的烟尘浓而且带灰。

（4）氧化渣比较松，勺杆上有气孔，电石渣较致密。

（5）打开炉门观察时，如为氧化渣，炉内就较清楚；如为电石渣，炉内模糊，看不清。

425. 电石渣的成分是什么，如何确定?

电石渣是电炉炼钢中采用的另一种碱性还原渣，它的成分组成范围为：CaO 55% ~ 70%，SiO_2 5% ~18%，CaC_2 1% ~4%，FeO <0.5%。这种渣子脱氧能力强，但造渣时间长，耗电量大，钢水容易增碳，且一旦造成后要破坏成白渣也较困难。因此，目前有用白渣或弱电石渣取代电石渣的趋向。造电石渣的方法是稀薄渣形成后，加入较多量的炭粉、硅铁粉或电石，将炉子密封好。在高温下，碳与氧化钙反应，生成碳化钙，这时炉子冒出黑烟，说明电石渣已形成碳化钙与渣中氧化物反应，起脱氧作用。同时，碳也还原了渣中氧化物。为继续保持电石渣，维持渣子的还原性，应继续加入炭粉和石灰。渣中含碳化钙2% ~4%，称强电石渣，冷却后呈黑色，无光泽并有白色条纹；渣中含碳化钙1% ~2%，称弱电石渣，冷却后呈灰色。电石渣放入水中，碳化钙与水起反应，生成乙炔气体（C_2H_2），具有臭味。

426. 电石渣如何破坏?

电石渣易黏附在钢液上，不易分离上浮，从而造成钢中夹杂物。因此，出钢前必须破坏电石渣，使之变成白渣。具体方法是：

（1）打开炉门和炉盖的加料孔。

（2）根据炉渣的流动性，适当补加石英砂、火砖或石灰。

（3）加强推渣搅拌。

（4）电石渣严重时可扒掉部分炉渣，补加石灰重新造渣，随时观察炉渣颜色。

427. 典型白渣的成分范围是怎样的?

一种精炼渣的成分见表 6 - 1。

表 6－1　一种精炼渣的成分

铝镇静钢		硅镇静钢	
组　元	含量/%	组　元	含量/%
CaO	50 ~ 60	CaO	50 ~ 60
SiO_2	6 ~ 10	SiO_2	15 ~ 25
Al_2O_3	20 ~ 25	Al_2O_3	< 12
$FeO + MnO + Cr_2O_3$	< 1	$FeO + MnO + Cr_2O_3$	< 1
MgO	6 ~ 8	MgO	6 ~ 8

428. 还原期白渣的基本判断特征是什么，如何维持？

电极孔和炉盖缝隙处冒出的烟气呈现明显浓重的白色烟气，炉渣发泡性能良好，粘渣棒粘渣以后，粘渣棒上面裹有均匀的一层白渣，冷却以后先是碎裂，搁置一段时间以后会粉化。

还原期冶炼过程中，白渣形成以后，随着时间的变化和扩散脱氧的进行，钢液中的氧化物会导致白渣发生变化，白渣会变黄或者淡黄，甚至变成黑渣。所以白渣形成以后，需要根据脱氧的进程，添加扩散脱氧剂，以保持白渣。

429. 电炉的渣线如何修补？

电炉炼钢炉内靠着熔渣层的这一部分炉衬，因为经常和炼钢炉渣接触，所以称为炉衬的渣线部分。

炼钢过程中的炉渣中含有氧化钙、二氧化硅、氧化亚铁、氟化钙、氧化锰、三氧化二铝等。在高温下，炉渣中氧化亚铁、二氧化硅、氟化钙与炉衬渣线处的氧化镁起化学作用，生成低熔点的化合物，降低了炉衬的耐火度，加上炉渣流动的物理冲刷作用，故炉衬的渣线部分损坏得最厉害，而在电极附近的渣线，由于受到电弧光的高温辐射作用，损坏更严重。

渣线损坏以后，常用的办法是将冷态的焦油碎末拌和白云石或者镁砂，通过炉门大铲将补炉料投在渣线损坏的部位。条件好一点的可以使用喷补枪喷补。

430. 还原期的造白渣操作要点有哪些？

氧化期结束，在全部扒除氧化渣后加入还原期渣料，即加入新渣料，习惯称为稀薄渣料。传统的白渣由石灰、火砖块（或石英砂）、萤石等组成，其配比为石灰：萤石：火砖块（或石英砂）=10：(3 ~ 4)：1，渣料总量为钢水量的2.5% ~ 5%。

在扒渣以后，钢水是裸露的，热量损失大，并使钢水吸收气体。因此，除了要求迅速扒渣和加入还原渣料之外，为了减少吸收气体和补偿扒渣时的热量损失，还要用大电压送电，使加入的渣料能迅速熔化成流动性良好的炉渣，覆盖整个熔池液面，使还原期的操作正常进行。因此还原期渣料加入后，需用大的电压通电化渣 5 ~ 10min，待炉渣泡沫化以后，根据熔池的温度调整送电挡位。在石灰熔化以后，就要迅速地加入炭粉、碳化硅粉、硅铁粉、电石或者精炼渣进行扩散脱氧造渣。还原剂的加入量以炉顶冒出浓烈的白烟为标准。炉内冒出的烟尘呈灰白色，说明这时还原脱氧的气氛良好，是白渣或弱电石渣；炉内冒出的烟尘淡，呈黄色，这时炉渣也是黄色，说明还原脱氧不好，需要补加脱氧剂。当加入炭粉或硅铁粉时，炉内冒出的黄烟就立即转变成灰色或黑色的烟尘，说明炉内此时又增加了脱氧的还原气氛。但是加进去的炭粉、硅粉数量是否足够，是否能使渣子由黄色变成白色，还有待于继续观察烟尘的颜色，要让灰白色烟尘能持续一段时间才算合适。炉龄后期，炉子密封条件较差时，要适当多加还原剂，而且炉渣变化较快，更要注意及时调整。

还原期进行到一定时间后，还原剂的作用完了，这时还原反应就不会再进行。此外，炉外空气不断进入炉内，破坏了炉内还原气氛。要维持炉内还原气氛和炉渣还原作用的继续进行，就要不断地补加还原剂，即经常均匀地加入炭粉、硅铁粉。但每次加入量不能过多，要根据渣况不断补加，避免来不及还原而使钢水增碳、增硅。加入后至出钢的间隔时间也不宜过短，否则炭粉和硅铁粉还未作用完全，也会使钢水增碳、增硅。因此，正确地加硅、加炭粉能使钢液脱氧良好，对钢的质量有好处。在还原期造白渣时，如果炉外空气随意进入炉内，炉内气体氧化性增加，使渣钢进一步氧化，从而使加入的还原剂作用降低，还原渣不易造好，也不易保持。为了使炉外空气不进入或少进入炉内，保持炉内有足够的还原气氛，在还原期应注意将炉子密封好。封闭包括关闭炉门、盖严炉盖等。

431. 采用加电石的还原操作如何控制？

有时候为了缩短还原时间，采用加电石还原的方法。加电石以后，如果炉内冒出的烟尘浓，颜色发灰黑，说明炉内还原气氛很强，是电石渣；在加电石还原时，炉内温度越高，加入的电石反应越大，火焰喷出就越激烈；反之，温度越低，加入的电石反应就越慢，喷出的火焰也就越弱；炉渣较稀，加入的电石首先使渣子起泡，这样电石被炉渣裹住，不能立即起反应，因此喷出的火焰就较弱。渣子黏，加入的电石不起泡沫，而且电弧光很强，促使电石立即和炉渣起反应。所以渣子越黏，电弧光作用越强，喷出的火焰就越强，并有许多大颗粒炭一起向外喷出。这时还原操作要考虑及时调整，否则容易使炉渣过灰造成电石渣，造成操作被动。

432. 白渣法与电石渣法操作的优缺点分别是什么？

白渣法与电石渣法操作的优缺点有：

（1）白渣成渣速度快，电石渣成渣速度慢。

（2）白渣脱氧速度较慢，电石渣脱氧速度较快。

（3）白渣增碳程度小，电石渣增碳程度大。

（4）白渣易与钢液分离，电石渣不易与钢液分离，易玷污钢液。

（5）白渣还原时间短，电石渣还原时间长。

433. 还原期的渣量如何控制？

还原期的渣子主要是吸收钢水中的有害杂质硫及夹杂物。脱氧、脱硫都是通过渣子进行的。渣量大，炉渣还原情况稳定，使钢的脱氧、脱硫效果良好，提高了钢的质量。另外，炉渣也起着保护钢水的作用，防止钢水吸收气体。渣量大，出钢时渣钢保证同出，互相冲洗，进一步去硫并减少钢水二次氧化，净化钢水。渣量过少渣况就不稳定，忽黄忽灰，脱氧作用差，有时盖不住钢水面（特别在推渣搅拌时），这样就使吸气增加。但渣量过大，会延长冶炼时间，增加电耗，并且渣料中带进的水分也会增多，会降低钢的质量。还原期的渣量控制在 9 ~ 15kg/$t_{钢}$ 较合理。

434. 还原期的脱硫如何操作？

还原期脱硫是电炉炼钢的优点之一。还原期能将钢中的硫去除到很低的程度。操作中造好低氧化亚铁、高温、高碱度和良好流动性的还原渣，适当增大渣量，加强搅拌钢水和推渣操作，以加速渣钢界面之间的反应，尽量多地将硫去除。此外出钢过程中也能够去硫，这是去硫操作的重要组成部分。操作中要保证白渣出钢，将出钢口扒大，渣流动性要好，必要时在炉门前面，使用扒渣耙子向后推渣，以利于先出渣，然后出钢，渣钢混出，快速出钢，钢包尽量放低，使渣钢充分搅拌，增加渣钢接触面，有吹氩条件的，边出钢边吹氩，效果更好。能够最大限度地将硫去除。特别需要说明的是，在炉渣呈现白渣以后，脱硫持续 10min 以后，熔池内部的硫仍然高于 0.05% 以后，要考虑换渣操作脱硫，即扒出大部分还原渣，再次造还原渣脱硫。

435. 为什么高碳钢比低碳钢容易脱硫？

在相同的炼钢温度下，由于高碳钢碳含量高，所以钢中与碳相平衡的氧含量要比低碳钢低，这点对脱硫有利。另外，在相同温度下，高碳钢的钢水流动性要比低碳钢好得多，所以高碳钢的钢水与渣子反应要比低碳钢容易进行。因此，在实际生产中高碳钢比低碳钢容易脱硫。

436. 什么叫重氧化？

重氧化是指还原期取样分析，发现钢液中的碳含量或者其他成分的含量高于钢种规格要求而不能正常出钢，被迫向炉内重新吹氧进行脱碳或者氧化成分超标元素的操作。

437. 还原期的碳高如何处理，如何预防？

还原期碳高的解决办法只能是吹氧降碳，即重新氧化。根据吹氧的时间不同，要取样进行碳成分的分析，直到碳达到规格，再重新还原。

还原期碳高的防止方法：

（1）氧化期做好脱碳工作。

（2）氧化期取样分析要有代表性。

（3）不准在废钢铁料没有完全熔清时就扒渣进入还原期。

（4）加高碳铁合金时，增碳问题要慎重考虑，留有余地；还原期不要造强电石渣，以免增碳。

（5）作为扩散脱氧剂使用的炭粉不要集中加入，避免炭进入钢水造成增碳。

（6）加电石还原时，注意炉渣不要太稠也不要太稀，由于这两者都易增碳。

（7）避免电极头断落于钢水中，造成增碳。

438. 还原期磷高以后如何处理，如何预防？

炼钢过程中在氧化期完成去磷任务，进入还原期以后，如发现磷超过成分控制的0.03%以上就得重新氧化，可吹氧并且加小块矿石及石灰重新造氧化渣去磷（注意温度不要太高），或者扒除部分还原渣以后再进行氧化加矿去磷。当磷降低后，扒出全部炉渣，重新造还原渣。

防止还原期磷高的方法：

（1）在熔化期、氧化期做好造渣去磷工作。

（2）必须做到高温沸腾，及时流渣，不要使炉内留渣过多。

（3）扒渣、除渣必须干净彻底。

（4）不许带料氧化及扒渣。

439. 还原期的取样如何操作？

取样的目的就是帮助工人掌握某一时刻钢液的温度和化学成分，以便对操作起指导作用，所以取的样子必须反映出熔池中比较真实的情况。电炉炼钢的特点就是熔池各部位的温度和成分是不均匀的，所以，取样前首先要充分搅拌熔池，使之尽量均匀。氧化期脱碳量较大时，也可以省略人工搅拌的操作。由于人工搅拌不能完全消除熔池温度、成分的不均匀，因此，为减少因取样部位不同带来的误差，要求每次取样部位基本不变。取样部位一般是在炉门至正中间电极（2号电极）中间，熔池深度的三分之一左右的位置上。目前取样有两种方法：一种是取球拍样，氧化期使用脱氧的球拍取样器，还原期使用不脱氧的取样器；另外一种是使用样勺取样，使用样勺取样前，要在样勺上均匀地粘一层渣子。另外，取温度样时还要求取出的样勺表面上覆盖一层熔渣，否则就难以正确计算结膜的开始时间。同时在取出过程中样勺内钢水散热很快，增加了测温的误差。还原期要求在白渣或灰白渣下取样分析，因为炉渣发黄或发绿就说明渣中还有较多合金元素尚未还原，这时取钢样分析，结果就会偏低。以后随渣色变白、灰白，渣中合金元素被还原进入钢中，钢水成分还会改变。如渣色过灰（指强电石渣），取样时炉内增碳反应还在继续，钢水碳含量尚不稳定，且有时样勺内钢水也有可能被炉渣增碳而使分析不正确。所以，还原期要求在白渣下或弱电石渣下取样，并且取样温度要合适，取样前熔池要经过推渣搅拌。

440. 采用样勺结膜秒数表示熔池温度的原理是什么，可靠吗？

样勺内钢液结膜秒数是指在炉渣正常的情况下，用凉样勺粘好渣子，从炉内取出一满勺钢水（样勺钢水上要有炉渣覆盖），然后拨开渣子，用秒表记录勺内钢水面开始结膜的时间，以示钢水温度高低。这个时间实际上是勺内过热的钢水在空气中冷却到开始凝固所需的时间。钢水温度越高，它的热量越大，钢水结膜越慢，结膜秒数就越多；反之，温度越低，结膜秒数就越少。所以当炉渣情况良好时，结膜秒数能大概地反映钢水温度高低。但是这个测温方法要受到许多外界因素如样勺粘渣的厚薄、勺温、渣覆盖情况、气温、风速以及合金元素的影响，它并不是十分精确的测温方法。例如，当样勺粘的渣子厚一些（如炉渣较黏）或反复多次粘渣，或用红热样勺舀取钢水，那么样勺中钢水冷却就较慢，结膜秒数看上去很高，但实际温度可能不高，用秒数来计算就不准确。而当渣子很稀或样勺没有粘好渣子，勺里粘的只是薄薄一层渣子时，样勺中钢水冷却就较快，结膜秒数看上去不高，但实际温度可能很高，也不准确。当样勺粘着钢水，那么钢水冷却更快，一下子就结膜了，用秒数来计算就更不准确。生产中往往会产生这些假温度现象，因此不能绝对用秒数来表示温度，而只能用它来大致反映钢水温度。

441. 电炉测温取样前为什么使用耙子搅动熔池?

电炉测温取样前搅动熔池，能促进合金元素的扩散，使得钢液的成分均匀化，避免取样偏差；同时也使得钢液的温度通过钢液的流动实现温差的相对减少，减少低温钢或者高温钢的风险。

442. 电炉搅动熔池使用的耙子如何制作?

采用圆钢头部焊接一个直径 5 ~ 15cm 的钢球或者实心的铁器，然后再在还原渣或者氧化渣中间粘渣，渣子完全地包裹头部和铁杆的前面 40cm 左右的部分以后，就可以使用，用力压入熔池搅拌熔池。需要注意的是，使用 1 ~5min 以后，就要取出冷却，防止钢渣熔化，造成耙子被熔化，还有粘氧化渣的耙子不能够在还原期使用，以减少成分控制的难度。

443. 还原末期达到什么条件才能出钢?

还原末期达到以下条件才能出钢：

（1）钢液的成分全部达到控制含量的要求；

（2）钢液温度已进入所炼钢种的出钢温度范围；

（3）钢液脱氧良好；

（4）炉渣为流动性良好的白渣。

444. 电炉的出钢如何操作，有何注意事项?

电炉在成分和温度调整好了以后，就可以出钢。电炉的出钢操作的注意事项有：

（1）出钢前要切断电源，升高电极，特别是靠近出钢口的那根电极，避免出钢过程中受钢水的侵蚀使得钢水增碳。

（2）做好炉盖和出钢槽的清洁工作，从出钢口至出钢槽要尽量平整，保证钢水流畅，防止散流而增加钢水的二次氧化。

（3）出钢口要掏大，保证钢渣同时流出，当出钢口处有较黏的渣子堵塞时，要把渣子推入炉内。掏出钢口时，要将石灰等物扒到出钢口外，不要推进出钢口内或者出钢槽内，避免污染钢水。

（4）出钢时一般要求先出渣，或者渣钢同时出，还有要求最后出渣的，这要和冶炼的钢种工艺结合。

（5）出钢摇炉速度不要过慢，防止二次氧化吸收大量气体，但也不宜过快，以免钢渣从出钢槽上溢出，或钢渣冲击钢包壁造成渣钢飞溅，增加二次氧化和吸收有害气体。出钢的要求一般要保证出钢脱硫的效率，摇炉子的操作要与行车操作配合好，避免摇炉过猛使出钢槽碰坏，或者行车来不及调整钢丝绳的高度，与电极碰在一起，出钢时要有专人指挥行车调整钢包接钢的高低和前后的位置。

445. 冶炼含硼钢在出钢前插铝，然后加入钛铁的作用是什么？

冶炼含硼钢在出钢前插铝，然后加入钛铁的作用是脱氧固氮以提高硼的回收率。

446. 电炉出钢过程中能够脱硫吗，如何提高脱硫率？

电炉出钢可以脱硫，并且在正确的操作下效率较高。

合理的出钢操作是：电炉出钢前将出钢槽清理干净，保证出钢口较为宽松，造好流动性较好的白渣，出钢首先出渣，然后出钢，进行钢渣混出，增加钢渣界面，有条件的可以一边出钢一边吹氩搅拌。

447. 为什么中注管的高度要比钢锭模加帽口的总高度还要高些？

钢水经由中注管进入各锭模。只有当中注管高于各锭模时，钢水才能充满锭模，以保证钢锭有正常的浇高。另外，也只有中注管稍高一些，才能保证它对各锭模内的钢水有一定的压力，以补充缩孔，获得致密的钢锭。

448. 电弧炉模铸使用哪些主要设备？

电弧炉模铸使用的主要设备有钢包、中注管、锭盘、钢锭模、保温帽等。

449. 保温帽的作用是什么？

保温帽内的钢水凝固较慢，它可以降低进入帽口的钢水的冷却速度，保证这部分的钢水能够最后凝固，起到补缩钢锭锭身的作用，减少缩孔和疏松。

450. 影响钢锭模使用寿命的因素有哪些？

钢锭模的寿命与材质、构造、生产工艺以及管理和使用等因素有关。在生产中又以管理与使用方法为重要的影响因素。具体因素有：

（1）不合理冷却；

（2）脱模时间；

（3）模底漏钢；

（4）使用和周转时间；

（5）锭模尺寸。

第七章　现代电炉冶炼操作

451. 现代电炉的冶炼步骤是怎样的?

现代电炉的冶炼步骤分为:

(1) 开炉前设备的检查，包括电气，机械，仪表，介质(水、氧气、煤气、氮气、压缩空气、氩气)等。一切正常后，即可开始做冶炼的准备。冶炼前必须将电极吊装完毕。

(2) 挂料篮准备加废钢。通知行车工挂配好料篮。

(3) 加料的操作。加料的操作顺序为：摇平电炉炉体—前倾支撑锁定—后倾支撑锁定—按下桌面的加料开始按钮，或者启动屏幕上的自动旋开炉盖的程序—旋开炉盖加料。按下按钮或者点击屏幕上的加料开始后，将自动出现：电极全部上升到最高位、炉盖随后提升到最高位和门架旋转自动解锁后旋开。炉盖完全旋开后行车就可以进行加料操作。加料结束后按下加料结束按钮或者操作屏幕旋进程序对话框后旋进炉盖。

(4) 送电操作。降下炉盖到最低位后，闭合隔离开关，然后闭合断路器后，按自动送电按钮或手柄送电，有时候是直接按下电极自动下降按钮即可。

(5) 冶炼开始的连锁解除。

(6) 送电吹氧冶炼。

(7) 熔池完成熔化，吹氧冶炼 10 ~ 25min，温度合适，测温取样。

(8) 温度、成分合适，根据成分范围，配好合金渣料。

(9) 开进钢包车，电炉断电，操作台转换到出钢的位置，打开 EBT 出钢，出钢过程中按照工艺加合金和脱氧剂、渣料。

(10) 出钢结束，回摇炉体结束一炉钢的冶炼。

452. 电炉开第一炉的冶炼操作有哪些关键的步骤?

电炉开第一炉冶炼过程的关键操作和步骤如下:

(1) 总装入量。第一炉的总金属装入量为公称容量的基础上增加 20 ~ 25t，以保证留钢量为 10 ~ 15t，出钢量保证达到公称容量的吨位。

(2) 第一炉不加铁水。由于炉体气体含量高，需保持较大的脱碳量，故第一炉电炉配碳量要求大于 1.00%。使用全废钢冶炼，分三次加料操作。

(3) 第一篮料加总装入量的 55% 左右的废钢，并加入部分渣料(其中小切头 30%，其余为轻型废钢)；第二料篮加 45% 左右的轻型废钢；第三料篮加入 15% 左右的轻型废钢和 30% 的生铁及相应渣料。

(4) 将料装入炉中时，要注意料筐不要太低，以免砸坏炉底，特别要指挥好行车，避免料筐绳等刮带炉衬砖、水冷炉壁等设施。

（5）装完料后，要将伸到炉壳外的废钢铁料推入炉中而且废钢不能与上部的水冷炉壁外侧有接触，以免连电起弧打漏炉壁。

（6）第一次料和第二次料冶炼期间严禁吹氧；第三次料装入完毕，在形成一定深度的熔池后，可以开始炭/氧喷吹。供氧量遵循由低到高的原则，在未形成良好的泡沫渣前，不宜大流量供氧。

（7）原则上，新炉子的供电升温速度要缓慢，以确保炉衬能够得到良好的烧结。第一篮切头基本上熔化完之后，炉内熔池基本形成之后，第一篮料送电时最高挡位不得超过4挡（建议使用低挡供电），待炉料基本熔化完后再加第二篮料。第二篮料送电穿井结束之后，应停电60min左右对炉底捣打料进行烧结。烘烤炉体的曲线如图7－1所示。

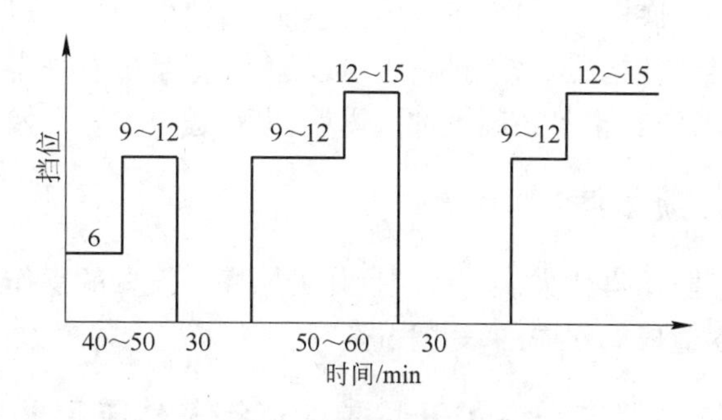

图7－1　烘烤炉体的曲线

（8）新炉子第一炉出钢温度应控制在1650～1680℃之间。

（9）其他操作参照“电炉的冶炼工艺”执行。

（10）冶炼第一炉的时候，要对各种设备的运行情况进行检查，并确认处于良好状态。如发现问题要及时处理，电极短时要更换等。

453. 电炉冶炼的加料操作主要注意事项有哪些？

电炉冶炼的加料操作主要注意事项有：

（1）装料前，首先要核对料篮号，确认料篮号与所炼钢种及炉号一致。

（2）加料前，必须将炉门完全关闭，防止加料时钢渣从炉门喷出。

（3）加料前，应将炉子摇至±0°位置并锁定，除尘滑动烟道降至最低位，炉盖及电极升起并完全旋出，使炉膛完全打开。

（4）加料前，提前用行车将料篮吊至电炉炉前上方，待炉盖旋出后迅速将料篮对准炉子，将料篮降至其底部距炉子上沿约50mm处，用行车副钩将料篮打开向炉内加入废钢。

（5）当入炉炉料高于炉壳上沿而影响炉盖旋转和炉盖下降时，应用料篮进行压料处理，然后将炉盖旋回。压料时必须有人指挥，防止碰坏设备，严禁用炉盖挤压炉料。

（6）装料以后，炉沿上散落的废钢要清除干净，避免炉盖下落不平损坏提升机构、折断电极和损坏炉盖及水冷盘进出水管。并防止废钢与炉盖之间起弧，造成炉盖损坏。

（7）一旦料篮退出到炉子外面且炉沿上清理干净后，应立即将炉盖旋回并盖上，以减少热量损失。

(8) 电炉加料时，除了行车工（行车遥控操作时）和电炉行车指挥人员以外，严禁任何人员在炉前区域逗留，同时打开警铃和警灯以示警告。

(9) 电炉加料时，必须将电炉主控室窗户前的卷帘门放下，以免发生意外事故。加料完全结束后方可将卷帘门升起来。

(10) 电炉加料时，若行车处于遥控操作，严禁行车工站在正对炉门的平台位置上，以免发生意外。行车工应站在炉前出渣操作台一侧。

454. 直流电炉对于渣料的加入有何要求？

对于渣料采用料篮加入方式的直流电炉来讲，由于渣料的导电性能差，为了防止石灰或者白云石加入时堆积在底电极，发生不导电的事故，直流电炉的渣料加入控制在第二批料加入。在有合适的留钢量的情况下，一批料也可以加入，但是带有一定的不稳定性。采用炉顶加料系统加料的电炉，渣料也是在废钢加入以后，电炉送电冶炼开始以后加入的。

455. 什么叫做连锁条件？

连锁条件是指为了防止操作失误，按照操作的顺序，设置的操作先后顺序和必须满足的条件，防止人为失误造成的损失的一些程序。

456. 常见的电炉加料前允许旋开炉盖的连锁条件有哪些？

电炉加料前，炉盖允许旋开的主要连锁条件如下：

(1) 炉盖在最高位或者给定的位置。

(2) 电极在最高位。

(3) 门架旋转锁定解锁。

(4) 短路器断开。

(5) 前倾支撑锁定。

(6) 后倾支撑锁定。

(7) 液压系统正常。

在炉盖旋开过程中，可能出现加料开始按钮按下后，或者屏幕启动后不响应的问题，可以手动操作。

457. 炉盖旋开、旋进过程中出现的问题有哪些？

炉盖旋开、旋进过程出现的常见问题有：

(1) 炉盖旋出后电极或者炉盖由于泄压以后下降，可通知钳工处理或者手动捅液压阀门，把炉盖捅回最高位，解决完毕后再旋转炉盖。

(2) 加料后炉体倾角由于加料发生变化，可以利用事故回摇手柄把炉体摇平，这个手柄一般装在出钢桌旁边，用来在事故状态下回摇炉体。

(3) 炉壳法兰边上有加料时的废钢，可通知炉前工清理。

458. 允许炉盖上升或者下降的连锁条件有哪些？

炉盖上升或者下降的连锁条件如下：

（1）门架锁定。
（2）门架、炉盖处于闭合状态。
（3）前倾支撑锁定。
（4）后倾支撑锁定。
（5）电极不在最低位。
（6）液压正常。
（7）短路器断开。

459. 送电操作的顺序和连锁条件有哪些？

降下炉盖到最低位后，闭合隔离开关，然后闭合断路器，按自动送电按钮或手柄送电，也可直接按下电极自动下降按钮。在此期间，闭合断路器的连锁条件主要如下：
（1）液压系统正常。
（2）炉盖在最低位。
（3）门架锁定。
（4）炉体的倾动角度小于2.8°（不同的炉型，规定不一样，可以调整程序）。
（5）电力系统无跳闸。
（6）没有选择电极松放操作。

此外，水冷盘的温度、SVC等条件也在连锁范围，如果出现了，需要一一消除确认后，才可以送电。在送电过程中，可能出现电极下降后某一相不起弧，可以检查炉料是否含有不导电物质。如果有，可在该相电极下加导电性能好的废钢消除。

460. 电炉的测温取样何时进行？

电炉的测温取样时间可以参考炉内情况，根据泡沫渣时间或者电耗决定。泡沫渣时间在12～25min之间，全废钢电耗在350～400kW·h/t之间，兑加铁水的电耗可以根据兑加铁水的比例确定。取样的温度要合适，一般大于1560℃，炉内废钢基本熔清以后，取样才会有代表性。

461. 全废钢的供电曲线如何制定？

全废钢冶炼供电曲线的制定以最大可能输入电能为宗旨，以缩短冶炼周期。典型的一种全废钢冶炼供电曲线如图7－2所示。

462. 热兑铁水情况下的供电曲线如何制定？

热兑铁水的情况下，根据供氧强度的情况和热兑铁水的多少，供电曲线的制定以缩短熔化期为前提。铁水加入量少，脱碳期间尽量以最大功率供电；铁水加入量较多，以较小的功率供电，增加电弧对于熔池的搅拌能力，促进脱碳。总之，热兑铁水的供电曲线力争实现供电的电能和化学热结合合理配合，做到脱碳结束，供电任务也结束为最佳。某厂的热兑铁水的供电曲线如图7－3所示。

463. 热兑铁水为什么不能够在加入废钢前加入？

电炉出钢以后，炉内有留渣和留钢，渣中和钢中含有的氧化铁相对较多。热兑铁水以

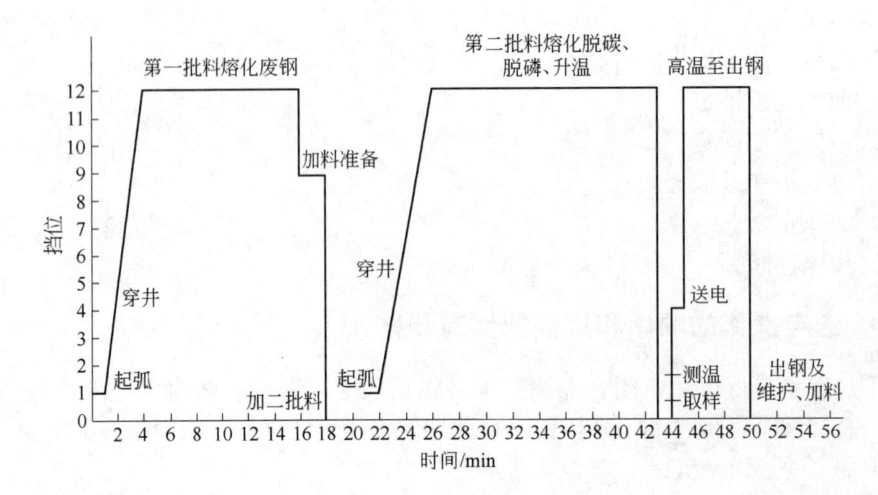

图 7-2 典型的一种全废钢冶炼供电曲线

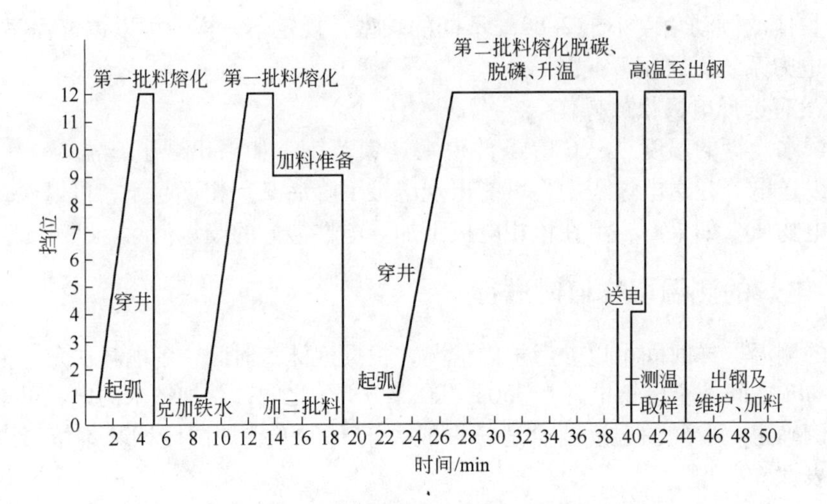

图 7-3 某厂的热兑铁水的供电曲线

后，铁水和留钢、留渣中的氧化铁和溶解的自由氧反应，会引起喷溅，钢渣从炉门等区域溢出，造成事故和浪费，因此不能够在废钢加入前兑加铁水。在留钢和留渣的量很少，或者留钢和留渣的温度很低，已经凝固的条件下，也可以首先加入铁水。

464. 电炉进入熔化期和氧化期以后常见的问题有哪些，如何应对？

电炉进入熔化期和氧化期可能出现的问题有：

（1）水冷盘温度过高或者报警后跳电，可降低送电档位，如果断路器跳电，待水冷盘温度下降后合闸送电。

（2）炭氧枪喷炭不正常，特殊情况下可以人工加入发泡剂。

（3）喷炭造成泡沫渣高度不合适，过高或者过低。泡沫渣能够完全埋弧就可以，如果过高可以降低发泡剂的喷吹量，防止炉渣溢出炉壁枪进枪孔或者其他部位，过低可以考虑降低吹氧强度，或者增大喷炭量。

（4）炉门料没有熔化，可以通知叉车清理或者采用炉门自耗式氧枪吹扫清理。

465. 电炉出钢的基本条件有哪些?

电炉出钢的基本条件有：

（1）温度和成分满足冶炼钢种的要求。

（2）炉内无明显的冷却和未熔化的废钢。

（3）液压系统正常。

（4）吹氩系统正常。

（5）打开 EBT 滑板的气动系统正常。

（6）钢包车在出钢位。

（7）前倾和后倾支撑解锁。

（8）电极在中部位置。

（9）炉盖在最低位。

（10）旋转门架锁定。

（11）短路器断开。

钢包到位后可以手动出钢，为了防止意外，将事故倾动阀门打开备用。

466. 电炉的出钢方式有哪几种，如何操作?

电炉出钢时可选择手动出钢或者自动出钢。手动出钢时，一人操作出钢，一人观察控制钢流。观察的目的是防止出钢过程不正常情况的出现，如下渣。出钢操作者在出钢到接近出钢目标左右的钢水量的时候可报数提醒，考虑到安全，出钢至公称容量的吨位可准备结束出钢。选择自动出钢时，在出钢条件全部满足以后，激活出钢操作台，打开出钢滑板以后，按下自动出钢按钮，程序会按照出钢车上钢水称量的吨位变化倾动炉体出钢。达到出钢吨位以后，炉体自动回摇，结束出钢动作。

467. 电炉出钢过程中可能出现的问题有哪些，如何处理?

电炉出钢过程中可能出现的问题和相应的处理措施有：

（1）EBT 滑板打开出钢不自流，可以进行烧氧处理。

（2）合金加料系统出现故障，在此情况下，可以人工加入脱氧剂与合金。

（3）倾动故障，即炉体倾动手柄不起作用时，可以使用事故手柄回摇炉体。

（4）出钢过程中，脱氧正常的情况下，钢包内沸腾严重。这种情况下可以考虑减少吹氩甚至停止吹氩，如有增碳操作，必须立即停止增碳，采用铝脱氧或者其他强脱氧剂先脱氧，再增碳。

468. 直流电炉出钢时造成失误，如何消除底电极不导电的事故?

直流电炉出钢时，消除底电极不导电事故的方法有：

（1）有铁水的条件下，可以先加铁水，然后加废钢，举例如下：

2002 年 2 月 12 日，冶炼一炉钢结束出钢后，发现炉内钢水出空，四个底电极出现孔洞，并且上方有高黏度炉渣覆盖，为了防止底电极不起弧，此时刚好有铁水供应，加入 6t

铁水后送电，底电极电流显示正常。

（2）没有兑加铁水的条件下，平台下常备1～2个起弧电极。在没有铁水的情况下，发生此类事故，就直接放入起弧台架帮助起弧。

469. 直流电炉出钢以后，钢渣进入底电极造成底电极不导电如何处理？

直流电炉出钢以后，钢渣进入底电极造成底电极不导电，只有利用化学热熔化熔池内底电极上部的钢渣，促进电导率的增加，直至消失，典型的处理案例如下：

2001年7月3日，70t电炉冶炼一炉钢出钢后，由于对于金属收得率的判断失误，出钢时没有留钢，加入废钢后送电，发现1号和2号底电极有电流，但是偏小，3号和4号底电极无电流，无法正常冶炼。采用加入5t左右的焦炭，吹氧操作，熔池熔清后，再次吹氧，并且持续强行送电，处理1h后，测温，在1560℃后送电时底电极电流显示正常，冶炼正常进行。

470. 直接还原铁配加铁水的操作要点有哪些？

直接还原铁配加铁水的操作要点有：

（1）不同产地的直接还原铁中脉石含量不同，大量使用时要注意渣料石灰的加入量，避免炉渣碱度低造成冶炼过程的脱磷化学反应不能达到成分控制的要求。

（2）热兑铁水冶炼时，直接还原铁在第一批料随废钢铁料一起加入，并且采用较大的留钢量，对于优化脱碳、脱磷操作十分有利。

（3）使用直接还原铁要注意提高入炉料的配碳量，如果配碳量不足，会造成直接还原铁形成冷区，不容易熔化。由于碳可以降低铁素体的熔点，合适的配碳量会帮助熔池尽快形成，有利于消除直接还原铁的大块凝固现象。一般情况下，直接还原铁加入量在20%～30%之间，配碳量保持在1.2%～1.8%之间。低于20%的直接还原铁，配碳量控制在0.8%～1.5%之间是合适的。这种方式有利于炉渣的早期形成和促进脱碳反应的速度，脱磷效果好，缩短了冶炼时间。原因是直接还原铁中的氧化铁促进了石灰的早期溶解和增加了渣中氧化铁的含量。实践中铁水加入比例与直接还原铁加入比例的最佳比例为3.5∶2。

（4）热兑铁水配加直接还原铁冶炼时，尽可能地使用最大的功率送电，有熔池形成时就进行喷炭操作，促使泡沫渣埋弧冶炼，尽快提高熔池的温度。

（5）吹氧冶炼期间，要注意吹氧的操作和送电的操作，从炉门放渣的时间要尽量晚一些，脱碳反应开始以后，要来回间歇性地倾动炉体，利用脱碳反应的动力促使熔池内部的冷区消熔。

（6）冶炼过程中，铁水的比例小于20%，直接还原铁的加入量在10%～30%之间，冶炼的电耗将会增加15～50kW·h/t，所以铁水加入比例较小时，直接还原铁的装入量要偏下限，以便于快速提温和缩短冶炼周期。热装铁水的比例大于30%以后，装入量控制在中上限，有利于增加台时产量。

471. 直接还原铁配加生铁冶炼的操作要点有哪些？

直接还原铁配加生铁冶炼的操作要点有：

（1）全废钢冶炼时，直接还原铁的加入量要控制在30%以内，最佳的加入量要根据熔池的配碳量来决定。配碳量加大时，直接还原铁的加入比例可以大一点，反之亦然。

（2）电炉的留钢量要偏大一些，直接还原铁的加入不能加在炉门区和EBT冷区。料篮布料时，废钢首先加在炉底，再加直接还原铁，当直接还原铁加入量较大时，应该分两批加入。

（3）加入废钢铁料的配碳量要控制在1.2%～2.0%之间。炉渣的二元碱度要保持在2.0～2.5之间。

（4）装入量要控制在公称装入量的中限以下，以利于熔池快速提温。

（5）冶炼过程中，在有熔池形成时，就要考虑进行喷炭操作，以降解渣中的氧化铁含量，营造良好的泡沫渣埋弧冶炼。在有脱碳反应征兆出现时，可以根据冶炼的进程调节喷炭的速度。

（6）直接还原铁容易在炉壁冷区和熔池靠近EBT出钢口的附近沉积，在脱碳量不大、熔池温度较低时，形成难熔的“冰山”，所以出钢温度要保持在1620～1650℃之间，出钢前还要仔细观察炉内的情况，防止冷区的存在引发事故。

（7）在没有辅助能源输入的时候，或者熔池升温速度较慢的阶段，最好少加或者不加直接还原铁。主要是因为冶炼过程中熔池温度较低时，碳氧反应开始得较晚，低温阶段铁会大量氧化加入渣中，在渣中富集以后流失，增加了铁耗，在熔池温度升高以后还有可能导致大沸腾事故的发生。

472. 加入直接还原铁对脱碳和氧耗的影响有哪些？

配加直接还原铁以后，由于直接还原铁带入一定量的氧化铁会促进炉渣的熔化，提高脱碳速度，冶炼的氧耗有所下降，下降的值为0.5～3.5m^3/t。

473. 加入直接还原铁对渣料的影响有哪些？

实际上，直接还原铁带入的脉石与废钢带入的杂质含量是差不多的，有时候甚至比废钢带入的要低。所以配加直接还原铁以后，对于渣料的影响不大，直接还原铁的加入比例在30%以内，渣料的加入量不会显著上升，有时候还可以有所下降。

474. 加入较多的直接还原铁冶炼对电极消耗的影响如何？

配加直接还原铁冶炼时，电极的消耗有所上升。这主要是由于通电时间增加以后，增加了电极的消耗。

475. 低碳含量的直接还原铁大量适用于全废钢冶炼吗，为什么？

碳含量较低的直接还原铁不适合于没有废钢预热的电炉全废钢冶炼，因为直接还原铁含有氧化铁，传热效果也不好，会增加冶炼电耗，延长冶炼周期。

476. 生铁的优点有哪些，供氧强度一般的电炉能否大量使用？

冷生铁具有金属化率较高、易于保存和运输、杂质含量低的优点，目前普遍地应用于电炉的生产，采用废钢加生铁的料型结构是目前大多数短流程企业的基本料型结构。由于生铁中碳含量较高，因此，生铁加入量过大，会引起熔清后碳高，需要花时间脱碳，会延长冶炼周期，故供氧强度一般的电炉不宜大量使用。

477. 冷生铁配碳冶炼时的基本特点有哪些?

冷生铁配碳冶炼时具有以下特点:

(1) 冷生铁的导热性不好,所以加入时要注意尽量避免加在炉门和出钢口附近,给冶炼操作带来困难。配料时生铁的加入应该加在料篮的中下部最为合理,这样可以利用生铁碳含量较高的优点,及早形成熔池,不仅有利于提高吹氧的效率,而且会提高金属收得率。如果加在炉门区,一是加料后堆积在炉门区的冷生铁很有可能从炉门区掉入渣坑,造成浪费;二是影响了从炉门区的吹氧操作;三是会影响取样操作,或者取样的成分没有代表性。冷生铁加在出钢口区,会发生堵塞出钢口的事故,或者出钢时,未熔化的生铁在等待出钢的时间和出钢过程的这段时间内发生熔化以后,导致出钢增碳现象,引起成分出格的事故。

(2) 一般来讲，冷生铁的配入量在装入量的20% ~65%之间，自耗式氧枪吹炼方式下的配加比例为20% ~45%，冶炼低碳钢取中下限，冶炼中高碳钢取中上限。超声速氧枪吹炼模式下的冷生铁的加入量在40% ~65%之间，具体的比例可以根据与之搭配的废钢的条件来定。超声速集束氧枪吹炼条件下的配加比例最多可以增加到70%。统计表明，生铁加入量在超过40%以后，生铁的比例每增加5%，金属的回收率将会提高1% ~1.6%。我们在超声速炉壁氧枪和炉门自耗式氧枪复合吹炼条件下，生铁配加废钢，生铁的比例在60%时，金属总体收得率达到平均95%以上，冶炼时间没有延长。

(3) 使用冷生铁配碳冶炼优质钢的炉次，在冷区会出现软熔现象，即第一次取样与第二次取样的结果偏差较大，包括磷、碳，尤其是磷。这种现象在自耗式氧枪吹炼的条件下尤其明显。供氧强度较大的超声速氧枪或者超声速集束氧枪吹炼模式下，这种情况会有所好转。所以用生铁配碳冶炼时，终点取样温度应该在1580 ~1630℃之间。出钢前从炉门仔细观察炉内是否有未熔化的冷废钢是必须的。

(4) 加入较高比例的冷生铁冶炼时，保持炉内的合适的留渣、留钢量是促进冶炼优化的关键操作。

(5) 有些生铁含有较高的硅和磷，在加入生铁比例较高的冶炼炉次时，要根据生铁的成分合理地配加渣料石灰，防止冶炼过程出现磷高和频繁的沸腾现象。笔者多次在实际操作中遇到这种现象：在石灰称量秤误差较大时，因为石灰加入量不够，出现过磷高的事故，而且冶炼中随着脱碳反应和冷生铁的不断溶解，炉内不断发生剧烈沸腾，发生从炉门溢出钢水的事故，经过后来的化验分析证实，这是由于加入的冷生铁硅含量和磷含量严重超标，石灰加入量的偏差较大造成的。

(6) 冷生铁表面具有许多不平的微小孔洞和半贯穿性的气孔，有利于脱碳反应的一氧化碳气泡的形成，有利于脱碳反应的进行。在废钢资源紧张的地区，利用铁水和冷生铁一起配碳，不会延长脱碳的时间和冶炼周期。其中铁水占30%，生铁占35%的比例搭配，在实际操作中的效果最佳。

478. 利用高比例配加生铁冶炼的优点主要有哪些?

利用高比例配加生铁冶炼的优点主要有:

（1）有利于调整配料的结构，减少电炉加料以后料高压料的几率。

（2）有利于提高化学能的利用比例，降低电耗。

（3）有利于提高钢铁料的收得率。

（4）有益于钢液质量的提高。

（5）较高的配碳量和冶炼过程的剧烈沸腾，可以消除电炉炼钢过程存在的冷区。

（6）可以稀释入炉废钢内有害元素的含量。

479. 哪些情况下要减少生铁的加入量?

有些废钢含有较高的抑制脱碳反应的元素，如硅、锰、磷，这类废钢大量使用时，要注意减少生铁的比例，减少脱碳操作的难度。此外，废钢配料车间的料坑，在经过一段时间后要进行清理，料池底部的废钢条间比较复杂，经过化验和分析，料池底部的碎料一般杂质元素含量较高，而且附带的非金属料较多。所以，在清理料池底部的时候，要注意减少生铁的加入量，并且适当地增加石灰的加入量，因为在这种情况下，会出现炉渣碱度不够，出现磷高和脱碳困难的问题，需要特别注意。

480. 现代电炉配碳的作用有哪些，范围有多大?

脱碳反应是电炉炼钢过程中最重要的化学反应，脱碳反应在炼钢过程有以下最主要的作用：

（1）脱碳反应的热效应是最主要的化学反应热，为电炉炼钢提供了必要的化学热。

（2）脱碳反应在熔池进行后，提供了冶金反应的主要动力学条件，可以搅动熔池传热，加速冶金反应的传质速度，成倍地提高反应速度。对于消除电炉炼钢的冷区起着决定性的作用。

（3）配碳可以降低铁素体的熔点，促使熔池尽快形成，对于缩短冶炼周期有积极的意义。

（4）碳优先于铁和氧反应，采用合适的配碳以后，脱碳反应有利于降低铁的吹损，有利于提高金属收得率。

（5）熔池内部脱碳反应产生的一氧化碳气泡是电炉脱除氢、氮的最经济、最有效的手段。

（6）脱碳反应是搅动熔池运动，促使熔池内大颗粒夹杂物上浮，被炉渣吸收去除，提高粗炼钢水质量的保证。

（7）脱碳反应产生的气体是超高功率电炉泡沫渣操作的主要气源。

所以，超高功率电炉冶炼过程中的配碳和脱碳是电炉炼钢最重要的环节之一，也是冶炼纯净钢的必需手段。配碳量一般控制在0.6%～2.8%之间。

481. 电炉配碳过低有何负面影响?

电炉配碳过低会有以下负面影响：

（1）钢铁料的吹损将会增加，金属收得率降低。

（2）由于脱碳反应的沸腾作用减弱，电炉冷区残留冷钢的几率加大。

（3）冶炼过程的软熔现象增加，取样分析波动大。

（4）冶炼过程的泡沫渣不容易控制。

（5）由于脱碳反应的化学热减少，因此冶炼电耗增加。

（6）粗炼钢水的质量得不到保证。粗炼钢水中的氢含量和氮含量以及夹杂物的数量偏高。

（7）由于电耗的增加，导致通电时间延长，冶炼周期也随之增加。

（8）通电时间的延长导致电极消耗增加。

（9）渣中氧化铁增加，会给炉衬带来负面影响。

482. 电炉配碳过高有何负面影响?

电炉配碳过高将会带来以下负面影响：

（1）脱碳时间增加，冶炼周期延长。

（2）炉渣熔化时间延长，由于成渣速度慢，造成吹损增加。吹氧脱碳的反应会增加钢渣乳化现象发生的几率，增加炉渣中的全铁量，导致金属收得率降低。

（3）熔池中碳含量较高，渣中氧化铁含量将会降低，从而影响脱磷反应，容易造成碳高和磷高的现象。

（4）操作不容易控制，容易出高温钢。

（5）长时间剧烈的脱碳反应会加剧钢水对于炉衬的物理冲刷，影响炉衬寿命，在炉衬使用的中后期，脱碳反应剧烈和高温钢是导致炉体穿钢的主要因素。

483. 熔池内碳含量的控制如何从烟道的火焰进行判断?

可以根据不喷吹炭粉时烟道内出现的火焰判断熔池的碳含量：

（1）碳含量大于0.8%以后，烟道火焰一般呈现浓烈的黑色或黑黄色。

（2）碳含量在0.5%～0.8%之间，烟道内火焰强烈，并且出现黄色或者黄白色。

（3）碳含量在0.1%～0.3%之间，出现乳白色或者乳黄色，火焰有力。

（4）碳含量低于0.10%以后，烟道内的火焰飘忽不定，软弱无力。

484. 如何根据炉体的倾动角度判断熔池的碳含量?

脱碳反应产生的一氧化碳气泡，可以起到气泡泵的作用，增加熔池的钢液高度，碳高时这种现象明显，故吹氧脱碳的过程中，炉体倾动的角度的不同可以作为判断熔池碳含量多少的参考，但是不能替代化学分析。具体的方法为：在相同的吹氧的条件下，如果熔池内碳含量不同，供氧强度相同，脱碳的速度却不相同，不同的脱碳速度造成熔池内钢液沸腾后，钢液面的高度也不相同，熔池内沸腾剧烈，炉体向出钢方向倾动，说明碳含量较高。如果炉体能够向出渣方向倾动得足够低，说明熔池内碳含量较低。

485. 超声速氧枪冶炼过程的特点有哪些，如何使用好超声速氧枪?

超声速氧枪冶炼过程中，大多数情况下渣中的氧化铁含量比自耗式氧枪吹炼过程的低，成渣速度比较慢，所以吹炼过程中要求将吹渣和化渣作为重点对待。此外，由于超声速射流具有较大的冲击动能，在过吹条件下钢中可以溶解大量的自由氧，造成钢中溶解氧过多引起的沸腾。我们用定氧仪实测的钢中最大氧含量超过0.16%以后，熔池会产生氧含量过高引起的沸腾，这种沸腾容易引起炉衬侵蚀严重，钢水质量恶化，甚至会出现废品和从炉门溢钢水的事故。所以要控制好吹氧的量，在造泡沫渣的过程将脱碳、脱磷反应与送电有机地结合起来。水冷超声速炭氧枪操作程序主要有以下几点：

（1）在下列条件下将炭氧枪插入炉内：

1）全废钢冶炼时，第一次加料送电后，待炉门区废钢被氧油枪或氧燃喷枪加热发红，吨钢电耗达到9.0kW·h/t左右时投入吹氧。加铁水冶炼可以根据具体情况迅速使用。

2）全废钢冶炼，第二次加料结束送电后，炉门区废钢被氧燃喷枪加热发红，二批料电耗达到7.0kW·h/t左右时进行吹氧操作。加铁水冶炼可以根据具体情况迅速投入使用。

（2）操纵炭氧枪，将氧枪从炉子氧枪孔或者炉门插入炉内，直至枪头接触到废钢堆，将炭氧枪退回300～500mm。避免氧枪和废钢接触，防止射流反射烧坏枪头，以及枪头和废钢之间起弧烧坏枪头。

（3）当炭氧枪开始插入炉内时，一般使用低流量的供氧模式，这种模式的供氧强度一般为1800～4500m^3/h。

（4）当炉膛内有熔池出现时，可以根据具体情况逐渐增加供氧强度，使用中等流量的供氧工作模式，此时供氧强度一般为4300～6800m^3/h。

（5）熔池强化脱碳使用时，可以选择使用最大的供氧强度脱碳，氧枪的进枪长度应该参考脱碳反应的碳火，碳火浓烈时可以适当地退枪或者降低供氧强度来平稳地控制炉内反应的均衡进行。脱碳反应速度较慢时，可以适当进枪，并且增加供氧强度，用来提高脱碳反应速度，最大的供氧强度一般在6800～8500m^3/h之间。

（6）如果操作过程中，炉渣发泡高度过高，可以考虑控制喷吹炭粉的量，适当地把枪从炉内退出一段距离。

（7）泡沫渣的控制主要是依靠喷炭来实现的，如果炭枪枪口堵塞，应该及时清理。

（8）只要炭氧枪处于炉内，喷炭孔要始终保持有压缩空气或氮气吹出，防止堵塞喷炭孔。

（9）超声速水冷氧枪的枪头可以接触发泡良好的炉渣，但是不能和钢水长时间接触。

486. 超声速氧枪吹炼时的负面影响主要有哪些？

超声速氧枪吹炼时的负面影响主要有：

（1）超声速射流冲击作用造成枪体的结钢渣现象时常发生，严重时钢渣的飞溅使其在烟道附近大量聚集，将水冷壁与上炉盖粘在一起，影响了旋开炉盖加料操作的顺利进行。

（2）配碳量较高时，炉渣返干现象普遍。在脱碳速度最大的时候，泡沫渣容易发泡，甚至从炉壁或EBT附近溢出。冶炼后期熔池碳含量较低时，泡沫渣的高度不足，不能满足长弧、高功率输入的要求。喷吹炭粉控制不好时，一罐炭粉（1500kg左右）会出现不够冶炼一炉钢的现象，给冶炼造成被动。炭粉喷空以后需要二次充填或者需要人工从炉门加发泡剂炭粉。

(3) 渣料加入量过大时，加入的渣料不容易充分地溶解，石灰和白云石的利用率较低，在一些炉次，渣料在氧枪射流的作用下，聚集在 EBT 冷区，影响 EBT 的填料操作。渣料加入量过小时，容易出现乳化现象。

(4) 在炉渣碱度合适的情况下，有部分炉次的脱碳任务完成以后，脱磷的任务仍然没有完成，需要进一步的脱磷操作，给冶炼造成被动。

487. 超声速氧枪吹炼条件下高比例配加冷生铁的冶炼操作有哪些要点?

随着废钢资源的萎缩，目前电炉的挑战之一就是废钢铁料的短缺和料型情况的恶化，采用高比例配加生铁冶炼的手段，用来提高钢水质量，也是一种选择。由于超声速氧枪的脱碳速度在 0.05% ~0.10%之间，因此，生铁的加入量的比例保持在 45% ~65%之间是比较合适的。超声速氧枪吹炼条件下的主要操作要点如下:

(1) 出钢采用较大的留钢量和留渣量，以利于在第一批废钢入炉后，炉底废钢料迅速发红，以提高吹氧的效率。

(2) 废钢和生铁，特别是生铁的加入量，主要加在第一批料内，加入量为配入生铁总量的 70% 以上，如果料型允许的情况下，生铁在第一批料全部入炉，效果会更好。第一批料的总配料量占总量的 65% 以上。这样做的优点在于可以尽快地在炉底形成熔池，有利于吹氧的操作。一批料的送电操作要尽可能快地输入最大功率的电能。

(3) 超声速氧枪在有局部熔池形成后就要进行脱碳的前期操作，吹渣 2min 左右，开始脱碳操作，脱碳开始的特征是烟道内有明显的碳火出现。这种模式的操作，既保证了炉渣的熔化，覆盖已经形成的熔池，有益于减少吹炼过程的飞溅损失，而且可以提高脱碳速度，利用脱碳反应产生的一氧化碳气体实现炉膛内的二次燃烧，有利于节电。

(4) 第一批料尽可能地熔化充分一点，以减少二批料加料后，料高炉盖旋不进来的现象。也有利于二批料加料后氧枪的尽快使用。

(5) 渣料的加入要保证炉渣二元碱度在 2.0 以上。加入第二批料后，前期送电要最大功率，吹氧操作以尽快能够脱碳为努力方向。脱碳反应开始后，可以根据泡沫渣的情况调整喷炭量和送电挡位，并且适当地来回倾动炉体。由于脱碳反应是一个串联的二级反应，在这个过程中，反应有时候很剧烈，有时候减弱，在减弱一段时间后，又会剧烈，这是由于生铁传热差，在冷区不容易熔化造成的。在取样前，将炉体倾动在出钢方向并保持一定的吹炼时间，是很必要的。此外，加在炉底的生铁表面是脱碳反应的产物，也是一氧化碳生成气泡前气泡形核的最佳区域，有利于超声速氧枪吹炼下的脱碳反应的进行，这一点只不过需要炉渣的碱度作保证。炉渣的二元碱度保持在 2.0 ~3.0 之间，钢渣间的界面反应对于脱磷和脱碳有积极的促进作用。

事实上，在全废钢冶炼时，生铁的最大比例保持在 65% 左右，冶炼时间周期没有明显的延长，金属收得率和钢水的质量大幅度提高。在有热兑铁水的条件下，我们采用 10% ~25% 的铁水比例，另外配加 30% ~45% 的生铁，冶炼效果也非常理想，脱碳速度和最大挡位送电之间的配合和衔接也比较好。

488. 超声速氧枪在吹炼热兑铁水的炉次时缺点是什么？

超声速氧枪具有较强的穿透钢渣界面的能力，但是石灰溶解的速度较慢，炉渣参与传质的作用减小了，此外超声速氧枪极其容易造成炉渣、钢水炉气三相间的乳化，乳化现象一发生，就会导致钢渣混合物从炉门溢出进入渣坑，这是造成脱碳困难和铁耗高的主要原因。在某种程度上，超声速氧枪的脱碳速度比自耗式氧枪要快，但是超声速氧枪吹炼条件下的脱碳操作受影响的因素比较多，而且会产生脱磷与脱碳不能兼顾优化的矛盾，在热兑铁水生产时，这种矛盾时常会更加突出，主要体现在以下方面：

（1）超声速水冷氧枪脱碳具有一定的局限性。特别是在炉役中后期，炉底较深时，由于超声速氧枪的枪位最低位置是固定的，因此射流穿透钢渣的作用受到限制，钢渣之间的界面反应能力受到抑制，在临界碳含量范围内容易造成碳高，部分炉次的氧化期吹炼过程中，会出现吹炼时没有碳氧反应的征兆——碳火的出现，有的甚至出现了大沸腾事故，影响铁水热兑比例的提高。

（2）超声速氧枪在热兑铁水吹炼时，时常有炉壁黏结钢渣现象严重、炉沿升高、影响炉盖旋转、泡沫渣生成速度较慢的缺点，造成部分炉次碱度正常、脱磷效果不好的现象。这在一定程度上也影响了热兑铁水比例的提高。

（3）脱碳困难时，为了防止大沸腾现象，送电搅拌熔池，造成高温钢的次数较多。

489. 超声速集束氧枪的操作要点有哪些？

超声速集束氧枪根据不同的炉料组成、冶炼工艺以及钢种的变化等情况，系统设置一般有 5 种以上操作模式，主要有自动模式和手动模式两种，手动模式主要在特殊情况下使用。控制系统能执行安全生产所需的逻辑控制，并可提供故障诊断和报警指示。采用自动模式，系统可以根据以下主要信息，在不同阶段实行不同的操作控制：

（1）输入电炉内的电耗。

（2）冶炼结束出钢的信号。这个信号可以从出钢滑板拉开给出的滑板限位信号给出，也可以从炉体的倾动最大角度的信号给出，以及其他典型的代表出钢操作的信号给出。

（3）送电起弧的信号。

（4）加料的信号。

（5）加料次数的信号。这可以从炉盖旋开次数，由旋转编码器给出，也可以人工输入。一般的模式分为：

1）停止模式——停炉时使用，使得系统处于关闭状态。

2）保持模式（又称维持模式）——使用压缩空气、燃气或者氮气吹扫，保持烧嘴正压，防止堵塞。

3）低氧吹炼模式（又称低焰模式）——废钢预热。

4）中氧吹炼模式（又称中焰模式）——废钢切割和熔化。

5）高氧吹炼模式（又称高焰模式）——升温，脱碳，喷嘴速度为 2 个马赫数，额定供氧能力一般为 20～30m^3/min。

与之相关的喷炭系统也有 4 种喷炭模式，即高、中、低、停止四种模式。喷炭系统的模式选择是根据泡沫渣和熔池中的碳含量来决定的，选择较高的喷炭量主要是为了降低渣中氧化铁的含量，降低铁耗。喷射器的操作控制是采用设在电炉操作室的操作台上的电脑或者控制面板，根据工业以太网采集的数据进行的。在自动模式下，当加料完毕，炼钢工在操作台（或者电脑）上启动烧嘴模式的启动键，集束喷射器根据电耗值，以烧嘴模式进行操作，助熔炉料。炉料熔化后期，采用中氧模式的穿透性火焰。炉料熔清之后，采用超声速氧枪的脱碳模式，喷射器会自动切换到吹氧脱碳模式。

490. 电炉使用超声速集束氧枪的基本要点有哪些？

为了保证氧枪系统的安全和冶炼过程中综合成本的降低，这种规程对于操作工来讲是很必要的，主要有以下几点：

（1）在电炉冶炼以前，仔细从电脑画面检查氧枪系统的各类气体介质的压力、冷却水系统的压力和流量以及温度，从现场检查系统管路和阀站的密封性和可靠度，各种参数必须满足工艺要求才能够冶炼。

（2）废钢的配加要注意，不能把大块难熔的废钢加在氧枪系统的枪头正前方，防止氧枪吹炼过程中的气流反射，引发烧枪事故。

（3）第一炉的冶炼前，氧枪系统处在吹扫状态，防止枪头的堵塞。等到送电一段时间，电炉内废钢的温度达到550℃以上，才能够开启氧枪的辅吹气体，以低氧状态对废钢进行助熔，待炉内废钢熔化60%左右，电炉内出现熔池以后才能够切换到中氧状态进行吹炼，在炉渣形成以后就必须立即进行喷炭操作，流量根据冶炼的具体情况进行调节。

（4）高氧吹炼状态对于炉底耐火材料的侵蚀影响比较大，所以在配碳量较高时才能够使用，熔池内碳含量不高时，采用中氧吹炼，以降低钢水的过吹几率。

（5）测温取样以及出钢时，为了保证安全，氧枪系统必须保持在维持吹扫状态。

（6）氧枪系统的水冷箱温度是判别氧枪安全使用的重要参照物，冶炼过程中必须密切注意，发现问题及时处理。

（7）冶炼过程中，如果某一支氧枪出现堵塞，漏水以后，就要停止使用该枪，禁止氧枪带病作业。

（8）在停炉和检修时，氧枪系统必须首先进行辅吹气体和氧枪主管路进行吹扫以后，才能够停止系统，进入检修或停炉状态。

491. 超声速集束氧枪吹炼条件下如何提高铁水的热兑比例？

超声速集束氧枪吹炼时合理地提高铁水热兑比例的主要措施如下：

（1）合理地控制装入量，使得熔池在脱碳反应最剧烈的时候，钢水不至于从炉门溢出，影响冶炼时间。

（2）定期控制和修补好炉底，使氧枪的射流能够合理地进行脱碳操作，消除炉底过深，影响射流脱碳的效果。

（3）铁水的加入比例控制在40%~60%之间，合理地进行送电操作，对于炉渣的熔化比较有利，相应地减小了操作难度。

（4）采用炉门氧枪作为辅助的吹炼手段，弥补超声速集束氧枪吹炼时的缺陷。

（5）炉渣的碱度控制在2.0~2.5之间，可以防止大沸腾事故，提高脱碳速度，对于冶炼比较有利。

（6）在铁水供应充足的时候，高比例的铁水配加返回的渣铁、粒钢和氧化铁皮，可以降低冶炼过程中温度控制的难度，降低铁耗。

492. 超声速集束氧枪吹炼铁水（配加生铁）加入比例较大的炉次存在哪些困难?

超声速集束氧枪由于具有较长的射流长度，能够轻易地将氧气射流吹入钢液内部，在钢液内部强化熔池的搅动，促进脱碳，在临界碳含量范围，也具有较大的脱碳速度，所以铁水的热兑比例较大，一般最高可以达到70%。但是在铁水热兑生产时，由于选择性氧化的作用，超声速集束氧枪吹炼过程的主要问题在于：

（1）乳化现象比较多。这在铁水兑加比例较大，废钢炉料中的杂质含量较高，炉渣碱度不够，或者加入的石灰过多但是没有完全溶解的情况下出现。这种现象的出现导致炉门翻钢水进入渣坑，造成铁耗增加，出钢量下降。

（2）装入量不当时，会造成炉门翻钢水，在炉底较深、留钢量不大、装入量偏小时，会造成氧化期结束时熔池成分的碳高，吹炼效果将会下降。

（3）铁水比例大于50%以后，缩短了送电时间，石灰的利用率下降，泡沫渣的质量下降，由于脱磷的效果取决于冶炼中炉渣的泡沫化程度，因此脱磷的速度减慢。冶炼过程中脱碳的任务结束以后，还要进行吹渣脱磷，增加了冶炼操作的难度。

（4）铁水比例过大，吹氧过程造成烟道和炉沿结渣现象严重，对于炉盖旋开加料形式的电炉，会影响炉盖的旋转，从而影响台时产量。

（5）铁水比例过大，对于炉衬的危害较大，特别是上炉壳和下炉壳接缝处，以及氧枪的配置点，容易产生漏渣和穿钢的现象。

（6）铁水的热兑比例过大，脱碳速度过快，对于炉衬的冲击比较明显，不利于炉衬寿命的提高。

（7）在废钢条件较差时，脱碳反应速度也会降低，甚至出现大沸腾事故。

493. 炉门自耗式炭氧枪的基本操作有哪些要点?

炉门自耗式炭氧枪的基本操作要点有：

（1）电炉加料结束后，应尽早将炉门炭氧枪旋转到位，并调整好喷枪的长度及角度，以便尽早将炭氧枪投入使用。

（2）电炉冶炼不加铁水时，正常供电5min（或供电2MW·h）之后开始使用炉门炭氧枪供氧进行切割废钢的操作；第二篮料加入之后，可以在送电的同时立即用炭氧枪进行供氧操作。在炉门区两侧有氧燃烧嘴的电炉，废钢加入以后也可以立即使用氧枪工作。

（3）采用兑铁水操作时，铁水加入后可立即用炉门炭氧枪进行供氧。如果加料前进行过补炉门操作，则在加第一篮料时禁止使用炉门炭氧枪。

（4）开新炉时炭氧枪供氧操作应该在全部废钢加入后使用，并且控制好供氧强度，尽量避免供氧强度过大的吹氧操作。

（5）喷炭操作一般在炉料完全熔化之后进行。严禁炉料完全熔化之前用炭粉打火进行废钢切割操作。

（6）炉门炭氧枪前期用于切割炉门区域的废钢，清理炉门以便炭氧枪尽快到达钢水熔池，因此前期供氧强度不得太大，以免火焰反射回来损坏水冷炉壁。一般氧气流量选择在最大流量的50%左右，随着氧枪插入深度的增加可逐步加大氧气流量直至最大流量。这时两支炭氧枪应有分工，一支枪左右摆动切割废钢，另外一支枪则不断进枪，以便尽快到达熔池进行脱碳操作。

（7）电炉熔清后炭氧枪主要用于造泡沫渣，此时炭枪也开始启动。这时两支氧枪都采用最大供氧量（也可以根据实际情况适当调节），一支氧枪插入钢水中，而另一支氧枪则插入渣层中，同时将炭枪插入渣层中以进行泡沫渣操作。

494. 炉门自耗式氧枪吹炼条件下高比例配加生铁的操作要点有哪些？

由于自耗式氧枪吹炼过程中，脱碳速度在0.03%～0.06%/min之间，脱碳速度较慢，所以生铁的加入比例在20%～45%之间，操作要点如下：

（1）料型结构采用第一篮料的加入量占总加入量的50%以上，生铁加入量占总加入生铁量的60%以上。这样做的优点在于可以减少压料时间和调整料型结构。

（2）根据电炉熔池的深度，保持合理的留钢量和留渣量。熔池较浅时，留钢量控制在5～10t之间；熔池较深时，留钢量控制在7～25t之间。变压器容量较大的电炉还可以继续增大留钢量。这样做的目的除了保护炉底耐火材料以外，主要是为了提高吹氧的效率和实现早期脱碳。

（3）石灰加入量要保证在氧化后期，炉渣的二元碱度在2.0～2.5之间，石灰和白云石的量根据冶炼过程中渣况做动态的调整。需要说明的是，我们在实践中的统计分析证明，炉渣的碱度不够，不仅影响泡沫渣的质量，而且容易引起炉渣乳化，影响脱碳反应速度，操作不当还会导致大沸腾事故的发生。

（4）第一批料入炉后，供电尽可能采用最大功率输入电能，以保证最快的速度在炉底形成熔池。

（5）第一批料入炉以后，炉体向出渣方向倾动到一个合适的角度，倾动角度以炉门区不溢出钢渣为原则。炉门枪的操作采用两支吹氧管伸入到有熔池形成的区域吹氧，或者一支枪伸入到熔池吹氧，另一支枪切割废钢的操作模式。这样做的优点是可以实现早期脱碳，减轻氧化期的脱碳压力，并且可以利用脱碳反应的放热加速废钢的熔化，有利于降低电耗和铁耗。

（6）一炉钢的废钢铁料全部入炉以后，供电也尽可能采用最大功率送电。炉门枪的初期操作与一批料的操作相同，全部废钢有60%以上熔清后，一支枪向钢渣界面吹氧，另一支枪吹渣操作，以促进炉渣的早期熔化。这种做法的必要性在于除了保证脱磷以外，还可以减少吹损，防止炉门翻钢水现象的发生。在此阶段，供氧强度的模式选择保持在中间的模式选择上（一般的吹氧操作，吹氧模式有3种以上的选择）。

（7）泡沫渣的操作可以选择早期脱磷，兼顾脱碳，中后期强化脱碳的顺序。炭粉的喷吹控制应该以保持炉渣充分泡沫化为目的，炉渣泡沫化良好时，可以采用点动喷吹炭粉或者停止喷吹炭粉的操作。在良好的泡沫渣保持5min左右，有脱碳反应的特征出现以后，供氧模式采用最大模式，以强化脱碳反应的操作。熔池内部脱碳反应的基本特征是：停止喷吹炭粉以后除尘弯管有黑色或者强烈的黑黄色火焰，有时候为黄白色火焰出现，或者炉门与炉盖处有明显或者强烈的火焰出现。

（8）高比例配加生铁的泡沫渣脱碳操作中，由于熔池中前期碳含量高，炉渣容易出现返干现象，因此强化脱碳期间，控制喷吹炭粉很必要。通电功率要根据脱碳反应速度做调整，脱碳速度较快时，可以提高送电功率，避免后期过吹；脱碳速度较慢时，可以降低送电功率，避免碳高以后出高温钢。

（9）由于脱碳反应是一个串联反应，因此脱碳期间，不断合理地倾动炉体是促进脱碳反应的必要操作手段，也可以达到促进冷区生铁熔化的目的。

（10）取样的温度要控制在1580～1630℃之间，出钢温度也要控制在1590～1650℃之间。取样和出钢前要观察炉内是否完全熔清，是很必要的。

（11）脱碳反应结束后，出钢前成分中碳含量的控制为：低碳钢出钢终点碳含量应该控制在低于钢种成分下限0.02%左右，中高碳钢控制在低于钢种成分下限0.05%左右，防止生铁没有完全熔化在出钢过程的增碳。

495. 自耗式炭氧枪的喷炭位置应该在何处为宜，炉门炭氧枪在炉门区喷炭对吗？

炭氧枪的喷炭应该以埋弧为目的，在距离电极较近的安全区域喷炭，形成泡沫渣埋弧。在炉门区喷炭，炉渣的泡沫化区域在炉门区域，一是不利于埋弧，二是容易造成炉门区域积渣。

496. 喷炭操作为什么要进行点动喷吹？

炭氧枪造渣的时候，喷炭量过大，会还原渣中的氧化铁，造成渣中的氧化铁含量偏低，导致炉渣的流动性变差，淤积在喷炭区，影响脱碳、脱磷效果。此外，从另外的角度讲，喷炭量过大，发泡高度过高，质量过剩，会增加冶炼的成本。点动喷炭可以减少喷吹炭粉量，降低成本，因此，喷炭操作一般采用点动喷吹。

497. 电炉冶炼过程中，炉门区有大块废钢，如何处理？

电炉冶炼过程中，炉门区有大块废钢，吹炼时氧气射流遇到大块，会发生严重的钢铁料飞溅出炉门、烧坏设备、伤人等事故，钢铁料消耗也会增加。炉门出现有大块废钢，在熔池形成大部分时，可以使用叉车将大块推入熔池，也可以使用合适的氧气流量，避开大块吹渣，尽快形成泡沫渣，待泡沫渣包围住大块，再使用氧枪切割大块。

498. 温度对泡沫渣质量的影响有哪些？

温度是保证炉渣熔化的基本条件，渣料熔化以后，炉渣或者熔池中有碳氧反应进行，炉渣就可以泡沫化，温度对泡沫渣的影响比较小。这里需要强调的是碱度为2.0～3.0之间的炉渣，在温度逐渐升高后，特别是温度大于1650℃以后，泡沫渣的质量会出现明显下降的现象，这也成为操作工判断熔池温度的一个基本常识。

499. 喷吹炭粉对泡沫渣质量的影响有哪些？

喷吹炭粉主要产生两个方面的作用：一是降低渣中氧化铁的含量，提高泡沫渣的黏度，提高泡沫渣的质量；二是喷吹炭粉与渣中的氧化铁反应生成一氧化碳气体，为炉渣发泡提供气源。目前，喷吹炭粉主要由两种方法生产：一是石油化工行业的副产品石油焦，经过粒化后使用；二是由焦炭粒化后使用。经过不同厂家的使用效果来看，石油焦由于杂质少、粒度小，使用后的发泡效果比使用焦炭为原料的喷吹炭粉效果好。

500. 低碱度泡沫渣的冶炼效果有何特点？

炉渣的流动是层流，而钢液的流动是湍流，这是对于炉渣碱度和成分都比较理想的炉渣而言的，对于低碱度的炉渣来讲，炉渣的流动是处于湍流与层流两种状态。一般来讲，我们从实践中得出的结论和理论分析是积极吻合的，炉渣碱度低于1.8以后，炉渣的流动性变差，物化反应能力减弱，炉渣对于钢水的覆盖作用减弱，冶炼时的飞溅严重，炉壁、炉沿结渣严重，不仅影响了冶炼结束以后进行炉盖旋转出去以后的加料操作，而且金属收得率降低，无法正确地确定金属的收得率，导致出钢下渣，钢中的夹杂物含量和气体含量明显高于正常炉次。表7－1是典型的质量较差的泡沫渣渣样分析。从表7－1中可以看出，较差的泡沫渣一是碱度不够，二是渣中全铁含量高，渣中氧化镁含量低。

表7－1 典型的质量较差的泡沫渣渣样分析

石　灰	白云石	SiO_2	CaO	MgO	TFe	炉渣碱度
3500	200	17.03	21.08	1.37	23.8	1.318262
3500	200	20.32	23.25	2.88	17.08	1.285925
3500	200	17.34	23.15	1.83	23.39	1.4406
3500	200	17.34	23.3	2.1	22.9	1.464821
3500	200	19.17	22.86	3.94	18.32	1.398018
3500	200	15.58	21.01	1.43	27	1.440308

501. 氧化铁含量高的泡沫渣有何危害？

泡沫渣氧化铁含量过高，炉渣出现水渣，这时会出现两种情况：

（1）炉渣的密度增加，喷吹炭粉时，炉渣大量地从炉门流出，造成铁耗增加，自耗式氧枪的枪管在不停地消耗。碳高时脱碳反应不能够进行，或者脱碳反应的速度较慢，这是由于熔池碳在0.2%～0.8%之间时，脱碳反应取决于熔池碳向钢渣界面的传递速度。在这种情况下还会出现大沸腾事故。

（2）熔池中碳含量较低，熔池中钢液溶解氧含量高，喷吹炭粉和渣中的氧化铁产生还原反应，此反应为典型的吸热反应，还会造成反应气体与电弧在远离熔池的地方起弧，形成电极之间的相间起弧现象，起不了加热钢液的作用，浪费了电能，而且不利于消除电炉冷区的冷钢。

所以，造高氧化铁的泡沫渣危害性是多方面的。

502. 氧化镁含量高的泡沫渣有何特点，如何解决？

泡沫渣渣中氧化镁含量超过8%，碱度大于2.8以后，炉渣的黏度会随渣中氧化镁含量的增加而增加。炉渣会淤积在炉门区，增加了清理炉门的工作。操作这种泡沫渣，控制合理的喷炭与吹氧（吹渣，即氧枪枪头离渣面3～10cm短时间间歇性吹氧），采用较大的流量吹氧，对于调整炉渣的黏度会起到一个积极的作用。在下一炉的冶炼配料时，合理地调整石灰和白云石的加入量，可以解决好这种矛盾。

503. 全废钢冶炼时如何使用超声速氧枪控制好泡沫渣？

全废钢冶炼时的泡沫渣的操作主要控制好以下几点：

（1）炉料的配碳量要合理。一般推荐的配碳量在1.0%～2.6%之间，不能超过上限，超过上限后，会增加脱碳的操作时间，配碳量也不能过低，配碳量过低，虽然可以通过减少供氧强度和增加喷炭量实现调节，但是配碳过低会增加吹损，终点碳含量过低的几率也会增加，导致出现水渣。配碳量的大小要根据废钢铁料中的硅、锰、磷的含量决定，这些元素含量较高的时候，就要减少配碳量，增加石灰的加入量。

（2）冶炼时，生铁等含碳量较高的配碳原料60%以上加在第一批料，吹氧操作在一批料熔化到接近熔清前，熔池有明显的脱碳反应出现时进行最好，这主要体现在烟道和炉盖四周有碳火出现。

（3）由于脱碳反应和石灰的溶解反应分别是两个串联反应，因此超声速氧枪吹炼全废钢的一个主要的原则就是，如果氧枪吹炼的热点区出现局部熔池，就要进行喷炭操作，以降解渣中氧化铁含量，使其保持在25%以下，这样会促进石灰的溶解，增加局部熔池的埋弧升温和传质反应，从而改善冶炼的进程，待炉渣充分泡沫化后，根据炉渣的情况，进行吹氧和喷炭，以及送电的调整。

（4）造好全废钢冶炼的泡沫渣的另外一个原则就是掌握好留钢和留渣量。合理地留钢、留渣会提高吹氧的利用率，提高化学热的利用，对于废钢的及早熔化，造好泡沫渣也有着积极的意义。

（5）渣中的氧化铁含量对于渣料的熔化起着决定性的作用。熔化期的后期，熔池的初渣中一般氧化铁含量较高。这是因为此时熔池内的温度较低，脱碳反应没有开始时，铁的氧化量最大，加入的渣料没有完全熔化，氧枪吹炼时产生的大量氧化铁会进入到炉渣中，渣中氧化铁过高，炉渣的密度增加，传质反应的能力减弱。所以熔化期的后期，只要有炉渣形成，就要较早地喷炭，以减少渣中氧化铁的含量，促使炉渣提高发泡能力和未熔的石灰进行进一步的熔化。

（6）在脱碳反应开始后，要控制好喷吹炭粉的流量，调剂泡沫渣的高度。有的厂家介绍的经验认为，熔池碳含量在0.3%以上时，可以不喷吹炭粉。全废钢冶炼时，始终以合适的流量喷吹炭粉，对于稳定地控制炉内的反应气氛，减少吹损还是比较有利的。

（7）一般在冶炼的中期开始适量地放渣，即熔池碳含量在0.3%～0.6%之间，放渣比较容易，在熔池碳含量较低、炉渣碱度偏低时，炉渣不容易从炉门排出，会增加出钢下渣的几率。

（8）单纯的超声速氧枪吹炼，泡沫渣的全面控制有一定的难度，采用复合吹炼方式，泡沫渣的控制会更好。比如炉壁超声速氧枪和炉门自耗式氧枪复合吹炼。炉门超声速氧枪联合炉壁集束氧枪吹炼，或者联合使用具有化渣和脱碳功能的多功能烧嘴。我们在两条生产线上使用的炉壁氧枪与炉门自耗式氧枪复合吹炼，炉门自耗式氧枪和超声速集束氧枪复合吹炼，所取得的效果是很有说明意义的。

(9) 炉渣的最佳碱度控制在 2.0 ~ 3.0 之间，对于全废钢冶炼的泡沫渣控制比较有利。

504. 热兑铁水条件下如何使用自耗式氧枪造好泡沫渣?

热兑铁水冶炼时，泡沫渣的操作方法主要以兑加铁水的比例和总体的配碳量来决定的，泡沫渣的操作要以泡沫渣脱碳、脱磷的时间与送电升温到出钢目标值的时间相统一为最佳。电炉热兑铁水时的泡沫渣操作主要特点有：

(1) 熔化期在兑加铁水以后，氧枪以吹局部熔池为主，达到氧化部分的磷、硅、锰以及脱除部分的碳。如果切割废钢，会导致后期的泡沫渣操作难度加大。

(2) 由于热兑铁水生产时，一般情况下，熔池形成的时间比较快，石灰溶解的时间短，在熔化期结束时，氧枪保持 2 ~5min 的吹渣时间很必要，以保证炉渣的熔化。

(3) 开始造泡沫渣以后，根据炉渣的具体状况，决定氧枪的操作。炉渣较干的时候，两支枪同时以中低流量吹渣，炭粉可以低流量喷入，或者暂时不喷吹；炉渣较稀时，喷吹高流量的炭粉以调剂炉渣的氧化铁含量，氧枪可以降低供氧强度进行吹炼。

(4) 熔池碳含量较高的时候，氧枪要间歇性地有目的地吹钢渣界面，以保持渣中氧化铁的含量稳定。当炉渣呈现波峰状，跳动有力的情况时，说明炉渣的氧化性良好，可以根据炉渣的发泡高度，间歇性地喷吹炭粉，或者一直以低流量的操作喷吹炭粉造渣，氧气以最大的流量吹炼。这样对于兼顾泡沫渣操作和脱碳比较有利。熔池碳含量适中或者偏低的时候，可以按照正常的泡沫渣操作程序操作。

(5) 不同时期的炉型，主要是炉底的深浅和料况的变化对于脱碳反应的影响比较大，对于在不同时期的炉型和料型，要调整铁水的兑加量以及其他的配碳量，调整渣料的量。保持稳定的留钢量和留渣量，对于泡沫渣的操作有积极的意义。

505. 自耗式氧枪吹炼条件下的泡沫渣操作有哪些要求?

自耗式氧枪的优点之一是可以调整吹氧的角度和调整氧枪的枪管长度控制吹炼的反应进程。自耗式氧枪的氧枪枪管和电炉内钢液面之间的夹角，简称吹氧角度。吹氧角度可以通过倾动炉体、调整自耗式氧枪的枪架机械高度和氧枪枪头的高低来实现。冶炼过程中，造泡沫渣的操作期间，要注意氧枪的吹氧角度的控制。吹氧的角度对于造渣和炉门耐火材料的侵蚀速度影响都比较大，对于氧枪的枪管消耗也有明显的影响。由于自耗式氧枪吹氧的氧气射流在离开枪管后是逐渐发散的。因此吹氧角度过大，依靠氧枪氧气的射流引起的钢液内部脱碳的量较少，大角度的吹氧会引起钢液炉渣及反应气体的乳化现象，枪管消耗快，脱碳反应慢，不能满足冶炼要求；角度过小，吹氧的结果可能是钢渣间铁的氧化反应导致氧化铁富集，炉渣水化，脱碳效率低，吹氧的效率低，炉渣由于聚集了大量的氧化铁，容易引起大沸腾事故。所以自耗式氧枪的泡沫渣操作关键之一是控制好吹氧的角度和调整好枪管在钢渣中的长度，良好的操作不仅可以提高吹氧的效率，而且可以提高泡沫渣的质量，全面地影响冶炼的综合指标。操作过程中，氧枪的吹氧角度控制在 30°左右是比较合理的，既可以提高钢渣间的反应能力，又可以使氧气射流保持在对于熔池钢液最佳的射入状态，在钢液表层内部产生脱碳气泡，促使脱碳反应的进行，是控制泡沫渣操作的理想吹氧角度。吹渣操作是指氧枪的枪头离开炉渣一段距离，以一定的角度和氧气流量进行吹氧的操作。氧枪枪管在炉渣内，刻意地调整吹氧角度和流量，使氧枪的射流吹钢渣界面的操作又称吹渣操作。吹渣操作的主要目的是增加渣中氧化铁的含量，促进渣料的熔化以及脱磷、脱碳反应的进行。

506. 全废钢冶炼配碳量较低时，自耗式氧枪的泡沫渣操作有何特点？

配碳量较低的全废钢冶炼采用的电炉，一般变压器的容量比较大，电能输入的速度比较快，而且配备有相应的辅助能源输入的手段，比如氧燃烧嘴和二次燃烧枪等，以便提高化学能的利用和消除电炉的冷区。电炉炉料的总配碳量小于1.0%，这类电炉强调的是产能水平，对于泡沫渣的要求比较高，以满足快速输入电能的要求，这种模式下的泡沫渣操作的特点如下：

(1) 冶炼用的渣料分为两篮加入（直流电炉除外），渣料采用石灰配加白云石为主，这样可以保证渣料在加每一批料以后都有一部分能溶解，参与化学反应，覆盖熔池减少吹炼时的飞溅损失，而且减少了石灰的溶解时间。

(2) 采用合适的留钢量和留渣量。熔化期一支枪切割处于红热状态的废钢，一支枪在电炉的留钢和留渣组成的局部熔池吹氧，或者两支枪全部用来切割废钢，以达到快速加料的目的。

(3) 在炉内废钢熔清60%左右，就开始泡沫渣的操作，两支氧枪根据炉内的具体情况，先进行吹渣操作，以促使炉渣熔化，炭枪开始喷吹炭粉的操作，或者一支氧枪进行吹渣操作，另一支氧枪吹钢渣界面进行早期的脱碳。

(4) 炉体的倾动和氧枪吹氧的角度要紧密配合，以提高吹氧的效率，炭粉的喷吹根据炉渣的发泡高度，进行动态的控制，以保证有较快的脱碳速度。

(5) 脱碳和脱磷的任务一般要求在泡沫渣持续8～12min完成，整个泡沫渣时间控制在15min左右。由于电能输入速度较快，电炉的流渣（又称放渣）操作一般在测温取样的时候，完成60%左右。

(6) 电炉的装入量和留钢量一般是恒定的，波动变化较小，以便于稳定冶炼过程中的操作。

507. 全废钢冶炼配碳量较高时，自耗式氧枪的泡沫渣操作有何特点？

这种情况下，自耗式氧枪的吹氧前期以吹氧助熔为主，熔池底部出现局部熔池以后，向熔池表面的渣面吹氧，争取尽早地化渣脱磷脱碳，依靠碳氧反应的放热促进炉料的熔化和熔池的升温。熔池熔清以后，如果脱碳反应开始，控制好炭枪的喷炭量，以便于渣子中间的氧化铁有合适的含量，促进脱磷脱碳，待脱碳任务差不多的时候，此时的炉渣中间的氧化铁含量也相应地有所增加，炉渣黏度趋于降低，根据送电的电压大小，动态地控制喷炭量，直到冶炼结束。

508. 冶炼过程中出现碳高脱碳时，自耗式氧枪控制泡沫渣的操作要点有哪些？

自耗式氧枪操作下的脱碳反应大多数是以间接氧化为主，即通过渣钢之间的传质反应进行的。碳高以后的泡沫渣操作要注意以下两点：

(1) 脱碳反应和脱磷反应要兼顾，避免脱碳反应结束后磷高，也要避免炉渣乳化后引起的各种不良后果。

(2) 在临界碳含量范围内要注意防止大沸腾事故的发生。

所以，冶炼中出现碳高以后的泡沫渣操作以控制好温度和调整碳含量为主。在临界碳含量以上时，可以降低或者停止送电的功率，自耗式氧枪枪头距离炉渣液面 5 ~ 10cm 进行吹炼 1 ~ 5min 左右，先进行脱磷的吹渣脱磷操作。当脱碳反应开始后根据脱碳反应的程度及时地倾动炉体，调整吹氧角度，为了提高脱碳反应的速度，喷炭量可以做动态调整，减少或者间歇性地喷炭。当熔池中的碳含量在临界碳含量范围（0.2% ~0.8%）以内时，为了增加碳向反应界面的扩散，防止大沸腾事故，最好是通电操作。吹氧时必须喷吹炭粉，调节渣中氧化铁含量，防止氧化铁富集。吹氧角度和炉体的倾动必须紧密配合，吹氧角度或者是通电操作下的 30°角吹炼，或者非通电条件下的大角度吹氧，并且及时地进枪。

509. 超声速氧枪的吹炼条件下泡沫渣控制的普遍特点有哪些？

大多数超声速炭氧枪是布置在炉门，也有的是安装在炉壁，进行冶炼操作。超声速氧枪的氧气射流对于熔池具有较大的冲击动能，具有较强的穿透钢渣界面的能力，脱碳能力较强，其反应可以认为有部分氧气直接进入钢液参与脱碳，脱碳速度大于自耗式氧枪的脱碳速度，实际测量最快可以达到 0.12%/min，控制良好的泡沫渣，渣中的氧化铁含量在 15% 左右，远远低于自耗式氧枪控制的泡沫渣的渣中氧化铁的含量。可以提高铁水的热装比例和配加生铁的比例，以及其他的配碳用的原料，以降低铁耗。超声速氧枪吹炼时，脱碳反应没有开始时，主要是硅、锰、磷和铁的氧化，石灰的溶解也在进行，如果初渣中的氧化铁含量较高，初渣的传质反应也比较慢，所以在炉渣没有形成覆盖住熔池的时候，一般采用低的供氧强度进行吹氧，采用高的供氧强度会增加钢铁料的吹损损失。所以，目前超声速氧枪的吹炼一般设有 2 ~5 个挡位或者吹氧模式，有的厂家为了规范操作，将吹氧模式与送电的输入功率进行连锁，在不同的电耗阶段有不同的吹氧模式或者档位，以不同的供氧强度进行供氧吹炼操作。

510. 超声速氧枪在热装铁水冶炼时如何控制好泡沫渣？

热兑铁水冶炼时，泡沫渣的控制必须与脱碳反应和通电升温有机地结合起来，脱碳的任务必须提前在熔池的温度达到出钢温度要求以前 1 ~5min 完成。控制好热兑铁水泡沫渣的关键在于：

(1) 熔化初期，将炉体向出渣方向倾动，以炉门不溢出钢渣为原则，这样对于炉门式的水冷超声速氧枪或者炉壁水冷超声速氧枪的操作都是比较有利的。在冶炼前期，将吹氧化渣，脱磷放在首位，控制氧枪的枪位，使氧枪的枪头离开熔池有 10 ~50cm 的距离吹氧，吹氧的流量保持在中挡左右，使射流以亚声速冲击钢渣界面，重点进行化渣和脱磷。脱碳任务在炉渣充分泡沫化后进行，脱碳的效率会比较高。实际操作中，枪位的控制以炉顶电极孔处飞溅物不严重为标准。

(2) 在脱碳反应开始后，要根据脱碳反应的情况和炉渣的状况进行控制喷吹炭粉的操作。一般来讲，在临界碳含量范围中上限的时候（0.5% ~0.8%），如果炉渣泡沫化的高度可以满足埋弧的要求，可以减少或者停止喷吹炭粉的操作，因为喷吹炭粉在钢渣中的还原反应属于吸热反应，会影响熔池的升温，增加冶炼周期。在临界碳含量中下限范围（0.2% ~0.5%），要降低枪位，即把氧枪向熔池内移动，进行喷吹炭粉的操作，这样可以减少渣中氧化铁含量，增加金属收得率，降低剧烈沸腾的几率。炭氧枪的进枪长度，根据反应的特征，主要是根据烟道的碳火大小，以及熔池的沸腾程度做机动调整。反应剧烈时，适当地退枪，以维持碳氧反应的正常进行为准。脱碳反应减弱时，进行进枪，使得氧枪的枪头尽可能地靠近熔池吹氧。

（3）实践证明，增加吹氧化渣时间是解决超声速氧枪吹炼条件下，钢渣飞溅损失的有效手段，而且化渣这一段时间也是促使钢中的硅、锰、磷大多数氧化的有利时机，为泡沫渣的控制和脱碳的顺利进行创造了有利条件，脱碳反应又推动了炉渣泡沫化的优化控制，实现了操作的良性循环。

（4）热兑铁水的送电操作，前期以最大的功率送电，使熔池的温度尽可能达到脱碳反应需要的温度范围，然后根据泡沫渣的埋弧情况，综合脱碳反应的程度，决定送电的挡位。实际生产中，超声速氧枪在脱碳速度最快的时候，泡沫渣的埋弧效果并不好，中低挡位送电是合适的，只有在脱碳任务快结束时，渣中氧化铁含量合适时，泡沫渣的埋弧效果才会理想，这时候大功率送电提温也比较符合冶炼的程序。

（5）有关文献介绍，熔池碳含量在0.3%以上时，不必喷吹炭粉进行泡沫渣的操作，这在电炉高比例热兑铁水生产时，是很必要的。

（6）高比例兑加铁水（热兑铁水的比例大于30%）冶炼时，配加直接还原铁或者氧化铁皮，对于优化泡沫渣的操作有积极的作用。

（7）热兑铁水时，炉渣的最佳碱度控制在2.2 ~3.0之间是合理的，也是我们通过大量的冶炼跟踪和渣样分析得到的。

511. 超声速集束氧枪吹炼条件下如何控制好泡沫渣？

超声速集束氧枪吹炼一般采用3 ~4个吹氧点，实行多点喷吹炭粉。由于吹氧的量比较大，一般吨钢的氧耗在40 ~55m^3/t之间，所以渣中氧化铁含量较高。泡沫渣的控制在配碳量合适、炉渣碱度合适的条件下，泡沫渣比较容易发泡。但是存在的问题也会很多，炉渣乳化的几率增加，炉门跑钢水的次数增多，钢铁料的吹损量增加，炉沿黏结钢渣以后上涨。这些现象都要求在解决脱磷和脱碳问题的同时兼顾解决，泡沫渣的控制特点主要有：

（1）保持合适的炉型尺寸，炉底过深时，及时地修补炉底，保证吹炼时氧气的利用率。

（2）炉渣的二元碱度合理的范围在2.2 ~3.5之间。

（3）采用较大的留钢、留渣量，以提高吹氧的效率，促进泡沫渣的及早形成。

（4）采用高氧（或者高焰）脱碳时，最好的时机在炉渣泡沫化较好的时候进行，这样有利于减少吹损和飞溅。

（5）炉渣高度满足冶炼埋弧要求时，要控制喷吹炭粉的流量，加以调剂泡沫渣的高度。泡沫渣高度过高，从炉沿以及其他密封不好的部位流渣，对于仪表的测温线和设备水冷管路的威胁比较大。

（6）装入量要合理，稳定在一个合适的范围，这对于泡沫渣的操作稳定和减少人为干预的次数有利。

（7）由于超声速集束氧枪的吹炼特点和选择氧化的作用，脱磷的反应效果没有自耗式氧枪吹炼时的好，因此放渣操作要在温度接近出钢温度前5min，测温取样的操作结束以后进行。

（8）对于采用热兑铁水比例大于40%的电炉，脱碳反应开始以后，控制好一定的脱碳速度，对于防止炉门跑钢水很有效。

（9）炉渣碱度合适时，发生乳化以后，如果炉门区还处于冷区状态，即炉门废钢还没有化开，可以以较大的氧气流量喷吹，在脱碳反应开始进行以后，乳化现象就会缓解或者消失。如果乳化现象发生后，炉门区有钢渣大量溢出，要及时地采用低氧或者中氧吹炼处理，以减少炉门跑钢水的量。炉渣碱度较低发生乳化现象以后，降低供氧强度进行冶炼是操作的首要选择。

（10）超声速集束氧枪的枪位和吹氧角度是固定的，吹渣操作可以通过调整供氧强度来调节射流的长度，并且倾动炉体，使选择化渣的氧枪射流能够吹在钢渣界面上，实现吹渣操作。超声速集束氧枪的吹渣时间不能太长，否则会引起大沸腾事故。

512. 泡沫渣乳化以后的冶炼效果如何？

泡沫渣乳化后会影响石灰的溶解，增加操作的难度，物理化学反应能力减弱，我们在实践中常常遇到这样的情况，一样的料型结构，一样的渣料加入量，有的班次操作的炉渣渣样分析碱度始终偏低，渣况较稀，究其原因就是因为没有解决好炉渣的乳化现象，炉渣乳化后最直接的是金属的收得率大幅度降低。解决乳化现象的关键在于合理地加入石灰，冶炼初期要注意吹渣操作和控制合理的供氧量以及喷吹炭粉的量。

513. 炉渣出现乳化现象的基本特征有哪些？

炉渣出现乳化现象的基本特征有：

（1）炉渣视觉黏度低，吹炼时炉渣大量从炉门溢出。

（2）无明显较强的脱碳反应，表现在冶炼时烟道无明显的碳火。特别说明的是，即使是大量喷吹炭粉产生的碳火在烟道内表现的飘忽无力，脱碳反应产生的碳火在烟道内比较强劲有力。

（3）自耗式氧枪枪管消耗很快，冶炼进程不容易控制。

（4）炉渣从炉门溢出时伴随有明显的金属铁液滴的火花。

514. 炉渣出现乳化现象以后的主要危害有哪些？

炉渣出现乳化现象以后的主要危害有：

（1）容易造成碳高和磷高，延长了冶炼周期。

（2）乳化渣形成后阻碍了脱碳反应的进行，熔池传热效果差，所以渣温较高，对于炉衬和水冷盘的侵蚀与损害比较明显。我们在70t和110t电炉大量的实践证明，穿炉衬和水冷盘漏水70%以上与炉渣的乳化有直接和间接的关系。

（3）乳化现象发生后，有大量的金属铁随炉渣流入渣坑，降低了金属收得率。

（4）自耗式氧枪的枪管损耗太快，发生乳化现象后，自耗式氧枪很难控制冶炼的进程。

（5）冶炼时间的延长不容易控制温度，容易形成高温钢。

515. 自耗式氧枪吹炼时如何消除已经出现的炉渣乳化现象？

自耗式氧枪吹炼时产生乳化现象后的消除主要手段有：

（1）炉渣碱度足够，乳化现象刚刚出现时，可以减小输入电能的功率或者停止送电，停止喷吹炭粉，将自耗式氧枪的枪头距离炉渣 2 ~ 10cm 吹渣操作，氧气保持中低流量。有脱碳反应的碳火出现，或者炉渣熔化良好时再进行正常的操作。

（2）乳化现象发生的后期，由于炉渣大量溢出，为了保证脱磷，不宜再进行放渣操作。

（3）乳化现象发生后，镇静完毕后吹炼要保持氧枪吹炼角度与熔池钢液面保持 30°，或者为了快速脱碳，氧枪吹炼角度与熔池钢液面保持 45° ~ 60°之间，并且及时地将枪管进入熔池钢渣界面，防止枪管不够后吊吹，形成二次乳化或者发生大沸腾事故。

（4）炉渣碱度在 1.5 左右产生的乳化现象很严重时，应该立即停电，并停止吹氧，将炉体向出渣方向倾动，倒出部分乳化渣后摇平炉体，镇静 2 ~ 5min 后再继续冶炼操作，一般情况下乳化现象会得到消除或缓解。

（5）对于炉渣碱度过低的炉渣出现乳化以后，不论是自耗式氧枪还是超声速氧枪吹炼，除了补加石灰，或者在不补加石灰的条件下，只有降低供氧强度和减缓脱碳速度以外，没有其他更好的处理方法。

516. 超声速氧枪如何消除已经出现的乳化现象？

超声速氧枪吹炼过程中，乳化现象的出现大部分是碳高引起的。在熔化期结束时，炉渣很稀，熔池中影响脱碳反应进行的元素含量较高时，由于选择氧化的作用，脱碳反应被抑制。氧气流股冲击熔池，引起熔池的金属小铁珠大量弥散在炉渣中，造成这种钢渣不分层的乳化现象。这种现象会导致脱碳困难和磷高，吹损会大幅度上升，而且炉役后期会增加炉衬的危险性。所以解决乳化渣的方法主要有：

（1）减低吹氧量，把氧枪从炉内向外退出一段距离，再进行吹渣，直到炉渣大部分熔化后，再增加吹氧量进行脱碳操作和泡沫渣的控制。事实上，当吹渣操作进行到炉渣大部分熔化后，熔池就会出现脱碳反应，乳化现象就会减轻或消除。在这种情况下，强行高强度供氧，只会引起钢水和炉渣从炉门大量溢出，脱碳反应不一定就能够及时出现。

（2）炉渣碱度较低，出现较严重的乳化渣后，不要急于吹炼，可以将冶炼停顿，停止吹氧和送电，待炉渣和熔池镇静后再继续冶炼。重新冶炼时应该以中低供氧强度吹钢渣界面，待出现脱碳反应后增加供氧强度，效果会比继续冶炼好。

（3）如果镇静后重新冶炼，炉渣仍然出现乳化现象，可以继续镇静，并且炉体向出渣方向倾动，倒出少部分的低碱度乳化渣。倒渣结束后，炉渣处于镇静状态，再继续冶炼，效果会进一步改善，如果继续乳化，则继续倒渣镇静处理，再继续冶炼。这是我们多年实践后的经验，也是唯一处理炉渣碱度较低的乳化现象和消除大沸腾现象的一个有效的方法。

（4）出现乳化现象后，要注意出钢量的控制，出钢量要比正常少3% ~10%。

（5）炉渣碱度低引起的乳化现象，就要考虑下一炉次的冶炼时，增加渣料的加入量，降低炉料的配碳量，或者改变废钢铁料的料型结构。如果电炉具有通过高位料仓加渣料的条件，低碱度炉渣出现的乳化现象，可以通过补加石灰以后，进行合理的吹渣操作来消除，操作难度会降低。

517. 炉渣乳化后引起的碳高有何特征，如何处理？

炉渣乳化以后导致的钢渣不分层现象，主要是减弱了钢渣界面间的化学反应能力。出现这种现象以后，自耗式氧枪吹炼条件下的表现是氧枪枪管消耗快，钢渣混合在一起，从炉门流出，没有脱碳反应的明显特征；超声速氧枪吹炼条件下，炉渣大量从炉门夹带着钢水流出，没有脱碳反应的碳火出现，炉渣乳化以后，一是普遍的碳高，二是磷高，三是金属收得率较低。

出现乳化现象以后的脱碳操作，不论是哪一种氧枪的吹炼方式，降低吹氧的强度，适当的吹渣和化渣操作是解决问题的最有效的途径之一。碱度过低时，补加石灰是必要的。

518. 什么叫做相间起弧，如何产生的，有何危害？

相间起弧就是指交流电极两相间因为有电离的气体存在，造成电极和电极之间起弧的现象。主要有以下两种：

（1）超声速氧枪具有较强的脱碳反应能力，脱碳反应速度较快，如果熔池内的碳含量较低时，渣中的氧化铁含量就会急剧上升，当氧化铁含量超过35%以后，炉渣就会出现水渣现象。钢液内部的溶解氧超过0.7%时（定氧仪测定的结果），向熔池大量地喷吹炭粉，渣中的碳氧反应会很迅速，产生大量的二氧化碳气体，迅速从炉渣内排出，导致交流电炉三相电极间的气体电离起弧。

（2）脱碳速度过快，脱碳速度在0.07%/min以上时，脱碳反应的气体主要是一氧化碳，也会导致相间起弧。

发生相间起弧后，提升电极，也很难进行断电操作，因为此时高压负载处于带负荷状态，只有降低送电功率。相间起弧的危害主要体现在：

（1）相间起弧会损害电极和小炉盖的使用寿命。

（2）相间起弧输入的电能50%以上是无效的，增加了冶炼电耗。

（3）相间起弧有可能导致断电极事故的发生。

519. 如何防止和消除超声速氧枪吹炼过程中产生的相间起弧的现象？

防止超声速氧枪吹炼过程中相间起弧的具体方法如下：

（1）冶炼时要注意有合理的配碳量，脱碳量应该控制在0.95% ~1.85%之间。

（2）配碳量较低，配碳量在1.0%左右，如果出现了有炉渣覆盖的局部熔池，就进行喷炭操作，在脱碳反应趋于减弱时，增加喷吹炭粉的流量，或者减小吹氧量。

（3）炉料的配碳较高，脱碳速度较快时，减小送电挡位，或者暂时停止送电。

（4）在连续冶炼的两炉以上出现相间起弧后，可以适当地增加炉渣碱度。炉渣碱度增加后，脱碳反应的气体排出的速度会减慢，相间起弧会得到改善。

（5）出现相间起弧以后，停止吹氧和喷炭，可以在短时间内达到消除相间起弧的现象。

520. 什么叫做泡沫渣的改进剂，如何使用？

在一些情况下，泡沫渣的渣中氧化铁含量大，会给钢水质量和炉衬带来危害，还会影响炉渣发泡的高度，增加铁耗，所以除了增加配碳量和喷炭量以外，泡沫渣改进剂的使用也是一种很好的解决途径。这种改进剂通常是由炉顶加料系统加入，也可以喷吹。这种改进剂制造的主要思路如下：

（1）以还原剂电石为主要的基体原料。

（2）添加部分的石油焦或者沥青焦为辅助添加材料，用来还原渣中的氧化铁。

（3）添加少量的白云石，用来增加炉渣中的氧化镁含量，增加发泡指数。

（4）添加少量的萤石，用来提高改进剂的快速溶解。

这种改进剂的使用，可以通过降低炉渣中氧化铁的含量，从而达到降低熔池中氧含量的目的。喷吹炭粉的载流气体可使熔池溶解气体的含量增加，泡沫渣改进剂则可以减少熔池吸气的可能性。加入方式是通过电炉炉前加渣料的高位料仓加入电炉的。

521. 什么叫做临界碳含量？

炼钢过程的脱碳反应，当碳的浓度在一定的范围内，供氧强度为一定值时，脱碳速度主要取决于碳向反应界面的扩散，这一范围的碳浓度称为临界碳含量。

522. 临界碳含量范围如何进行正确的脱碳操作？

临界碳含量范围下，正确的脱碳操作方法有：

（1）临界碳浓度范围实际在0.2%～0.8%之间。有关文献介绍的氧气直接破碎钢水进行脱碳操作不能满足超高功率电炉炼钢的综合要求。

（2）炉渣传递氧脱碳是最有效的脱碳方法。利用炉渣传递氧脱碳有利于脱碳反应和加强泡沫渣的马恩果尼作用，保证炉渣的充分溶解有积极的意义，并可以防止钢水—炉渣—气体三相间的乳化。

（3）低碱度的炉渣是造成FeO大量富集，抑制［C］-［O］界面正常反应的进行，从而产生大沸腾事故的最主要的因素，故要保证炉渣的碱度。

（4）脱碳反应没有发生的时候，注意向渣面保持喷吹炭粉，并且适当地送电，搅动熔池，诱发脱碳反应的进行。

523. 电炉生产中提高脱碳速度的方法有哪些？

在实际的生产中，冶炼高质量的钢种，提高配碳量是保证质量的前提，提高脱碳速度是缩短冶炼周期的主要限制环节。在实际生产中，提高脱碳速度的主要方法有：

（1）合适的留钢和留渣量。由于电炉出钢以后的留钢和留渣中，一般氧含量比较高。增加留钢量和留渣量，对于早期脱除废钢炉料内影响脱碳反应进行的元素比较有利，也可以提高吹氧的效率，增加脱碳反应的速度。

（2）合理的炉料搭配。一炉钢的冶炼进程有 50% 以上的因素取决于配料。在配碳量较高的冶炼炉次，调整废钢的搭配，减少硅、锰含量较高的废钢，对于简化脱碳反应是很必要的。

（3）采用分段脱碳。在全废钢冶炼时，将配碳的原料如生铁，在第一批料的时候，把 60% 以上的加在第一批料。如果是热兑铁水，则可以在第一批料加入后，全部加入。这样在第一批料内（通常热兑铁水也算在第一批料内）的碳含量较高，吹氧的操作以强化脱碳为主。在硅、锰大部分氧化以后，脱碳反应很容易进行。这种操作可以在熔化期脱除 20% ~50% 左右的碳，能够减轻氧化期脱碳量较大的负担。

（4）配加部分含有氧化铁的金属料。配加部分含有氧化铁的原料如氧化铁皮、直接还原铁，在兑加铁水的生产中是一种有效的方法。这种方法可以增加炉渣中的氧化铁含量，有利于提高成渣和脱碳速度。配加的量要根据铁水的配加比例决定，加入量过大，负面影响是影响了熔池的升温和脱碳反应。氧化铁皮和直接还原铁的加入量，实际生产中的推荐数值为铁水加入量的 5% ~50%。

（5）合理的送电操作。冶炼前期以最大的功率送电，提高熔池的温度。使熔池温度尽可能快地达到最有利于脱碳反应进行的温度区间。脱碳反应开始以后，根据具体情况，调整送电的挡位或者停电，依靠脱碳反应升温。在温度接近或者已经达到出钢温度的时候，脱碳反应仍然没有结束，合理地以较小功率送电，电弧的冲击作用可以增加熔池内部钢液的运动，促进脱碳反应的进行，这一点在直流电炉的应用效果是比较明显的。

（6）调整好炉渣有合适的碱度。二元碱度在 2.0 ~3.0 之间的泡沫渣，特别有利于脱碳反应的进行，有利于自耗式氧枪枪管上的裹渣，减少枪管的消耗，优化脱碳操作。

（7）采用复合吹炼。一种吹氧方式既有优点，也有缺点。比如，超声速集束氧枪的射流在钢液内部脱碳的能力比较强，在钢渣界面的氧化反应能力较弱，相应弱化了钢渣界面的脱碳和脱磷的能力。采用复合吹炼，二者可以兼顾，有利于提高脱碳速度。

（8）保持合理的炉型结构。合理的炉型结构，对于钢液的循环运动和氧气破碎钢渣界面的能力都很有利。炉底过深，负面影响会加剧，脱碳反应就会受到影响。在生产实践中，炉役后期，脱碳比较困难，是一个普遍的问题，及时地修补炉底，对于脱碳反应是有利的。如果把脱碳比喻为砍柴，那么修补炉底就是磨刀的过程，刀磨好了，就不会影响砍柴。

（9）合理地保持炉体的倾动。冶炼过程中，不断保持合理的炉体来回倾动，是促进熔池中的碳向反应区扩散的一种方法，比较有利于氧枪的吹炼。在冶炼前期，熔池面积很小，向出渣方向倾动。在冶炼中后期，脱碳反应开始以后，熔池的面积和高度会增加，向出钢方向倾动，在脱碳反应减弱以后，炉体来回前后倾动，对于提高脱碳反应速度是必要的。

（10）提高供氧强度。氧气的压力越大，氧气的利用率越高，越有利于提高脱碳反应的速度。

524. 影响脱碳反应进行的主要环节有哪些？

影响脱碳反应进行的主要环节有：

（1）熔池中碳和氧的扩散。

（2）CO 气泡的生成。

（3）CO 气泡的逸出条件。

525. 熔池成分中各种元素的成分对脱碳反应速度的影响有何特点？

在电炉的冶炼过程中，有熔池形成就可能有脱碳反应的进行。由于不同的原料带入熔池的成分也是千差万别。熔池成分中影响脱碳反应的主要元素是金属活动顺序在碳元素以前的元素，常见的有硅、锰、磷等。它们在不同的温度条件下与氧结合的能力不同，有时候比碳元素强。它们在熔池中的存在，限制了氧在熔池中的溶解，现在许多教科书给出了不同温度下它们的氧势图，即［O］-［Si］平衡图、［Mn］-［O］平衡图。它们的含量直接决定了脱碳反应的进行。由于氧与硅、锰、碳的氧化反应在一定温度的影响下，具有优先选择性，其中硅的作用尤其明显，碳与硅的选择氧化可以由下式决定：

$$(SiO_2) + 2[C] = 2CO + [Si]$$

理论上计算的碳开始氧化反应的温度为 1368℃，熔池温度升高到 1480℃以后，脱碳反应才能够开始剧烈反应。

526. 温度对脱碳速度的影响有哪些特点？

一般来讲，温度越高，钢液的内能越高，越利于脱碳反应。实际上，电炉炼钢过程中，只有熔池形成后，脱碳反应才有可能进行。判断脱碳反应开始的简单依据就是看熔池的沸腾状况或者看电极孔或者除尘弯管里是否有碳火出现。熔池平均温度大于 1540℃以后，由于熔池温度高，炉渣的结构将会向有利于脱碳反应的方向改变。主要是由于温度过高后，炉渣黏度降低，有利于氧化铁向脱碳反应区扩散，脱碳反应优先于脱磷反应等其他反应进行。

527. 炉渣的性质对脱碳反应的影响有哪些？

炉渣对于脱碳反应的影响主要包括炉渣的物理化学状况，包括炉渣的碱度、黏度、渣量、渣中氧化铁含量和炉渣的温度等。具体可以从以下几点分析：

（1）炉渣的碱度。炉渣的碱度对于脱碳有着决定性的作用。由于炉渣的二元碱度在大于 1.5 时呈碱性，有利于脱除抑制碳氧反应进行的元素，包括脱磷、脱硅和锰元素的氧化。炉渣的离子结构对于脱碳反应气体的排除有利，而且有利于渣中氧化铁的扩散，促使钢渣界面脱碳反应的进行。碱度小于 1.0 时，炉渣的结构会出现玻璃体，不仅不利于脱除抑制碳氧反应进行的元素，而且脱碳反应气体，如 CO、CO_2 气泡的析出，会使炉渣和钢液不容易分层，恶化钢渣间的反应能力，从而影响了脱碳反应的进行。并且炉渣中的氧化铁向反应界面迁移的速度受到限制，容易造成富集，引发脱碳反应过程中大沸腾现象的发生。在 2001 年流行转炉“少渣炼钢”的工艺时，某电炉企业由于受到“少渣炼钢”的影响，在原料较好的情况下，减少了配加的渣料（石灰）1t 左右，结果电炉冶炼一次，大沸腾一次，生产无法正常进行。笔者分析以后，增加了渣料的量，操作情况得到了扭转，就说明了这一点。炉渣好，脱碳操作就好，这是笔者与国内外同行交流时的共识。

（2）炉渣的黏度。炉渣黏度过大，渣中氧化铁的扩散速度会减弱，会减慢脱碳反应的进行；炉渣的黏度过低，吹炼时，钢渣的飞溅现象严重，炉渣吸附氧化物的能力较差，也会影响脱碳反应的进行。

（3）渣量对于脱碳反应的影响。渣量过大，在同等的供氧条件下，渣中氧化铁含量相应地比较低，减少了炉渣与钢液界面间的氧化铁扩散量和脱碳反应的量，影响了脱碳速度。并且在超声速氧枪吹炼时，阻碍了射流冲击钢渣界面的能力，影响了射流进入熔池内部进行脱碳反应的能力。

（4）渣中氧化铁含量。渣中氧化铁是石灰溶解的熔剂，可以解离炉渣以硅酸钙为主的“渣系基体”，氧化铁偏大和偏小都不利于脱碳反应的进行。渣中氧化铁的含量过大是引起大沸腾的基本因素，而且氧化铁含量过高，炉渣的密度增加，炉渣的泡沫化程度会受到影响，弱化了钢渣界面的脱碳反应。实际生产中，自耗式氧枪吹炼时，渣中氧化铁含量在12%～35%之间，超声速氧枪吹炼时，渣中氧化铁含量在10%～35%之间是正常的。渣中氧化铁含量过高，可以通过喷入发泡剂炭粉、降低供氧强度、调整吹氧角度或者吹炼方式、增加喷炭来解决。渣中氧化铁含量过低可以通过增加供氧强度、减少喷吹炭粉的流量、调整吹氧角度、增加吹渣时间、改变吹炼方式来解决。

528. 吹炼方式对脱碳反应的影响有哪些？

超高功率电炉的吹炼采用炉门自耗式氧枪、超声速氧枪、超声速集束氧枪或者集烧嘴氧枪于一体的氧燃烧嘴进行脱碳和脱磷的操作。脱碳反应的主要方式有两种，一种是主要通过钢渣界面进行，另外一种是以氧气射流直接冲击熔池，进入钢液内部进行脱碳。自耗式氧枪主要是前者占大多数，后者占少数，超声速氧枪则是二者兼有，依靠炉渣脱碳的数量和氧气射流进入钢液内部脱碳的数量要根据吹炼的方式决定。总体来讲，超声速氧枪吹炼时的脱碳量，依靠炉渣在钢渣界面脱碳的数量占绝大多数。

529. 冶炼过程中出现碳高现象的基本特征有哪些？

冶炼过程中，及时地判断熔池内碳含量的范围，对于减少取样次数，缩短冶炼周期和避免操作事故有积极的意义。冶炼过程中碳高（碳含量大于0.2%）的基本特征可以从以下几个方面判断：

（1）炉渣状况：

1）炉渣出现乳化现象。炉渣乳化以后，有超过90%以上的炉次是碳高引起的。这是由于炉渣中氧化铁含量不高，造成炉渣没有熔化造成的；或者是炉渣的碱度过低，引起炉渣和钢液不分层，炉渣覆盖不住钢液造成的。

2）炉渣没有出现乳化，但是炉渣较干。这种情况下，一般碳含量在0.2%以上。

3）炉渣在炭枪喷炭量较小时，泡沫化良好；持续喷炭，并且喷炭量较大时炉渣返干。这种情况下熔池内的碳含量在0.2%～0.8%之间。一般熔池内碳低于0.10%以后，在没有喷炭的条件下，炉渣黏度较低，而且表面是碎裂的。

（2）炉体的倾动角度。熔池内碳含量高，在吹炼过程中的化学反应会造成熔池液面较高，即通常所说的“炉子摇不下来”。

（3）电耗。冶炼过程中，装入量和配碳量差别不大的炉次，如果假设正常冶炼的电耗为300kW·h/t，温度达到1600℃，碳高的炉次，电耗达到300kW·h/t，温度远远低于

1600℃，就有可能是碳高引起的。这是由于熔池内的碳没有氧化完全，脱碳反应的化学热没有完全释放造成的。

（4）冶炼过程的碳火持续时间。一般情况下，冶炼过程的脱碳反应的主要特征是除尘弯管里脱碳反应产生的一氧化碳气体，在除尘烟道与炉盖轴管之间，以及炉沿与炉盖之间的空隙里燃烧的火焰（平时称为碳火）出现，配碳量较高，碳火持续的时间越长。在不喷炭粉的条件下，有碳火出现，说明熔池内有脱碳反应。如果没有碳火出现，或者持续时间短，就说明有可能碳高。

（5）炉渣中飞溅出的铁珠碳花长短。炼钢过程中，从炉门或其他空隙处，可以出现飞溅的铁珠。碳高时，炉门区飞溅出的铁珠，碳花分叉多并且较长，这是因为碳高时钢中溶解氧较低，凝固时，碳氧之间的平衡被破坏，造成这种现象。分叉少，碳花较短，说明碳低。

530. 炉料内硅含量较高引起碳高的原因是什么，有何特征，为什么？

硅元素与氧元素的结合能力优先于碳元素，温度因素对于硅元素的氧化有一定的限制。在正常冶炼的冶炼过程中，硅在熔化期或者氧化前期就基本上被脱除在0.05%以下。当熔池中的硅元素过高（大于0.10%），温度在1540℃以下，基本上没有明显的脱碳反应。冶炼特征是熔池中没有碳火出现，熔池比较平静，随着吹炼的进行，熔池内的渣量变大，炉渣变稀，除尘弯管或者电极孔没有碳火，当温度大于1540℃后，有脱碳反应的特征出现，但是脱碳速度小于0.05%。这与各种文献给出的氧势图的计算是相吻合的，当硅含量低于0.05%后，温度小于1540℃，脱碳反应仍然缓慢，温度大于1540℃后，脱碳速度将会提高，同等条件下自耗式氧枪的脱碳速度小于超声速氧枪。熔池中的硅高以后，带来的负面影响是熔池升温过快，影响了后面的脱磷和脱碳的操作。在实际生产中，温度达到1600℃，全废钢冶炼时，会出现间歇性的剧烈脱碳反应，在热兑铁水的时候，脱碳反应速度较低，取样分析，当熔池内的碳含量小于0.10%时，熔池内的硅含量有时候会超过0.05%，说明了温度对于选择氧化的作用是比较明显的。

531. 熔池中硅高引起碳高以后如何处理？

熔池中硅高引起碳高以后的处理方法有：

（1）硅高以后，按照化学反应平衡移动的原理，最有效的方法是不断适量地放渣，减少渣中反应生成物硅的含量，促使硅氧化速度的提高。吹氧的方式，自耗式氧枪提高供氧强度后，沿钢渣界面以30°吹氧，超声速氧枪增加供氧强度，高枪位软吹的效果最为明显，不同的氧枪在吹炼过程中，保持适量的炉渣。防止吹炼过程中角度过大或者射流冲击剧烈引起的乳化现象，是解决问题的关键。

（2）硅高以后，应该充分考虑到后期的脱磷和脱碳，注意送电的控制，防止熔池温度过高，影响脱磷反应的进行。

（3）如果放渣后的炉渣碱度过低，玻璃体炉渣出现后，不仅无法进行后期的脱磷操作，而且脱碳反应开始后，由于玻璃体炉渣透气性不好，会导致钢铁料的吹损增加，炉门翻钢水，氧枪消耗快，或者超声速氧枪粘枪、烧枪事故的发生。明智的做法是停止冶炼，补加石灰后再进行冶炼操作。

（4）出现一炉硅高后，多数是由于兑加的铁水中的硅含量高引起的，也有在全废钢冶炼时，废钢中加入了含硅量较高的弹簧钢废料、硅钢片和不合格的冷生铁等。出现硅高后，要及时地了解铁水的成分和加入废钢的情况，调整配料，增加渣料的配加量，连续3炉以上没有硅高后，再做渣料的重新调整。

532. 锰高以后有何特点？

锰高后的特点是：

（1）在相同的渣料条件下，熔池成分出现锰高的炉次炉渣比较干，泡沫化程度不好。

（2）自耗式氧枪吹炼时，前期没有脱碳反应的特征出现，即炉内没有碳火出现，后期出现碳火后，碳火反应不稳定，时有时无；超声速氧枪吹炼时碳火不大，炉渣乳化现象比较普遍。

（3）相同的装入量和相同的配碳量条件下，锰高后熔池的升温速度较快。

（4）在喷入发泡剂炭粉后，有轻度乳化现象的炉渣，炉渣的乳化现象将会进一步加剧，没有乳化现象的炉渣有可能出现乳化现象。

533. 锰含量过高为什么会引起碳高？

金属元素锰与氧元素结合的能力接近碳，在低温时（温度小于1540℃），锰的氧化反应优先于碳进行，氧化后在渣中的氧化物不稳定，在喷入发泡剂炭粉后会有一部分还原进入钢液，在温度大于1560℃后，碳与锰结合的能力接近，这一点可在［Mn］-［O］势图与［O］-［C］平衡图中比较后得到。

534. 锰含量过高以后对脱碳、脱磷有何影响？

锰含量过高会引起两种后果：

（1）经过了氧化期的吹氧脱碳操作，熔池中的碳仍然偏高。这种碳高的情况会导致炉渣的泡沫化情况不好，钢渣界面反应能力下降，炉渣有时候较稀，有时候较干。炉渣冶金功能下降，脱碳速度比较慢。这种情况下的吹炼方式对于脱碳反应有着决定性的作用。超声速氧枪的射流由于可以深入钢渣界面，氧气在钢液内部随温度的变化进行选择氧化反应，既可以脱碳，也可以脱锰。炉渣泡沫化程度良好时，脱碳速度随供氧强度的增加而增加，炉渣泡沫化不好时，脱碳速度较慢，脱碳速度在增加供氧强度后改变不大。自耗式氧枪由于氧枪吹炼的特点，脱碳速度慢于超声速氧枪，只有锰元素大量氧化以后，脱碳反应才能够较快地进行，而且渣况对于自耗式氧枪的要求更高。

（2）锰高后由于锰的氧化反应是放热反应，同时限制了氧在钢液中的溶解度，因此锰高后的脱磷反应进行得比较慢。锰高后磷高的几率比较大，而且磷高后的脱磷操作难度较大。

535. 熔池中锰高以后如何处理？

锰高后的处理措施：

（1）锰高后（大于0.35%），控制好熔池温度，减小输入功率对于后期的处理比较有利。

（2）自耗式氧枪首先沿钢渣界面以低流量化渣，炉渣泡沫化充分后，增加流量，以小角度吹钢渣界面，不断地小批量流渣。注意在碳火没有出现之前，少喷或者不喷发泡剂炭粉是减少渣中锰还原进入钢液的关键。超声速氧枪可以增加软吹化渣时间，在碳火出现之前少喷或者不喷发泡剂炭粉，小批量流渣，出现碳火后增加供氧强度，但是要注意防止炉渣的乳化。熔清后取样如果锰含量大于 0.35%，磷含量也偏高时，自耗式氧枪吹炼可以考虑在大量流渣后重新加入渣料进行冶炼，是提高脱碳速度、缩短冶炼时间最明智的做法之一。超声速氧枪可以考虑在炉渣充分化好后，降低枪位，以射流直接射入钢液进行脱碳。可以不做补加石灰的操作。超声速集束氧枪吹炼时，这些情况出现的几率会降低。

536. 自耗式氧枪吹炼脱碳的基本原理是什么？

自耗式氧枪吹炼脱碳的基本原理如图 7－4 所示。

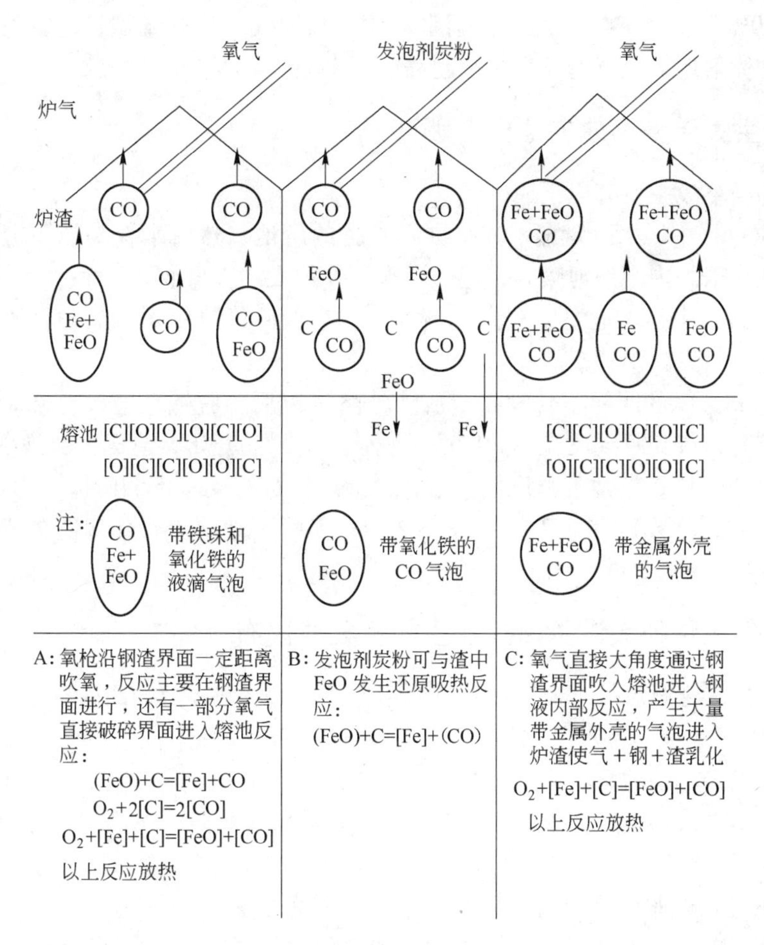

图 7－4　自耗式氧枪吹炼脱碳的基本原理

537. 熔池尺寸变化引起的脱碳困难的原因有哪些，如何处理？

熔池尺寸在炉衬受侵蚀以后，炉底会加深，影响氧气吹炼的效果，这主要表现在：

（1）氧枪枪管或枪头距离熔池的距离增加，减弱了氧气破碎钢渣界面的能力，氧气射流冲击钢液的动能减小，钢液传质的速度减弱，影响了冶炼过程中的脱碳反应。

（2）熔池过深，熔池内钢液的运动受到阻碍，影响了熔池内部碳向反应区的扩散，脱碳反应产生的气泡不容易排出，抑制了脱碳反应的进行。

在熔池加深以后，除了垫补炉底外，处理的方法有：

（1）增加留钢量，提高熔池的高度，增加氧气的利用率。

（2）炉体向出渣方向倾动，保持在合理的位置，进行脱碳。

（3）增加自耗式氧枪的枪管进入熔池的长度进行吹炼，超声速氧枪也同样把枪进入到最低位，减少氧枪枪头与熔池之间的距离进行吹炼。

538. 什么叫大沸腾事故？

大沸腾事故是指脱碳反应在短时间内突然发生或者脱碳速度在短时间内猛烈增加，脱碳速度在0.10%～0.15%/min之间，钢水、炉渣和炉气从炉内剧烈喷出，发生烧坏生产设备、伤害炉体附近的人员的安全、引起停产的事故。

539. 发生大沸腾事故的原因有哪些？

发生大沸腾事故主要有以下原因：

（1）脱碳过程中，水冷盘漏水，水进入沸腾的熔池，然后水在高温下分解，或者水蒸发成为蒸汽，从炉内剧烈地喷出，造成漏水引发的大沸腾事故。

（2）脱碳过程中，熔池温度较高的情况下，炉壁冷区冷钢塌入熔池，破坏了熔池脱碳反应的平衡，引发大沸腾事故。

（3）吹氧和送电的匹配不合理，造成熔池熔清以后，脱碳反应没有开始，渣中的氧化铁的浓度较高，待到脱碳反应开始以后，脱碳反应瞬间开始，造成大沸腾事故。

（4）冶炼过程中，熔池的温度较合适，脱碳反应进行到一定的阶段，为了刻意脱磷，熔池碳含量（质量分数）在0.2%～0.8%之间，长时间地吹渣操作，造成渣中氧化铁富集引发大沸腾事故。

540. 现代电炉的大沸腾事故发生的主要原因有哪些？

现代电炉的大沸腾事故有专门的文献介绍。发生大沸腾事故的原因有以下两种：

（1）因为电炉存在着冷区，脱碳反应在氧气吹炼的局部熔池进行，脱碳反应区温度较高，冷区存在未熔解的废钢，或者存在软熔现象。脱碳过程中会出现反应区为贫碳区，冷区塌落的废钢进入贫碳区，或者软熔区碳含量较高的炉料进入贫碳区，形成脱碳反应区脱碳反应速度突然增加，出现由于塌料引起的大沸腾事故。

（2）炼钢过程的脱碳反应，当碳浓度在一定的范围内，供氧强度为一定值时，脱碳速度主要取决于碳向反应界面的扩散，这一范围的碳浓度称为临界碳含量。临界碳含量通过实践中多次的统计测算在0.2%～0.8%之间。在临界碳含量范围以上，即熔池内的碳含量在大于0.8%以后，炉渣碱度合适，在熔池内硅、锰、磷大部分氧化以后，只要在合理的供氧强度范围以内吹氧，就会有脱碳反应产生，不会发生大沸腾事故。

541. 为什么说低碱度的炉渣是造成熔池大沸腾的最常见的原因？

因为碱度和钢渣向熔池传递氧的能力有紧密的关系，碱度越低，钢渣向熔池传质的能力下降，极易造成渣中氧化铁富集，造成大沸腾。笔者供职于三座不同容量的电炉（分别为5t、70t、110t）共计18年，期间对于此问题做了常年的跟踪。其中最有说服力的是2001年曾经流行的转炉少渣炼钢在70t电炉应用，每炼一炉就发生或大或小的熔池恶性沸腾事故。

542. 电炉的氧枪、水冷件漏水发生大沸腾事故有何特征，如何应对？

电炉的漏水是氧枪大量漏水、水冷盘或者炉盖大量漏水进入熔池中引起的。这种漏水在熔化期，炉内和烟道内有大量的黄色的火焰出现，有时候是白色的蒸汽夹杂着火焰从炉门剧烈地喷出。在熔化期，由于废钢没有完全熔化，危险性较小。在熔池进入氧化期以后，炉内出现钢水剧烈沸腾，炉内和烟道黄色的烟气大量出现，发生这种情况以后，应该立即停止送电和吹氧，按下冷却水的紧急停止按钮（一般电炉操作桌面上都设有冷却水紧急停止和电紧急停止按钮，以保证在特殊情况下快速使用），炉体保持不动，然后组织人员撤离。情况紧急时，可以先按下两个紧急停止按钮以后，人员迅速从安全通道撤离电炉现场，防止事故的扩大化。

543. 自耗式氧枪吹炼过程中的大沸腾事故如何消除？

自耗式氧枪吹炼模式下消除大沸腾事故，必须注意以下几点：

（1）熔清后自耗式氧枪全程采用小角度吹氧（氧枪与熔池的夹角），保证化渣充分，熔池沸腾良好后再喷入炭粉造渣，避免大角度吹氧和长时间的吹渣操作；超声速氧枪首先小流量化渣后再增加供氧强度进行脱碳，防止乳化现象的发生和FeO大量富集。

（2）石灰和白云石按照目标碱度2.0～3.5加入，避免低碱度的泡沫渣。

（3）在临界碳浓度范围内的脱碳操作，尽量保证通电操作，利用电路磁场的搅拌作用促进熔池内部的碳向反应界面的扩散。

（4）在临界碳含量范围以内，自耗式氧枪以大角度吹氧，氧枪枪管在没有脱碳反应征兆以前，不断地进枪，前面章节已经分析过。自耗式氧枪的射流，在氧气流量大于$5000m^3/h$，氧气离开枪管的一段距离内，射流仍然可以达到超声速的水平，可以增加氧气射入熔池的数量，以搅动钢水优化脱碳反应的动力学条件。

（5）冶炼过程中，不断地来回倾动炉体，增加熔池内钢水的运动，增加熔池内碳向反应区的扩散。

（6）在脱碳有难度的操作中，吹氧的过程一直保持炭枪喷吹炭粉的操作，防止渣中氧化铁的富集。

544. 超声速集束氧枪吹炼时大沸腾事故发生的原因是什么？

超声速集束氧枪吹炼时，按照吹炼的特点来讲是可以降低大沸腾事故的发生几率。但实际生产中的实践证明，超声速集束氧枪吹炼时发生大沸腾事故的几率在操作不当时，也很普遍。我们在70t电炉进行了超声速集束氧枪的改造以后，大沸腾事故还是不可避免地发生了，事故的影响比自耗式氧枪吹炼过程中的大沸腾事故和超声速氧枪复合吹炼时大沸腾事故的影响要大，在详细分析了冶炼的工艺情况以后，可以认为超声速集束氧枪吹炼时发生大沸腾事故的主要原因如下：

（1）炉渣的碱度不够。事故发生前取样分析表明，钢中的磷含量在0.03%左右，炉渣的表观现象是炉渣较稀，渣样与做过渣样分析的标准渣样相比明显碱度不够。

（2）冶炼过程中吹氧的制度和供电制度衔接得不理想，超声速氧枪的多点吹氧，导致了熔池温度较低的时候，渣中氧化铁大量富集。

（3）冶炼过程中炭枪不能正常喷炭工作，影响了降解渣中氧化铁的含量。

（4）炉料中的影响脱碳反应的元素含量过高，吹炼过程中的选择氧化现象抑制了脱碳反应的进行，射流射入钢液内部以后并没有引起脱碳反应的大量进行，随着冶炼的进行，渣中氧化铁不断富集，脱碳反应被诱发开始以后，造成了大沸腾事故的发生。

545. 如何避免超声速氧枪吹炼过程中的大沸腾事故？

超声速集束氧枪吹炼时，避免大沸腾事故的关键在于：

（1）冶炼过程中要保证炉渣的二元碱度在2.0左右，提高炉渣的传质反应能力。

（2）废钢铁料的搭配要合理，配碳量要合理，抑制脱碳反应进行的高锰钢和高硅钢，杂质含量较高的废钢铁料要均匀合理地加入，一次的加入量不能过大。

（3）冶炼过程中炭枪要保证正常工作，冶炼过程中的喷炭量要根据冶炼的具体情况进行调整。

（4）吹氧量要和熔池的通电升温紧密地结合，防止低温下的强供氧操作，增加铁的氧化量进入渣中富集。

（5）熔池的深度要保持在一个合理的尺寸范围，防止熔池过深，射流不能射入钢液内部，强化熔池的搅动，促进传质脱碳，造成射流在钢渣界面处剧烈地反应形成氧化铁，进入渣中。

（6）在脱碳反应没有开始时，要进行合理的通电操作，增加熔池的搅拌能力，促进碳向射流的反应界面扩散。

546. 电炉的氧气压力低，为什么不允许冶炼？

低压力的氧气吹炼时，氧气射流穿透钢渣界面的能力不足，对于熔池的搅动能力下降，极易造成渣中氧化铁富集引起大沸腾事故，此外供氧能力不足，熔池熔化期的任务完成不了进入氧化期，会引起脱磷和脱碳困难，熔池升温不宜把握，冶炼成本和安全的风险较大，因此，氧气压力低时，不宜吹炼。

547. 什么叫做留碳技术？

留碳技术是指冶炼中高碳合金钢时，通过操作工控制吹氧的量与吹氧的方式，在完成脱磷任务和足够的脱碳纯沸腾量以后，把粗炼钢水中的碳控制在出钢时，达到冶炼钢种要求的下限以下0.02%～0.06%的技术，这种技术在出钢过程中可少增碳或者不增碳。

548. 电炉留碳技术有何优点？

电炉留碳技术具有以下优点：

（1）电炉粗炼钢水出钢的终点碳可以控制在0.20%～0.80%之间，可以减少出钢时增碳剂炭粉的使用量，减少了钢水由于增碳剂带入的气体和夹杂物。

(2) 出钢前将粗炼钢水中的溶解氧浓度控制在0.02%以内，就可以将钢中的磷脱除在0.001%以下，气体含量控制在0.006%以下。

(3) 由于钢中的［C］×［O］的积在一定的温度下是一个常数，所以留碳操作可以减少电炉粗炼钢水中的溶解氧的量，相应地减少了脱氧剂的使用量，提高了合金的回收率，降低了钢水中氧化物的总数，可以减轻后道工序脱氧的负担。

(4) 不采用留碳技术生产的中高碳钢，钢中氧化物夹杂物数量过多。实践统计中，在只有LF炉精炼的条件下，弹簧钢的抗疲劳强度的次数只有2.5×10^6次左右，采用留碳操作，弹簧钢的抗疲劳强度的次数会提高30%以上。

留碳操作的缺点在于冶炼时间比不留碳操作延长3~12min，电耗有所增加。

549. 留碳操作的基本方法有哪些，为什么？

电炉炼钢过程中，当碳含量大于0.8%后，脱碳的限制环节是供氧强度，碳含量小于0.8%时，脱碳速度随碳浓度的下降而降低。当碳含量在0.2%~0.8%之间时，脱碳的主要制约因素是碳向反应界面的扩散速度。把供氧强度控制在一个合适的范围内，并且控制调剂发泡剂炭粉的喷入量，来控制渣中氧化铁的浓度，可实现脱碳反应微弱的进行，脱磷反应的正常进行，达到留碳脱磷的目的。具体做法是：

(1) 采用第一批废钢入炉后，立即兑入铁水，兑入铁水后氧枪伸入留钢、留渣与兑入铁水组成的局部熔池吹氧，在此阶段供氧强度控制在1~1.14m^3/(min·t)之间，在送电3min左右，炉料中大部分的硅、锰和部分的磷首先氧化，同时可达到脱碳的温度要求开始脱碳。这种操作方法的优点是，熔化期的脱碳量占总配碳量的30%~40%，为留碳操作提供了计算依据。

(2) 熔清后不喷发泡剂炭粉，供氧强度保持在0.9~1.14m^3/(min·t)之间，进行吹渣脱磷操作，直到脱碳反应开始后（以除尘弯管里出现碳氧反应的黑色火焰为标准），开始喷入炭粉造泡沫渣，渣泡沫的马恩果尼效应对于提高钢渣界面的化学反应能力十分有利。在这一阶段输入最大功率的电能进行钢液的升温，由于温度的限制，在这一阶段脱磷的反应将会优先进行。

(3) 在脱碳反应进行到计算的时间后（此时间可以根据热兑铁水的配碳量与氧气的消耗来确定），调整吹氧量，供氧强度保持在0.66~0.85m^3/(min·t)之间。在冶炼电耗达到测温要求后，测温取样，如果温度低于取样要求，继续通电提温，在这一阶段供氧强度保持在0.66~0.85m^3/(min·t)之间，进行造泡沫渣埋弧提温的操作，喷入炭粉的量控制在30kg/min左右，防止渣中氧化铁的浓度超过20%。在这一阶段由于温度对于脱碳有利，但是此时的反应遵循方式优先的原则，不同的操作的诱变反应也各不相同，生产的实践证明：在碱度大于2.0时，供氧强度在小于0.85m^3/(min·t)，脱碳反应由强变弱，脱磷反应由弱变强，供氧强度在0.58m^3/(min·t)以下，吹渣操作不会有明显的脱碳反应的进行。在送电达到目标要求后，进行测温取样，如果成分合适，温度不合适，继续上述的操作，直到温度达到出钢的要求为止。在上述的操作中，如果出现明显的脱碳反应，应该立即降低供氧强度，并且适量地增加喷炭的速度，达到留碳的目的。

550. 留碳操作中出现的问题有哪些，如何解决？

在留碳操作中出现的主要问题是碳高与磷高两种，具体解决办法如下：

（1）留碳过高需要脱除部分的碳。留碳过高时的脱碳操作，供氧强度保持在最大，自耗式氧枪调整好进枪的长度以后，直接把氧气大角度吹入钢液中；超声速氧枪调整好枪位，超声速集束氧枪调整好氧气压力，利用气－液两相间的脱碳反应搅动熔池，同时进行通电操作，以加强对熔池的搅拌作用。诱发碳向钢渣界面传递的界面反应，避免渣中的氧化铁富集，防止发生脱碳速度大于0.10%/min的剧烈脱碳反应。脱碳速度的确定方法如下：

$$v = 0.107 I\alpha \tag{7-1}$$

式中 v——脱碳速度，%；

I——供氧强度，$m^3/(min \cdot t)$；

α——氧气利用率，取40%～92%。

脱碳反应所需要的氧气的消耗量可以用式（7－2）计算：

$$Q = (1.12/12) \times G/Z \tag{7-2}$$

式中 Q——氧气的消耗量，m^3；

G——钢水量与钢水中碳含量为0.01%的积；

Z——氧气纯度。

（2）留碳操作中出现磷高的现象。出现磷高主要有以下两种原因：

1）加入的石灰量足够，取第一个样子分析时磷含量低，在温度达到出钢温度后，二次取样出现磷含量升高的现象，磷含量高于出钢的成分要求。这是由于在电炉冶炼过程中存在冷区，局部熔池存在的软熔现象，软熔现象造成了1540～1580℃取样期间，局部软熔区的磷向熔池反应界面没有迁移或者迁移速度过慢造成的。在这种情况下，脱磷操作的反应服从方式优先的反应原则，即渣中氧化铁的量不超过20%，供氧强度在0.58$m^3/(min \cdot t)$以下的吹渣操作反应向脱磷的反应方向进行，喷炭的操作对于炉渣回磷的影响不明显。

2）炉渣碱度不够，造成熔化期和氧化期前期尽管强化脱磷的操作也不能达到出钢磷含量的要求。在这种情况下，最有效的留碳脱磷操作是补加石灰，为了达到快速成渣和脱磷的目的，在补加石灰时，同时补加50～120kg的萤石和50～100kg的氧化铁铁皮（轧钢或炼钢连铸工序的副产品），以满足脱磷的要求，这样在低的供氧强度条件下就可以达到脱磷留碳的目的。

（3）留碳操作出现磷高碳高的现象。出现这种情况按照先脱磷、后脱碳的顺序操作。磷高于目标值0.02%以上时，补加渣料，高于目标值0.010%以下时，可以考虑吹渣操作先去磷。熔池温度大于1540℃时，供氧强度保持在1.1$m^3/(min \cdot t)$以下，供氧强度超过此值，脱碳反应会抑制脱磷反应的进行。等到脱磷任务完成以后再进行强化脱碳的操作。

551. 冶炼低碳钢的留碳操作的理由是什么？

目前在冶炼一些低碳钢，尤其是板坯，比如SPHC、08Al等钢中，要求成品的碳含量在0.04%～0.10%之间，电炉出钢的碳含量要求在0.4%～0.8%之间，准确地控制终点的碳含量是减少脱氧剂使用量、提高钢水质量、提高脱硫率的关键，也是降低铁耗的主要环节。事实上，在冶炼低碳钢SPHC时，当出钢的碳增加0.01%时，成本吨钢下降最少在15元以上。比如在1620℃，钢中碳含量为0.04%时，氧含量为0.052%；碳含量为0.03%时，氧含量实际可以达到0.08%。脱氧任务的差距是很明显的。

552. 冶炼低碳钢的最佳碳含量的范围如何确定？

终点碳控制的最佳范围的确定是基于以下原则：

（1）保证经过精炼和连铸的正常操作后浇注的成品碳含量在客户要求的范围内。

（2）用最合理的碳含量来控制避免熔池中铁的过度氧化。

（3）不同温度下出钢的终点碳的最佳数值是多少。

553. 冶炼低碳钢的留碳操作要点有哪些？

冶炼低碳钢的留碳操作要点主要有：

（1）由于碳含量低于0.20%以后的脱碳反应比较难于控制，容易造成吹炼时间长或者过吹。因此冶炼此类钢时，要注意一次吹炼到位，温度与成分要求同时命中，在测温定氧后就能够满足出钢的要求，效果最好。

（2）冶炼低碳钢的炉渣最佳碱度为2.5～3.0之间，这样既有利于脱磷反应，同时也有利于造泡沫渣埋弧和脱碳反应的顺利进行，也会减少钢水过量溶解氧的量。

（3）温度控制要尽量靠近中限，温度越高，钢中溶解氧越多。

（4）操作过程中碳低于0.10%的工艺特点是：

1）炉渣黏度下降，有向水渣方向转化的趋势。

2）炉渣没有乳化现象发生。

3）熔池没有剧烈的沸腾现象。

4）除尘烟道弯管处的火焰呈现出白色软弱状，飘忽无力。

5）吹炼过程炉体可以向出渣方向较大角度倾动，炉门区无明显的向外溢钢水的现象。

6）超声速氧枪吹炼区出现褐红色烟尘，说明碳含量已经低于0.10%以下了。如果出现了明显的水渣，也说明了碳含量较低。

（5）正常的脱碳过程的特征是：碳火由浓烈黑色转变为软弱白色或者淡黄色，炉体随着碳火可以向下倾动而熔池没有剧烈的沸腾，说明碳的控制由临界碳脱至0.10%左右。

（6）碳高补吹时，温度越高，一般碱度合适的条件下，脱碳的速度越快。一座110t的交流电炉，熔池温度在1580℃以上，熔池中碳含量在0.20%以下，实际脱0.01%的碳需要的氧气是4.8～7.2m^3。

（7）遇到过氧化的情况以后，如果在时间允许的条件下，向炉渣渣面喷吹炭粉，可以有效地减少钢水中的溶解氧，既可以降低渣中氧化铁的含量，又可以减轻脱氧的难度。具体做法为：停止吹氧，用炭枪喷吹炭粉，直到炉渣由稀变得黏度合适为止。在此操作条件下，如果碱度合适，对于钢液回磷的影响不大。在此过程可以根据炉渣的情况和熔池的温度决定是否送电，如果能够小功率送电，效果会比较明显。

总之，留碳操作过程中，不论是何种吹炼方式，计算出脱碳速度和氧耗，把握好电炉冶炼过程化学反应的特点和顺序，是实现留碳操作的核心。

554. 现代电炉的脱磷主要在哪些阶段完成，哪一种吹炼方式脱磷效率高？

实际生产中，脱磷主要在熔化期和氧化期的前期完成。脱磷反应主要在钢渣界面进行，脱磷的产物在渣中以高熔点并且稳定性较好的磷酸三钙和较不稳定的磷酸四钙存在。所以不同的吹炼条件下，脱磷的效果也是不一样的。在相同的原料条件下，自耗式氧枪吹炼条件下的脱磷效果要好于超声速氧枪，超声速氧枪的脱磷效果又好于超声速集束氧枪的脱磷效果。

555. 影响脱磷的因素有哪些？

现代电炉采用强化供氧的措施，熔化期废钢熔化的速度比较快，在大部分废钢熔化以后，熔池形成进入氧化期，熔池的升温速度比较快，影响电炉脱磷最常见的因素是相互影响的。在低温阶段，首先是熔池内包括磷在内的非金属元素的氧化，然后是金属活动顺序较强的元素依次氧化，在不同的温度阶段还存在着选择氧化的反应。影响脱磷进行的因素有：

(1) 温度。
(2) 石灰与白云石的理化指标与炉渣的碱度。
(3) 钢中硅和锰的含量。
(4) 熔池内碳含量。
(5) 炉渣中 FeO 含量以及炉渣的泡沫化程度。
(6) 喷吹炭粉。

556. 温度对脱磷有何影响，温度的范围影响很明显吗？

脱磷反应是一个放热反应，大多数的文献介绍的脱磷的最佳温度是 1450～1550℃之间。实践中经过实践验证认为，在现代超高功率电炉的冶炼中，最佳的脱磷温度在 1360～1580℃之间，或 1600～1620℃之间。良好的操作，诱变反应的应用（这一点在前面有过介绍），也可以使冶炼达到满意的脱磷效果，温度低于 1550℃的脱磷操作较容易掌握，但是在此温度下，由于钢液的黏度较大，存在着熔池中的磷向反应界面迁移速度较慢的问题，软熔现象也会导致第一次取样磷的成分合适，二次取样后磷的成分又超标的问题，所以温度 1450～1550℃之间更适合于普通功率的电炉脱磷操作。在超高功率电炉冶炼的条件下，温度在 1540～1580℃之间的脱磷操作反应进行得比较彻底，在此温度期间，泡沫渣的马恩果尼效应最强，熔池中的碳氧反应会促使钢中的磷向反应界面转移，脱碳反应的同时，伴随着脱磷反应的进行。温度在 1600～1720℃之间，电炉的脱磷操作会有难度，合理地控制操作的方法，脱磷反应也可以顺利地进行。在实际生产操作中，脱磷的温度最佳范围不是固定的，灵活性比较大。

557. 熔池内碳含量对脱磷的影响有哪些？

合适的配碳量对于脱磷是有利的。这主要是碳的存在可以降低熔池形成的温度，有利于早期脱磷。在脱碳开始以后，脱碳反应的沸腾作用，可以促使磷向钢渣界面传递，同时脱碳产生的气泡可以增加炉渣的泡沫化程度，有利于提高脱磷反应的速度。需要说明的是，由于熔池内部的钢液运动是湍流，炉渣的运动是层流。由炭枪喷入的发泡剂炭粉只能够引起炉渣的运动，不能够促使钢液运动。配入熔池内的碳氧化以后，既可以引起钢液运动，上升到炉渣中，又可以促使炉渣运动。配碳量过低，会导致沸腾量不足，导致熔池内钢液的磷不能及时地向反应区迁移，影响脱磷效果。配碳过高，渣中氧化铁一般较低，会造成脱磷反应和脱碳反应不能合理地兼顾解决。所以电炉在冶炼低磷钢的时候，配碳量一般小于2.8%，合理的操作可以实现电炉出钢终点碳在0.2%～0.8%时，能够将磷脱除在0.010%以下的目的。

558. 炉渣中 FeO 的含量以及炉渣的泡沫化程度对脱磷的影响有哪些？

渣中氧化铁的作用在于溶解石灰和参与脱磷、脱碳的反应。一般情况下，渣中的氧化铁含量在10%～20%之间比较合适。当渣中的氧化铁含量超过20%以后，会降解渣中高熔点的悬浮物质点硅酸二钙和磷酸三钙，导致泡沫渣质量的下降。实践的结论是，冶炼优钢留碳操作时，渣中氧化铁含量在14%～20%之间可以充分地满足脱磷的要求。冶炼普通钢时，渣中氧化铁含量在16%～30%之间，既可以满足脱磷要求，还可以缩短冶炼周期。

由于炉渣中的硅酸二钙和磷酸三钙是高熔点的化合物，是炉渣泡沫化时气泡的形核质点，因此炉渣泡沫化程度可以直接反映出脱磷的效果。在冶炼高碳钢时，我们就是依据炉渣泡沫化的程度来判断脱磷的好坏。在超声速氧枪和超声速集束氧枪吹炼的过程中，取样以后发现碳低（<0.10%），而磷高，在吹渣的同时，向渣面喷吹炭粉，炉渣发泡能够溢出炉门，达到放渣的目的以后，1～5min 就可以脱除30%～60%的磷，说明炉渣泡沫化程度对于脱磷反应是很重要的。

559. 钢中的硅和锰含量对脱磷有何影响？

在熔化期，锰元素与氧的结合能力大于铁而小于磷和硅两种元素。所以熔化前期吹入的氧气基本上多数与非金属元素硅和磷反应，然后再与锰元素反应。废钢原料中如果带入熔池中的硅含量较高时，会降低炉渣的碱度，影响脱磷的能力。如果原料中带入熔池的锰含量较高，熔池形成后，钢中的锰含量大于0.45%，在选择氧化的作用下，氧气优先与锰反应后进入渣中，生成的氧化铁较少，所以溶解的石灰量较少。在熔渣中随着 P_2O_5 浓度的增加，脱磷反应的进行将会受到抑制，从而影响了脱磷反应平衡常数的增加，脱磷指数变小。而且炉渣容易发生乳化现象，由于锰氧化的热效应，随着锰的氧化，还会造成升温过快，氧化期经过吹炼以后，熔池中的碳和磷同时超标，需要进一步地吹氧处理。

560. 喷吹炭粉的喷吹量对脱磷的影响如何？

喷吹炭粉的主要目的是造泡沫渣，喷入渣层中的炭粉主要与渣中的氧化铁反应，生成一氧化碳气体促使炉渣泡沫化，这一反应为吸热反应。喷吹炭粉的目的是调节泡沫渣的质量，控制喷吹炭粉的目的是调节渣中氧化铁的含量，达到脱磷的要求，由于炭粉可以还原氧化锰，锰可以还原磷酸盐中的磷，反应式可以表示为：

$$(4CaO \cdot P_2O_5) + 2(SiO_2) = 2(2CaO \cdot SiO_2) + (P_2O_5)$$

$$(C) + (MnO) = \{CO\} + (Mn)$$

$$5(Mn) + (P_2O_5) = 2[P] + 5(MnO)$$

所以在保证泡沫渣质量的前提下，减少喷吹炭粉有利于脱磷操作的进行。

561. 哪些情况容易引起磷高？

在冶炼过程中，炉渣的状况可以直接反映出脱磷的效果和判断熔池内磷含量的大概范围。磷高的炉渣特征主要有炉渣乳化、炉渣返干和炉渣一直较干、碱度不够引起的炉渣较稀和锰高引起的脱磷困难。

562. 炉渣长时间乳化引起的磷高的原因是什么，如何消除？

乳化现象是指气体、渣料和金属液滴三相相互作用后的乳化。乳化液的概念是：一种液相中含有另一种液相的小微粒，如果相邻液滴之间的距离足够大，液滴间能够独立运动，这样的体系称为乳化液。出现这种现象主要是由于吹氧压力过大或过小，常见于吹氧流量大于5500m^3/h或者小于3000m^3/h，以及操作控制不当引起的。主要原因是炉渣没有及时形成，吹入的氧气首先与硅、锰等元素优先反应，生成氧化物进入渣中，而渣中的氧化铁较少，氧气压力过大，将导致吹氧过程氧气流冲击钢液导致的飞溅现象加剧，飞溅使部分金属液滴和氧化铁进入渣中，部分进入炉气或者黏结在炉壁后部，渣中氧化铁较少，石灰渣料的溶解没有充分进行，只是部分溶解并参与反应，这种熔渣与进入熔渣的金属液滴形成了乳化现象。随着冶炼的进行，为了埋弧，喷入发泡剂炭粉后，炭粉与渣中的氧化铁、氧化锰会发生还原反应，这种现象将会加剧和持续。当氧气流量过小时，虽然飞溅现象在很大程度上减少了，但是由于氧化铁生成速度较慢，也不能促进渣料的溶解，也会产生乳化现象。这种情况下发生乳化现象的几率远远小于前者，这种三相间的乳化现象的危害是影响冶炼脱磷进程的主要因素之一。这种乳化现象的炉渣的表观特征是：炉渣视觉黏度低，流动性接近水渣，呈沸腾的稀米粥状，炉渣流出炉门时，有明显的金属液滴，喷炭操作时炉渣中有碳花现象。典型的渣样分析为：$R \leqslant 1.5$，$FeO < 15\%$。冶炼过程中如果炉渣乳化的时间较长，乳化现象消除以后，炉渣碱度较低。这主要是由于炉渣乳化以后，钢渣间的物理化学反应能力降低，熔池内部的传质速度下降，部分渣料没有熔化并参与反应就从炉门流失了，会造成磷高。

对于乳化现象的处理，前面已经做了介绍，这里就不再叙述。需要说明的是，超声速集束氧枪的吹炼模式下（没有复合吹炼的自耗式氧枪作辅助吹氧手段），乳化现象比较常见。氧化期前面一段时间，保持炉门废钢的存在，避免渣料乳化以后流失很重要。

563. 锰含量高以后导致磷偏高的原因和处理方法有哪些？

锰高以后，引起炉渣中的氧化铁含量低，在配碳量较高时，炉渣出现返干和乳化引起的磷高现象比较常见。配碳量偏低时，在炉渣碱度合适时，出现磷高的几率不大。锰高以后导致的乳化现象处理的方法如下：

（1）乳化现象不严重时，氧气流量调至中低挡，氧枪距离熔池渣面10～30cm，氧枪与熔池的水平夹角控制在25°～30°之间进行吹渣操作（集束氧枪除外），将炉体摇至最低位（以不从炉门流渣为准），降低供电功率，停止喷吹炭粉的操作，直到乳化现象结束或者有脱碳反应的特征出现（在除尘弯管有碳火出现）。

（2）乳化现象严重时，停止送电和吹氧一段时间以后，等待熔池平静以后，开始以小流量的氧气吹渣，然后流渣操作或者造泡沫渣，再次取样分析后，如果磷仍然超标，最明智的处理措施是补加渣料。采用自耗式氧枪复合吹炼方式的，可以考虑减少超声速氧枪的氧气流量，以超声速氧枪和自耗式氧枪吹渣，这样可以把炉渣中的铁珠氧化为氧化铁，增加了渣中氧化铁的量，对于解决乳化脱磷比较实用。这种吹渣的操作是基于以下原因的：

1）以较小的氧气流量吹炉渣操作时，氧气吹入渣中会使氧化渣中弥散的铁珠成为氧化铁，增加了渣中氧化铁的含量。

2）以较小的氧气流量吹渣时，一部分氧气会到达钢渣界面，在钢渣界面反应时，钢液表面会大量生成氧化铁进入炉渣，可以增加氧化铁的含量。

3）通知废钢配料间调整废钢中高锰钢的配入量。

4）如果废钢原料条件特殊，如高锰钢较多，无法在较大程度上改变配料结构，合理地增加石灰和白云石的加入量，在熔化前期尽量地吹渣和流渣操作，可以降低炉渣中的氧化锰含量和磷含量，有利于后期脱磷反应的化学平衡移动，促进脱磷。

564. 炉渣较干和后期返干出现的磷高如何处理？

炉渣较干以及冶炼后期返干对于脱磷反应都有影响。对于自耗式氧枪来讲，主要出现在配碳量较高的炉次，主要表现为：

（1）有的炉次氧化期开始，炉渣泡沫化情况正常，随着流渣操作和喷炭操作，炉渣出现返干，表现为熔池内炉渣出现龟裂状，裂缝处有钢花溢出，或者钢液面上没有炉渣，钢水呈现涌泉状的湍流运动。石灰在靠近出钢口区呈现堆积状态。

（2）部分炉次钢渣一直没有出现泡沫化，喷炭后烟道内的黑色烟尘加剧。

出现以上情况，解决的有效途径有：

（1）钢液面没有炉渣覆盖时，将氧枪离开渣面一段距离，以最小角度沿着钢渣面以较小的氧气流量吹炼，待渣面出现小部分炉渣后，喷入炭粉促使炉渣泡沫化，炉渣泡沫化以后可以提高炉渣的持续溶解石灰的速度，增加吹氧的效率。需要注意的是，炭粉的喷吹要根据炉渣的泡沫化程度增减，避免炉渣的二次返干。在吹炼过程中，可以以较低的送电挡位间歇性地送电化渣。

（2）炉渣较干时，将氧枪离开渣面一段距离，用中低流量吹渣，在此期间最好不做喷吹炭粉的操作，炉渣完全溶解并且黏度合适以后，加大喷吹氧气的流量，同时喷入炭粉，促使炉渣泡沫化，实现脱磷的目的。

以上的操作对于脱磷和脱碳都有利，也是唯一的解决办法。在此期间根据熔池的温度，以合适的挡位送电也是必要的。

565. 炉渣较稀出现的磷高的原因是什么，如何处理？

炉渣较稀出现的磷高主要是炉渣碱度不够造成的，或者是炉渣碱度在1.5左右，但是炉渣内氧化铁含量偏高造成的。主要特征如下：

（1）部分炉次在配碳量较低的时候，前期炉渣泡沫化程度，勉强在高流量的喷炭条件下能够埋弧，后期炉渣泡沫化的质量迅速下降。

（2）部分炉次泡沫渣一直不能达到冶炼的要求，炉渣差的时候甚至不能从炉门适量地流出。

出现以上情况导致磷高以后，对于成分要求不大的炉次，可以根据熔池具体的磷含量和碳含量来决定是否补加石灰。因为补加石灰对于从料篮加入石灰的电炉来讲，是一种损失，对于有炉顶加料条件的，操作难度就会下降。处理的方法如下：

（1）如果碳含量在0.10%以上，可以造泡沫渣继续吹炼。如果泡沫渣能够持续一段时间，随着熔池碳含量的进一步降低，脱磷反应也会伴随进行，取样后，如果脱磷达到目标要求的最低限度，就可以出钢。需要注意的是，出钢过程要避免下渣，防止下渣回磷。

（2）如果熔池内的碳含量低于0.05%，磷含量离目标值不远，可以考虑增加喷炭量，减少吹氧量，促使炉渣发泡，增加界面反应能力。这是因为渣中的氧化铁含量高，炉渣密度增加，炉渣内部的传质反应能力降低，炉渣中会出现$3FeO \cdot P_2O_5$。随着渣中氧化铁合理的降低，炉渣脱磷的反应可以进一步进行，待炉渣发泡后，适量流渣后就可以取样，成分合适以后，就可以出钢。

（3）如果炉渣不能够从炉门流出，熔池内碳含量低于0.05%，炉渣增加喷炭流量的操作也不能发泡，磷含量高于目标0.0050%以上，补加石灰是必须的。补加石灰以后按照前面的操作步骤操作，石灰补加的量正常范围在300～1500kg之间。

566. 超声速氧枪吹炼条件下的脱磷操作要点有哪些？

超声速氧枪吹炼条件下（包括集束氧枪），氧气射流可以穿透钢渣深入钢液内部进行脱碳反应，脱碳速度很快，但是脱磷反应主要在钢渣界面进行。所以超声速氧枪条件下的脱磷操作，在多数的情况下适用于自耗式氧枪吹炼条件下的脱磷操作，有些细节略有不同，特别是在冶炼一些低磷钢的时候，需要调整操作，主要有以下几点：

（1）由于在超声速氧枪和集束氧枪吹炼条件下渣中氧化铁含量比较低，远远低于自耗式氧枪吹炼条件下渣中的氧化铁含量，所以超声速氧枪和集束氧枪吹炼条件下要保证炉渣的二元碱度在2.0～3.0之间，以保证脱磷反应和脱碳反应的条件同时能够满足。

（2）冶炼过程中需要有必要的化渣时间，这对于造泡沫渣和脱磷、脱碳都很重要。这需要在熔化末期调整吹氧量和控制枪位，一般对于超声速氧枪来讲需要提高枪位，以氧气刚好能够射入钢渣面为宜，目测炉盖电极孔无剧烈的飞溅颗粒为标准（或者炉壁进枪孔、烟道、炉盖缝隙处也可以为参照点），吹炼2～5min，时间控制以有脱碳反应的特征开始出现为依据，比如烟道或者炉盖孔有碳火出现，熔池内炉渣沸腾正常，泡沫化情况良好等。对于超声速集束氧枪来讲，熔化末期要保持中氧（或者在操作界面上称之为平焰）进行化渣一段时间后改为高氧进行脱碳。

（3）脱碳反应剧烈时，可以适当地调整枪位或者减小吹氧量防止炉渣不被乳化，增加钢渣界面的反应能力。因为脱碳速度过快，钢水冲破炉渣以后，再次进入熔池的过程中，炉渣中弥散铁珠的数量会增加，也会导致乳化现象的发生。

（4）在配碳量低于1.5%时，脱碳至0.10%左右，由于钢中和渣中氧化铁含量基本上达到了石灰大部分熔化的条件。脱碳反应结束后，脱磷反应基本上也能够达到目标值，全程的鱼鳞渣或者棉花渣操作，脱磷反应的效果基本上都很理想。

（5）在热装铁水或者生铁加入量较大的时候，会出现脱碳反应结束后，炉渣没有明显的泡沫化从炉门溢出，如果炉渣的碱度达到了2.0以上，这说明石灰没有完全溶解。这种情况下出现磷高的几率会比较大，需要格外注意，取样成分中出现磷高后的处理方法如下：

1）测温后根据温度决定送电，如果温度大于1600℃，就可以不要送电，以低氧气流量吹渣1～5min，进行喷吹炭粉，促使炉渣泡沫化，泡沫渣从炉门流出后保持2min左右就可以取样，一般情况下脱磷的时间可以控制在5min以内完成。

2）测温后如果温度在1580℃左右，可以低挡位、小功率送电，这样有利于化好炉渣。依照以上的操作就可以满足脱磷的需要。

3）多数的文献介绍低温有利于脱磷，事实上温度在1600～1700℃之间，依照上面的操作，脱磷反应仍然可以达到目标，只是存在高温带来的各种危害，比如溶解氧在钢中大幅度上升，对炉衬的侵蚀严重等。

4）如果取样温度在1540℃左右磷高，就要考虑尽量不让炉渣溢出，进行全程的泡沫渣升温操作，脱磷反应基本上在终点可以达到要求。

5）如果取样后碳过低，在0.05%以下，根据脱磷反应的方程式可以知道，增加氧化铁含量会抑制脱磷反应向正方向移动，所以间歇性地以氧气吹渣和大流量的喷炭会促使炉渣泡沫化，加速脱磷反应的进行，这种情况下如果炉渣泡沫化良好后1～5min也可以完成脱磷操作。

（6）在超声速氧枪和集束氧枪吹炼条件下，保持合适的配碳量，控制好泡沫渣是简化脱磷操作的关键。根据炉渣情况控制喷炭量，点动喷炭和减少喷炭量防止炉渣返干对脱磷操作是最重要的一点。

（7）合适的留钢和留渣量对于脱磷反应有积极的意义。

（8）在冶炼新炉役第一炉时，由于没有留渣、留钢，炉渣不能充分化好的几率较大，因此在开新炉役第一炉时，石灰量要加大，比正常冶炼要多1/4～1/3，冶炼时要把脱磷操作作为重点。

（9）在碳高、磷高的情况下，如果碳含量在0.2%～0.8%之间，一般情况下，造泡沫渣脱碳结束后，脱磷操作也会伴随结束。

（10）冶炼末期，如果炉渣碱度不够，炉料中带入的磷较高时，也会引起磷高。具体判断为：

1）炉渣从炉门溢出时，炉渣黏度低，炉渣表面有暗黑色物质或者颗粒存在（我们的化验分析证明是未溶解的氧化镁颗粒），二元炉渣碱度一般低于1.8。

2）冶炼过程炉门没有明显的炉渣溢出，冶炼结束后炉渣较稀并且少，化渣操作和喷炭操作处理后，炉渣的泡沫化情况仍然不好，停电从炉门观察没有未溶解的石灰存在。这种情况下如果磷高于成分控制的范围，可以按照前面所述的方法操作，控制好反应平衡移动也可以达到脱磷的目的，如果达不到需要就要进行补加石灰的操作。在补加石灰后按照前面的步骤，待炉渣泡沫化2～5min后就可以取样化验，直到成分合适，如果出钢成分中磷的成分在靠近成分范围5个以下，出钢时，要避免下渣，防止下渣回磷。实际生产中，我们测得的炉渣下渣回磷的数值在0.003%～0.010%之间，调整成分时，合金和脱氧剂也会带入一定量的磷。

567. 提高电炉脱磷操作的主要方法有哪些？

提高电炉脱磷操作的主要方法有：

(1) 合理的配料。现代电炉的脱磷能力一般在 50% ~80% 之间。保证合理的配料，从源头上保证废钢原料带入电炉的磷含量在一个合理的范围，即废钢铁料配入的磷含量低于0.06%是减轻脱磷任务的保证。高磷废钢要分为多炉次均匀地加入，并且各个成分的含量，能够使操作简化，使脱磷的难度降低。最理想的结果是在冶炼中脱磷的任务随着脱碳的结束而结束。渣料的搭配要合理地根据废钢条件的变化做机动调整。比较典型的是在清除料池底部的时候，碎料和渣滓多的时候，要格外注意调整渣料。我们曾经遇到过在连续冶炼中，终点成分的磷含量一直很低，有一炉次，化验室传过来的磷含量实际为0.07%，操作工误以为是0.007%，出钢以后才发现磷含量超标，导致多次倒包处理以后才避免了一起废品事故。

(2) 合理的留渣和留钢量。合理的留渣和留钢量可以提高吹氧的效率，对于早期的脱磷非常有利。由于留渣中一般含有较高的氧化铁，在兑加铁水时，脱磷的效果尤其明显。

(3) 吹炼的控制。在电炉的吹氧操作中，熔化期的强化脱磷可以把脱磷任务的50%以上完成。对于自耗式氧枪来讲，尽量不割料，氧枪吹炉底的局部熔池，超声速氧枪在炉渣没有形成之前，保证合理的吹渣操作，化渣充分以后保证泡沫渣的操作，是脱磷的关键。超声速集束氧枪在炉渣没有形成以前，以中低氧（或者称为低焰和中焰）模式吹炼，是很必要的。事实上，不论何种吹炼方式，炉渣没有覆盖钢液的吹炼，不仅不利于脱磷，对于脱碳也同样是不利的。氧化期的脱碳反应还伴随着脱磷反应，可以进一步达到完成脱磷任务的目的。

568. 什么叫做电炉热兑转炉液态钢渣的工艺，此工艺对脱磷有何影响？

转炉钢渣的碱度和电炉钢渣的碱度各不相同，其中转炉钢渣的二元碱度在2.8 ~4.2之间，渣中氧化镁的含量维持在8% ~14%之间。维持较高的碱度是为了保持炉渣有较强的向熔池传递氧的能力，在钢渣界面进行脱磷、脱碳，以及满足溅渣护炉的需求。传统的转炉液态钢渣中含有大量的物理热，将转炉液态钢渣装到专用的渣罐运至电炉，在电炉出钢以后从炉顶兑入电炉，然后进行加废钢等正常工艺的操作，以减少石灰用量、缩短冶炼周期为目的。该工艺为笔者所在团队试验成功的专利工艺技术。据实测，一座 70t 的电炉，每炉直接节约成本 2500 元以上。

电炉热兑转炉液态钢渣，由于转炉的液态钢渣中含有 14% ~25% 的氧化铁，故简化了脱磷操作，据操作过程中的跟踪显示，冶炼过程的脱磷任务很轻松，基本上能够将脱磷操作的难度降低 50% 以上。

569. 电炉出现硫含量异常以后，如何操作？常见脱硫操作的误区有哪些？

电炉的脱硫主要在于电炉出钢过程中的脱硫，为钢水在精炼炉脱硫创造好条件。电炉冶炼过程中其他的环节对脱硫的改善没有明显的作用。

电炉出现硫含量异常（[S] >0.08%）以后，首先要按照电炉的工艺脱磷、脱碳，然后迅速地升温，使出钢温度比正常情况下提高 10～40℃，然后尽可能地从炉门多放渣，减少电炉出钢过程中的下渣几率，然后出钢。

在硫含量异常情况下，适量地减少出钢量，增加钢包的自由空间，对脱硫是有利的。出钢时，钢水流出 2～5t 后，开始加入脱氧剂，包括铝块、铝铁等。如果需要出钢过程中增碳，可一次将钢液中的碳调整到目标下限，出钢过程中增加脱氧剂和渣料的用量，尤其是电石、精炼渣等复合脱氧剂的量应比正常情况下多 10%～100%。出钢过程中的氩气搅拌采用强搅拌模式，以钢液不溢出或者大量飞溅出钢包为原则。氩气把钢液搅拌得像开水壶内沸腾的开水一样，增加了钢渣界面的反应能力，直至出钢结束，然后将钢水吊运至精炼炉，进行下一步的脱硫操作。笔者的操作表明，电炉出钢过程中的脱硫率最高可达 70%。

电炉脱硫常见的误区有：

（1）氧化期取样发现硫高，限制电炉的吹氧量，认为这种减少钢水氧含量的方法对 LF 炉的脱硫有益，这也造成了电炉冶炼时间过长，相应地减少了钢水在 LF 炉的处理时间，造成脱硫被动，导致脱硫时间长，连铸机缺少钢水而停浇的事故。

（2）冶炼高碳钢时顾虑多，不重视出钢过程中的增碳操作，造成精炼炉大量增碳，调整炉渣的难度增加，制约了脱硫操作。

（3）忽略了影响电炉出钢下渣的因素。电炉下渣以后，顶渣的还原难度增加，相应地增加了脱硫的难度。

（4）对于吹氩的强搅拌心存恐惧，不敢强搅拌，影响了出钢过程中的脱硫效率。

570. 电炉使用的氧燃烧嘴有哪几种，有何优点？

目前氧燃烧嘴按照输入的辅助能源方式分为：氧－油烧嘴（或者氧油枪）、氧－燃气烧嘴（或者称为氧气－燃气喷枪）、氧－煤粉烧嘴。使用氧燃烧嘴的主要优点如下：

（1）输入辅助能源以后，加速了废钢的熔化，可以使氧枪供氧的操作提前，增加供氧强度，相应地增加了化学热的利用。

（2）由于增加了化学热，可以减少吨钢电耗，缩短送电时间和冶炼周期。

（3）目前烧嘴主要布置在炉门两侧和 EBT 冷区，可以消除电炉的冷区，减少冷区冷钢不能快速熔化引发的各类事故。

（4）在 EBT 冷区增加烧嘴，可以提高 EBT 的自流率，降低出钢温度，提高炉龄。

（5）可以减少电极的消耗。

（6）在金属炉料熔化前，及早地去除其中的可燃物和游离的水分。

（7）由于输入辅助能源后，可以降低电耗，对于一些电力紧缺的地区，用低价的燃油和燃气取代电能，有利于降低炼钢的成本。

571. 氧－油烧嘴的结构和使用特点有哪些？

氧－油烧嘴主要使用轻质柴油或者其他燃油为燃烧介质，使用前燃油进入尾部前经过压缩空气雾化成为油气再由纯氧助燃。氧－油烧嘴的结构和火焰特性如图 7－5 所示。

氧－油烧嘴主要使用在燃气资源缺乏的地区。国内的珠江钢厂就采用了 6～7 个氧－油烧嘴，每个的最大功率为 3.5MW。安阳钢厂采用了 5 个氧－油烧嘴，采用轻质柴油为

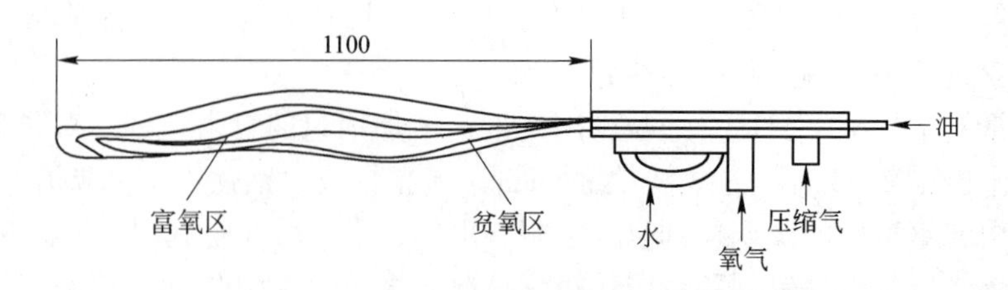

图 7－5 氧－油烧嘴的结构和火焰特性

燃烧介质，每个烧嘴的功率在 3.0MW 左右。燃油在工业纯氧的助燃条件下，燃烧后火焰的最高温度可以达到 2500℃左右，使用过量的氧气可以使燃油燃烧得比较充分。为了确保烧嘴的安全，防止回火，供油供氧管路上设有逆止阀，烧嘴采用铜制水冷结构，烧嘴与燃烧介质管路之间采用快速接头连接，以便于烧嘴的更换、维护和检查。氧－油烧嘴的氧气、燃油比例在 2.33∶1 左右，吨钢油耗在 3.5～7L 之间比较合理。氧－油烧嘴的燃烧效率取决于废钢温度和受热面积。一般情况下，熔化期氧－油烧嘴的利用率最高，在废钢熔清后，氧－油烧嘴的使用效率就会下降。所以在不同的阶段要适时地调整氧油比例，或者停止烧嘴燃油的喷吹，采用气体介质进行吹扫，防止烧嘴被钢渣堵塞。氧－油烧嘴的缺陷主要有：

（1）烧嘴的结构比较复杂。

（2）燃烧介质成本较高。

（3）燃烧介质的供应系统比燃气烧嘴复杂。

（4）燃烧不充分时，烧嘴喷头会产生积炭，堵塞喷头，需要定期地检查清理。

（5）产生积炭后会造成燃烧不充分，火力发散，烧嘴的功率降低。

（6）除尘系统的负荷较大。

572. 氧－油烧嘴如何操作？

氧－油烧嘴又称氧油枪，主要适用于以炉门水冷氧枪为主要供氧方式的电炉。由于炉门水冷氧枪吹炼时，受到炉门冷态废钢的影响，为了及时地使用水冷氧枪，通常在炉门水冷氧枪的机构上加装一支氧油枪，在废钢加入炉内，送电开始后，首先投入氧油枪预热炉门废钢 2～5min，炉门废钢就呈现红热状态，氧油枪使用后可以迅速熔化炉门废钢，然后氧油枪进入炉内进行吹氧操作。炉门废钢大部分熔化以后，炉门氧油枪就可以停止工作了。氧油枪由于在炉门区使用，比较容易控制。也有使用炉门氧－燃气枪的。我们也使用过在炉门加无烟煤或普通煤的助熔方法，即在加料前，人工在炉门加袋装的无烟煤，加料后投入氧枪，效果也可以。

573. 氧－煤烧嘴的使用特点有哪些？

氧－煤烧嘴在 20 世纪 80 年代末期发展的速度较快，主要由煤粉喷吹罐和供氧设施两部分组成，煤粉喷吹罐和造泡沫渣的炭粉喷吹罐的原理基本相同，使用时，煤粉用辅吹载流气体如氮气或者压缩空气输送。烧嘴的供氧部分分为两部分，氧气分为旋流和环形直流双氧通道形式，这样既能保证烧嘴出口处形成回流区，有利于点火，又能够在外部形成约束火焰的氧气射流，提高火焰的穿透能力。这种烧嘴由于受到热效率和辅助环节多的影响，多见于普通功率的电炉。

574. 氧－燃气烧嘴的结构如何？

电炉氧－燃气烧嘴最初的设计是“管套管”结构，氧气喷嘴在中间，燃气通过两层管间的环缝进行喷吹，这种结构简单，但是冷却效果不好。所以，目前的烧嘴设计是在铜制喷头上集中了数个燃气孔和氧气孔，氧气孔被设计成为拉瓦尔喷头。铜制喷头安装在一个铜制的水冷套内，铜制的水冷套相当于一个燃烧室，它能够保护喷头不受钢水和炉渣的侵蚀，改善了燃气在喷嘴出口处的混合效果，这种烧嘴在加热熔化废钢时，通常是满功率的，在钢水脱碳时，采用小流量的维持模式。氧－燃气烧嘴所使用的燃烧介质主要是比较清洁的能源天然气，也有使用煤气和焦炉煤气的。所以氧－燃气烧嘴应用得较多。这种烧嘴燃烧后产生的热量比较丰富，设备较简单，易于维护，优势比较明显，对于环境的友好程度比较高。一种典型烧嘴的照片如图 7－6 所示。

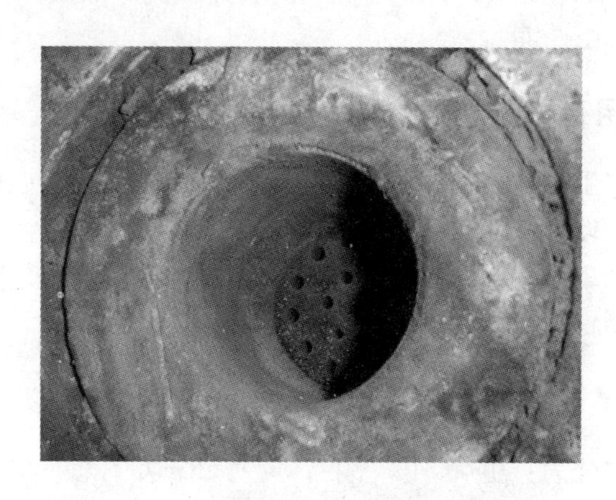

图 7－6　一种典型的氧－燃气烧嘴的照片

575. 烧嘴的高温火焰向炉内废钢传输热量的途径有哪些？

烧嘴的高温火焰向炉内废钢传输热量的途径有：

（1）燃烧火焰用强制对流的形式传输热量。为了达到最佳效果，必须使传热系数、废钢表面积和火焰与废钢之间的温差达到最大值。传热系数随火焰温度的升高和火焰出口速度的增加而提高。所以，目前的烧嘴在熔化期通常是满功率运行的，在熔化期结束以后功率逐渐地降低使用。

（2）通过燃烧产物的辐射传输热量。在燃烧温度下火焰所表现出的红外线辐射传热与火焰温度的四次方呈函数关系，提高火焰的温度很重要。这一点在生产中是通过调剂氧气和燃烧介质的比例来实现的。

（3）火焰中过剩的氧气氧化废钢铁料所产生的热能直接传导给炉料。

576. 烧嘴的布置方式有哪些？

烧嘴的布置是根据电炉容量的大小、变压器的功率和炉型决定的，一般布置在电炉的冷区。安装在电炉水冷盘上预留出的安装位置上。烧嘴气体流量的设定是根据不同阶段来设定的。在冶炼开始，一般使用较大流量的燃气量，以及使燃气充分燃烧甚至过剩的氧气量。随着电能输入的增加和废钢的熔化，需要减少燃气的量，或者保持维持火模式来优化操作。有作者认为直流电炉的偏弧区不必增加烧嘴，这需要根据具体情况决定。在容量较大的直流电炉，炉膛较大时，偏弧现象会减轻，增加烧嘴是必要的。因为减少化料时间，增加利用泡沫渣埋弧操作的时间相对来讲更加有利于电炉的生产，与偏弧现象的负面效应相比也是一种积极的手段。德国的 BSW 厂 2 号电炉是在炉门左侧 5 点布置了 1 个烧嘴，在右侧 7 点布置了 2 个，EBT 冷区 11 点布置了 2 个，3 点布置了 2 个，1 号电炉是在 5 点和 7 点方向侧各布置了 1 个，左侧 9 点和 EBT 冷区 12 点半方向各布置了 1 个。天然气的消耗在 4.5～5m^3/t 之间，烧嘴的氧耗在 9.5～15m^3/t 之间，每个烧嘴的功率在 2.5～3.0MW 之间，效果特别明显，对于节省化料时间，缩短冶炼电耗产生了巨大的推动作用。新疆八一钢厂装备了 5 个（实际使用了 3 个）氧气－焦炉煤气烧嘴，烧嘴的燃气消耗在 1.5m^3/t 左右，烧嘴的氧耗在 4.5m^3/t 左右，也取得了良好的效果。在空载实验条件下，烧嘴火焰最长可以达到 2.5 左右。

577. 烧嘴的使用有哪两种模式？

烧嘴的使用一般有手动和自动两种，有的是通过操作台上的按钮实现的，有的是通过 PLC 输入命令执行的。较为合理的是通过 PLC 工业电脑实现的。在多个烧嘴同时使用时，可以实现自动控制下的集群控制，也可以单独对某一个烧嘴进行调整喷吹模式。烧嘴的燃烧根据气体流量的不同，设有不同的模式，可以选择。

578. 使用焦炉煤气的烧嘴参数如何设置？举例说明。

某厂焦炉煤气的成分为：甲烷 24% 左右，氢气 55% 左右，一氧化碳 2% 左右，苯 3% 左右，氮气 7% 左右，焦油 3% 左右，其他 6% 左右，发热值约 17572J，与空气混合比例为 1∶4.39（为完全燃烧比例），如果换算成氧气（空气中氧气含量为 21%），则与氧气混合比例为 1∶0.921。在实际应用中，为考虑焦炉煤气的利用率，使用焦炉煤气时该厂增大了一倍左右氧气的比例，一般在 1∶1.8～1∶2.2 之间，烧嘴在三批料的设定值见表 7－2～表 7－4。

表 7－2 第一次加料后烧嘴自动模式的参数设定

吨钢电耗 /kW·h·t^{-1}	程序设定节点	1 号烧嘴		2 号烧嘴		3 号烧嘴		4 号烧嘴		5 号烧嘴	
		燃气量 /m^3·h^{-1}	氧气量 /m^3·h^{-1}	燃气量 /m^3·h^{-1}	氧气量 /m^3·h^{-1}	燃气量 /m^3·h^{-1}	氧气量 /m^3·h^{-1}	燃气量 /m^3·h^{-1}	氧气量 /m^3·h^{-1}	燃气量 /m^3·h^{-1}	氧气量 /m^3·h^{-1}
40	1	128	255	128	255	128	255	128	255	128	255
90	2	250	450	250	450	250	450	250	450	250	450
120	3	360	650	360	650	360	650	300	650	360	650
140	4	420	756	420	756	420	756	300	756	420	756
160	5	480	864	480	864	480	864	300	864	480	864

续表7－2

吨钢电耗 /kW·h·t^{-1}	程序设定节点	1号烧嘴		2号烧嘴		3号烧嘴		4号烧嘴		5号烧嘴	
		燃气量 /m^3·h^{-1}	氧气量 /m^3·h^{-1}	燃气量 /m^3·h^{-1}	氧气量 /m^3·h^{-1}	燃气量 /m^3·h^{-1}	氧气量 /m^3·h^{-1}	燃气量 /m^3·h^{-1}	氧气量 /m^3·h^{-1}	燃气量 /m^3·h^{-1}	氧气量 /m^3·h^{-1}
180	6	420	954	420	954	420	954	300	954	420	756
200	7	360	648	360	1050	360	1050	300	860	360	648
220	8	300	540	300	1173	300	1173	300	600	300	540
300	9	240	432	240	1280	240	1280	240	450	240	430
999	10	180	324	180	1600	180	1600	180	360	180	324

表7－3　第二次加料后烧嘴自动模式的参数设定

吨钢电耗 /kW·h·t^{-1}	程序设定节点	1号烧嘴		2号烧嘴		3号烧嘴		4号烧嘴		5号烧嘴	
		燃气量 /m^3·h^{-1}	氧气量 /m^3·h^{-1}	燃气量 /m^3·h^{-1}	氧气量 /m^3·h^{-1}	燃气量 /m^3·h^{-1}	氧气量 /m^3·h^{-1}	燃气量 /m^3·h^{-1}	氧气量 /m^3·h^{-1}	燃气量 /m^3·h^{-1}	氧气量 /m^3·h^{-1}
30	1	128	255	128	255	128	255	128	255	128	255
80	2	250	450	250	450	250	450	250	450	250	450
110	3	360	650	360	650	360	650	360	650	360	650
120	4	420	756	420	756	420	756	420	756	420	756
150	5	480	864	480	864	480	864	480	864	480	864
170	6	420	954	420	954	420	954	420	954	420	756
180	7	360	648	360	1050	360	1050	360	860	360	648
200	8	300	540	300	1173	300	1173	300	600	300	540
300	9	240	432	240	1280	240	1280	240	450	240	430
999	10	180	324	180	1600	180	1600	180	360	180	324

表7－4　第三批料加料以后的烧嘴模式设定值

吨钢电耗 /kW·h·t^{-1}	程序设定节点	1号烧嘴		2号烧嘴		3号烧嘴		4号烧嘴		5号烧嘴	
		燃气量 /m^3·h^{-1}	氧气量 /m^3·h^{-1}	燃气量 /m^3·h^{-1}	氧气量 /m^3·h^{-1}	燃气量 /m^3·h^{-1}	氧气量 /m^3·h^{-1}	燃气量 /m^3·h^{-1}	氧气量 /m^3·h^{-1}	燃气量 /m^3·h^{-1}	氧气量 /m^3·h^{-1}
30	1	128	255	128	255	128	255	128	255	128	255
70	2	250	450	250	450	250	450	250	450	250	450
100	3	360	650	360	650	360	650	360	650	360	650
110	4	420	756	420	756	420	756	420	756	420	756
140	5	480	864	480	864	480	864	480	864	480	864
160	6	420	954	420	954	420	954	420	954	420	756
180	7	360	648	360	1050	360	1050	360	860	360	648
300	8	300	540	300	1173	300	1173	300	600	300	540
999	9	240	432	240	1280	240	1280	240	450	240	430
999	10	180	324	180	1600	180	1600	180	360	180	324

注：实际上三次料后自动模式转换电量约为一次料的0.85左右。

579. 烧嘴出现堵塞现象以后如何处理?

烧嘴在使用过程中，有的因为喷吹气体中的炭化沉积物积累在喷嘴里造成堵塞，也有的是因为冶炼过程中的钢渣飞溅造成堵塞。以上两种情况发生的几率较小，而且发生堵塞的可能是个别的。有的堵塞以后只是气体流量减小了，还可以继续使用，也比较容易处理，只需要在检修或者短时间停炉时，卸下烧嘴疏通即可继续安装使用。最常见的是操作工在冶炼开始后忘记了启动烧嘴，既没有吹扫气体的吹扫，也没有利用维持火模式来防止烧嘴的堵塞，炉壁挂渣以后烧嘴有可能全部堵塞。还有一种情况是冶炼过程中处理事故时，暂时停止了烧嘴的使用，事故处理结束以后，重新送电冶炼时忘记了启动烧嘴，导致烧嘴里面灌入了钢渣堵塞。这种情况下一般不能强行开启烧嘴，防止烧嘴里的氧气反射在水冷盘上，造成水冷盘漏水。正确的处理方法是抽出时间，取出烧嘴，用氧气管（直径3cm左右的铁管）吹开烧嘴前面的钢渣后装入烧嘴，就可以重新使用了。

580. 烧嘴出现密封处反射火焰，造成冶炼过程穿钢和穿渣的现象如何处理?

烧嘴安装以后，烧嘴水冷套和水冷盘的连接处如果缝隙过大，会造成使用时反射火焰，在冶炼过程中脱碳反应剧烈或者炉渣乳化以后，钢渣会从烧嘴处流出。以上情况的出现，对于机械设备和烧嘴本身都有危害。预防的手段是除了减少安装的误差以外，在安装烧嘴以后，用耐火泥将烧嘴的薄弱处做强化封闭处理。有必要的情况下，在烧嘴外部用耐火砖和耐火泥做砌筑封闭处理，效果会比较好。在冶炼过程中出现上述情况，也是利用耐火泥和耐火砖做封闭处理的。

581. 烧嘴正常使用时出现气体流量减少的情况如何处理?

这种情况是供气的阀门在控制上出现了问题，这需要电气、仪表和机械维护人员一起检查处理。一般比较容易处理。如果气体流量达不到维持烧嘴火焰的流量，就要停炉检查处理。如果流量还可以维持冶炼的进行，可以不停止冶炼处理。

582. 烧嘴出现漏水以后如何处理?

由于烧嘴处于火焰的燃烧热区，有时候会因为氧气的反射造成漏水。烧嘴漏水以后的特征主要是从炉门或炉顶观察，烧嘴处有水流出，烧嘴下方红热状态的镁炭砖有部分呈现黑色，或者烧嘴安装点的位置处出现没有熔化的废钢，随着冶炼炉数的增加而积累。如果某一个烧嘴漏水以后，应该将该烧嘴停止使用，并且关闭烧嘴的冷却水，待检修或停炉时重新更换。

583. 二次燃烧喷枪是如何布置的?

二次燃烧喷枪一般的安装是在炉门两侧5~6点和7~8点，EBT冷区两侧10~11点和1~2点的位置，以利于消除冷区和发挥二次燃烧的最大功率。德国BSW厂2号电炉在4点、8点、10点和1点布置了二次燃烧喷枪，1号电炉在4点、8点、10点和2点各安装了后燃烧喷枪。八钢70t直流电炉在4点、8点和3点方向各安装了一支意大利More公司提供的二次燃烧喷枪。

584. 二次燃烧喷枪的使用模式有哪几种？

二次燃烧喷枪使用时有3种模式选择：

（1）手动模式。在手动模式下，选择好二次燃烧喷枪的数量，在人机界面上或者操作桌面上，通过操作设定所需要的氧气量，这些信号将会输入PLC，按下启动按钮后，喷枪开始向电炉炉内喷氧，停止使用时，按下停止按钮就停止喷氧，开始用氮气吹扫。这种工作模式简单，可以通过PLC的人机界面或者操作台上的按钮对每支枪单独操作。缺点是对于氧气的使用盲目性较大。

（2）自动模式。在自动模式下，根据工艺冶炼的不同阶段来划分时间段。时间段的划分常用冶炼的电耗变化为基准，由程序控制自动调整执行，PLC能够根据电耗的变化和氧气设定值自动进行调整喷吹氧气的操作。

（3）动态模式。动态模式下是随时对烟道里烟气的氧含量进行分析，根据分析结果调整所需要的氧气量。它是利用安装在烟道上的氧化锆探头对烟气进行检测，通过分析仪器分析出氧含量，并且将其转化为4～20mA的模拟信号，传至PLC，通过PLC来控制二次燃烧喷枪的喷氧量。

动态模式和自动模式可以互换，如果烟气检测探头受到了干扰或者故障，氧气测量不能够进行，滑动烟道开启并打开，PLC系统便从动态模式下切入自动模式下工作。

585. 二次燃烧技术的操作工艺要点有哪些？

在二次燃烧的操作工艺中，供氧是关键，同时应配以相应措施方能取得最佳效果，因此必须做到以下几点：

（1）根据电炉的冶炼特点进行自动或者手动调节。一炉钢的冶炼过程中的气体成分变化很大，即便在相同的工艺条件下，炉次之间气体成分的重现性较差，为此应连续分析炉气成分，以便在线控制吹氧量，达到理想的二次燃烧比（PCR）和二次燃烧的热效率（HTE）。

（2）冶炼过程中应注意控制用于熔池反应和二次燃烧的氧量在不同阶段的变化和相互间的匹配。如二次燃烧用氧过大，不但使金属收得率下降，而且电极消耗增加。

（3）二次燃烧时尽可能做到炉膛的正压操作，否则渗入的空气与炉气发生二次燃烧，因氮气带走大量热而使放出的热量只有40%被利用。

（4）一般应采用装在炉膛部位的低速氧枪。因为高速氧流往往造成铁和碳被O_2及CO_2氧化的反应发生。最佳的供氧方法是低速（亚声速）逆流供氧，在炉内形成旋涡气流，使氧与CO、H_2能充分混合，且使产物CO_2、H_2O有较长的滞留时间，提高PCR和HTE；烧嘴或者氧枪应有微调功能；吹氧时要控制角度，尽可能使整个熔池的渣面进行二次燃烧，扩大传热面积，提高HTE；同时要适时控制含碳的原料、含氧化铁的原料和氧的加入速度，保持合适的碳氧比。若供氧不足，则二次燃烧产物与炭、含碳金属和渣中铁滴反应，不但降低PCR，而且影响HTE。

（5）为保持高的PCR和HTE，当废钢熔化时，将二次燃烧产生的热量传给冷废钢是最佳时机。在废钢开始熔化阶段THE可以达到75%～80%，当废钢加热后只有65%；当熔池升温后，渣的黏度下降，渣中 CO_2 量减少，使 HTE 进一步降低，此时应进行合适的熔池搅拌；但过分的熔池搅拌使大量铁滴弥散进入渣中而被氧化，夺去了大量本来用于氧化 CO 的氧，使 PCR 降低，同时会产生大量烟尘。

（6）电炉的二次燃烧在三个部位进行：炉膛内、废钢熔化阶段在渣面上、熔池形成后在渣中。炉膛内的二次燃烧会增加炉体的热负荷，HTE 比较低；废钢熔化阶段在渣面上的二次燃烧可得到最佳效果；熔池形成后在渣中进行的二次燃烧，要控制熔池适当的碳含量（如加入 DRI、HBI、Fe_3C 等），否则会造成铁和电极氧化。应进行厚渣层操作，即泡沫渣的操作有助于增加二次燃烧和减少烟尘的产生，也不易使炉中形成的 CO_2 与熔池中的碳反应生成 CO 而降低 PCR。

（7）控制电炉炉气中含 10% 的 CO 为最合适的操作。如果废气中 CO < 5%，则在废气系统中加稀释空气使其完全燃烧是困难的；在高温条件下，CO 与 NO 反应生成 N_2 和 CO_2，可减少 NO 等有害气体的逸出。基于环保考虑，CO 排出电炉的经济下限是 5% ~ 10%。

586. 电炉的留钢、留渣技术有哪些作用？

在直流电炉中，留钢是不能缺少的，留钢作为底电极的一部分，帮助导电起弧。在交流电炉中则是把出钢留钢、留渣当作一门综合的技术来应用。电炉留钢、留渣的主要作用有：

（1）留钢、留渣对炉底和炉衬有积极的保护作用，既可以减少加料时废钢对炉底的冲击，还可以防止旋开炉盖后，炉膛温度迅速下降引起耐火材料热稳定性的变化。通过恒定的留钢、留渣量可以调整炼钢过程中熔池的液面，稳定渣线的位置，对于减少炉底的龟裂和提高炉衬的使用寿命有积极的意义。美国纽柯 Berkeley 厂直流电炉的留钢、留渣量为 120t，底电极寿命为 600 ~ 1000 炉。笔者在一座 70t 直流电炉和一座 110t 交流电炉中，对于炉役寿命较长的冶炼期间的分析证明，合适的留钢、留渣量，炉渣的泡沫渣成渣时间比过去提前 2 ~ 8min，炉底的侵蚀比平时减少 10% ~ 25%，渣线以下的炉衬镁炭砖部位的侵蚀比平时减轻 20%。

（2）合适的留钢、留渣在炉料入炉后，可以迅速使底部的冷料发红，有利于氧枪及早地投入工作，对于提高吹氧效率、节省电耗和缩短冶炼周期都有积极的促进作用。留钢、留渣技术可以使冶炼过程的化学热的利用率有显著的提高。实践表明，在全废钢冶炼时，合适的留钢、留渣量可以缩短冶炼周期 3 ~ 5min，热兑铁水时缩短冶炼周期 2 ~ 6min，吨钢氧耗降低 1.5 ~ 4m³。

（3）由于留钢、留渣在炉料入炉后可以预热废钢，因此可以加快电极穿井的速度，对于减少电极的消耗有明显的作用。同时穿井时的高分贝噪声持续时间也得到了减少。如果没有留钢，电炉穿井过程中，电极电弧辐射到炉底，将会加剧炉底耐火材料的侵蚀速度。

（4）合适的留钢、留渣有利于提高 EBT 的自流率。

（5）由于留钢、留渣中含有大量的氧化铁和溶解氧，在热兑铁水生产时，可以迅速氧化铁水中的硅、锰、磷、碳，增强石灰的溶解能力，加快成渣速度覆盖熔池表面，减少铁耗，减轻氧化期的脱磷任务效果。同时留渣可以起到替代部分渣料的作用，石灰的利用率得到了提高，并且留渣参与了脱磷的反应。

（6）合适的留渣和合理地增大留钢量有利于出钢过程中减少出钢箱部位的钢水产生的涡流现象，对于减少出钢带渣的作用十分明显。

（7）在高比例的热兑铁水操作中，合适的留钢、留渣对于熔化期的早期脱碳有积极的意义，可以减轻氧化期的脱碳任务。在超声速氧枪和超声速集束氧枪吹炼的过程中，炉底侵蚀加深后，由于射流穿不透钢渣界面，经常出现碳高，冶炼周期延长的事故。在不补炉底的条件下，增加留钢量，可以顺利地解决和弱化脱碳困难的矛盾。

（8）留钢、留渣以后熔池内部始终有熔池存在，可以及早形成泡沫渣并且能保持较好的稳定性。

（9）留钢、留渣有利于二次燃烧及时实现。

留钢、留渣操作可使炉内液态钢水和高氧化性炉渣为下一炉冶炼的初期脱磷提供极好的条件。同时，它改善了熔化初期电弧的稳定性，使平均输入功率增加，并促使供电制度改善及对供电系统的干扰减小。最为重要的是留钢、留渣操作可以使吹氧助熔的效果显著增加。

587. 怎样实现合理的留渣、留钢操作？

实现合理的留渣、留钢操作的手段有：

（1）要保证炉型的合理，熔池与出钢口之间要有一定的坡度和高度，否则出钢时采用留渣、留钢的操作以后，出钢结束炉体回摇以后，钢水和炉渣容易从出钢口流出，影响填充 EBT 的操作，而且容易引起安全事故。

（2）留钢、留渣的操作要从冶炼第一炉一开始就要实行。在第一炉冶炼的时候，装入量控制得偏大一些，出钢的时候考虑好吹损的量、出钢的量，决定留钢的量。

（3）要实现留渣、留钢，在冶炼中要保证炉渣有较合适的碱度，渣中氧化铁含量不能太高，否则会造成出钢下渣。

（4）电炉要实现留渣操作，利用留渣操作优化冶炼，炉渣的二元碱度在 2.0～2.5 之间为最佳。炉渣碱度过低，留渣以后的效果产生的负面影响比较大，还不如不留渣操作。

（5）出钢前炉渣较稀，渣中氧化铁含量较高时，在不吹氧的条件下，利用炭枪向渣面喷吹一段时间炭粉，降解渣中的氧化铁，增加炉渣的黏度，有利于实现留渣的操作。

（6）冶炼过程中，渣料的加入量要保证，配碳量要合适，否则冶炼过程中由于低碱度炉渣造成的频繁沸腾和炉渣过稀，使炉渣乳化，就很难实现留钢、留渣的目的。

（7）连续生产的时候，要根据吹炼的情况决定出钢量，炉门出现跑钢水，氧化期发生过大沸腾和炉渣乳化现象的，要酌情考虑减少出钢量，保证留钢量。

（8）采用较大的留钢量和留渣量，要保证电炉的配碳量和脱碳量，出钢的温度要合适。配碳量过低，出钢温度不合适，会有大块废钢没有熔化沉积在炉底，出钢时容易造成下渣，并且这一炉次的留钢、留渣产生的效果就会受到削弱。留渣的碱度要合适，较高碱度的炉渣在下一炉次的冶炼中，产生的效果比较明显。

588. 电炉的留钢、留渣量如何确定？

现代商业化运营的电炉容量在70～150t之间，电炉的留钢、留渣量一般在5～50t之间。电炉炉役的前期，留渣、留钢量按照中下限控制，炉役后期按照中上限控制。有铁水热兑的炉次，留钢量尽量地少，留渣量尽量地大。

589. 全废钢冶炼时留渣、留钢操作的关键环节技术有哪些？

全废钢冶炼时，把装入总量控制在公称加入量中上限之间（废钢+留钢）以确保功率水平不低于0.7kV·A/t，然后按照不同的留钢、留渣量进行分组分析（每组20炉）。得到的结果是，留钢量和留渣量越大，冶炼的综合效果越好，结果见表7－5。

表7－5　不同的留钢、留渣量对冶炼周期的影响

留钢、留渣量/t	<10	15～20	15～25
冶炼周期/min	55	53	48
电耗/$kW \cdot h \cdot t^{-1}$	406	395	375
氧耗（标态）/$m^3 \cdot t^{-1}$	19～37	19～35	19～34

冶炼过程中关键的操作主要分为以下几点：

（1）全废钢冶炼时，留钢量控制在电炉总装入量的8%～40%之间；留渣量应该根据出钢口的大小、废钢的料况、成分等具体的情况决定。炉渣碱度较高的时候，大量地留渣，并且适量地减少下一炉石灰的加入量，下一炉次冶炼时，炉渣碱度合适时，恢复正常的渣料加入量；炉渣碱度较低时，留渣量控制在渣料加入量的30%～50%之间，并且增加下一炉次的石灰加入量。

（2）配料的时候将轻薄料加在料篮的底部，配碳用的生铁加在轻薄料的上方，控制大块废钢的加入量，每次加入的大块废钢不超过3块，尽量加在电弧区的热点位置附近，对于尺寸偏小的大块废钢也可以加在炉门区的氧枪吹炼的热点位置。

（3）吹炼的时候，自耗式氧枪的枪头伸入留钢、留渣的局部熔池吹氧，尽量不采用切割废钢的操作，减少吹炼时的飞溅损失。超声速水冷氧枪可以按照正常的工艺要求和步骤进行操作。熔化期的后期，对于炉门区的大块废钢，采用旋开炉门氧枪，用叉车将大块废钢捣入熔池以后再继续吹炼。

（4）采用较大留钢量冶炼的炉次，第一批料一般熔化的速度比较快，在炉内废钢熔化大部分的时候，就要进行加第二批料的操作，防止熔池温度过高，加入二批料的时候，从炉门跑钢水的事故。

（5）采用较大留钢量的时候，第一批废钢铁料的加入量占总的废钢加入量的70%左右，并且重型废钢在第一批料的时候全部加入，第二批料只加轻薄型废钢和中型废钢。这样的料型结构，在第二批料加入以后，电极可以迅速地穿井到达底部，加速废钢铁料的熔化，进入氧化期。

（6）氧化期将炉体向出钢的方向倾动在2°～3°之间，不进行专门的流渣、放渣操作，

只有在炉渣碱度较低，熔池成分中磷含量较高时，才进行专门的放渣操作。渣量偏大的时候做专门的放渣操作。

（7）冶炼过程中要把控制炉渣的碱度作为首要的关键环节来控制。根据废钢铁料的情况动态地调整石灰和白云石的加入量，避免炉渣碱度过低，引起留渣、留钢的操作难度，也要避免渣料加入过多，石灰不能完全溶解，和废钢黏结在一起形成的难熔冷区，影响冶炼的正常进行。

（8）电炉冶炼的中后期，严格地根据成分的需要控制吹氧量和喷炭量，防止钢水过氧化引起的出钢下渣。钢水过氧化以后，在出钢前向渣面喷吹一段时间的炭粉，待炉渣的黏度增加以后再进行出钢的操作。

（9）在炉役后期，炉底较深，冶炼过程中脱碳困难，冶炼周期较长的时候，增加留钢、留渣的量，最多达到35t，弱化了脱碳的困难，缩短了冶炼周期。

590. 热兑铁水条件下的留渣、留钢操作要点有哪些？

热兑铁水条件下的留渣、留钢操作要点有：

（1）热兑铁水的冶炼过程中，铁水可以相当于留钢，但是不能等同于留钢的作用。这主要区别在它们对于冶炼过程中成分控制的影响有着较大的不同。

（2）热兑铁水的正常生产中，铁水的热兑比例在10%～35%之间，最佳的留钢、留渣量为总装入量的8%～25%。铁水的热兑比例小于10%，留钢量和留渣量的控制可以参考全废钢冶炼过程中留钢、留渣量的控制，炉役前期，留钢量适当地减少，留渣量适当地增加。

（3）铁水的热兑比例大于25%以后，电炉的配料可以适当地增加大块废钢和重型废钢的加入量，这样可以调整大块废钢的消化和控制熔池温度。

（4）采用较大的留钢量时，废钢加入时，要调整加入的速度，即缓慢打开料篮加入废钢，避免炉内的留钢受冲击飞溅，铁水要尽量提前加入。

（5）热兑铁水的比例大于25%以上时，增大留渣量和减少留钢量，对于增加出钢量和提高台时产量很有利，能够提高生产效率。需要注意的是，留渣的碱度必须合适，保持在2.0～3.0之间比较有利于冶炼过程的控制，留渣的碱度过低，留渣的功能将会削弱，甚至会起到负面的影响作用。

（6）控制废钢铁料的配加。第一批料要保证配加的废钢铁料占全部废钢铁料的70%以上，大块废钢和重型废钢在第一批料全部加入，第二批料只加轻薄废钢和中型废钢，保证第二批料入炉以后，吹氧的操作能够很快进入脱碳、脱磷的操作阶段。

（7）采用超声速集束氧枪吹炼的电炉，可以大量留渣，少量留钢。采用高比例的兑加铁水的比例，与增加了留钢量的效果差别不大。

（8）热兑铁水冶炼过程中，氧枪的操作以吹熔池化渣和脱碳、脱磷为主，以提高氧气的利用率和减少脱碳、脱磷的负担，缩短冶炼周期。

591. 喷吹炭粉能够降低熔池中的氧浓度吗？

喷吹炭粉能够降低熔池中的氧浓度，主要是因为炭粉还原渣中的氧化物，从而降低钢液中的氧浓度。此外，出钢前向渣面喷炭，能够降低炉渣中的氧化铁浓度，提高炉渣的黏度，还可以起到降低出钢下渣的作用。喷吹炭粉对钢水中溶解氧的影响如图 7 – 7 所示。

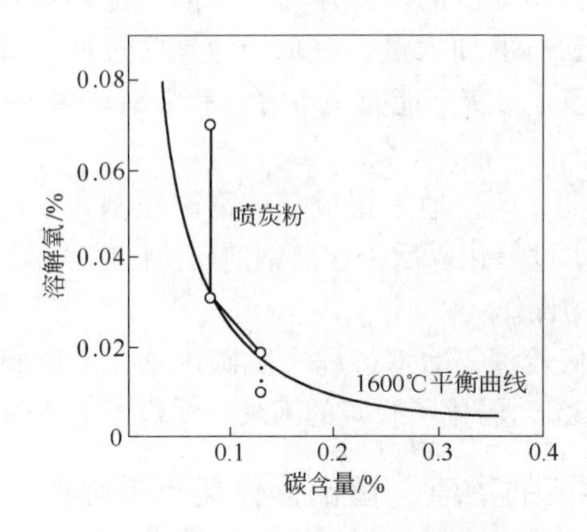

图 7 – 7　喷吹炭粉对钢水中溶解氧的影响

592. 电炉终点氧浓度很高的情况下，为什么不允许在出钢初期增碳？

电炉终点的氧浓度很高时增碳，碳脱氧产生大量的气体逸出，会造成钢包沸腾溢出钢水和钢水飞溅事故，故电炉的终点氧浓度很高的情况下，首先采用强脱氧剂预脱氧，然后增碳。

593. 电炉出钢过程中的温度变化有何特点？

通过对电炉出钢过程的模拟计算，可以确定出钢过程的钢水温降。钢流温降决定于钢水流量 S 和出钢高度 H。由于出钢时间较短，包壁散热对钢水温度基本没有影响，但包壁蓄热，特别是距包壁内表面 40mm 以内区域的包衬蓄热对出钢温降影响较大，即钢包内壁温度 T_r 对出钢温降有明显影响。出钢过程中加入的合金量及其种类以及包内残余钢渣量都对出钢温降有明显的影响，如图 7 – 8 所示。

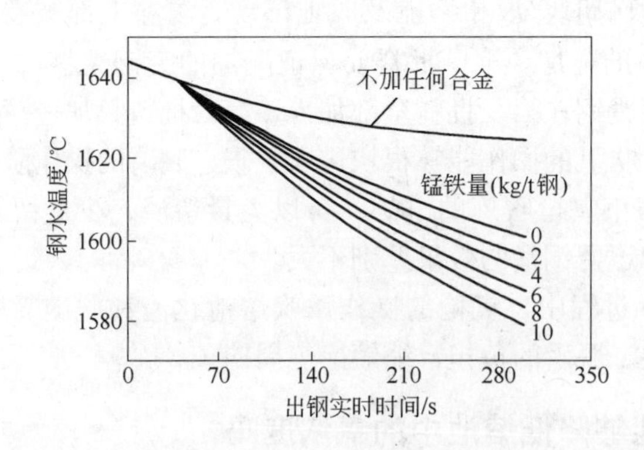

图 7 – 8　出钢过程中加入的合金量及其种类以及包内残余钢渣量对出钢温降的影响

594. 电炉的 EBT 自流率对冶炼有何影响?

自流率影响电炉的作业率、能源消耗、原材料的消耗、安全以及钢水的质量。钢水不自流的危害主要有:

(1) 增加了冶炼的辅助时间, 延长了冶炼周期。

(2) 烧氧操作会给操作工带来氧气回火的可能性, 也有可能造成烫伤的事故, 增加了安全风险和工人的劳动强度。

(3) 烧氧的操作不利于出钢口砖延长使用寿命。

(4) 不自流烧氧操作期间, 钢包和炉内的温度都会降低, 有时候需要通电吹氧提温, 增加了热支出, 相应增加了炼钢的成本。

(5) 烧氧引流期间, 钢水的吸气降温甚至送电加热都会降低钢水的质量。

595. 影响 EBT 出钢自流率的影响因素有哪些?

影响 EBT 出钢过程中钢水自流率的因素主要有:

(1) 烧结层强度要足够低, 烧结层的厚度要适宜。这是由填充料的自身性能决定的, 包括出现液相的最低温度, 冶炼过程中液相产生的速度和生成量, 出现的液相的黏度, 填充料的粒度, 导热能力。如果液相不能及时地出现, 或者及时地出现了液相, 但是生成的量少, 或者黏度低, 上部填充料将被卷走或者浮起, 这将会使烧结层出现在出钢口内部或者烧结层加厚。

(2) 有足够的破坏力, 使出钢口上方的烧结层破坏。由于出钢口上方是一个冷区, 如果有未熔的废钢, 或者出钢的温度不高, 会导致破坏烧结层的力量减弱, 影响自流率, 所以目前在 EBT 冷区增加烧嘴是提高自流率的重要手段。冶炼过程中要有一段时间将炉体向后倾动, 保证熔池内部的脱碳反应加速 EBT 冷区废钢铁料的熔化, 出钢前将炉体向后倾动在一个较高的角度, 一般在 3°左右, 以增加自流的可能性, 这一点也是出钢连锁条件的内容之一, 炉体的倾动角度小于 3°, 出钢桌不能够被激活启动出钢的操作。

(3) 下部松散料要顺利地流出, 否则会成为烧结层的破碎阻力, 影响自流, 这一点在修补出钢口的时候尤其重要, 修补后要强调清理内腔和 EBT 尾砖。

(4) 当冶炼周期较长时, 液相不能及时地出现, 填料上部被卷走, 烧结层出现在出钢口内, 烧结层加厚, 影响了钢水破坏烧结层。

(5) 填料的粒度搭配不合理, 导致钢液渗入填料内部, 导致烧结层过厚。

(6) 填料的材料组成成分搭配不合理, 填充料的烧结温度过低, 导致烧结层过厚, 需要长时间地烧氧处理。

596. 如何提高 EBT 的自流率?

提高 EBT 的自流率主要从以下几个方面入手:

(1) 提高和改善填充料的材料性质。在使用不同的填料条件下, EBT 的自流率是不同的, 如果一种材料的填料的自流率一直持续较低, 就要考虑材料的配比是否合理, 需要调整。

(2) 完善填料操作。出钢口正常的填料操作是在出钢口滑板关闭以后, 使用 EBT 填料将 EBT 的内腔填满，上方微微隆起，呈现馒头状，这样可以保证 EBT 填料在出现高黏度液相层以后，形成的烧结层厚度比较合适，以利于自流率的提高。如果 EBT 内腔没有填满，烧结层出现在 EBT 内腔，烧结层会加厚，就会影响出钢时的自流，有时候填料过少，甚至会发生出钢口被钢水烧穿的事故。

（3）EBT 填料操作结束时，填料的粒度较大的时候，应该使用钢钎将 EBT 填料捣实，防止钢液渗透到 EBT 填料的内部。

（4）冶炼时间的影响。如果冶炼时间过长，出钢口填料的烧结层就会加厚。一般情况下，为了解决烧结层加厚的问题，通常是提高出钢温度，在高温情况下，烧结层会转化一部分为高黏度液相层，有利于自流或者引流。冶炼时间较长或者停炉时间较长，开炉后出钢的合理温度为 1630 ~ 1650℃。

（5）温度的影响。在一些情况下，测温取样后温度接近或者低于出钢温度的下限，为了争取时间，不继续升温出钢的情况下，EBT 出现引流的情况比较多。在生产中要注意超高功率电炉的升温速度是很快的，如果为了节省 2min 低温出钢或许会浪费 20min。所以在冶炼过程中要把握出钢的合理温度，避免出低温钢，出钢前还要观察 EBT 及炉内的冷钢是否完全化完，要保证炉内熔清，提高自流率和成分的命中十分必要。

（6）合适的留钢量会促使合适的烧结层的出现，有利于自流率的提高。

597. EBT 堵塞以后如何处理？

EBT 堵塞物一般为冷钢和耐火材料以及电极块。EBT 堵塞后一般采用吹氧清理操作，从 EBT 上方的填料孔向出钢口上方的废钢进行烧氧操作。如果是小块冷钢，可以很快地处理后填料冶炼，如果是大块，烧氧操作的时间可能要长。大块废钢堵塞时，沿着废钢较薄弱的区域开始吹氧，采用逐渐扩大的方法比较快捷，如果大块很大，整个大块又很厚，覆盖了出钢口上方较大的面积，可以在出钢口正上方烧氧，同时从下面同时烧氧，处理的速度会更快一点。采用这种操作时要注意上下之间的配合，注意安全。如果是耐火材料或者是电极块，小块的可以使用钢棒或者钢管做的工具钩开后填料。大块无法处理的，需要填料后正常冶炼后，利用熔池内钢液的循环冲刷逐渐减少大块的尺寸，直到熔化完全。在直流电炉中，经常会遇到补底电极的炉底料龟裂后翻起，堵塞在 EBT 上方。这种情况下，是没有较好的处理手段的，只有想办法尽快填料，等待堵塞物逐渐溶解变小。处理的方法主要有：

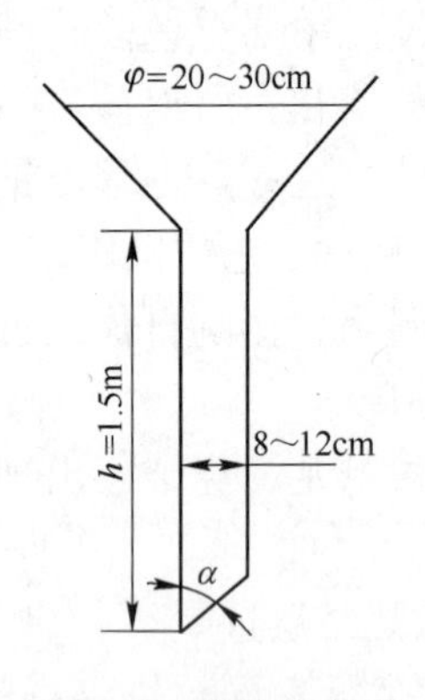

图 7-9　事故状态下填料的长颈漏斗

h—长颈漏斗的长度（大于等于 EBT 填料孔到出钢口上方的距离）；*α*—45°；*φ*—漏斗上部的直径

（1）从出钢口下方用撬棒顶开一个空隙，进行填料，这种情况下要确认 EBT 内腔是干净的。

（2）从下方烧氧，观察氧气烧氧时熔化物的飞溅方向或者没有可熔物时气流的方向，判断缝隙的位置，使用长颈漏斗（见图 7-9），采用自然堆角的原理进行填料（见图 7-10）。填料前，首先不关闭滑板，填 EBT 观察，看 EBT 填料是否从出钢口漏出，如果漏出，关闭滑板进行填料，如果没有漏出，需要继续处理，直到漏出料为止。

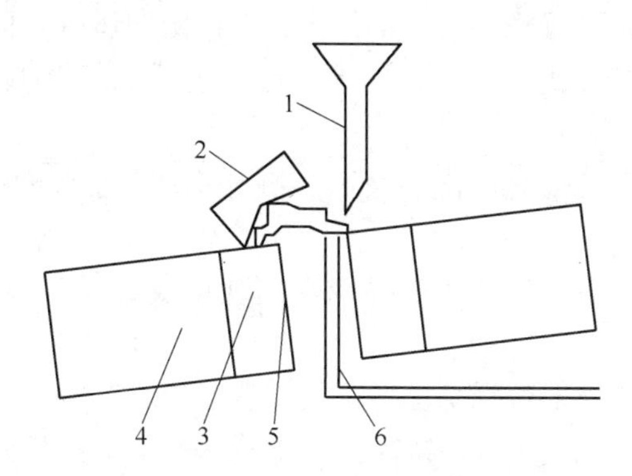

图 7－10　事故状态的填料操作示意图

1—填料漏斗；2—难熔废钢或耐火材料；3—出钢口流钢砖（又称套砖）；
4—炉底耐火材料；5—出钢口内腔；6—吹氧管

以上的操作方法需要格外谨慎，漏料时需要从最合理的部位或者观察到的部位漏料，填料时需要多填 1～3 袋，保证烧结层不出现在出钢口内部。从填料的示意图我们可以看到，使用漏斗，填料从下部流出漏斗后，堆积角度大于 45°的时候，根据自然堆角原理，填充料会从缝隙向出钢口内腔流进，达到填料的目的。

（3）如果出钢口内嵌有耐火材料，又无法取出，如果耐火材料的尺寸长度小于出钢口的二分之一，可以不做处理，进行填料冶炼，不过填料要把 EBT 上部填起，不能留有缝隙。

（4）如果出钢口上方有难熔冷钢或耐火材料，有小部分进入出钢口，不好处理，或者处理也不一定能够处理好，这时候可以不用处理，直接进行填料操作，只需要出钢时提高出钢温度就可以解决了。

598. EBT 出现早期穿钢或穿渣如何处理？

EBT 填料主要是采用优质的耐火材料，配加复合烧结剂、润滑剂、稳定剂等原料，采用混合设备混合后制成的，有的原料添加无定形炭粉，有的材料制作或者运输保管环节中使填料含有水分，这两种情况都会使气体在填料后从出钢口内腔排出，形成一个钢渣可以到达底部的通道，造成 EBT 早期穿钢或穿渣。这种情况发生在填完出钢口摇炉加料或者加料冶炼不久后，发生这种情况，需要停止冶炼，拉开滑板检查滑板是否烧伤，然后再烧开出钢口后，重新选择填料操作。一般情况下，EBT 顶砖应该略高于熔池，出钢箱的位置应该打结得比熔池高。这样这种情况发生后的处理过程会得到改善，而且可以有利于防止下渣和 EBT 的修补。

这种情况主要发生在冬季和春季，保持填料耐火材料的干燥和材质配比很重要，也是预防的唯一途径。

599. 炉衬出现穿钢、穿渣事故的原因有哪些？

电炉冶炼过程中，出现炉衬局部穿渣和穿钢是比较难免的，这不仅要求炼钢工加强出钢以后的观察和维护，更要优化操作，防止冶炼过程中炉衬穿钢和穿渣。实践表明，冶炼过程的炉衬穿钢70%以上是操作有问题的炉次，这些问题体现在以下几个方面：

（1）泡沫渣质量不好，达不到埋弧要求，在炉役后期，电弧的作用使得渣线某个部位侵蚀出现坑洞，造成穿钢、穿渣。

（2）电炉超装使得电炉熔池内部的液面过高，钢渣从镁炭砖与水冷炉壁间渗漏，烧坏炉壳，造成穿钢。

（3）电炉超装，氧化期又发生了碳高，炉渣乳化或者钢水温度过高，造成炉衬局部穿钢和穿渣。

（4）大沸腾引起的渣线部位局部垮塌，引起的穿渣、穿钢。

（5）水冷盘接缝处间隙过大，冶炼期间，钢渣从水冷盘接缝处流出。

（6）吹氧方式不得当，造成炉门区比较薄弱，吹炼一段时间以后穿渣、穿钢。

600. 冶炼过程中出现炉衬穿钢、穿渣现象以后如何处理？

冶炼过程中出现炉体穿钢或者穿渣以后的处理方法主要有：

（1）炉衬出现穿渣、穿钢时，安全是第一位的。首先要停电，停止吹氧的冶炼，待穿渣、穿钢现象停止以后才能够进行处理。

（2）在炉衬出现穿钢、穿渣，如果是渣线以上部位，可以用耐火砖堵塞在漏点，然后用耐火材料搅拌成面团状，糊在漏点耐火砖的缝隙处，可以继续冶炼。

（3）炉衬渣线以下部位大量穿钢，不管成分是否合格，都要考虑把钢水从炉门或者出钢口倒出或者出调，尤其是在电极升降装置部位的8～11点方向穿钢，要迅速把钢水从炉内倒出，防止事故扩大化。

（4）由于超装引起的渣线以上部位的穿钢、穿渣，这种穿钢、穿渣多数是钢渣从耐火砖最上层流向耐火砖与水冷盘的连接区域的空隙，修炉时没有做防护，就会发生钢渣从空隙处穿出。发生这种情况就要考虑从炉门倒出一部分钢水，处理完毕漏点以后继续冶炼；如果是穿渣，可以在处理漏点以后降低脱碳反应的速度，小心操作，直到出钢以后，再做进一步处理。下来一炉次的冶炼就要严格地控制装入量。处理的方法是出钢以后利用喷补炉衬的喷补枪向漏点位置喷涂耐火材料，或者用快补料堆在漏点位置的方法。

（5）水冷盘接缝处的漏钢、漏渣现象出现以后，可以用耐火泥在水冷盘外侧做封闭以后就可以继续冶炼了，炉壁挂渣以后，这种现象就会消除。

（6）烧嘴安装位置出现漏钢、漏渣现象以后，处理的方法也是在停止冶炼以后，从漏点的外侧将耐火泥和耐火砖塞住漏点，然后继续冶炼。冶炼结束出钢以后，从炉门观察漏点的情况，如果烧嘴区域的耐火材料侵蚀严重，要利用喷补枪进行喷补以后才可以冶炼。

（7）如果在炉衬后期发生渣线以及渣线以下部位穿钢，处理完毕以后，就要考虑停炉做炉衬的挖补或者更换炉衬的工作了，不能使炉衬带病作业，及时地亡羊补牢，避免更大事故的发生。

601. 电炉冶炼过程中下渣的危害有哪些？

电炉炼钢过程中的出钢下渣危害是多方面的，主要体现在以下的几个方面：

（1）出钢下渣以后，下渣量较大的时候，炉渣会从钢包内溢出，烧坏钢包底部的吹氩管道、钢水称量装置的仪表线路、电气线路和钢包车的机械设备。

（2）钢水下渣以后，钢包内的剧烈沸腾会导致钢水溢出钢包，粘死钢包车的轨道，造成钢包车开不出去的事故。

（3）出钢下渣以后，电炉氧化铁含量较高的氧化渣进入钢包，增加了钢包内渣中的氧化铁含量，降低了合金的回收率。其中，硅铁的回收率降低10% ~50%，铝的回收率降低20% ~65%，锰铁的回收率降低5% ~25%，而且如果不做泼渣处理的时候，锰的回收率在钢包炉不好控制，原因是电炉渣中的氧化锰被还原进入了钢液，给钢包炉的操作增加了难度。

（4）电炉出钢下渣以后进行的泼渣操作不当时，钢包内的钢水会有一部分泼入渣盆内，增加了钢水的损失。钢液的吸气降温现象很普遍，电炉出钢过程中加入的石灰渣料基本上大部分没有起作用，就浪费了。电炉出钢过程中的脱硫率下降20%以上。

（5）电炉出钢过程中的下渣会使得钢液中的夹杂物数量增加，影响了钢液的质量。

（6）电炉出钢时如果磷含量接近成分的中上限，下渣以后钢渣内的磷酸四钙被还原进入钢液，有可能会导致钢水的磷含量超标。

所以，目前大多数的电炉企业把出钢下渣作为冶炼过程中的事故来对待。

602. 电炉如何防止出钢下渣？

电炉出钢过程中避免出钢下渣的主要途径和方法如下：

（1）电炉冶炼过程中掌握合适的加入量，废钢铁料的搭配要合理，轻薄料的加入量要控制在25%以内，出钢的时候根据冶炼的情况和加料的情况决定留钢量，防止出钢量过大引起的出钢下渣。

（2）目前已经有钢厂采用了钢水冶炼的在线称重技术，根据炉内的钢水称量的质量，计算出钢渣的质量，来判断出钢量的精确范围，可以有效地避免出钢下渣的几率。

（3）出钢前确保出钢钢包的电子秤是完好的，可以保证出钢时有可靠的参考依据，做到出钢时心中有数。

（4）出钢时炼钢工助手摇炉出钢，炼钢工在侧面观测出钢情况。一般来讲，出钢距离出钢的目标值2 ~10t的时候就要回摇炉体结束出钢，因为出钢回摇过程还会有钢水继续流出，回摇炉体的时候要根据出钢口的大小决定，出钢口内径较小的时候，可以晚一点回摇炉体，在距离出钢目标值2 ~5t时回摇炉体。在出钢口后期，出钢口内径较大的时候，在距离出钢目标值5 ~10t的时候回摇炉体。

（5）炼钢工助手出钢时，在出钢过程中密切注意出钢时间和出钢秤的显示，出钢秤显示减缓时就要考虑结束出钢，炼钢工根据出钢的钢流情况判断出钢的情况，正常情况下，出钢的钢流外围出现环流或者钢流变得不再致密有力，流股变细，出钢口有下渣现象等情况下要通知炼钢工助手结束出钢。需要说明的是在有些时候，出钢时钢流中有难熔的废钢块或者耐火材料、碎的电极块流出时，卡在出钢口的中间，钢流也可能变细，这种情况下需要继续出钢操作，钢水在流出的过程中，会逐渐把这些堵塞物冲走。

（6）出钢前炼钢工或者助手要从炉门仔细观察炉内废钢的熔化情况，避免因为电炉内有未熔化的废钢出钢，造成出钢下渣。

（7）及时地修补出钢口，或者更换出钢口，消除出钢下渣的工艺因素。

（8）电炉出钢的温度要合适，既不能温度太低，也不能太高，温度大于1650℃以后，电炉出钢的下渣几率会增加。

(9) 电炉出钢前炉渣中的氧化铁含量较高，炉渣较稀的时候，不要急于出钢，适量地用炭氧枪向渣面喷吹炭粉，待炉渣黏度增加以后再出钢。

(10) 电炉停炉时间大于1h以后，出钢秤就有可能会处于休眠状态，出钢前要及时地激活，防止出钢时没有出钢的质量显示，导致出钢下渣。

603. EBT上部跑渣、跑钢的原因是什么，如何控制？

EBT上部跑渣、跑钢就是冶炼过程中，钢渣从出钢口上方的填料孔溢出的事故。这种情况出现后会烧坏水冷盘的仪表线路或者金属软管，钢渣从上方流满填料平台，影响出完钢后的填料操作，甚至流到出钢坑，沾满出钢车轨道，钢车开不进来不能出钢。所以发现这种情况必须停下来处理好以后，再继续冶炼。产生这种事故的主要原因有：

(1) 装入量过大，氧化期为了防止炉门下钢水，炉体向后倾动时间过长，造成炉渣从填料孔溢出。

(2) 炉门被废钢或冷炉渣堵塞得比较严重，泡沫渣质量过剩。

(3) 大沸腾产生以后，剧烈的炉气和钢渣的冲击力将EBT盖板冲走。

(4) 填料结束以后，忘记了封闭填料孔。

EBT上部跑渣、跑钢大部分是责任心事故。加强填料结束后填料孔的维护和封堵，合理地控制废钢铁料的加入量，避免大沸腾事故的发生，及时地清理炉门，是解决问题的积极方法。

604. EBT出钢的操作控制要点有哪些？

EBT的出钢操作主要有以下要求：

(1) 出钢时温度要满足工艺要求，防止和杜绝低温出钢。

(2) 出钢时要确保出钢车在出钢位。一般来讲，出钢车与出钢条件是相互连锁的，即出钢车不在出钢位，出钢滑板是不允许打开的。在一些特殊的条件下，出钢口是有手动操作模式的，手动打开滑板模式可以绕开连锁条件打开滑板，钢包车不在出钢位手动打开滑板出钢，会导致钢水出在出钢坑内，造成事故。

(3) 出钢时要保证炉体的倾动速度合适，炉体倾动的角度要与装入量和出钢的吨位密切配合，出钢箱内的钢水液位不能过高，防止钢水从EBT填料孔溢出或者烧坏水冷盘。

(4) 出钢时出钢箱的钢水液位也不能过低，防止钢水液位过低，出钢时的涡流现象卷渣进入钢包。

(5) EBT出钢时，在没有合金和脱氧剂进入钢包前，不能进行增碳的操作，防止增碳时的碳氧反应造成钢水溢出钢包。

(6) EBT出钢要有一定的出钢时间，防止出钢时间太短，合金、渣料和脱氧剂没有加完，钢水已经出完，造成钢包内因为脱氧程度不够引起的钢包内翻钢水事故。正常的出钢时间在2~5min之间。

605. EBT出钢口上部出钢砖侵蚀严重为什么必须修补或者更换？

当出钢口上部砖侵蚀严重,出钢口高度不足原有高度的五分之四时,需要更换或者修补出钢口,在这种情况下填料操作以后,会造成引流砂上浮 EBT 穿的事故,添加石灰以后,石灰有可能烧结死,EBT 需要长时间地引流操作。

606. 出钢口滑板卡阻事故的原因是什么，如何预防?

出钢口另外的一种常见事故是出钢口滑板卡阻事故。这种事故的表现为出钢口滑板动作慢，或者动作一半以后停止动作。造成的后果是拉开滑板的操作结束以后，滑板拉开速度太慢，或者拉开一半以后，钢水下来直接把滑板烧毁。造成这种情况的主要原因有:

（1）拉开滑板的气动系统压力低。

（2）滑板变形，造成滑板和出钢口下部尾砖摩擦力过大。

（3）EBT 底部出钢以后没有清理彻底，有冷钢渣存在，关闭滑板时，将冷钢渣挤在滑板与出钢口底部的尾砖之间，拉开时阻力增加。

（4）EBT 不平衡，滑板和后部的支撑系统的连杆机构不在一个平面。

预防这种事故的方法主要有:

（1）出钢前仔细检查气压系统的压力，压力低于操作拉开滑板的允许值，就不能冒险出钢。

（2）每次出钢结束以后，将出钢口底部的钢渣清理干净。

（3）滑板和滑板机构产生变形时，不能带病作业，必须更换或修复处理。

607. 什么情况下 EBT 出钢口必须进行修补?

EBT 出钢口主要在以下情况时修补:

（1）如果出钢时间小于 1.5min 或出钢时下渣量过多或者散流严重时，应进行出钢口修补。此外出钢口寿命大于 120 炉，底部尾砖侵蚀严重，下部出现喇叭状，出完钢以后，底部冷钢难以清理时，也应修补出钢口。

（2）出钢口内腔有伤痕、裂缝的时候，情况严重时也必须修补。

（3）出钢口座砖侵蚀严重时，会导致出钢口穿钢的事故，也要修补处理。

608. 修补出钢口需要哪些材料?

修补出钢口前，应与连铸协调好，以免造成连铸断钢水和停浇。同时将修补所需的耐火材料准备好。修补出钢口的材料主要有:

（1）修补出钢口的耐火材料，一般使用铬刚玉料比较普遍，一般 160mm 的出钢口，前期修补，需要 150kg 左右，后期需要 200 ~ 250kg。

（2）特制的圆柱状钢制套筒，也可以是厚铁皮焊合的圆柱状铁皮桶，钢制套筒可以在废钢中找到，也可以用外径等于出钢口内腔的钢管切割加工，厚度为 1 ~ 2cm 的最佳。长度大于或等于出钢口长度，钢管或者套筒不容易变形，而铁皮焊合的铁皮桶容易受热变形，影响修补质量。所以铁皮桶是没有钢桶或者钢管时的替代品，属于一种无奈之举。修补前，在套筒或者铁皮桶上面要制作一个中间留有小孔的盖子，防止修补料填料时落入钢桶内腔。

（3）1 ~ 3 个长度在 4m 左右，直径为 4cm 左右的吹氧管。

（4）3 ~ 5 个小桶子，用来装和好的修补料。

（5）一个长度为 50cm 左右的流槽。流槽可以是粗钢管解剖开制作的，也可以是槽钢切割制作的。

609. 修补出钢口的程序是什么？

修补出钢口的正常时间为15min左右。修补出钢口的程序主要是：

(1) 修补出钢口的冶炼炉次，冶炼前要通知配料时不要配加大块冷钢或者难熔废钢，以防止EBT堵塞。

(2) 出钢前需要提高出钢温度，防止EBT冷区堵料，影响修补。如果出钢后发现EBT冷区堵料严重，无法尽快处理时，修补应该延后，填料冶炼一炉后再修补。

(3) 出钢前5min，将铬刚玉料用水和好。和料时最前面用的和稀一点，能够像稠粥一样即可，或者还可以再稀一点。

(4) 出钢结束后，将炉子向出渣方向倾动到$-2°\sim-7°$，用氧气将出钢口内腔清理干净，使出钢孔砖的耐火材料完全暴露出来，然后将EBT出钢滑板关闭。

(5) 将修补出钢口的钢筒或者铁皮桶从EBT盖板上方的填砂孔放入出钢孔中。可以采用细吹氧管对准伸入出钢口内腔，将钢筒或者铁皮桶套在吹氧管外面，然后送入出钢口内腔，最后加盖。操作过程中应该尽量使钢筒与出钢孔砖之间的间隙均匀。

(6) 将准备好的修补耐火材料用流槽填入钢筒与耐火砖之间的间隙中，填料过程中要注意随时改变流槽下料的方向，使得耐火材料均匀地填在出钢口内腔的四周。填料使得底部修补起来后，即底部料加入5~7桶后，料逐渐凝固时，拉开滑板，防止修补耐火材料将出钢口内腔堵塞，拉开滑板后，清理内腔，内腔通畅后继续修补至结束，修补结束后，再次清理内腔，然后关闭滑板，填充EBT填料，进行冶炼操作。

(7) 修补结束后有厂家介绍需要将钢套筒取出，我们的实践结果是，钢套筒厚度不超过3cm时，不取出，没有任何的不利因素存在。

(8) 修补后的出钢孔应高出周围炉底约20mm，同时还应将炉底出钢口周围的区域用出钢口修补料打结成与出钢口一样的高度。

610. 电炉低温出钢为何会烧坏EBT滑板？

电炉低温出钢，一是会造成不自流，出钢流很小；二是出钢过程中会出现出钢散流，钢液向出钢口四周飞溅，致使出钢滑板烧坏。

611. 电炉出钢判断失误，出现低温现象如何处理？

如果EBT没有自流，不可以开走钢包，也不许关闭滑板，将操作权转换回主控室操作，进行送电升温，必要时向电炉内加入硅铁、铝块等，吹氧以后利用化学热和电能快速升温。如果出钢钢水已经流出，流股不大，也采用送电升温的办法。

612. EBT的填料操作程序是什么？

EBT的填料操作是在电炉出钢结束以后，炉体回摇到出渣方向以后进行的，主要的操作程序如下：

(1) 电炉出钢以后，炉体回摇到出渣方向的$-7°$左右，无钢渣流出时，炼钢工助手将钢包车开出出钢位，炉前工人一人在EBT维修平台小车上清理EBT下部，将黏结在

EBT 底部的冷钢和渣子清理干净。清理工作一般采用钢管或者钢管前面焊有铁铲的工具捣掉。在 EBT 底部冷钢黏结严重，出钢口后期不好清理时，采用吹氧清理。

（2）炉前操作工一人上到 EBT 填料平台，揭开 EBT 填料孔的盖板，观察 EBT 内腔是否干净，如果 EBT 有冷钢存在或者出钢口内腔堵塞有冷钢，影响填料，采用烧氧操作进行清理。清理结束以后，通知炼钢工助手关闭滑板，炼钢工助手在确认 EBT 底部清理干净以后，关闭滑板，通知进行填料操作。

（3）负责填料的操作工人，在确认 EBT 滑板已经关闭的情况下，从 EBT 填料孔将填料用漏斗或者流槽填入出钢口内腔，直到填料微微隆起，呈现馒头状即可。

（4）在 EBT 填料颗粒较大的时候，填料结束以后，必须用钢管或者钢钎将填料捣实，EBT 填料颗粒合适时，这一过程可以省略。

（5）填料结束以后，用 EBT 填料孔专用盖板盖好填料孔，填料孔与盖板之间应该密封良好。盖好盖板以后，通知炼钢工助手填料已经结束，可以倾动炉体进行下一步的冶炼加料操作。

（6）炼钢工助手进一步向负责清理 EBT 底部的炉前工人确认滑板的密封情况，确认没有问题以后，通知炼钢工执行加料的操作。

填料操作过程中的关键一点是 EBT 有钢渣流出的时候，填料操作要等钢渣不流，出钢口内腔干净以后才能够进行。否则，关闭滑板以后，钢渣有可能将滑板与 EBT 底部粘死，发生滑板打不开的事故。炉内留渣较多，出钢结束以后，如果有大量的炉渣从出钢口流出的情况下，可以考虑将炉体向出钢方向倾动，将炉内留渣排出一部分流到出钢坑，然后向出渣方向倾动炉体，待出钢口不流炉渣时，再清理出钢口，进行填料操作，下一炉次的冶炼要注意减少冶炼的留渣量。在出钢口有少量的流渣时，也可以根据具体情况，从填料口使用冷的炉渣或者填料堵住流渣，也是一种事故状态的应急措施。

613. 提高 EBT 填料操作速度的方法有哪些？

提高 EBT 填料操作的速度的方法主要有以下几种：

（1）工欲善其事，必先利其器，工器具准备要充分，清理 EBT 底部的铁铲、吹氧管，填料平台上的撬棒、榔头、流槽、铁锹、吹氧管等工具要事先准备齐全。有的厂家在出钢口区上部平台装有填料的旋转漏斗，填料时拉开漏斗底部的插板用漏斗直接填料。漏斗内的填料用完以后，在填料结束以后进行补充。

（2）EBT 底部的清理工作要迅速。钢包车开出以后就要迅速清理 EBT 底部黏结的钢渣。EBT 底部黏结的钢渣在红热状态下，很容易清理，如果 EBT 底部黏结的钢渣变冷发黑以后，就不容易清理了。

（3）EBT 填料的包装质量要合适，在 10 ~ 15kg/袋左右，包装质量过大，不容易工人搬运。

（4）填料操作由两人执行，一人填料，另一人配合，可以提高填料的速度，两人的相互确认能够保证填料操作的安全。

614. 炉体的倾动角度和出钢量之间的大致关系是什么？

保持炉体的倾动角度和出钢量之间有一定的对应关系，主题思想是防止炉体倾动过快，出钢箱内钢液高度过高溢出 EBT 区域、烧坏 EBT 区域的水冷盘，同时也为了防止炉体倾动过慢，出钢卷渣或者下渣的现象发生。一般来讲，装入量在 50 ~ 150t 之间的电炉，出钢时，在炉衬维护良好，出钢口良好时，炉体的倾动角度和出钢吨位之间的关系见表 7 –6。

表 7 –6 炉体的倾动角度和出钢吨位之间的关系

倾动角度/(°)	出钢量/t	倾动角度/(°)	出钢量/t
5	15 ~ 35	9	55 ~ 95
6	25 ~ 50	10	70 ~ 100
7	35 ~ 65	12 ~ 14	80 ~ 145
8	45 ~ 70		

615. 增加电炉的装入量（超装超载）以后会有哪些负面影响？

增加电炉的装入量（超装超载）以后会出现以下情况：

（1）冶炼时间延长。这主要是由于装入量过多，需要的电能增加，延长了通电时间。

（2）冷区未熔化的冷钢的量增加，升温困难。这是因为装入量过大以后，电炉熔池内的钢水的高度增加，阻碍了钢水湍流运动的速度，相应地减弱了熔池传热的效率，熔池内部存在局部高温区域。这些局部高温区域主要是电弧区和吹炼过程氧气的主要反应区。造成测温取样时，温度偏差大，取样没有代表性，需要反复地提温操作和取样测温，延长了辅助时间。

（3）容易造成过氧化的频率增加，出钢后成分偏差大。造成这种情况的原因主要是通电时间的延长，需要在通电时间内造泡沫渣埋弧，增加了氧耗；冷区的存在意味着熔池内存在成分的偏差，为了消除这种偏差，吹氧是必需的，这也增加了氧耗。在实际中，把这种因为装入量过大，引起成分控制上的模糊导致操作上的不精确，称为模糊操作。模糊操作往往是把成分中的碳向最保险的控制方向努力，造成了钢水过氧化的频率增加。

（4）自流率下降。出钢时不自流，需要烧氧引流，而且出钢以后出钢口容易堵塞。造成这种情况是因为出钢口不仅是冷区，而且是熔池内钢水湍流循环最弱的地区，即使有烧嘴助熔，情况能够改善，但是不能够消除。

（5）炉门下钢水的次数增加。

616. 具备铁水热兑的情况下，为什么电炉也不能够超装超载？

在热兑铁水生产时，如果加入的铁水量较大，增加配碳量以后，由于铁水带来的物理热可以抵消大部分的负面影响，可以适当地增加装入量。但是装入量超过公称装入量 25t 以上时，总体平均冶炼周期还是有所延长，会出现以下问题：

（1）炉役前期，容易造成从炉门下钢水。消除这种现象的手段是减少氧气的流量进行吹炼，减轻脱碳反应的速度，防止脱碳反应过快引起钢水从炉门溢出，这样就相应延长了脱碳时间，增加了冶炼周期。

（2）送电时间延长，相应地增加了通电时间。

（3）由于增加了装入量，相应地增加了电炉的不安全性。在炉役前期，水冷盘和下炉壳接缝处，如果封闭不好，容易造成钢渣流出，烧坏设备；炉役后期，炉衬耐火材料渣线部位的危险性加大，操作工会转移注意力，影响了炼钢工操作水平的稳定发挥。

（4）炉役后期，配碳量较小，会产生与全废钢冶炼时一样的问题；配碳量加大时，又容易造成碳高，延长冶炼周期。

所以对于变压器功率不是很大的电炉，避免小马（变压器）拉大车（装入量）的现象，控制好装入量，是优化冶炼操作的关键。

617. 如何有效地减少电炉冶炼的辅助时间？

辅助时间主要包括测温取样、填出钢口以及加料的时间。主要分为以下几点：

（1）把握好测温取样的时机，避免温度不够取不出样子，反复送电提高熔池的温度取样，每多一次测温取样的时间，冶炼周期就要延长 1～5min。

（2）保持合理的出钢温度，减小 EBT 堵塞废钢的几率，减少处理出钢口的时间。出钢口堵塞以后，处理冷钢的时间在 2～30min。如果是含有耐火材料的冷钢，或者大块渣铁，处理时间会更长。

（3）把握好合理的加二批或者三批废钢铁料时机，减少压料的操作。一般料高以后的压料时间在 1～5min 之间。

（4）采用出钢前的定氧技术，可以得出熔池中的碳含量，在炉渣泡沫化良好时，可以减少等待化验结果的时间，一般可以减少时间 2～5min。

（5）争取终点成分和温度的同时命中，减少反复取样等待试样结果的时间。

618. 为了缩短冶炼周期，冶炼操作中的关键环节需要控制哪些方面？

冶炼过程中关键环节的控制包括以下内容：

（1）掌握好配料的加入量，搭配好废钢的料型结构，减少压料的几率。通常第一批料占总配料的 60%～75%，第二批料占 35%～40%，有利于减少压料时间和辅助时间。这是因为出钢后炉膛内是全空的，容积最大，第一批料加入后，压料的几率少，压料的操作比较容易进行。

（2）把握好二批料的入炉时间。二批料加料越早，炉体旋开炉盖后的热辐射越少，有利于节省电耗，缩短冶炼周期。反之，如果加料时间没有把握好，加料时间过早，炉内废钢没有化完，加料造成的料高，压料的操作相反延长了冶炼周期。

（3）把握好入炉废钢的配碳量。一般铁水的最佳加入比例为 31%～45%，这对于自耗式氧枪和超声速氧枪都是适用的，包括采用复合吹炼方式的电炉。采用超声速集束氧枪进行吹炼的电炉，比例可以增加到 50%。生铁配碳的加入量最佳值为 35%～65%，自耗式氧枪取下限，超声速氧枪和超声速集束氧枪取中上限。合理的最佳铁水配碳比例，可以使通电升温的时间与脱碳时间达到统一。脱碳期间，如果泡沫渣状况良好，电能以最大的挡位和功率输入，脱碳结束后，电能的输入值可以使钢水达到出钢的要求，脱碳的时间要小于等于加入二批料以后的通电时间。这一点对于减少辅助时间来讲是最重要的。温度在 1560℃左右，在取样以后，通常化验 3～5min 即可完成成分分析的操作，在这段时间，电炉可以从容地完成提温到出钢温度的范围，并且能够做好出钢准备，化验结果一到，就可以出钢，是最合理的方式之一。

（4）采用合理的留钢、留渣量。变压器功率水平处在中低水平的电炉在实际生产中，大量地增加留钢量会导致吨钢占有变压器的额定功率下降，所以全废钢时留钢量控制在10%左右，留渣量可以根据实际情况决定。比如出钢口后期或者出钢口与熔池之间的炉坡较小时，可以减少留渣量，避免出钢下渣，反之则可以增加留渣量；高比例热兑铁水时，可以将留钢量适当地减少，增加留渣量，在炉底较深时，也可以考虑增加留渣、留钢量，以减少脱碳的困难，采用以上措施后，不论是哪一批料，吹氧时自耗式氧枪伸入由留钢、留渣形成的熔池内吹氧，增加吹氧效率和进行早期脱碳，超声速氧枪在能够将射流进入到熔池的距离后，开始吹氧脱碳。在配碳量较大的时候，氧枪以脱碳为主的操作方式，效果远远优于以切割化料为主的操作。

（5）调整好合理的渣料，确保冶炼过程的脱碳和脱磷的顺利完成。渣料石灰和白云石不是加得越多越好，渣料过量后，会增加化渣的热支出，增加了渣料，也就相应地增加了电耗和铁耗，所以根据加入废钢铁料的情况，动态地调整渣料的加入量，保证炉渣的二元碱度在2.0～3.0之间，确保脱磷反应与脱碳反应在冶炼结束时同时命中，避免由于磷高补加石灰增加冶炼时间。

（6）采用成分控制的一次性命中。在冶炼过程中争取脱碳和脱磷一次性达到目标要求。自耗式氧枪吹炼前期以吹渣为主，待炉渣泡沫化充分后调整吹氧角度和控制喷炭量，全力脱碳同时兼顾脱磷，此时的操作要尽量避免炉渣乳化，低碳钢比较容易做到脱碳结束后脱磷任务也随之结束，高碳钢的留碳操作在送电接近目标以后，测温取样后确定留碳的大概范围，然后根据留碳量的高低，吹入所需要的氧气量，吹入的氧气量由式（7－2）大概估算。对于超声速氧枪吹炼条件下的脱碳、脱磷，如果炉渣泡沫化一直良好，脱碳结束后，脱磷也会结束。有时候会出现脱碳结束后，炉体向出渣方向倾动，炉渣返干，流渣情况不好。这是因为超声速氧枪吹炼的一个特点是渣中氧化铁含量低的原因，出现磷高的可能性会很普遍，这时将枪以中低的供氧强度下吊吹渣面，并且在炉渣化开后喷吹炭粉，此操作持续2～4min，开始取样，会增加脱碳和脱磷的同时命中率。一般情况下，泡沫渣的时间在10～20min之间的操作，成分的控制比较容易做到，对于泡沫渣时间低于10min的炉次（指炉渣没有充分泡沫化，埋弧效果一直较差），要注意成分的控制，一般成分出格的可能性较大。

（7）掌握好冶炼过程的放渣操作。在冶炼过程中，合适的放渣时机对于冶炼的影响很大，放渣过早，会导致后期的泡沫渣埋弧效果下降，脱磷的操作也会受到影响，放渣过于晚，会增加专门的放渣时间，炉渣过多，还会影响测温取样的操作，所以在炉渣充分泡沫化后，将炉体摇定在一个合适的位置，正常的在0°～2.8°之间，只要炉门不溢出钢水就由炉渣自然溢出，接近冶炼结束2～3min时，可以摇炉子放渣后直接取样出钢，可以节省放渣时间2～5min。

（8）在特殊情况下，比如某一炉因为连铸钢水紧张，需要电炉尽快地出钢，可以采用装入量和配碳量的调整。装入量控制在公称装入量的下限，这样会使吨钢的额定功率增加，提高熔化废钢的速度，减少通电时间，调整配碳量可以减少碳高的几率，从而缩短了冶炼周期。

（9）采用终点定氧技术。在冶炼一些低碳钢时，通常采用终点取样并且定氧的技术。

使用定氧仪可以直接定出钢水的温度、碳含量和氧含量。为了争取时间，可以在定氧前5min左右取样，化验钢中的磷以及其他元素的含量做参考，脱碳结束后直接定碳后出钢，可以节省时间5min左右。

（10）加一批料的操作。在废钢情况良好的情况下，加一批料不压料的前提下，将渣料和废钢采用一批料加入后兑加铁水冶炼，也可以明显地缩短冶炼时间。

（11）在电炉冶炼不正常的时候，采用电炉冶炼过程中的误工软件进行适时地分析，系统地找出影响冶炼的主要因素，加以解决。比如针对一个班次中冶炼周期超过正常冶炼时间的炉次找出主要的影响因素，重点加以解决。这种软件在德国BSW厂开发应用的效果比较好，能够对电炉的生产过程进行诊断分析。

总之，缩短冶炼周期是一个综合性的工作，全面考虑，加强操作的优化，是缩短冶炼周期的核心，单纯强调一个因素，是不能达到目标的。

619. 如何进行成本核算？

成本核算的一般表格示例见表7－7，其中盈余的金额计算公式为各个单项的（计划数值－实际进料消耗值）×相应的物料单价。然后将各个项目的盈亏情况求和即可。

表7－7　成本核算的一般表格

品　名	本月计划/t	本月进料/t	本月盈余/元	普碳钢/t（Q195～Q215A、C12D）		
产　量	20000			20000		
项　目				市场单价	计划单耗	单成
一、吨钢钢铁料消耗 $/kg \cdot t^{-1}$	＝进料量×1000/产量	实际值求和	实际值求和		1105.0000	2742.40
铁水	＝产量×计划消耗	＝实际消耗值	＝（计划用量－实际量）×单价	1.7500	100.0000	175.00
废钢	＝产量×计划消耗	＝实际消耗值	＝（计划用量－实际量）×单价	2.4922	805.0000	2006.22
二、合金消耗/kg						93.69
硅铁	＝产量×计划消耗	＝实际消耗值		4.464		0.00
硅锰合金	＝产量×计划消耗	＝实际消耗值		7.702		0.00
三、渣料消耗/kg	0.00	0.00				43.66
轻烧白云石（半成品）	＝产量×计划消耗	＝实际消耗值		0.300	10.0000	3.00
萤石	＝产量×计划消耗	＝实际消耗值		0.756	3.0000	2.27
石灰	＝产量×计划消耗	＝实际消耗值		0.296	70.0000	20.72
四、辅料/kg	计划值求和	实际值求和				83.37
冶炼电极	＝产量×计划消耗	＝实际消耗值		27.141	2.3000	62.43
五、燃料及动力	0.00	0.00				293.16
氧气$/m^3$	＝产量×计划消耗	＝实际消耗值		0.610	54.0000	32.94

续表 7-7

品　名	本月计划/t	本月进料/t	本月盈余/元	普碳钢/t （Q195～Q215A、C12D）		
氮气/m^3	=产量×计划消耗	=实际消耗值		0.200	5.4000	1.08
氩气/m^3	=产量×计划消耗	=实际消耗值		5.000	0.8000	4.00
煤气/m^3	=产量×计划消耗	=实际消耗值		0.300	82.0000	24.60
冶炼电/kW·h	=产量×计划消耗	=实际消耗值		0.423	420.0000	177.66
辅电/kW·h	=产量×计划消耗	=实际消耗值		0.423	125.0000	52.88
六、减回收						
七、工资						17.93
八、制造费用						225.52
九、制造成本						3567.73

620. 电炉的钢铁料消耗主要从哪些途径流失？

电炉冶炼过程中，钢铁料主要从以下途径流失：

（1）吹损。主要包括熔化期氧枪切割废钢铁料时 Fe_xO_y 烟尘被炉气抽走，氧化期 Fe_xO_y 烟尘的发生量。

（2）冶炼过程中随炉渣排出的 Fe_xO_y 与弥散的铁珠，以及弥散的铁珠进入烟尘的数量。

（3）在电弧高温区的蒸发（3000～6000℃），这一部分占有的量较小，一般情况下在物料平衡的计算时考虑得较少。

（4）脱碳反应速度过快时，或者发生大沸腾事故以后从炉门或其他部位损失的钢水。

621. 如何降低钢铁料的消耗？

降低钢铁料消耗要从以下几个方面做工作：

（1）减少吹损的量。这要求吹氧操作时分段供氧，在钢铁料没有出现红热状态时，以小流量吹氧，炉渣没有形成时，氧气流量也不能过大。氧化期脱碳反应时炉渣起码要能够均匀地覆盖在钢液表面，泡沫化程度要适当，以减少钢铁料的吹损。泡沫渣对于减少烟尘进入烟道和电弧区的蒸发量都有好处。

（2）保持合适的配碳量。合适的配碳量可以减少吹损，这在前面脱碳操作的一章中已经做了说明。配碳量较低时，保持较大的喷炭量是降低渣中氧化铁含量的主要手段。配碳量较高，吹氧脱碳反应时间较长，烟尘的发生量和渣中氧化铁都会增加，相应地增加了铁耗。一般情况下，一炉钢的冶炼周期越短，铁耗越低。保持炉门有合适的高度，防止钢水在脱碳反应剧烈时从炉门溢出。

（3）渣料的加入量和搭配要合理，只要能够充分满足冶炼的要求就可以，加入量不能使渣料的量过剩。渣中保持含有一定数量的氧化铁是冶炼的需要，渣量越大，铁耗越高。

（4）废钢的搭配要合理，既要保证穿井迅速，减少电弧区金属料的蒸发量。理想的料型搭配为：底部加轻薄料，中间为重型废钢、生铁或者中型废钢，最上面为轻薄料。重型废钢要避免加在电极正下方、炉门区、EBT 冷区和氧枪口对面。不同的废钢回收率见表 7－8。

表 7－8　不同废钢的回收率

废钢类型	单重/kg	收得率/%
重型废钢	100～1500	93～98
中型废钢	10～100	90～95
小型废钢	1～10	88～93
渣　铁	1～100	82
粒　钢	—	50
生　铁	5～25	98

（5）料型的配加要做到加料时尽量不压料，防止加料过程中废钢铁料从炉沿上掉入渣坑。

（6）适当地配加渣坑中回收的渣铁、渣场磁选回收的粒钢、连铸和轧钢过程产生的氧化铁皮。

（7）装入量要适中，防止装入量过大引起的炉门翻钢水。

（8）氧化期控制好脱碳速度，避免脱碳反应过于剧烈引起的炉门翻钢水，防止大沸腾事故的发生。

（9）采用较合适的留钢量和留渣量，使得吹氧在有熔池的区域进行。这样的操作可以使废钢铁料熔化以后，迅速进入熔池，被炉渣保护，减少吹损。

622. 冶炼过程中如何合理地降低合金消耗？

合金的消耗也是炼钢成本中可以控制的项目，所以合理地控制合金的消耗是降低冶炼成本的关键环节之一，降低合金消耗主要从以下几个方面入手：

（1）做好原料的分类工作，将不同类型的废钢分类堆放，进料的时候按照冶炼的钢种组织进料，冶炼的时候根据所炼的钢种进行配加。比如高锰钢和高锰铸件在冶炼锰含量较高的时候，在不影响脱碳操作的前提下，分批适量地加入，铬含量较高的废钢在冶炼含铬的弹簧钢或者其他钢种时适量地加入。

（2）电炉出钢时避免出钢下渣，在采用低成本的精炼渣和电石预脱氧的情况下加入合金，这样在提高钢水质量的同时，可以提高合金的回收率。

（3）电炉冶炼过程中采用留碳操作，可以大幅度地减少钢中的氧含量，提高合金的回收率。

（4）保持合理的出钢温度和出钢时候的氩气搅拌强度，保证合金在出钢时全部熔化，避免合金没有熔化在钢包渣面上结块，以及钢包炉冶炼加热时的烧损。

（5）贵重合金和难熔的合金选择在钢包炉脱氧良好的情况下加入，以提高回收率。

（6）合理地控制钢水成分的范围，防止成分控制偏上限出现质量过剩，增加合金的消耗。

（7）减少合金加入过程中的抛撒浪费，出钢过程中需要人工加入的合金要从合金溜槽加入，防止加在钢包外面造成浪费。

（8）难熔的合金，或者冶炼高合金钢时，加入的合金量比较大的时候，采用预先把合金加入包底，在钢包烘烤器下进行预热烘烤，提高合金的熔化速度，减少因为合金的难熔造成精炼炉冶炼时的浪费。

623. 超高功率电极被消耗的原理是什么？

超高功率电极的消耗主要分为两部分：电极的头部氧化损失和侧面氧化损失。电极的头部损失可以用式（7－3）表示：

$$C_S = 0.02I^2T_{pt}/P \tag{7-3}$$

式中 C_S——电极的头部损失，kg/t；

I——电流，kA；

T_{pt}——通电时间，h；

P——生产率，t/h。

电极的侧面损失可以用式（7－4）来表示：

$$C_F = SRT/C \tag{7-4}$$

式中 C_F——电极的侧面损失，kg/t；

S——电极能够氧化反应的表面积，cm^2；

R——平均氧化速率，$kg/(cm^2 \cdot h)$；

T——出钢到出钢时间，h；

C——电炉的出钢量，t。

从式（7－3）和式（7－4）可以看出，电极的消耗和通电时间、电极发红的长度面积、冶炼周期有主要关系。电极氧化表面积的大小主要取决于电极的表面温度高低，通过喷水冷却可降低表面温度。平均氧化速率的高低取决于炉内不同阶段吹氧量的控制和吹氧时间的长短，以及炉内的氧的浓度。

624. 降低超高功率电极消耗的措施有哪些？

降低超高功率电极消耗的主要措施有：

（1）注意氧枪的吹炼角度，这一点对于自耗式氧枪来讲就是不要把氧枪枪管伸入电极的电弧区吹氧。对于超声速集束氧枪来讲，氧枪的布置要尽量地避开电极，使得射流不正对着电极吹氧。

（2）注意分段供氧，保持合理的氧耗，控制好炉内的气氛。

（3）造好泡沫渣。电极头部被泡沫渣包围以后，电极的氧化速度和侧面发红的长度、温度就会减少和降低。

（4）采用电极喷淋水冷电极，减少电极发红的长度。

（5）除尘要调节好风机的转速，使得炉内的烟气大部分从烟道抽走，减少高温烟气从电极孔溢出的数量，降低对电极的热负荷。

（6）保持炉底有合理的高度，减少因为炉底较深，电极伸入熔池的距离过长，电极发红长度增加，氧化速度增加的现象。

（7）防止和减少电极的折断事故。

（8）提高电极的抗氧化能力。不同生产厂家的电极的抗氧化能力是不一样的，比如中钢吉碳的电极抗氧化能力就远远高于国外印度一家公司的产品。

625. 冶炼过程中出现电极折断的常见原因有哪些？

冶炼过程中，电极折断是一种常见事故，造成电极折断的原因有多种，主要有：

（1）电极的质量问题。这种由于质量问题引起的断电极现象多数表现在电极和电极接头处折断，即螺丝头断裂。

（2）电极头部接长部分开裂，导致电极从接长处断裂。这种情况多数是由于电极夹紧时的位置不合适，将夹头夹紧在电极的接头以内白线以内。还有电极的质量不过关也是造成这种情况的原因之一。

（3）冶炼过程中塌料造成的电极折断。单重在55kg以上的大料是造成塌料断电极的原因。

（4）电极穿井过程中，废钢铁料中的不导电物质可以引起电极折断。

（5）电极接长过程中操作质量不过关，引起的电极折断或者从螺丝头处断开。

（6）小炉盖和电极的对中情况不好，电极与小炉盖之间的间隙小，电极与小炉盖相互摩擦，电极受外力以后折断。

（7）设备故障引起的电极折断，主要是电气或者机械故障引起的折断。

626. 出现电极折断以后，如何处理？

电极折断以后的处理主要有以下几个方面：

（1）电极折断以后，如果断电极的头部露在小炉盖以外，可以用钢丝绳绑紧以后吊出，换上新的电极继续冶炼。

（2）电极折断以后长度没有露出小炉盖，可以旋开炉盖，使用专用的吊具将电极吊出即可，然后旋入炉盖继续换上新电极冶炼。

（3）如果电极折断以后，炉内废钢已经大部分熔化，电极无法捞出，可以继续换上新电极继续冶炼，出钢时注意控制好终点的碳含量即可，出钢的温度要高。断电极在炉内的增碳速度在0.01%～0.04%/min之间，出钢前的终点碳比平时要低0.03%左右，并且出钢时炉后不做增碳的操作，这样处理以后对于冶炼的影响不大。断电极在炉内经过2～5炉就可以充分熔化。

（4）如果断电极是因为炉内有不导电物质造成的。在处理完断电极以后，不导电物质如果能够取出，就可以继续冶炼；如果不导电物质无法取出，要在断电极的穿井部位加入废钢，将“井”填满以后继续冶炼，冶炼时送电档位要低，吹氧的操作要加强，以便熔池尽快形成，防止二次断电极的事故发生。

（5）电极与小炉盖不对中，或者对中情况不好时，不能急于冶炼，要在处理以后才能够正常冶炼操作。

627. 电极接长过程的注意事项有哪些？

电极的接长过程中，操作质量对于减少电极的折断是很重要的，主要分为以下几点：

（1）电极接长前，对于要接长的电极必须做吹灰处理。如果没有做电极吹灰处理，灰分堆积在两个电极接长的螺丝头之间，积累灰尘的电阻过大，会导致电极接头部位局部过热，引起应力增加，导致断电极。

（2）电极接长前，要在被接长的电极孔上方做木质的垫圈，以便于对中和防止螺纹损坏。

（3）电极接长过程中，出现的电极碎小颗粒要及时地清理，否则，这些小颗粒可能会增加接紧过程的阻力，引起电极螺丝头产生外力损伤。

（4）电极从冶炼时换下来以后，电极螺丝头由于受热膨胀的原因，可能不好卸下，这时候不能蛮干，采用浇水冷却或者吹压缩空气冷却，或者是等到自然冷却以后，再进行接长处理。

（5）电极在热状态下接紧，冷却以后螺丝头可能会出现松动，使用前要再次做旋紧处理。

（6）对于电极直径大于700mm的电极，最后的旋紧要由专门的旋紧机械装置进行旋紧操作。

（7）电极在接长和吊装过程中，要注意轻放，操作要平稳，防止电极的碰撞。

628. 什么叫做直流电炉的底阳极和顶阴极？

直流电炉的电路设计，考虑到整流器和变压器特点的经济配置，送电冶炼的电路电流中间的电子方向是从底部电极向顶部移动，即底部电极是正极。按照阴阳之说，底部电极俗称底阳极，顶部电极俗称顶阴极。

629. 直流电炉的底电极形式主要有哪几种？

直流电炉的底电极形式主要有三种，如图7－11所示。

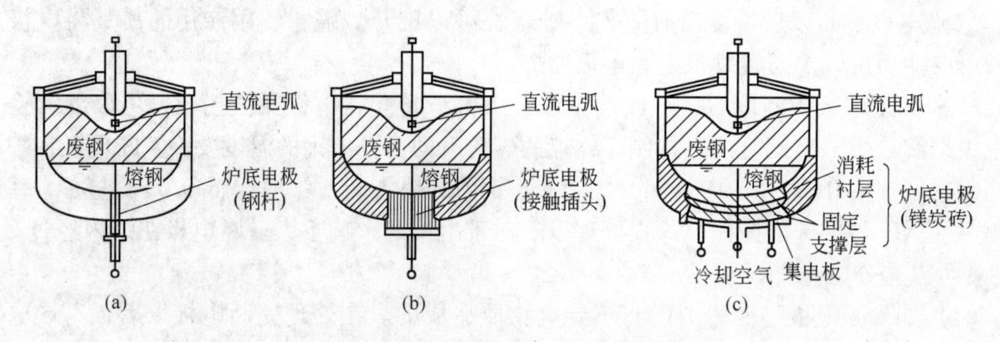

图7－11　直流电炉的底电极构造

（a）水冷棒式；（b）多触针式；（c）导电耐火砖式

630. 什么叫做多触针底电极？

多触针底电极的结构如图7－12所示。这种形式的底电极比较合理和安全。针状底电极约由200根接触针组成。触针是由多个钢片组成的扇形元件，围绕炉底中心呈环状排列复合而成的炉底导电结构。在这种导电结构中，电流是由这些钢片构成的导电网络通过炉

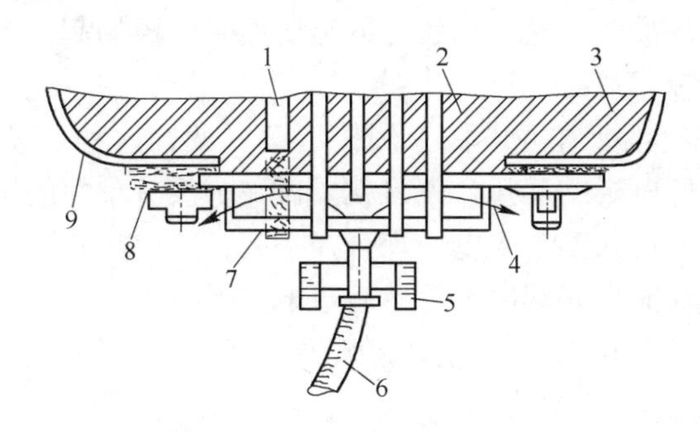

图 7－12　多触针导电炉底的结构

1—接触销；2，3—耐火材料；4—冷却空气出口；5—大电流电缆；
6—冷却空气管入口；7—测温用热电偶；8—绝缘；9—炉壳

底实现的，接触针的底端用压缩空气进行空冷，以便通过热传导保持底电极有安全的温度。这种导电炉底对于耐火材料的要求不高，上部的钢片熔融后，与耐火材料强烈地烧结在一起，阻止了钢片的向上漂浮，从而保证了导电的可能性，底电极消耗均匀，每炉约 1mm。这种炉底不能进行热修补，因为这可能覆盖接触针造成不导电现象的产生，因此，炉底的寿命决定了底电极的厚度，底电极的厚度为 600～700mm，其寿命大概为 600～1400 炉。多触针导电炉炉底钢片对附近的耐火材料造成的侵蚀原理如图 7－13 所示。

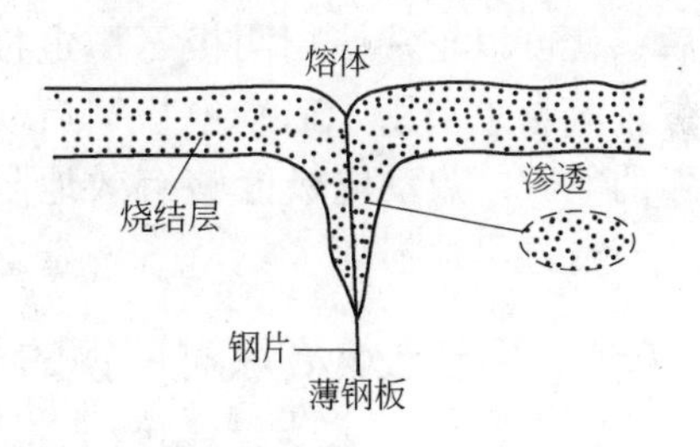

图 7－13　多触针导电炉炉底钢片对附近耐火材料的侵蚀原理

631. 直流电炉的钢液搅拌特点是什么？

直流电炉的钢液搅拌特点有：

（1）电弧射流的搅拌作用。这种电弧射流冲撞将会使钢液表面获得流动能，构成钢液搅拌的一个重要因素。

（2）电磁力搅拌。电流由较大面积的炉底电极穿过钢液，向使钢液表面移动的电弧的阳极表面流动。在钢液表面，钢液向炉子中心方向流动，再由炉子中心部向下方流动；在钢液下部，钢液向炉子周边方向流动，在炉子周边处再向上部流动，炉内整个钢液呈如此循环流动状态。

632. 直流电炉的偏弧现象是怎样产生的，对炼钢有何负面影响？

偏弧现象是指直流电炉冶炼过程中，电弧受磁场的影响向变压器一侧方向偏移的现象。偏弧现象虽然有控制的措施，但是不能够消除。这种现象严重影响着冶炼的进程，容易引起水冷盘温度升高报警引起断电，导致冶炼中断，水冷盘的寿命下降，一些严重的偏弧甚至会击穿水冷盘。在偏弧区附近的耐火材料一般情况下侵蚀的速度比其他部位的要快许多。

633. 直流电炉的冶炼启动是怎样操作的？

直流电炉特殊的电极结构就决定了直流电炉冶炼开始的特殊性，一般在开始冶炼第一炉以前，要做启动起弧的准备。这种准备有的是要做底电极的起弧台架，有的要做不同形式的起弧电极。石墨电极起弧有三种方式：

（1）水冷棒式的底电极要在底电极上焊接启动台架，这种启动台架根据底阳极的数量来制作。比如有四根底电极的起弧台架，就要做一个没有桌面的矩形桌子，桌子和桌子的四条腿由铸坯制作，使用人工与底电极焊合在一起，然后在起弧台架中间加入一些切头废钢，或者堆比和导电性能良好的废钢，然后送电起弧冶炼。

（2）第二种方式与交流电弧炉冶炼的起弧方式相同。在第一批料加入一些优质废钢以后，就可以直接通电冶炼。

（3）采用启动电极。启动电极和普通电极一样，包括一个立柱、液压缸、带夹持器的电极臂和一根石墨电极。它恒定地和阳极相连并且通过炉顶进入炉内，接近中心处阴极的电弧电极。启动电极不需要进行电极调节，只是通过其本身的自重压向废钢铁料。起弧后15min左右，炉底聚集了足够数量的钢水以后，再切断起弧电极通路，退回启动电极，把启动电极升高到炉底以上，并且使用液压缸把炉顶启动电极的孔密封以后，就可以正常使用阴极石墨电极，使直流电流过底阳极，进行正常冶炼。很多大容量直流电炉采用了启动电极，启动电极的电源是单独的，电流很小，但需要有足以起弧的电压。启动电极能够有效地阻止电流集中在大块废钢和导电炉底之间，保护炉底不至于过早地损坏。

634. 直流电炉冶炼对留钢的要求有哪些？

直流电炉的一个主要的特点就是出钢时不能把钢水出尽，要有一定数量的留钢，否则底电极内出现孔洞，与废钢接触不良会出现底电极不导电的事故。对于有热兑铁水的情况下，这种钢水出尽后，可以兑加铁水弥补留钢；没有铁水的条件，出尽留钢后，只有加入起弧台架帮助起弧或者采取启动电极的措施帮助起弧。对于水冷棒式的底电极，在废钢加入后发现不导电的情况，只有吹氧升温，以高温来实现熔融的钢液与底电极的打通。

635. 直流电炉对渣料的加入有何要求？

对于渣料采用料篮加入方式的直流电炉来讲，由于渣料的导电性能差，为了防止石灰或者白云石加入时堆积在底电极，发生不导电的事故，因此直流电炉的渣料加入控制在第二批料加入。在有合适的留钢量的情况下，一批料也可以加入，但是带有一定的不稳定性。采用炉顶加料系统加料的电炉，渣料也是在废钢加入以后，电炉送电冶炼开始以后加入的。

636. 直流电炉各个设备哪个区域的磁场强度最大？

直流电炉主回路中，各部分磁场由强到弱顺序为电抗器、整流器、电炉、变压器。邻近电抗器处的磁场可能会对人体造成一定程度的危害。

637. 直流电炉和交流电炉的冶金效果有何不同？

直流电炉和交流电炉的冶金效果比较见表7－9。

表7-9　直流电炉和交流电炉的冶金效果比较

项　目	直流电炉和交流电炉比较
耐火材料成本	直流电炉比交流电炉降低5%～31%（包括电极孔小炉盖）
电耗/$kW \cdot h \cdot t^{-1}$	交流电炉比直流电炉低0.5～5.1
电极消耗	直流电炉比交流电炉降低21%～40%
铁耗/$kg \cdot t^{-1}$	直流电炉比交流电炉低0.6～13.2
台时产量/$t \cdot h^{-1}$	交流电炉比直流电炉高2.45～24
吨钢成本/元	交流电炉比直流电炉低10.5～65

638. 直流电炉和交流电炉的投资和对环境的影响有何区别？

直流电炉和交流电炉的投资和对环境影响的主要区别在于：

（1）直流电炉对于电网的冲击小于交流电炉，所以交流电炉在用电高峰期更加容易被限电停产。

（2）投资成本上，交流电炉的投资比直流电炉低10%～30%。

（3）交流电炉在熔化期的噪声比直流电炉高10～20dB，熔清后泡沫渣埋弧的条件下，直流电炉的噪声影响要比交流电炉低。

（4）由于交流电炉炉顶的电极孔比直流电炉多，因此对于现场环境的影响比直流电炉严重。烟尘的发生量比直流电炉的多。

639. 直流电炉和交流电炉在维护上相比较有何区别？

直流电炉和交流电炉在维护上相比较有以下几点区别：

（1）直流电炉的底电极是直流电炉的一个显著的特征，不管是导电砖形式的，还是多触针形式的，或是水冷棒式的底电极，在维护上，如风冷、气冷、水冷都需要额外的维护要求。水冷的水质、电导率都有严格的要求，而且在更换底电极或者更换炉衬时，大多数需要离线后在专门的平台进行。所以，直流电炉的维护面要比交流电炉的维护面大。

（2）直流电炉的石墨电极直径比较大，需要专门的接长站和机械旋紧装置，增加了维护点和故障点，而对于交流电炉这一方面的要求比较低，不需要专门的机械旋紧装置。

（3）在电极升降机构和导电横臂上，交流电炉的维护点比直流电炉的维护点要多。

总之，直流电炉的维护成本明显高于交流电炉。

640. 直流电炉和交流电炉在炼钢工艺上相比较有何区别？

直流电炉和交流电炉炼钢在冶炼工艺上主要有以下几点区别：

（1）直流电炉在冶炼过程中，通电产生的磁场力对于熔池的搅拌能力要比交流电炉的强大，直流电炉的脱碳、脱磷、脱气反应要比交流电炉更快，更有利于操作。直流电炉的磁场搅拌作用相当于一般采用了底吹气技术电炉的作用。

（2）由于脱硫反应主要在还原期进行。电炉冶炼的碱度一般控制在2.0～2.5之间，实际操作时的碱度在1.8～2.5之间，电炉的氧化期依靠化学离子交换反应脱硫的量很少，不超过20%，所以在脱硫反应上，二者的差别不大。

（3）在一些特殊的情况下，要进行脱铅和脱锌的操作上，直流电炉比交流电炉更加迅速和有效。

（4）直流电炉和交流电炉的电化学反应的比较差距不大。

（5）交流电炉不存在偏弧现象，电弧长度比直流电炉短，直流电炉泡沫渣控制的难度低于交流电炉。

（6）在冶炼进程中，直流电炉对于出钢后留钢量的要求较高，对于废钢料的导电性能要求比较高，否则会发生底电极不导电的事故，所以直流电炉对于废钢的要求较高。而交流电炉对于废钢铁料的要求比直流电炉低，而且发生底电极不导电以后，需要熔池在高温条件下进行长时间的处理。总体来讲，直流电炉的事故率比交流电炉高。

（7）交流电炉的极心圆的布置，使交流电炉的冷区范围比较小。反之，直流电炉的冷区比交流电炉的多，容易发生EBT冷区，炉壁冷区的废钢大量地黏结，发生诸如出钢成分出格和出钢量不稳定，造成钢包渣线下移，降低了钢包的使用寿命等现象。

（8）直流电炉底电极的特点，限制了直流电炉的出钢温度，一般小于1630℃，所以不利于生产的温度动态调配，出钢过程中的脱氧、去除夹杂物，以及脱硫各个方面存在着局限性。交流电炉在这一方面对于温度的要求比较宽，更加有利于生产的动态控制和强化出钢过程的冶金反应。

641. 直流电炉和交流电炉的弧长有何区别，泡沫渣的控制高度有何不同的要求？

直流电炉和交流电炉的电压与弧长的关系，以及泡沫渣的高度要求见表7－10。

表7－10　直流电炉和交流电炉的电压与弧长及泡沫渣的高度要求

电炉形式	直流电炉	交流电炉
电压V与弧长L的关系	$L=(1.1\sim1.3)V$	$L=V$
泡沫渣的高度H要求	$H>2L$	$H>1.5L$

第八章　一些电炉钢种的冶炼特点

642. 什么叫做金属夹杂物和非金属夹杂物？

钢中夹杂物可分为金属夹杂物和非金属夹杂物两大类。钢水脱氧过程中氧化还原反应产生的产物没有排出，留在钢液中间，就形成了钢中的非金属夹杂物。此外，在钢液的浇注过程中产生或混入钢中，经加工或热处理后仍不能消除而且与钢基体基本无任何联系而独立存在的非金属相，也称为非金属夹杂物。除了非金属夹杂物，钢中还有一类夹杂物称为金属夹杂物。金属夹杂物也称为异形金属，是外来未熔金属所造成的夹杂物。钢中金属夹杂物形成的原因是多方面的。例如，在冶炼合金钢特别是高合金钢时，加入的铁合金数量较多或铁合金的块度过大，特别是那些熔点较高的铁合金，如钨铁和合金镍等，有时由于加入的时间或加入部位的不恰当而未能全部熔化，就会残留在钢中，形成钢中金属夹杂物；钢液浇注时产生飞溅，所形成的小颗粒未能熔化而分散于钢中，也会形成钢中金属夹杂物；出钢时由于操作上的疏忽，落入钢包的其他金属，若未能被钢液全部熔化并均匀成分，也会成为钢中的金属夹杂物。金属夹杂物在经浸蚀的低倍切片上很容易与基体金属和钢的其他缺陷相区别，这是由于金属夹杂物与基体金属化学成分不同，因而酸浸时受腐蚀的程度也不同，在浸蚀后的低倍切片上，金属夹杂物有的较基体金属明亮，有的较基体金属暗黑。

643. 非金属夹杂物如何分类，什么叫做化学分类法？

根据研究目的的需要，可以从不同的角度对钢中的非金属夹杂物进行分类。目前最常见的是按照非金属夹杂物的组成、性能、来源和大小不同进行分类。常见的是按照夹杂物的组成来分类的，该分类方法又称为化学分类法，在描述和分析夹杂物的组成时常采用这一分类法。根据组成的不同，钢中的非金属夹杂物可以分成氧化物系夹杂物、硫化物系夹杂物和氮化物系夹杂物。

644. 非金属夹杂物的危害是什么？

非金属夹杂物的危害有：

（1）夹杂物对钢的力学性能的影响：

1）夹杂物对钢的强度的影响。非金属夹杂物颗粒大，使钢的强度降低。

2）夹杂物使钢的塑性降低。

3）夹杂物降低钢的冲击韧性。

4）夹杂物影响钢的疲劳性能。

（2）夹杂物对钢工艺性能的影响：

1）夹杂物影响钢的铸造性能。

2）夹杂物使钢的热加工性变坏。

3）夹杂物影响钢的切削性能。

645. 什么叫做A类夹杂物、B类夹杂物、C类夹杂物和D类夹杂物？

目前，常用检验标准中把钢中夹杂物分为A类（硫化物）、B类（氧化铝）、C类（硅酸盐）和D类（球状不变形夹杂物）四类夹杂物。不同的钢种，夹杂物对于它们的危害程度也各不相同。比如各类夹杂物对轴承寿命的危害性按大小可以排成D>B>C>A的次序。对夹杂物形态来说，球状不变形夹杂物对轴承寿命危害极大，尺寸越大，疲劳寿命越短。

646. 什么叫做脆性夹杂物？

脆性夹杂物一般指那些不具有塑性变形能力的简单氧化物（如Al_2O_3、Cr_2O_3、ZrO_2等）、双氧化物（如$FeO \cdot Al_2O_3$、$MgO \cdot Al_2O_3$、$CaO \cdot 6Al_2O_3$等）、氮化物（如TiN、Ti(CN)、AlN、VN等）和不变形的球形（或点形）夹杂物（如球状铝酸钙和含SiO_2较高的硅酸盐等）。

647. 什么叫做塑性夹杂物？

塑性夹杂物是指在钢材经受加工变形时具有良好的塑性，沿钢的流向方向延伸成条带状。属于这类的夹杂物有含SiO_2量较低的铁锰硅酸盐、硫化锰（MnS）、(Fe,Mn)S等。硫化锰（MnS）是具有高变形率的夹杂物（$\nu=1$），即夹杂物与钢材基体的变形相等，它从室温一直到很宽的温度范围内均保持良好的变形性，由于与钢基体的变形特征相似，因此在夹杂物与钢基体之间的交界面处结合得很好，毫无产生横裂纹的倾向，并能够沿加工变形的方向成条带状分布。

648. 什么叫做半塑性变形夹杂物？

半塑性变形夹杂物一般指各种复杂的铝酸钙盐夹杂物，其中作为夹杂物的基体，在热加工变形过程中产生塑性变形，但分布在基体中的夹杂物（如铝酸钙、尖晶石型的双氧化物等）不变形，基体夹杂物随着钢基体的变形而延伸，而脆性夹杂物不变形，仍保持原来的几何形状，因此将阻碍邻近的塑性夹杂物自由延伸，而远离脆性夹杂物的部分沿着钢基体的变形方向自由延伸。

649. 什么叫做硅酸盐类夹杂物？

硅酸盐类夹杂物是由金属氧化物和二氧化硅组成的复杂化合物，所以也属于氧化物系夹杂物。化学通式可写成$FeO \cdot mMnO \cdot nAl_2O_3 \cdot pSiO_2$。其成分比较复杂，而且往往是多相的，常见的有$2FeO \cdot SiO_2$、$2MnO \cdot SiO_2$、$3MnO \cdot Al_2O_3 \cdot 2SiO_2$等。这类夹杂物与被侵蚀下来的耐火材料、裹入的炉渣及钢液的二次氧化有关。

650. 什么叫做固溶体夹杂物？

氧化物之间还可形成固溶体，最常见的是FeO－MnO，常以(Fe,Mn)O表示，称含锰的氧化铁。

651. 什么叫做硫化物夹杂物?

用显微镜观察钢材纵向剖面，见到有较光滑边缘的灰黑色条状夹杂物（可塑性夹杂物，沿热加工方向延伸），即为硫化物夹杂物。硫化物主要以硫化铁（FeS）和硫化锰（MnS）以及它们的固溶体（FeS·MnS）的形式存在于钢中。硫含量高时，在铸态钢中以熔点仅为1190℃的FeS形式在晶界析出，在热加工过程中，晶粒边界上低熔点的FeS及其与FeO的共晶体导致钢产生热脆，从而影响钢的使用性能。为了消除或减轻这一危害，一般的方法是向钢中加入一定量的锰，以形成熔点较高的MnS夹杂物（熔点1620℃）。因此，一般情况下，钢中的硫化物夹杂物主要是FeS、MnS以及它们的固溶体（Fe，Mn）S。二者相对量的大小取决于加锰量的多少，随着Mn/S的增大，FeS的含量越来越少，而且这少量的FeS溶解于MnS之中，这是由于锰比铁对硫有更大的亲和力。

652. 什么叫做针状铁素体?

在光学显微镜下，针状铁素体管线钢的组织中含有多边形铁素体、块状铁素体、针状铁素体、粒状贝氏体和珠光体等几种组织。在透射电子显微镜下，组织中主要有典型的等轴铁素体、不规则块状铁素体（或称准多边形铁素体）、板条形针状铁素体、珠光体。目前，国内外对管线钢中针状铁素体的定义一直存在不同的认识，Coldren Smith和Cryderman认为，针状铁素体钢的组织是以针状铁素体为基体，带有一定数量的岛状马氏体和渗碳体组织，还提出针状铁素体是连续冷却过程中形成的具有高的亚结构和位错密度的非等轴相，具有切变和扩散混合型相变机制，形成温度略高于贝氏体。

653. 什么叫做奥氏体?

奥氏体是碳溶解在γ-Fe中间形成的间隙固溶体，使用符号A表示，它保持γ-Fe的面心立方晶格，碳的最大溶解度在1148℃时为2.11%，然后随着温度的降低而降低。在727℃时为0.77%，其晶粒与铁素体相似，为多边形，晶界比较平直，晶粒内部有孪晶（平行线段）。

奥氏体的力学性能和碳含量、晶粒的大小有关，HBS硬度170~220，伸长率40%~50%，有良好的塑性。正常情况下，奥氏体处于727℃以上的高温范围，无磁性。

654. 什么叫做铁素体?

铁素体是显微组织为明亮的多边形晶粒组织。铁素体是碳溶解在α-Fe中间形成的间隙固溶体，表示符号为F。它保持α-Fe的体心立方晶格。α-Fe的体心立方晶格间隙很小，所以溶解碳的能力很小，最大溶解度在727℃时为0.0218%，室温时仅为0.0008%。室温时，铁素体的力学性能和纯铁接近，具体的数值为：抗拉强度180~280MPa，屈服强度100~170MPa，伸长率30%~50%，断面收缩率70%~80%，冲击韧性160~200J/cm^2，HBS硬度80（布氏硬度）。铁素体的强度和硬度不高，塑性和韧性良好。

655. 什么叫做δ铁素体？

在温度达到770℃时，铁素体发生磁性转变，即770℃以下，有磁性，高于此数值失去磁性。当温度大于1394℃时，碳溶解于δ－Fe中间形成间隙固溶体。δ－Fe也是体心立方晶格，但是晶格常数和α－Fe不同，为了和α铁素体区别，称为δ铁素体，符号为δ－Fe。

656. 什么叫做渗碳体？

渗碳体是一种具有复杂晶格的间隙化合物，分子式FeC，有时使用C表示。渗碳体硬度很高，HV（维氏硬度）950～1050，塑性和韧性接近零。渗碳体的碳含量为6.69%，熔点估计值约为1227℃，不发生同素异晶转变，存在磁性转变，温度在230℃以下有磁性，大于此值，失去磁性。渗碳体是钢中的主要强化相，其数量、形态、大小与分布状态，直接影响着钢的各种性能。渗碳体在一定的条件下发生分解，形成铁和自由的石墨碳。渗碳体中间的碳能够被氮等直径较小的原子置换。渗碳体中间的铁原子也可以被金属铬、锰等置换，形成合金渗碳体。

657. 什么叫做晶粒？

纯金属的结晶是在一定的过冷度条件下，从液态金属中能首先形成一些小而稳定的固体质点处开始的，这些固体质点称为晶核。然后以晶核为核心不断地向液态金属中长大，晶核长大时首先生长的晶柱称为一次晶轴，在一次晶轴侧面长出的晶柱称为二次晶轴，以此类推，还可以从二次晶轴上长出三次晶轴……这些晶轴彼此交错，宛如树枝，故称为树枝状晶体，简称枝晶，因此，结晶过程是形核和晶粒长大的过程。

在金属结晶过程中，由于晶核是按树枝状骨架方式长大的，当发展到与相邻的树枝状骨架相遇时，树枝状骨架才停止发展，但此时骨架仍处于液体之中，骨架内将不断生长出次级晶轴，早生长的晶轴逐渐加粗，使液体越来越少，直至枝晶间的液态金属全部凝固为止。由晶核成长起来的、外形不规则而内部原子排列的小晶体称为晶粒。

658. 什么叫做位错？

位错是晶体中存在的唯一线缺陷，对晶体塑性变形起重要作用。金属晶体仅用0.01%极微小的应变量就从弹性变形转为塑性变形，这一现象称为位错。长期以来，这一事实一直得不到合理的解释，直到五十多年前，奥罗温、泰勒、波拉尼埃三人首先独立地预测了位错的存在，由位错的存在可以说明晶体滑移变形的微观机制。晶体塑性变形通常产生位错运动，即晶体的强度由对位错的各种阻碍决定。

659. 什么叫做固溶强化？

合金由液态结晶成为固态时，两种以及两种以上的组元在固态时相互溶解，形成均匀的结晶相，称为固溶体。它分为间隙固溶体和置换固溶体两种。溶质原子处于溶剂晶格的间隙中间形成的固溶体称为间隙固溶体。溶质原子置换了溶剂晶格中间的溶剂原子形成的固溶体，称为置换固溶体。在置换固溶体中间，溶质在溶剂中间的溶解度取决于两者原子半径的差别、周期表中的相隔距离和晶格类型。差距小，溶解度就大，如果晶格相同，就会无限共溶，形成无限共溶体，反之形成有限共溶体。有限共溶体的溶解度和温度有关，温度高，溶解度就大，反之亦然。固溶体虽然能够保持原有的晶格类型，但是在溶质原子溶入的情况下，原子半径的不同，引起晶格间距的变化，即晶格畸变，导致合金性能的变化，使得材料的塑性降低，材料塑性降低的同时，材料变形抵抗力增加，材料的强度硬度升高，这种现象称为固溶强化，它是提高金属材料力学性能的重要途径之一。

660. 什么叫做弥散强化？

过渡族金属元素与氢、氮、碳、硼等原子半径较小的元素形成的金属化合物属于间隙化合物。当金属化合物呈现为细微的细小颗粒均匀分布于固溶体的基体上，会明显地提高合金的硬度、强度和耐磨性，称为弥散强化。

661. 什么叫做细晶强化，晶粒大小的控制如何实现？

利用细化晶粒达到提高钢材组织强度的方法叫做细晶强化。

金属晶粒大小对它的力学性能有很大的影响。普遍认为，在室温条件下，细晶粒金属具有较高的强度和韧性。表 8－1 所示为晶粒大小对纯铁力学性能的影响。

表 8－1　晶粒大小对纯铁力学性能的影响

晶粒平均直径/mm	σ_b/MPa	σ_s/MPa	δ/%
70	184	34	30.6
25	216	45	39.5
2.0	268	58	48.8
1.6	270	66	50.7

由表 8－1 可见，细晶粒的力学性能比粗晶粒好。为了提高金属的力学性能，就必须控制金属结晶后的晶粒大小。结晶过程既然是由形核和长大两个基本过程组成，那么结晶的晶粒大小必然与形核速度和长大速度密切相关。形核速度又称形核率，即单位时间内单位体积中产生晶核的数目，用符号 N 表示，单位为生核数/($s \cdot mm^3$)；晶核长大速度即单位时间内晶核向周围成长的线速度，用符号 v 表示，单位为 mm/s。形核率越大，结晶后的晶粒越多，晶粒也就越细小。因此，细化晶粒的根本途径是控制形核率。常用的细化晶粒的方法有以下几种：

（1）增加过冷度。实验证明，金属的冷却速度越大，则获得的晶粒就越细。增加过冷度只适用于中小型铸件，对于大型铸件，增加冷却速度是有一定限度的。另外，冷却度过大也会引起金属中铸件应力的增加，给零件造成变形、开裂等缺陷。

（2）变质处理。在液态金属结晶前，有目的地加入一些其他金属或合金作为形核剂（又称变质剂），使它弥散分布在金属液中起到非均质形核的作用，使晶粒显著增加，这种细化晶粒的方法称为变质处理。实践证明，在钢液中加入铝、钛、硼等，在铸铁中加入硅铁、硅钙合金等都能起到细化晶粒的作用。

（3）振动处理。在金属液结晶过程中，采用机械振动、超声波振动和电磁搅拌等措施，把长大过程中的枝晶破碎，被破碎细化的枝晶又起到新晶核的作用，从而提供了更多的结晶核心，最终达到了细化晶粒的目的。

（4）沉淀强化。

662. 什么叫做沉淀强化？

引用钒、铌、钛的微合金化，使过冷奥氏体发生相间沉淀和铁素体中析出弥散的碳化物和碳氮化物，产生沉淀强化。氮化物最稳定，一般在奥氏体中沉淀，对奥氏体高温形变、再结晶和晶粒长大起抑制作用。碳化物和碳氮化物稳定性稍差，一般在奥氏体转变中产生相间沉淀和从过饱和铁素体中析出，从而产生沉淀强化。这是 VC 相间沉淀。微合金钢中主要的沉淀强化相是 VC、NbC 和 TiC，其粒子尺寸在 2 ~ 10nm 范围具有最大的沉淀强化效应。钢中每加入质量分数为 0.01% 的铌和钛，使屈服强度增高 30 ~ 50MPa；每增加 0.10% 钒，使屈服强度增高 150 ~ 200MPa。

当钢中含有一定量碳和氮时，钢中微量钛主要以 TiN 出现，细化奥氏体晶粒。钢中微量铌既可以在高温形变时析出 NbN 和铌的晶界偏聚细化奥氏体晶粒，又可以在随后发生相间沉淀和从过饱和铁素体析出 Nb(C,N)，产生沉淀强化。钒主要是在相变时发生相间沉淀和从过饱和铁素体中析出 VC，产生沉淀强化。

根据上述强化机制和 Hall-Petch 关系，Pickering 和 Gladman 提出了综合屈服强度表达式：

$$\sigma_y = \sigma_0 + \sum k_i r_i + \sum k_j r_j + k_y d^{-\frac{1}{2}} \tag{8-1}$$

式中 σ_0——基体对强度的贡献，约 200MPa；

$\sum k_i r_i$——几种元素的固溶强化；

$\sum k_j r_j$——几种元素的沉淀强化；

$k_y d^{-\frac{1}{2}}$——晶粒尺寸对强度的贡献。

式中的系数 k_i、k_j、k_y 为已知，实际测出 σ_y 后，沉淀强化的总贡献即可得出。

663. DWTT 的概念是什么？

DWTT 是管线钢落锤撕裂试验的缩写。

664. 什么叫做抗硫化物应力腐蚀性能？

金属材料在拉应力和特定环境介质共同作用下所产生的脆性开裂，称为应力腐蚀开裂（stress corrosion cracking，SCC）。环境介质主要是硫化物在起作用，则发生的应力腐蚀开裂称为硫化物应力腐蚀开裂（sulphide stress corrosion cracking，SSCC 或 SSC）。SCC 只有在同时满足材料、介质、应力三大要素的特定条件下才会发生。如《套管和油管规范 API SPEC 5CT》标准中规定了 C90 和 T95 的套管和油管应具有抗硫化物应力腐蚀开裂（SSC）的水平。

665. 什么叫做抗氢致开裂性能？

石油管在含硫化氢的油气腐蚀环境中，腐蚀所产生的氢进入到金属基体内部产生裂纹的现象称为氢致开裂（hydrogen induced cracking，HIC）。

氢致延迟裂纹是高强度结构钢种中常见的氢致破坏。氢原子直径远低于铁素体的晶格常数，可成为普通钢铁素体中的间隙固溶元素。固溶在铁素体晶格中的氢原子，削弱了铁原子之间的键合力，并钉扎了铁素体晶格中的滑移面，降低了钢的延展性能。固溶在铁素体晶格中的氢原子吸附在晶体中新生的表面上，降低了其表面50%左右的张力。这三种因素交互作用，使本来不会发生断裂的高强度结构钢在其晶格中固溶的氢作用下，在远低于正常断裂应力水平的应力作用下就有可能发展断裂。氢在这种类型断裂过程中起了主要的驱动作用，这种断裂的发展速度受氢原子扩散到晶格中应力集中裂纹区域过程的限制，往往是经过一段孕育期以后，再缓慢地开始断裂过程，所以称为延迟断裂。氢致延迟断裂在管线钢管中的发展取决于三个条件，一是需要有氢的来源，二是这种钢结构需要承受一定的应力，三是这种钢具有发展氢致低应力断裂的纤维组织状态。对于天然气、原油、成品油等输送管线，常见的由于氢致破坏而发展的破坏，有通过焊接过程进入的氢致延迟破坏，有接触硫化氢介质进入的硫化氢脆，有通过土壤中矿化离子进入的所谓在中性pH环境或高pH环境发生的应力腐蚀，统称为应力腐蚀。但也有学者将接触硫化氢介质、焊接、冷加工后吸氢而导致的氢破坏统一归纳为氢脆，以与在中性pH环境或高pH环境发生的应力腐蚀区别。

在焊接中氢通过焊接材料（焊剂）进入钢中而导致在管道上发展氢致延迟断裂的机制与解除硫化氢介质而发生低应力强度缓慢开裂的机制基本相同。这种类型断裂常见形式是从焊接接头的热影响区与焊接熔敷金属交界面的根部开裂向内缓慢发展，其断裂源部位呈典型的沿晶界解理状。这种断裂的发展速度因钢中氢含量、焊后残余应力、钢的组织状态、对氢脆的敏感程度的不同而不同。北京东六环马驹桥附近天然气输送管道破裂案例就属于钢中含氢，且焊接形成的应力过高导致延迟断裂快速发展的极端情况，而大多数类似案例都属于氢致延迟断裂与常规断裂的混合形式，即慢速发展形式。其发展周期短则数月，长则达数年，很难预知。

666. 什么是调质钢？

调质钢是用来制造一些受力复杂的重要零件，它既要求有很高的强度，又要有很好的塑性和韧性，即具有良好的综合力学性能。这类钢的碳含量一般为0.25%～0.50%。碳含量过低，硬度不足，碳含量过高，则韧性不足。

667. 什么叫做不锈钢，不锈钢的成分有何特点？

通俗地说，不锈钢就是不容易生锈的钢，实际上一部分不锈钢，既有不锈性，又有耐酸性（耐蚀性）。

不锈钢的不锈性和耐蚀性是由于其表面上富铬氧化膜（钝化膜）的形成。这种不锈性和耐蚀性是相对的。试验表明，钢在大气、水等弱介质中和硝酸等氧化性介质中，其耐蚀性随钢中铬含量的增加而提高，当铬含量达到一定的百分比时，钢的耐蚀性发生突变，即从易生锈到不易生锈，从不耐蚀到耐腐蚀。

由于不锈钢材具有优异的耐蚀性、成形性、相容性以及在很宽温度范围内的强韧性等系列特点，因此在重工业、轻工业、生活用品行业以及建筑装饰等行业中获得广泛的应用。

668. 不锈钢是如何分类的？

不锈钢的分类方法很多：

按室温下的组织结构分类，有马氏体、奥氏体、铁素体和双相不锈钢；

按主要化学成分分类，基本上可分为铬不锈钢和铬镍不锈钢两大系统；

按用途分则有耐硝酸不锈钢、耐硫酸不锈钢、耐海水不锈钢等；

按耐蚀类型分可分为耐点蚀不锈钢、耐应力腐蚀不锈钢、耐晶间腐蚀不锈钢等；

按功能特点分类又可分为无磁不锈钢、易切削不锈钢、低温不锈钢、高强度不锈钢等。

669. 国际上对不锈钢是如何标示的？

美国钢铁学会是用三位数字来标示各种标准级的可锻不锈钢的。其中：

（1）奥氏体型不锈钢用200和300系列的数字标示。例如，某些较普通的奥氏体不锈钢是以201、304、316以及310标示。

（2）铁素体型和马氏体型不锈钢用400系列的数字标示。

铁素体不锈钢是以430和446标示，马氏体不锈钢是以410、420标示，双相（奥氏体－铁素体）不锈钢使用440C标示。

（3）不锈钢、沉淀硬化不锈钢以及铁含量低于50%的高合金通常是采用专利名称或商标命名。

670. 不同的国家不锈钢的成分在什么范围？

不同的国家不锈钢的成分见表8－2。

671. 什么叫做奥氏体不锈钢？

在常温下具有奥氏体组织的不锈钢叫做奥氏体不锈钢。钢中含铬约18%、镍8%～10%、碳约0.1%时，具有稳定的奥氏体组织。奥氏体铬镍不锈钢包括著名的18Cr－8Ni钢和在此基础上增加Cr、Ni含量并加入Mo、Cu、Si、Nb、Ti等元素发展起来的高Cr－Ni系列钢。奥氏体不锈钢无磁性而且具有高韧性和塑性，但强度较低，不可能通过相变使之强化，仅能通过冷加工进行强化。如加入S、Ca、Se、Te等元素，则具有良好的易切削性。此类钢除耐氧化性酸介质腐蚀外，如果含有Mo、Cu等元素还能耐硫酸、磷酸以及甲酸、醋酸、尿素等的腐蚀。此类钢中的碳含量若低于0.03%或含Ti、Ni，就可显著提高其耐晶间腐蚀性能。高硅的奥氏体不锈钢对浓硝酸具有良好的耐蚀性。由于奥氏体不锈钢具有全面而良好的综合性能，在各行各业中获得了广泛的应用。

672. 什么叫做铁素体不锈钢，有何主要用途？

铁素体不锈钢是在使用状态下以铁素体组织为主的不锈钢，铬含量在11%～30%，具有体心立方晶体结构。

表 8-2 不锈钢化学成分表

类型	钢号	牌号	化学成分/%									
			C	Cr	Ni	Mn	P	S	Mo	Si	Cu	N	其他
奥氏体型	201	1Cr17Mn6Ni5N	≤0.15	16.00~18.00	3.50~5.50	5.50~7.50	≤0.060	≤0.030	—	≤1.00	—	≤0.25	—
	201L	03Cr17Mn6Ni5N	≤0.030	16.00~18.00	3.50~5.50	5.50~7.50	≤0.060	≤0.030		≤1.00		≤0.25	
	202	1Cr18Mn8Ni5N	≤0.15	17.00~19.00	4.00~6.00	7.50~10.00	≤0.060	≤0.030		≤1.00	—	≤0.25	—
	204	03Cr16Mn8Ni2N	≤0.030	15.00~17.00	1.50~3.50	7.00~9.00						0.15~0.30	
	国内研制	1Cr18Mn10Ni5Mo3N	≤0.10	17.00~19.00	4.00~6.00	8.50~12.00			2.80~3.50			0.20~0.30	
	前苏联	2Cr13Mn9Ni4	0.15~0.25	12.00~14.00	3.70~5.00	8.00~10.00							
	国内研制	2Cr15Mn15Ni2N	0.15~0.25	14.00~16.00	1.50~3.00	14.00~16.00						0.15~0.30	
		1Cr18Mn10Ni5Mo3N	≤0.15	17.00~19.00	4.00~6.00	8.50~12.00	≤0.060	≤0.030	2.8~3.5	≤1.00	—	0.20~0.30	—
	301	1Cr17Ni7	≤0.15	16.00~18.00	6.00~8.00	≤2.00	≤0.065	≤0.030	—	≤1.00	—	—	—
	302	1Cr18Ni9	≤0.15	17.00~19.00	8.00~10.00	≤2.00	≤0.035	≤0.030	—	≤1.00	—	—	—
	303	Y1Cr18Ni9	≤0.15	17.00~19.00	8.00~10.00	≤2.00	≤0.20	≤0.030		≤1.00	—	—	—
	303Se	Y1Cr18Ni9Se	≤0.15	17.00~19.00	8.00~10.00	≤2.00	≤0.20	≤0.030	—	≤1.00	—	—	Se≥0.15
	304	0Cr18Ni9	≤0.07	17.00~19.00	8.00~10.00	≤2.00	≤0.035	≤0.030	—	≤1.00	—	—	—
	304L	00Cr19Ni10	≤0.030	18.00~20.00	8.00~10.00	≤2.00	≤0.035	≤0.030	—	≤1.00	—	—	—
	304N1	0Cr19Ni9N	≤0.08	18.00~20.00	7.00~10.50	≤2.00	≤0.035	≤0.030	—	≤1.00	—	0.10~0.25	—
	304N2	0Cr18Ni10NbN	≤0.08	18.00~20.00	7.50~10.50	≤2.00	≤0.035	≤0.030	—	≤1.00	—	0.15~0.30	Nb≤0.15
	304LN	00Cr18Ni10N	≤0.030	17.00~19.00	8.50~11.50	≤2.00	≤0.035	≤0.030	—	≤1.00	—	0.12~0.22	—

续表 8－2

类型	钢号	牌　号	化学成分/%										
			C	Cr	Ni	Mn	P	S	Mo	Si	Cu	N	其　他
奥氏体型	305	1Cr18Ni12	≤0.12	17.00～19.00	10.50～13.00	≤2.00	≤0.035	≤0.030	—	≤1.00	—	—	—
	309S	0Cr23Ni13	≤0.08	22.00～24.00	12.00～15.00	≤2.00	≤0.035	≤0.030	—	≤1.00	—	—	—
	310S	0Cr25Ni20	≤0.08	24.00～26.00	19.00～22.00	≤2.00	≤0.035	≤0.030	—	≤1.00	—	—	—
	316	0Cr17Ni12Mo2	≤0.08	16.00～18.50	10.00～14.00	≤2.00	≤0.035	≤0.030	2.00～3.00	≤1.00	—	—	—
		1Cr18Ni12Mo2Ti6	≤0.12	16.00～19.00	11.00～14.00	≤2.00	≤0.035	≤0.030	1.80～2.50	≤1.00	—	—	Ti＝5(C%－0.02)～0.8
		0Cr18Ni12Mo2Ti	≤0.08	16.00～19.00	11.00～14.00	≤2.00	≤0.035	≤0.030	1.80～2.50	≤1.00	—	—	Ti＝5C%～0.70
	316L	00Cr17Ni14Mo2	≤0.030	16.00～18.00	12.00～15.00	≤2.00	≤0.035	≤0.030	2.00～3.00	≤1.00	—	—	—
	316N	0Cr17Ni12Mo2N	≤0.08	16.00～18.00	10.00～14.00	≤2.00	≤0.035	≤0.030	2.00～3.00	≤1.00	—	0.10～0.22	—
	316N	00Cr17Ni13Mo2N	≤0.030	16.00～18.50	10.50～14.50	≤2.00	≤0.035	≤0.030	2.00～3.00	≤1.00	—	0.12～0.22	—
	316J1	0Cr18Ni12Mo2Cu2	≤0.08	17.00～19.00	10.00～14.50	≤2.00	≤0.035	≤0.030	1.20～2.75	≤1.00	1.00～2.50	—	—
	316J1L	00Cr18Ni14Mo2Cu2	≤0.030	17.00～19.00	12.00～16.00	≤2.00	≤0.035	≤0.030	1.20～2.75	≤1.00	1.00～2.50	—	—
	317	0Cr19Ni13Mo3	≤0.12	18.00～20.00	11.00～15.00	≤2.00	≤0.035	≤0.030	3.00～4.00	≤1.00	—	—	—
	317L	00Cr19Ni13Mo3	≤0.08	18.00～20.00	11.00～15.00	≤2.00	≤0.035	≤0.030	3.00～4.00	≤1.00	—	—	—
		1Cr18Ni12Mo3Ti6	≤0.12	16.00～19.00	11.00～14.00	≤2.00	≤0.035	≤0.030	2.50～3.50	≤1.00	—	—	Ti＝5(C%－0.02)～0.8
		0Cr18Ni12Mo3Ti	≤0.08	16.00～19.00	11.00～14.00	≤2.00	≤0.035	≤0.030	2.50～3.50	≤1.00	—	—	Ti＝5C%～0.70
	317J1	0Cr18Ni16Mo5	≤0.040	16.00～19.00	15.00～17.00	≤2.00	≤0.035	≤0.030	4.00～6.00	≤1.00	—	—	—
	321	1Cr18Ni9Ti6	≤0.12	17.00～19.00	8.00～11.00	≤2.00	≤0.035	≤0.030	—	≤1.00	—	—	Ti＝5(C%－0.02)～0.8

续表 8－2

类型	钢号	牌号	化学成分/%										
			C	Cr	Ni	Mn	P	S	Mo	Si	Cu	N	其他
奥氏体型		0Cr18Ni10Ti	≤0.08	17.00～19.00	9.00～12.00	≤2.00	≤0.035	≤0.030	—	≤1.00	—	—	Ti≥5C%
	347	0Cr18Ni11Nb	≤0.08	17.00～19.00	9.00～13.00	≤2.00	≤0.035	≤0.030	—	≤1.00	—	—	Nb≥10C%
	XM7	0Cr18Ni9Cu3	≤0.08	17.00～19.00	8.50～10.50	≤2.00	≤0.035	≤0.030	—	≤1.00	3.00～4.00	—	—
	XM15J1	0Cr18Ni13Si4	≤0.08	15.00～20.00	11.50～15.00	≤2.00	≤0.035	≤0.030	—	3.00～5.00	—	—	
奥氏体－铁素体	329J1	0Cr26Ni5Mo2	≤0.08	23.00～28.00	3.00～6.00	≤1.50	≤0.035	≤0.030	1.00～3.00	≤1.00	—	—	
		1Cr18Ni11Si4AlTi	0.10～0.18	17.50～19.50	10.0～12.0	≤0.80	≤0.035	≤0.030	—	3.40～4.00	—	—	Al 0.10～0.30；Ti 0.40～0.70
		00Cr18Ni5MoSi2	≤0.030	18.00～19.50	4.50～5.50	1.00～2.00	≤0.035	≤0.030	2.50～3.00	1.30～2.00	—	—	—
铁素体型	405	0Cr13Al	≤0.08	11.50～14.50		≤1.00	≤0.035	≤0.030	—	≤1.00	—	—	Al 0.10～0.30
	410L	00Cr12	≤0.030	11.00～13.00		≤1.00	≤0.035	≤0.030	—	≤1.00	—	—	—
	430	1Cr17	≤0.12	16.00～18.00		≤1.25	≤0.035	≤0.030	—	≤0.75	—	—	—
	430F	Y1Cr17	≤0.12	16.00～18.00		≤1.00	≤0.035	≥0.15		≤1.00	—	—	—
	434	1Cr17Mo	≤0.12	16.00～18.00		≤1.00	≤0.035	≤0.030	0.75～1.25	≤1.00	—	—	—
	447J1	00Cr30Mo2	≤0.010	28.50～32.00	—	≤0.40	≤0.035	≤0.030	1.50～2.50	≤0.40	—	≤0.015	—
	XM27	00Cr27Mo	≤0.010	25.00～27.50	—	≤0.40	≤0.035	≤0.030	0.75～1.50	≤0.40	—	≤0.015	—
马氏体型	403	1Cr12	≤0.15	11.50～13.00		≤1.00	≤0.035	≤0.030	—	≤0.50	—	—	—
	410	1Cr13	≤0.15	11.50～13.50		≤1.00	≤0.035	≤0.030	—	≤1.00	—	—	—
	405	0Cr13	≤0.08	11.50～13.50		≤1.00	≤0.035	≤0.030	—	≤1.00	—	—	—

续表 8-2

类型	钢号	牌号	化学成分/%										
			C	Cr	Ni	Mn	P	S	Mo	Si	Cu	N	其他
马氏体型	416	Y1Cr13	≤0.15	12.00~14.00		≤1.25	≤0.035	≥0.15		≤1.00	—	—	—
	410J1	1Cr13Mo	0.08~0.18	11.50~14.00		≤1.00	≤0.035	≤0.030	0.30~0.60	≤0.60	—	—	—
	420J1	2Cr13	0.16~0.25	12.00~14.00		≤1.00	≤0.035	≤0.030	—	≤1.00	—	—	—
	420J2	3Cr13	0.26~0.35	12.00~14.00		≤1.00	≤0.035	≤0.030	—	≤1.00	—	—	—
	420F	Y3Cr13	0.26~0.40	12.00~14.00		≤1.25	≤0.035	≥0.15		≤1.00	—	—	—
		3Cr13Mo	0.28~0.35	12.00~14.00		≤1.00	≤0.035	≤0.030	0.50~1.00	≤0.80	—	—	—
		4Cr13	0.36~0.45	12.00~14.00		≤0.80	≤0.035	≤0.030	—	≤0.60	—	—	—
	431	1Cr17Ni2	0.11~0.17	16.00~18.00	1.50~2.50	≤0.80	≤0.035	≤0.030	—	≤0.80	—	—	—
	440A	7Cr17	0.60~0.75	16.00~18.00		≤1.00	≤0.035	≤0.030		≤1.00	—	—	—
	440B	8Cr17	0.75~0.95	16.00~18.00		≤1.00	≤0.035	≤0.030		≤1.00	—	—	—
		9Cr18	0.90~1.00	17.00~19.00		≤0.80	≤0.035	≤0.030		≤0.80	—	—	—
	440C	11Cr17	0.95~1.20	16.00~18.00		≤1.00	≤0.035	≤0.030		≤1.00	—	—	—
	440F	Y11Cr17	0.95~1.20	16.00~18.00		≤1.25	≤0.035	≥0.15		≤1.00	—	—	—
		9Cr18Mo	0.95~1.10	16.00~18.00		≤0.80	≤0.035	≤0.030	0.40~0.70	≤0.80	—	—	—
		9Cr18MoV	0.85~0.95	17.00~19.00		≤0.80	≤0.035	≤0.030	1.00~1.30	≤0.80	—	—	V 0.07~0.12
沉淀硬化型	630	0Cr17Ni4Cu4Nb	≤0.07	15.50~17.50	6.50~7.50	≤1.00	≤0.035	≤0.030	—	≤1.00	3.00~5.00	—	Nb 0.15~0.45
	631	0Cr17Ni7Al	≤0.09	16.00~18.00	6.50~7.50	≤1.00	≤0.035	≤0.030	—	≤1.00	≤0.50	—	Al 0.75~1.50
	632	0Cr15Ni7Mo2Al	≤0.09	14.00~16.00	6.50~7.50	≤1.00	≤0.035	≤0.030	2.00~3.00	≤1.00	—	—	Al 0.75~1.50

这类钢一般不含镍，有时还含有少量的Mo、Ti、Nb等元素，具有导热系数大、膨胀系数小、抗氧化性好、抗应力腐蚀优良等特点，多用于制造耐大气、水蒸气、水及氧化性酸腐蚀的零部件。这类钢存在塑性差、焊后塑性和耐蚀性明显降低等缺点，因而限制了它的应用。现代炉外精炼技术（AOD或VOD）的应用，深脱碳和脱氮，可使碳、氮等间隙元素大大降低，因此使这类钢获得广泛应用。

673. 什么叫做马氏体不锈钢，有何主要用途？

马氏体不锈钢是一类可以通过热处理（淬火、回火）对其性能进行调整的不锈钢，通俗地讲，是一类可硬化的不锈钢。这种特性决定了这类钢必须具备两个基本条件：一是在平衡相图中必须有奥氏体相区存在，在该区域温度范围内进行长时间加热，使碳化物固溶到钢中之后，进行淬火形成马氏体，也就是化学成分必须控制在γ或γ+α相区；二是要使合金形成耐腐蚀和氧化的钝化膜，铬含量必须在10.5%以上。按合金元素的差别，马氏体不锈钢可分为马氏体铬不锈钢和马氏体铬镍不锈钢。

马氏体不锈钢的典型牌号为Cr13型，如2Cr13、3Cr13、4Cr13等。淬火后硬度较高，不同回火温度具有不同强韧性组合，主要用于蒸汽轮机叶片、餐具、外科手术器械。根据化学成分的差异，马氏体不锈钢可分为马氏体铬钢和马氏体铬镍钢两类。根据组织和强化机理的不同，还可分为马氏体不锈钢、马氏体和半奥氏体（或半马氏体）沉淀硬化不锈钢以及马氏体时效不锈钢等。

674. 什么叫做双相不锈钢？

双相不锈钢（duplex stainless steel，DSS）指铁素体与奥氏体各约占50%，一般较少相的含量最少也需要达到30%的不锈钢。在含碳较低的情况下，铬含量为18%～28%，镍含量为3%～10%。有些钢还含有Mo、Cu、Nb、Ti、N等合金元素。

该类钢兼有奥氏体和铁素体不锈钢的特点，与铁素体不锈钢相比，其塑性、韧性更高，无室温脆性，耐晶间腐蚀性能和焊接性能均显著提高，同时还保持有铁素体不锈钢的475℃脆性以及导热系数高、具有超塑性等特点。与奥氏体不锈钢相比，强度高且耐晶间腐蚀和耐氯化物应力腐蚀有明显提高。双相不锈钢具有优良的耐腐蚀性能，也是一种节镍不锈钢。

675. 双相不锈钢的用途有哪些？

双相不锈钢从20世纪40年代在美国诞生以来，已经发展到第三代。双相不锈钢由于其特殊的优点，广泛应用于石油化工设备、海水与废水处理设备、输油输气管线、造纸机械等工业领域，近年来也被研究用于桥梁承重结构领域，具有很好的发展前景。

676. 双相不锈钢的性能有哪些特点？

双相不锈钢由于两相组织的特点，通过正确控制化学成分和热处理工艺，能够使其兼有铁素体不锈钢和奥氏体不锈钢的优点，它将奥氏体不锈钢所具有的优良韧性和焊接性，与铁素体不锈钢所具有的较高强度和耐氯化物应力腐蚀性能结合在一起，正是这些优越的性能使双相不锈钢作为可焊接的结构材料而发展迅速。20 世纪 80 年代以来，双相不锈钢已成为和马氏体型、奥氏体型和铁素体型不锈钢并列的一个钢类。双相不锈钢有以下性能特点：

（1）在低应力下有良好的耐氯化物应力腐蚀性能。一般 18－8 型奥氏体不锈钢在 60℃以上中性氯化物溶液中容易发生应力腐蚀断裂，在微量氯化物及硫化氢工业介质中用这类不锈钢制造的热交换器、蒸发器等设备都存在着产生应力腐蚀断裂的倾向，而双相不锈钢却有良好的抵抗能力。

（2）具有良好的耐孔蚀性能。

（3）具有良好的耐腐蚀疲劳和磨损腐蚀性能。在某些腐蚀介质的条件下，适用于制作泵、阀等动力设备。

（4）综合力学性能好。有较高的强度和疲劳强度，屈服强度是 18－8 型奥氏体不锈钢的 2 倍。固溶态的伸长率达到 25%，韧性值 A_K（V 形槽口）在 100J 以上。

（5）可焊性良好，热裂倾向小，一般焊前不需预热，焊后不需热处理，可与 18－8 型奥氏体不锈钢或碳钢等异种焊接。

（6）含低铬（18% Cr）的双相不锈钢热加工温度范围比 18－8 型奥氏体不锈钢宽，抗力小，可不经过锻造，直接轧制开坯生产钢板。含高铬（25% Cr）的双相不锈钢热加工比奥氏体不锈钢略显困难，可以生产板、管和丝等产品。

（7）冷加工时比 18－8 型奥氏体不锈钢加工硬化效应大，在管、板承受变形初期，需施加较大应力才能变形。

（8）与奥氏体不锈钢相比，导热系数大，线膨胀系数小，适合用作设备的衬里和生产复合板，也适合制作热交换器的管芯，换热效率比奥氏体不锈钢高。

（9）仍有高铬铁素体不锈钢的各种脆性倾向，不宜用在高于 300℃的工作条件。双相不锈钢中铬含量越低，σ 等脆性相的危害性也越小。

677. 什么叫做不锈钢的应力腐蚀开裂？

应力腐蚀开裂（SCC）是指承受应力的合金在腐蚀性环境中由于裂纹的扩展而互生失效的一种通用术语。

应力腐蚀开裂具有脆性断口形貌，但它也可能发生于韧性高的材料中。发生应力腐蚀开裂的必要条件是要有拉应力（不论是残余应力还是外加应力，或者两者兼而有之）和特定的腐蚀介质存在。裂纹的形成和扩展大致与拉应力方向垂直。导致应力腐蚀开裂的应力值，要比没有腐蚀介质存在时材料断裂所需要的应力值小得多。

678. 不锈钢的冶炼有哪几种方法？

目前，世界上不锈钢的冶炼有三种方法，即一步法、二步法和三步法。其中，工业生产中应用的不锈钢精炼方法很多，但就精炼炉而言，可分为钢包型精炼设备（VOD、SS-VOD、VOD-PB 等）和转炉型精炼设备（AOD（OTB）、CLU、VODC 和 VCR 等）两大类。而 RH-OB、RH-KTB、RH-KPB 等可看作 RH 真空处理功能的扩展。常见的不锈钢的冶炼方法如图 8－1 所示。

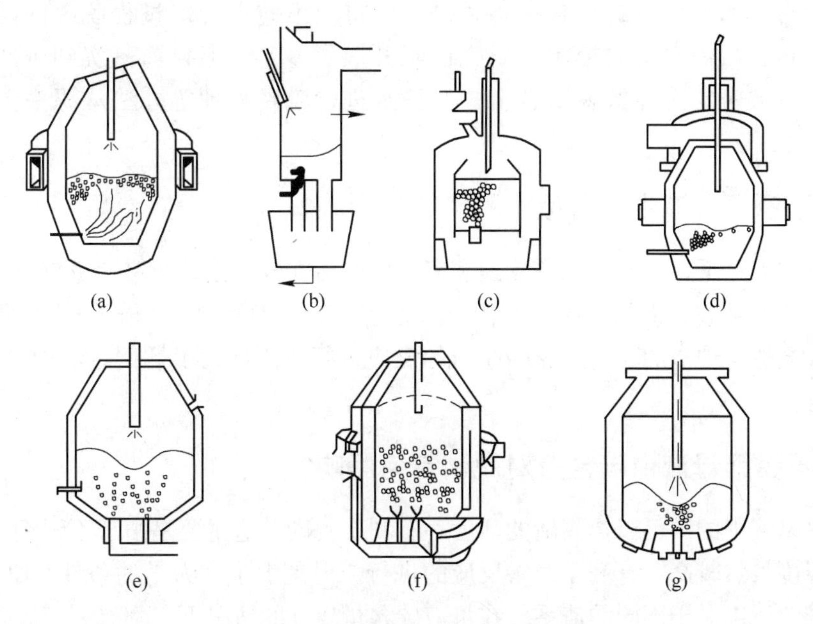

图 8－1　常见的不锈钢冶炼方法

（a）AOD；（b）RH－OB/KTB；（c）VOD；（d）AOD－VCR；
（e）K－BOP/K－OBM－S；（f）CLU；（g）ASM/MRP

679. 不锈钢冶炼过程中的关键难点有哪些？

不锈钢冶炼过程中的重要任务是脱碳和去磷。而不锈钢冶炼过程中加入的合金比率较高，一般在 20%～40% 之间，甚至更高。在不锈钢冶炼脱碳和去磷过程中，如果不控制适宜的工艺条件，会使大量合金元素，尤其是铬的氧化损失加大。因此，脱碳保铬和去磷保铬是不锈钢冶炼过程的两个关键技术。

680. 不锈钢冶炼过程中的脱碳保铬主要通过什么方式实现？

不锈钢冶炼过程的脱碳保铬工艺的实现方式主要有两种：

（1）不锈钢冶炼主要是通过高温和真空处理，使得碳发生选择性氧化而去除，这需要合理的熔池碳含量、冶炼温度、吹氧强度、吹气搅拌强度以及合适的真空精炼设备和工艺。目前，该技术已经得到较好的应用。

（2）在高温下脱碳，使用气体稀释法降低脱碳过程中的 CO 分压实现的，主要工艺是目前不锈钢冶炼的 AOD 工艺。

681. 不锈钢的脱磷有何特点，如何低成本地实现脱磷？

不锈钢冶炼过程磷的脱除操作非常困难。一是不锈钢冶炼过程的温度比一般钢要高得多，脱磷反应是放热反应，高温对脱磷非常不利；二是因为不锈钢的主要合金元素铬会在脱磷过程中被氧化，既会造成合金的损失，其氧化反应的产物也会严重影响熔渣的流动性和热力学性质，给冶炼过程的控制带来困难；三是不锈钢冶炼过程需加入大量的铁合金，而铁合金的磷含量均较高，这将使不锈钢冶炼过程脱磷的问题更为突出。关于不锈钢冶炼中磷的控制的研究已经开展了多年，但目前落实到生产实际中的措施很少，主要考虑选择低磷铁合金、对铁水进行脱磷处理等办法从源头上控制磷的来源。

682. 不锈钢母液中铬含量对脱磷有何影响？

在炼钢的温度下，铬元素和磷元素和氧反应的活性较为接近，铬含量较高，将会降低钢液中磷的活度系数，铬元素将优先氧化，铬元素氧化以后形成的 Cr_2O_3 会使得炉渣的黏度降低，甚至造成炉渣的凝固，影响脱磷的反应进行。因此，不锈钢母液中铬含量越高，脱磷越困难。

683. 不锈钢母液中碳含量对脱磷有何影响？

不锈钢母液中的碳可以提高磷的活度，有利于脱磷。这主要是由于不锈钢母液的冶炼过程中，温度虽然较高，有利于脱碳反应的进行，但是由于动力学的条件，CO 的气泡形成较为困难，所以对于不同的渣系，在母液碳含量较高的情况下，都有利于脱磷反应的进行。而 EAF + AOD 工艺因碳可适当配高些，更适合于不锈钢脱磷。

有学者发现，$C < 1.5\%$ 时，界面氧势将由铬含量控制；$C > 1.5\%$ 时，则由碳含量控制，这一碳含量（有的报道为 2.0%）对脱磷保铬具有指导意义。

684. 不锈钢母液中硅含量对脱磷有何影响？

硅优先于磷氧化，对于不锈钢的脱磷有明显的影响，相关的研究证明，在不锈钢母液中，硅含量超过 0.2% 以后，氧化脱磷就难以进行，所以不锈钢脱磷以前需要降低钢液中的磷含量，即进行脱硅处理。

685. 温度对不锈钢的脱磷有何影响？

温度对不锈钢氧化脱磷有明显的影响。热力学研究结果表明，低温有利于脱磷，这同样适用于不锈钢脱磷，许多实验结果都证明了这一点。但是温度过低，会导致炉渣黏度的明显升高，造成铬损升高。相关的文献介绍，对 60% BaO − 40% $BaCl_2$ 和 10% Cr_2O_3 组成的炉渣，脱磷温度应大于 1500℃，否则会导致铬损的增加。

686. 不锈钢脱磷的渣系主要有哪些，有何特点？

按脱磷剂的不同，可将不锈钢的脱磷渣分为两大类：

（1）碱金属氧化物及其碳酸盐渣系。锂、钠、钾的氧化物及其碳酸盐都有应用于不锈钢或高铬合金脱磷的研究报道，尤其是碳酸盐的应用研究。因其熔点低，可不用助熔剂。它也可以作为助熔剂与其他脱磷剂配合使用。碱金属氧化物及其碳酸盐易挥发形成烟雾，适合用在低温下高碳合金的脱磷处理。

（2）碱土金属氧化物及其碳酸盐渣系。碱土金属氧化物及其碳酸盐渣系主要是钙、钡氧化物及其碳酸盐渣系。CaO 渣系适合于高碳含铬合金的脱磷。而 BaO 渣系则可以在较低碳含量条件下，实现对含铬合金的脱磷，符合不锈钢脱磷的实际，是近年来不锈钢脱磷研究的重点渣系。

另外，多种脱磷剂组成的复合渣系如 CaO - BaO 等，已被证明可以取得很好的脱磷效果，将是今后脱磷渣开发的主要方向。

687. 理想的不锈钢脱磷工艺可以分为哪几个环节？

理想的不锈钢脱磷工艺可以分为如下几个环节：

（1）预脱硅。可采用吹氧法结合熔化过程进行，将硅降至0.1%以下，然后扒渣。

（2）脱磷。加入脱磷剂，造渣脱磷，可在 EAF 或 AOD（VOD）中进行。

（3）扒除脱磷渣，进行脱碳操作。

688. EAF + AOD 工艺脱磷的程序是怎样的？

当 AOD 炉内进行脱磷时，希望采用低温高碳钢水，还需脱磷终了扒渣，势必使冶炼周期进一步延长。另外，AOD 炉衬寿命一般较低，不锈钢氧化脱磷渣的助熔剂含量较高，会加重这一趋势。因此，将脱磷任务安排在电炉过程进行，这将有利于整个冶炼过程的均衡与协调。从冶炼条件看，现代超高功率电炉可采用向渣中加入炭粉并吹氧的方法使炉内保持弱氧化性气氛，有利于对不锈钢进行弱氧化法脱磷。此外，电炉采用偏心炉底出钢技术后，实行留钢、留渣操作，可有效防止下渣，使因下渣造成的钢水回磷大大减轻。加上出钢过程温降小，可以采用较低的出钢温度，这对电炉内及炉外氧化脱磷都是有利的。所以，在电炉内对不锈钢氧化脱磷比较有利，在电炉工序脱除部分的磷，然后再在 AOD 脱磷操作将会优化工序间的配合。

689. 什么叫做一步法生产不锈钢，该工艺有何特点？

一步法生产不锈钢就是在电炉内一个工序完成不锈钢的冶炼。由于一步法对原料要求苛刻（需返回不锈钢废钢、低碳铬铁和金属铬），生产中原材料、能源介质消耗高，成本高，冶炼周期长，生产率低，产品品种少，质量差，炉衬寿命短，耐火材料消耗高，因此，目前很少采用此法生产不锈钢。

690. 什么叫做二步法生产不锈钢的工艺？

1965 年和 1968 年，VOD 和 AOD 精炼装置相继产生，它们对不锈钢生产工艺的变革起了决定性作用。前者是真空吹氧脱碳，后者是用氩气和氮气稀释气体来脱碳。将这两种精炼设施的任何一种与电炉相配合，电炉提供不锈钢母液，然后再在 VOD、AOD 内精炼生产不锈钢的工艺称为不锈钢的二步法生产工艺。

691. 什么叫做三步法生产不锈钢的工艺？

三步法即电炉 + 复吹转炉 + VOD 三步冶炼不锈钢的方法。其特点是电炉作为熔化设备，只负责向转炉提供含铬、镍的半成品钢水，复吹转炉主要任务是吹氧快速脱碳，以达到最大限度回收铬的目的。VOD 真空吹氧负责进一步脱碳、脱气和成分微调。三步法比较适合氩气供应比较短缺的地区，并采用碳含量较高的铁水做原料，且生产低碳、低镍不锈钢比例较大的专业厂采用。

692. 什么叫做 AOD 冶炼不锈钢工艺，有哪些特点？

AOD 冶炼不锈钢即通常所说的氩氧转炉，利用氩气稀释脱碳产生的 CO 气泡，实现脱碳保铬的不锈钢的主要冶炼工艺。目前，采用 AOD 法精炼不锈钢仍然是不锈钢生产的主要方法之一。AOD 炉一般炉容为 30～100t，最大达 160t。AOD 法独特的技术优势，如产量高、质量高、成本低、投资低等。近来 AOD 出现的精炼新工艺有铁水－AOD 直接精炼法、铁水－AOD 炉加铬矿法、AOD 炉顶吹氧法，使得 AOD 技术有了进一步发展。AOD 冶炼不锈钢的吹炼示意图如图 8－2 所示。

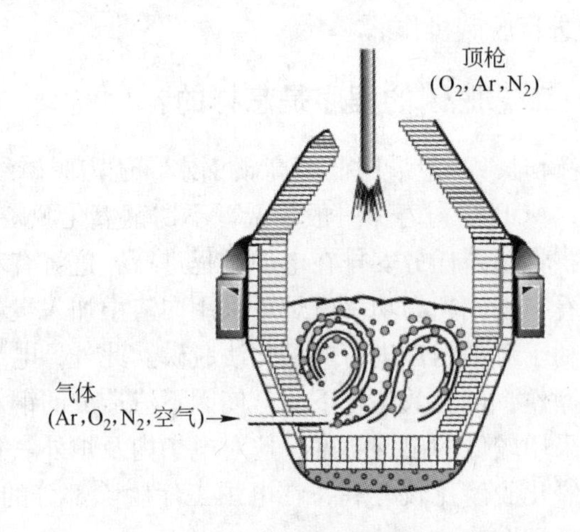

图 8－2 AOD 冶炼不锈钢的吹炼示意图

693. 采用电炉与 AOD 的二步法炼钢工艺生产不锈钢有何优缺点，生产品种有何特点？

采用电炉与 AOD 的二步法炼钢工艺生产不锈钢具有如下优点：

（1）AOD 生产工艺对原材料要求较低，电炉出钢碳含量可达 2% 左右，因此可以采用廉价的高碳 FeCr 和 20% 的不锈钢废钢作为原料，降低了操作成本。

（2）AOD 法可以一步将钢水中的碳脱到 0.08%，如果延长冶炼时间，增加氩量，还可进一步将钢水中的碳脱到 0.03% 以下，除超低碳、超低氮不锈钢外，95% 的品种都可以生产。

（3）不锈钢生产周期相对 VOD 较短，灵活性较好。

（4）二步法的生产系统设备总投资较 VOD 贵，但比三步法少。

（5）AOD 炉生产一步成钢，人员少，设备少，所以综合成本较低。

（6）AOD 能够采用碳含量 1.5% 以下的初炼钢水，因此可以采用低价高碳 FeCr、Fe-Ni40 以及 35% 的碳钢废钢进行配料，原料成本较低。

二步法生产不锈钢的缺点是：

（1）炉衬使用寿命短。

（2）还原硅铁消耗大。

（3）目前还不能生产超低碳、超低氮不锈钢，且钢中含气量较高。

（4）氩气消耗量大。

目前世界上88%的不锈钢采用二步法生产，其中76%是通过AOD炉生产。因此它比较适合大型不锈钢专业厂使用。

694. 什么叫做AOD－VCR工艺？

在AOD工艺基础上添加抽真空功能的工艺称为AOD－VCR工艺，示意图如图8－3所示。

AOD－VCR精炼工艺分两个阶段：第一阶段为AOD精炼阶段，在大气压下通过底部风嘴向熔池吹入O_2－Ar（或N_2）混合气体，对钢水进行脱碳，Ar或N_2流量为48～52m^3/min，直至钢水碳含量达到0.1%；第二阶段为VCR精炼阶段，当［C］≤0.1%时，停止吹氧，扣上真空罩，在20～2.67kPa的真空下通过底部风嘴往熔池中吹惰性气体，此时Ar或N_2流量为20～30m^3/min。在真空状态下依靠溶解在钢中的氧和渣中的氧化物进一步深脱碳，在此过程中添加少量还原剂硅，将第一阶段氧化的铬还原出来。第二阶段的精炼时间仅为10～20min，熔池温降50～70℃。

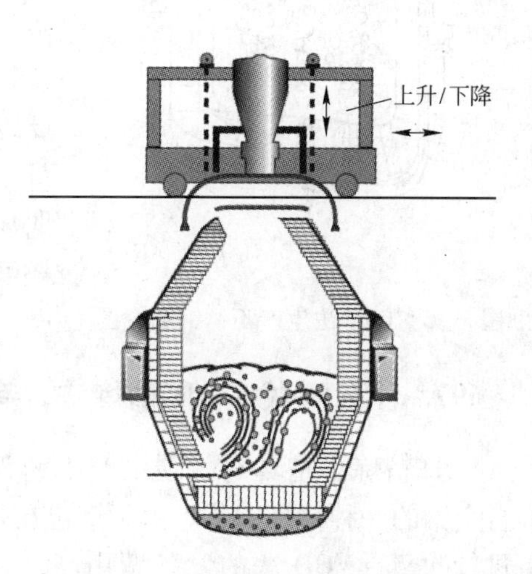

图8－3　AOD－VCR冶炼工艺示意图

VCR真空精炼阶段主要利用渣中氧化物与碳发生反应，所以渣中氧化物还原所需的硅消耗量大幅度降低。此外，真空下熔池搅拌功率大大提高，因此脱碳、脱氮速度大大提高，氩消耗量大大降低。

695. 什么叫做AOD的硬吹工艺和软吹工艺？

最初的AOD工艺是通过底部吹入不同比例的氩气和氧气，实现脱碳保铬的冶炼目的，并在原有的工艺上，增加顶枪吹氧。在脱碳过程中，通过风口吹入1/3～1/5的Ar/O_2混合气体和通过顶枪吹入100%的氧。顶枪吹氧工艺有硬吹和软吹两种。硬吹就是通过顶枪吹入的氧100%同熔池反应；软吹就是通过顶枪吹入的氧，约60%同熔池反应，40%在炉帽空间将CO燃烧成CO_2。AOD的顶枪硬吹工艺（KCB－S工艺）比普通AOD工艺可缩短脱碳时间44%。无顶枪AOD工艺与有硬吹顶枪AOD工艺脱碳比较如图8－4所示。

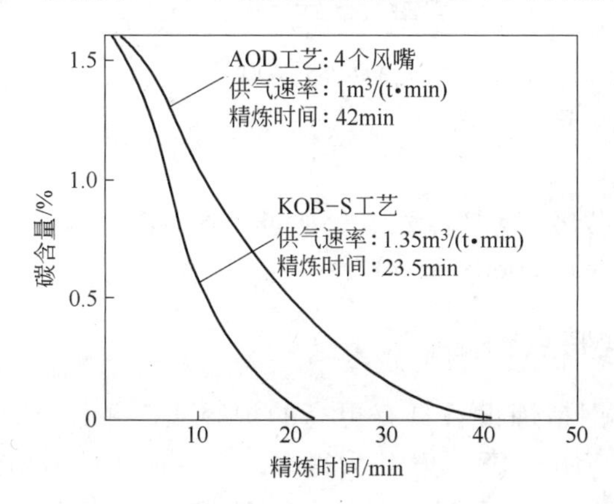

图8－4　无顶枪AOD工艺与有硬吹顶枪AOD工艺脱碳比较

696. 什么叫做 CLU 法生产不锈钢的工艺？

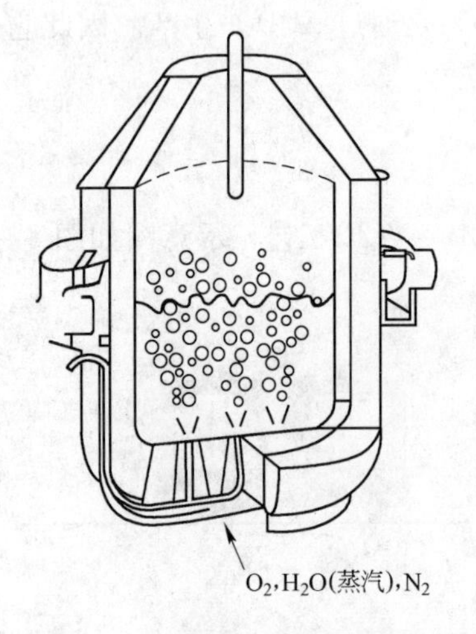

图 8－5 CLU 法生产不锈钢示意图

CLU 法生产不锈钢的工艺是由瑞典 Uddeholm 厂和法国 Creusot Loire 厂发明的，是电炉—转炉二步法。第一座 70t 工业炉于 1973 年在瑞典 Degefors 厂投产，1995 年 5 月南非哥伦布厂投产了由奥钢联建设的两座 100t CLU 炉子，设计年产不锈钢 54 万吨。该工艺的主要特点是在脱碳过程中通过底部风口吹入的过热水蒸气进入钢水后分解成氢和氧，氢可作为稀释气体代替氩来降低脱碳过程中的 CO 分压，氧则可进行氧化反应。同时，在水蒸气分解过程中要吸收大量的热量，降低温度，因而无需像 AOD 工艺那样在脱碳末期加入固态冷却剂。CLU 法同 AOD 法相比，氩气消耗可减少 70%。CLU 法生产不锈钢示意图如图 8－5 所示。

697. 什么叫做 VOD 精炼法，有何特点？

VOD 精炼法是真空脱碳生产不锈钢和低碳高合金钢的一种精炼工艺。由于钢包在真空条件下进行吹氧，VOD 法的设备费用高，处理时间较长。VOD 法经改进后出现了 SS－VOD 法（强搅拌 VOD 法）和 VOD－PB 法（VOD 喷粉法），可用来生产碳含量和氮含量极低的不锈钢。另外，VOD 法用在三步法的最后工序已逐渐形成共识。VOD 精炼示意图如图 8－6 所示。采用电炉与 VOD 二步法炼钢工艺比较适合小规模、多品种的兼容厂的不锈钢生产。

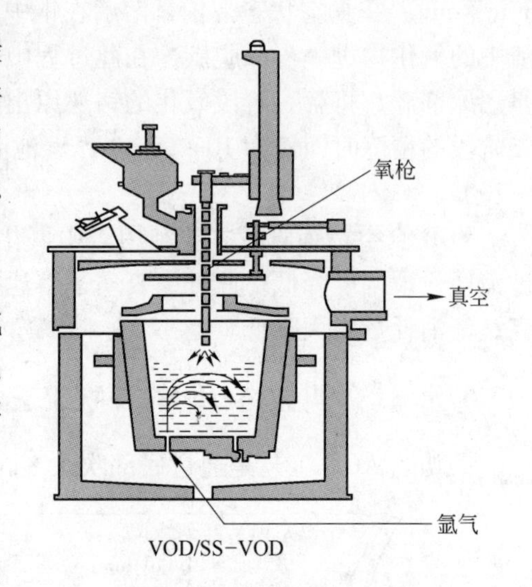

图 8－6 VOD 精炼示意图

698. 什么叫做真空转炉？

真空转炉是在同一台精炼设备上具备高碳区快速吹氧脱碳和低碳区真空精炼深脱碳、氮的功能的设备。目前，应用于工业生产的真空转炉有 VODC 转炉（vacuum oxygen decarburization converter）和 AOD－VCR 转炉（vacuum converter refiner）。

699. 转炉型不锈钢精炼设备有哪些特点？

与钢包型精炼设备相比，转炉型不锈钢精炼设备具有更高的炉容比，并且 AOD、OTB、VODC 等设备的净空高度比钢包型的 VOD、SS－VOD 大得多，相应地转炉型精炼设备的吹氧速度和脱碳速率也比钢包型设备高。K－BOP、KCB－S、MRP－L 等复吹转炉也是借助于转炉型精炼设备的高吹氧速率和高脱碳速率，使整个精炼周期缩短，提高设备生产率和降低生产成本。各种不锈钢精炼设备的净空高度如图 8 – 7 所示。

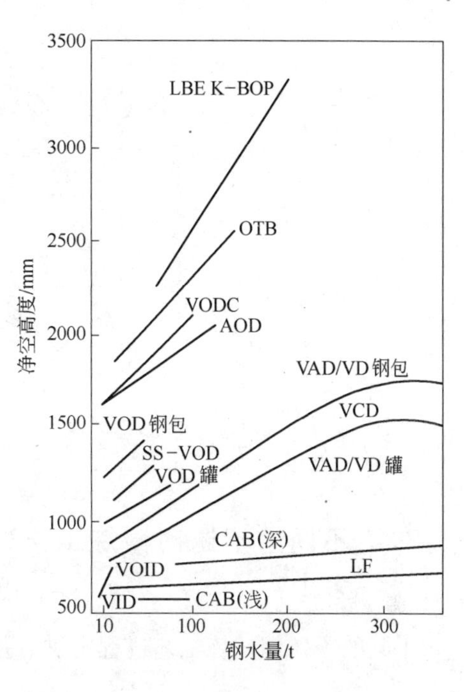

图 8 – 7　各种不锈钢精炼设备的净空高度

700. 转炉型冶炼不锈钢的工艺有哪些特点？

转炉的形式有普通的复吹转炉 LD、曼内斯曼·德马克公司开发的 MRP – L 转炉和奥钢联开发的 K – OBM 转炉。转炉的功能主要是快速脱碳并避免铬的氧化，主要操作是转炉全铁水配加高碳铬铁，铁水脱碳到一定的范围，转炉的温度到达一定的范围然后通过高位料仓加入铬铁，吹碳保铬，然后出钢。下一步的真空精炼炉主要采用 VOD，个别厂采用 RH – OB 或 RH – KTB、RH – MFB，目的是将钢水在真空下进一步精炼脱碳、脱气并调整成分。

701. 什么叫做 K – OBM 不锈钢精炼法，有何特点？

K – OBM 不锈钢精炼法即复吹转炉不锈钢精炼法，它可以直接处理高炉脱磷铁水。其主要特点是：

（1）采用氧气顶吹和底吹，而且顶吹氧枪为双流道，其下层喷口喷出的氧在熔池中产生的 CO 可通过上层喷口喷出的氧完全二次燃烧，增加了炉内热量，提高了热效率。

（2）底吹喷嘴为双层管式，其中内管通氧气，内管与外管之间的环缝吹入天然气或丙烷、丁烷，通过碳氢化合物裂解吸热，从而冷却和保护浸入式喷嘴。可在炉底喷嘴处形成一层钢液凝结堆积物，使底吹氧形成的高温反应区上移，减小了炉底耐火材料的侵蚀。炉底炉衬寿命可达 400 ~ 800 次，这是 AOD 炉难以实现的。

K – OBM 法的优点还在于原料选择的灵活性强、能显著节能、优化吹炼工艺，这使得 AOD 法正面临着 K – OBM 工艺的挑战。

702. 什么叫做不锈钢的双 K – BOP 精炼法？

双 K – BOP 精炼法是采用两个顶底复吹转炉（K – BOP 或 K – OBM）的工艺。铁水经脱磷后兑入第一座 K – BOP 转炉，加入固体合金、焦炭、石灰等进行熔化还原，初炼出钢后再兑入第二座 K – BOP 转炉，进行脱碳精炼。此后工序还有 SS – VOD 炉或 RH 等。该法由日本川崎公司首创，并获得了较好的经济效益，与现有的铁水预处理装置、RH – OB 装置配套完善后，会大幅度提高不锈钢产量，生产成本可进一步降低。

703. 转炉精炼不锈钢工艺和钢包精炼不锈钢工艺相比脱碳速度有何不同？

转炉型不锈钢的精炼工艺的脱碳速度远远大于钢包型不锈钢工艺的脱碳速度，如图

8－8 所示。

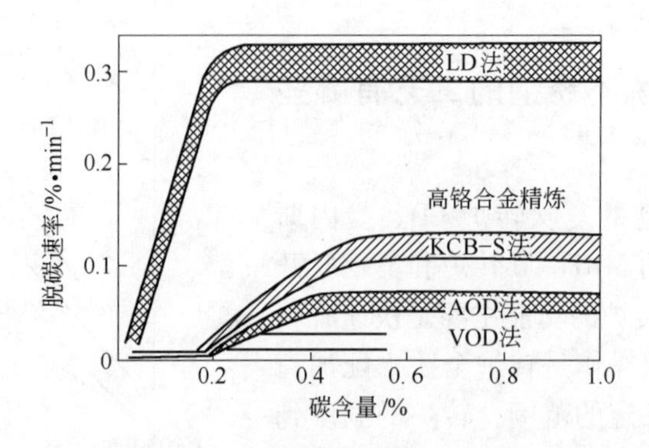

图 8－8　各种精炼设备脱碳速率比较

704. 不同的不锈钢精炼工艺过程中供氧强度和氩气所占的大概比例是多少?

不同的不锈钢精炼工艺过程中供氧强度和氩气所占的大概比例见表 8－3。

表 8－3　不同的不锈钢精炼工艺过程中供氧强度和氩气所占的大概比例

设 备 名 称	氧气流量/$m^3 \cdot (min \cdot t)^{-1}$	惰性气体占氧气比例/%
LBE	2.7	1
有顶吹氧的 AOD（OTB）	2.18	10
氩氧炉（AOD）	1.13	20～90
真空转炉（VODC）	0.76	2～5
真空吹氧脱碳钢包（VOD）	0.42	0.5～4.0

705. 铜在马氏体不锈钢中起到哪些良好的作用?

铜在马氏体不锈钢中所起的良好作用如下：

(1) 铜的加入能细化不锈钢的显微组织，提高不锈钢的抗拉强度和硬度。

(2) 含铜不锈钢经淬火＋回火处理后，能析出铜单质和富铜相（ε－Cu），具有优异的抗菌性，且随铜含量的增加，不锈钢的抗菌性能提高。

(3) 铜的加入对不锈钢有强韧化作用。且随铜含量的增加，不锈钢的塑性和韧性提高。

706. 电炉冶炼不锈钢工艺中的 RCB 是什么意思，有何特点?

RCB 是奥钢联公司开发出来的为提高电炉生产不锈钢母液开发的组合式精炼烧嘴，其目的是增加化学热的输入，减少电耗，相应地提高产能水平。RCB 是将氧燃烧嘴和非消耗性氧枪的功能进行结合，起到增加化学热的目的。RCB 的超声速集速氧枪可以在不同阶段发挥出不同的功能，满足不锈钢冶炼过程中的需求。

707. 不锈钢废钢配料操作程序有哪些？

电炉操作室接受配料单→废钢配料间控制室控制（配料间大屏幕显示）→料篮车运行到料篮加料机构装石灰→废钢配料间→用抓斗或电磁盘将不锈钢废钢和铁合金分层装入废钢料篮，反复 2 ~3 次，直到满足配料单配料要求。此过程中带称重的料篮车将所配的物料质量实时传输到大屏幕上和电炉操作室。

708. 电炉冶炼不锈钢的吹氧特点有哪些？

为了避免铬氧化，不锈钢冶炼对吹氧要求比较严格。采用自耗式炭氧枪向电炉中吹氧，一般氧气工作压力约 0.8MPa，平均流量（标态）约 $650m^3/h$，电炉耗氧量约 4 ~ $8m^3/t$（母液）。

709. 电炉冶炼不锈钢过程中的送电特点有哪些？

不锈钢半钢母液含铬高，熔渣导热性差、黏度高、流动性差，电炉渣层薄，熔渣发泡能力差，为了尽量提高炉子的电效率和寿命，采用较低的二次电压和较大电流的短电弧供电制度。

710. 电炉冶炼不锈钢的出钢特点有哪些？

电炉冶炼不锈钢不采用留钢、留渣操作，出钢过程钢渣混出，以使钢水和渣中的铬进一步还原，提高铬收得率。传统出钢槽和 EBT 出钢比较，采用不留钢和不留渣操作，钢渣混出，充分搅拌，钢渣同时出尽，出钢口的维护也比较简单，因此不锈钢冶炼用传统出钢槽为宜。生产不锈钢母液的电炉如图 8 -9 所示。

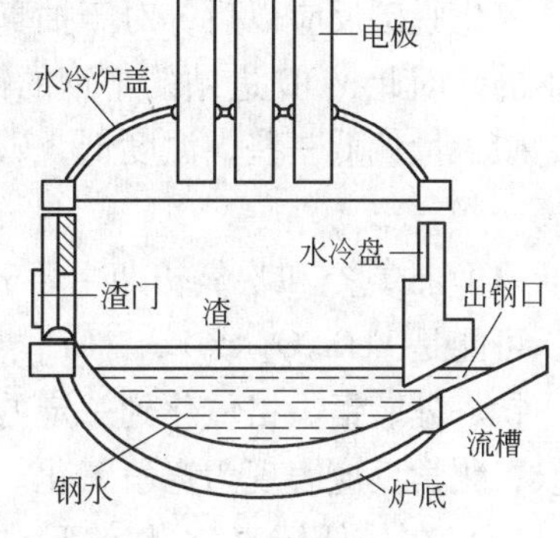

图 8 -9　生产不锈钢母液的电炉

711. 不锈钢冶炼过程中什么分为直接脱碳和间接脱碳？

转炉和电炉的脱碳行为分为直接脱碳和间接脱碳两种。直接脱碳是氧气和碳直接反应，其实这一部分很少；间接脱碳是氧气和铁反应，生成的氧化铁再与碳反应，这是电炉炼钢和转炉炼钢的最主要的脱碳行为。

吹氧开始以后，动态工艺控制系统连续监控气体成分。碳含量和脱碳率可以通过调节氧流、氧枪高度、容器真空压力和氩气流量来控制。通过能量平衡和估计碳含量可以估计吹炼终点。此时为了提高脱碳速度，氩气流量一般增加到 0.01 ~$0.2m^3/(t \cdot min)$，控制以底吹搅拌良好为宜，提高主氧吹氧的流量，原则以熔池反应活跃为宜，氧气射流造成的飞溅不宜过大。炉气分析仪会检测到炉气中间的一氧化碳的分压、废气的温度和废气的发生数量，操作工也可以从屏幕上看到脱碳反应开始的征兆。

VOD 的脱碳速度不超过 0.02%，VOD 脱碳时间和钢中氧含量的关系如图 8 - 10 所示。

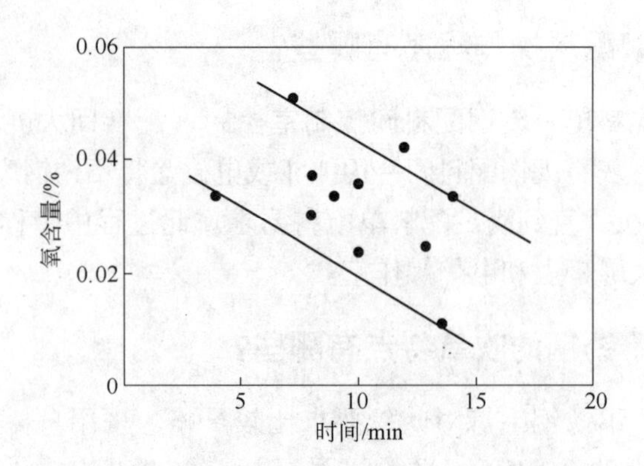

图 8 - 10　VOD 脱碳时间和钢中氧含量的关系

712. VOD 脱碳和还原的处理过程分为哪几个步骤?

VOD 脱碳和还原操作分为以下几个步骤：

（1）在低压真空状态下吹氧脱碳。由于 VOD 是在真空状态下进行脱碳的，碳含量高，氧化脱碳反应以后，对于抽真空和其他操作不利，加上 VOD 是冶炼低碳和超低碳不锈钢的，因此 VOD 进站的半钢的钢水碳含量有限制，一般在 0.2% ~0.6% 之间。温度较高，碳含量偏低一些，温度低，碳含量可偏高一些。对于经过转炉吹炼的半钢，则要求温度高一些。

VOD 抽真空和吹氧初期主要氧化铝、钛、硅、锰、铬等元素。其中对于铬的氧化产物，可能是 $FeCr_2O_4$ 或 $Fe_{0.67}Cr_{2.23}O_4$；在高铬的情况下，可以认为是 Cr_3O_4 或 Cr_2O_3。待铝、钛、硅、锰、铬氧化到一定的程度，熔池温度升高以后，钢液中间同时存在碳和铬的时候，化学反应表现为竞争氧化。

（2）在最低压真空状态下沸腾。在脱碳反应进入了低碳反应区以后，即通常所说的碳脱氧期，顶枪吹氧结束。此阶段的氩气流量一般控制在 0.05 ~0.25m^3/(t · min)，即最强烈的搅拌和保持最高的真空条件，蒸汽泵也以全力投入。此阶段碳脱氧的原理和 RH 碳脱氧的原理是相近的。当温度在 1650℃以上，真空度小于 66Pa 时，真空碳脱氧可以将钢中的碳脱至 0.01% 以下。这一阶段的时间控制为 5 ~15min，效果明显。

（3）在最低压真空状态下还原。

（4）真空状态下的碳脱氧，可以还原 0.2% ~0.6% 的铬。铬的还原取决于碳脱氧的时间。碳脱氧任务结束以后，向渣面加入铝粉、硅铁粉，向钢中加入硅铁块、铝块、硅钙合金或者硅钙钡合金，进行还原。此时真空压力再次降低到 13332.2Pa 来加强搅拌和反应速率。氩气开到最大，使得钢渣反应加快，以提高反应速率。钛铁在出钢前 5min 左右加入，此阶段，铬的回收率在 98%，钛的回收率为 75% ~80%。

（5）大气压下，调节钢水成分和温度。还原一结束，压力恢复到大气压，打开真空罐。铬的回收率一般超过99%，而镍的回收率接近100%。

最后一步，在大气压下真空罐里调整温度和成分，加入铁合金和一些冷却用的废钢（与冶炼钢种成分相近）。

需要时，可对还原后的钢水进行温度调节，这时需要加废钢，使用行车吊起废钢在距钢液面尽可能低的位置加入，可以加入大块废钢和小块废钢。

713. VOD 顶枪脱碳的特点有哪些，反应机理是怎样的？

VOD 顶枪吹氧时，氧气在冲击区首先生成铬的氧化物，然后铬的氧化物进入熔池和碳反应，发生间接脱碳。VOD 脱碳过程中，脱碳反应主要分为高碳区反应和低碳区反应。高碳区的反应取决于碳向反应区域的传质，高碳区中碳的浓度较高，脱碳反应较快；而低碳区较慢。高碳区获得较快脱碳速度的方法是提高合理的供氧强度。国外的学者通过试验手段检测到，高碳区域钢液中悬浮的氧化铬含量较少，低碳区较大尺寸的氧化铬含量明显增加，说明了以上不锈钢 VOD 法的脱碳反应机理，如图 8－11 所示。

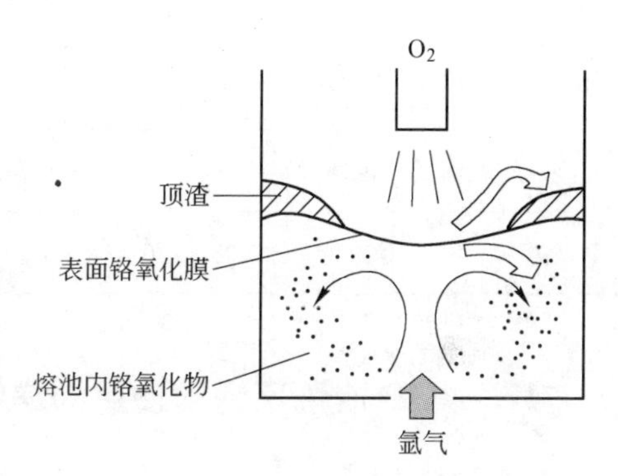

图 8－11　VOD 顶枪脱碳的反应机理

714. 怎样提高 VOD 的脱碳速度？

VOD 脱碳反应不论是高碳区还是低碳区，铬氧化碳的反应可以简单地描述为：

$$O_2 \longrightarrow Cr_2O_3 \xrightarrow{[C]} CO$$

有学者经过计算，得到了以下的定量关系（计算条件是钢液中铬含量为18%，镍含量为9%）：

$$\lg p_{CO} = \frac{1}{3}\left(-\frac{33840}{T} + 24.954\right) - 1.2078 + 0.2713[\%C] + \lg[\%C] \qquad (8-2)$$

由式（8－2）可以计算出任意的温度下，铬氧化碳达到平衡时钢中的碳浓度，以及和产物一氧化碳分压之间的关系。

从以上的关系可以看到，提高初炼钢水的温度，降低一氧化碳的分压，增加搅拌气体的流量，稀释一氧化碳的分压，有利于脱碳反应的进行。

所以迅速抽真空，吹氧，到铝、硅、锰、铬氧化到一定的程度，熔池温度的上升，这段时间为5～15min。脱碳反应开始，吹氧的模式转入主吹氧模式。比如一座90t 的 VOD，钢包一到真空罐里，压力就调节到20～26kPa，氧枪的氧流量控制在$25m^3/min$。

715. VOD 温度达不到脱碳保铬的温度，如何处理？

脱碳保铬的平衡温度在1470～1529℃之间，所以一般 VOD 的开吹温度在1550～

1650℃之间，温度越高，脱碳反应越快，也有利于深脱碳的进行。

为了尽快地提高脱碳反应，入站的钢水温度较低时，可以在钢水中添加部分铝块和硅铁，利用化学热使得钢水的温度升高，然后进入脱碳反应。

716. AOD 冶炼不锈钢使用的镁白云石砖的理化指标大概在什么范围？

AOD 冶炼不锈钢使用的一种镁白云石砖的理化指标见表 8－4。

表 8－4　AOD 冶炼不锈钢使用的一种镁白云石砖的理化指标

项　目	成分/%						体积密度 /g·cm^{-3}	显气孔率/%	常温耐压强度 /N·mm^{-2}
	MgO	CaO	SiO_2	Al_2O_3	Fe_2O_3	Mn_3O_4			
A 型砖	62	37	0.5	0.3	0.7	0.2	2.98	13	66
B 型砖	39	59	0.78	0.47	0.78	0.16	2.95	12.6	105

717. AOD 冶炼不锈钢使用的镁铬砖的理化指标在什么范围？

AOD 冶炼不锈钢使用的镁铬砖的理化指标的范围对不同的厂家标准各异，一种镁铬砖的指标见表 8－5。

表 8－5　AOD 冶炼不锈钢使用的一种镁铬砖的理化指标

成分/%				体积密度 /g·cm^{-3}	显气孔率/%	常温耐压强度 /N·mm^{-2}	荷重软化温度/℃
MgO	Cr_2O_3	SiO_2	Fe_2O_3				
>65	18～20	<1.2	14	3.2	<16	≥50	≥1700

718. 电炉的工艺作业卡的内容包括哪些？

电炉的工艺作业卡根据电炉的公称容量，分为以下几个方面内容：

（1）给出冶炼钢种的国标化学成分的控制范围，以及客户要求的范围或者内控范围。一般情况下，为了消除化验和检测手段的不同带来的争议，以及取得成本上的节约，企业都有自己的内控标准，该标准大多数把国标成分的中限范围作为最佳的控制范围。

（2）表明钢种的用途、执行的技术标准、钢质代号、工艺路线。

（3）给出液相温度、电炉的出钢温度、精炼炉的出钢温度、吹氩制度。

（4）给出其他特殊说明。

（5）计算出不同工位的合金加入量。

719. 举例说明电炉冶炼工艺作业卡的内容。

电炉冶炼弹簧钢时的工艺作业卡示例见表 8－6。

表8-6 电炉冶炼弹簧钢时的工艺作业卡示例

钢种	55SiMnVB	技术标准	GB 1222—1984	用途	汽车用弹簧钢
钢质代号	T08	工艺路线	EAF—LHF—CCM		

化学成分控制/%

化学成分		C	Si	Mn	P	S	Cr	Ni	Cu
标准	下限	0.52	0.7	1.0					
	上限	0.60	1.0	1.3	0.035	0.035	0.35	0.35	0.25
内控	下限	0.52	0.8	0.70					
	上限	0.58	0.95	0.85	0.020	0.015	0.20	0.20	0.20
EAF终点	下限	0.25							
	上限	0.45	0.8	1.05	0.015		0.20	0.25	0.20
EAF钢包	目标	0.45~0.52	0.80	0.60					
LHF	目标	0.55	0.85	1.10	≤0.020	≤0.020			
成品	目标	0.55	0.88	1.10	≤0.020	≤0.015	<0.20	<0.25	<0.20

钢包合金、脱氧剂及渣料添加/kg　　成品铝的控制：<0.015%

加料地点	石灰	萤石	Fe-Si	Si-Mn	Si-Ca线
出钢	500~600	50~120	120	900	0
LHF	调整	调整	调整	调整	150m

温度控制（新炉子、冷炉子、新钢包、冷钢包出钢温度提高10℃）/℃

工　位	电炉出钢	LHF结束	CCM中间包	液相线温度
连浇1	1620~1650	1550~1560	1545~1555	1479
连浇2	1610~1630	1540~1550	1535~1545	

注：1. 电炉生铁或铁水配加35~45t，配碳至1.0%~2.0%。
2. 出钢及精炼底吹搅拌气体使用氩气。
3. 出钢前钢包到位后向钢包加入1.5kg/t的合成渣，然后出钢。然后依次加入100~150kg复合脱氧剂Si-Ca-Ba，严禁出钢下渣。
4. 原则上出钢C≥0.10%时，出钢合金使用Si-Mn合金；但如果出钢C<0.10%，则应使用Fe-Mn合金，Fe-Mn增碳按100kg增碳0.01%计算。EAF终点碳小于0.25%时，根据情况增加出钢过程的加铝量。
5. 精炼炉白渣形成以后根据钒铁的成分按照中下限配入钒铁。喂丝以后3min，加入硼铁，加入位置在氩气透气砖上方钢液面裸露处。加入硼铁后须保持软吹5min后方可出钢。
6. 以上合金加入量计算以100t钢水为依据，若钢水量变动则应适当调整。
7. 本钢种在下类情况下应该通过VD处理：（1）钢种有特殊用途或特殊要求；（2）LF水冷炉盖漏水进入钢包；（3）倒包处理或者精炼时间大于2h，钢种氮含量大于0.013%。

720. 电炉冶炼不同的钢种为什么讲究冶炼的时机控制？

有些钢种由于质量要求和其他规范要求，在新炉体前期1~20炉不能冶炼；有部分钢种在出钢时为了增碳、脱氧和避免下渣，要求合金在出钢过程中大量加入，以及强化脱硫等；出钢时也有特殊要求，要求出钢有一定时间限制的钢种，在出钢后期也不能冶炼。在以上情况解决以后，才能够进行生产。

721. 高强度螺纹钢的优点有哪些?

高强度螺纹钢是指热轧带肋钢筋。这种产品是在螺纹钢20MnSi的基础上，添加部分的微合金化元素，来提高钢筋的强度。长期以来，我国建筑用钢筋以HRB335Ⅱ级钢筋为主。由于Ⅱ级钢筋的强度较低，为了保证建筑结构的强度，不得不增加钢筋的排布密度，增加了钢材的使用量，造成较大的浪费。而HRB400 Ⅲ级钢筋，具有强度高、性能稳定、抗震性好、节省钢材（比Ⅱ级钢筋省14%～16%）等优点，因此，用Ⅲ级钢筋代替Ⅱ级钢筋，具有巨大的社会效益和经济效益。也有的厂家采用降低钢中的硅、锰含量和合金消耗，添加部分微合金化元素，达到不降低钢材强度，利润也很可观的目的。电炉生产螺纹钢工艺比较简单，对于原料的要求不太高，是一种争取利润的生产品种。

722. 什么叫做氧化物冶金技术?

非金属夹杂物一直被认为是钢中的有害杂质，是钢铁产品出现缺陷的主要诱因。但是，对多数钢种而言，尺寸50μm以上的大型夹杂物对钢的性能才有影响，几微米以下的小夹杂物在凝固和轧制过程中可作为硫化物、碳化物和氮化物的异质形核核心，通过控制夹杂物的大小、形态、数量和分布，可以提高钢材的性能。日本新日铁将细化和利用氧化物夹杂物的技术称为氧化物冶金技术。

723. 氧化物冶金技术冶炼高强度建材钢，微合金元素起何作用?

氧化物冶金技术冶炼高强度建材钢时，添加的微合金化元素主要有钒、铌、钛等。微合金化元素的主要作用在于:

（1）在钢中形成细小碳化物和氮化物，通过细小的碳化物和氮化物质点钉扎晶界的作用，在加热过程中阻止奥氏体晶粒长大。

（2）在再结晶控轧过程中阻止形变奥氏体的再结晶，延缓再结晶奥氏体晶粒的长大，在焊接过程中阻止焊接热影响区晶粒的粗化。

（3）由于碳氮化合物具有较高的熔点、硬度和耐磨性，并且很稳定，通过碳氮化合物的沉淀析出，达到沉淀强化和固溶强化的作用，提高了钢材的强度。

（4）由于晶粒细化的作用，部分抵消了沉淀强化对于塑性和韧性的不利影响，使得钢筋的塑性和韧性变化不大或者还有改善。

724. 微合金元素常见的作用有哪些，如何利用?

电炉氧化物冶金技术中，经常使用钒、铌、钛，其中，钛是最活泼的元素，与氧、硫、氮、碳都有较强的亲和力，铌是较为稳定的元素，钒是一种资源较广、可以灵活使用的元素。采用哪一种元素作为提高钢材强度的微合金化元素要考虑以下几点:

（1）不同合金带来的成本上的比较。

（2）作为微合金化元素给工艺产生的影响。比如添加钛元素以后，对于钢液的洁净度要求较高，处理不好会导致连铸结瘤。

（3）微合金化元素给工艺调整带来的空间。比如含钒的钢材，通过调整钢液氮含量，可以进一步提高钢材的强度。

725. 常见的含钛元素的高强度钢筋的成分范围如何？

含有钛元素的高强度钢筋的成分分为两种，主要成分见表 8－7。

表 8－7　常见的含钛元素的高强度钢筋的成分

钢　种	成分/%					
	Si	Mn	C	P	S	Ti
HRB335	0.25～0.45	0.9～1.2	0.20～0.25	<0.040	<0.040	0.010～0.020
HRB400	0.6～0.8	1.4～1.6	0.20～0.25	<0.040	<0.040	0.010～0.020

726. 冶炼含钛高强钢的工艺要点有哪些？

冶炼含钛高强钢的工艺要点如下：

（1）对于原料的要求不高，配碳量满足冶炼速度尽可能快的要求即可。

（2）钢液的精炼脱氧要充分。为了提高钛铁的回收率，一般在白渣状态下，在出钢前 5min 左右加入钛铁后，喂丝软吹处理再上连铸。

（3）影响钛铁回收率的主要因素有：钛合金中钛的含量、合金的粒度是影响合金回收率的最主要的因素之一。作为一种特别易氧化的元素，连铸在浇注时如果没有钢包长水口的保护浇注，钛合金的回收率将会比正常情况下下降 10%～20%。钛元素的回收率在 40%～60%之间。

（4）冶炼此类钢种时，喂丝时要控制好钢中的酸溶铝和钙处理的比。否则连铸容易产生结瘤现象。

（5）连铸事故退钢水或者倒包处理，会降低配好的钛元素的含量，需要格外注意。

（6）冶炼此类钢时，热兑铁水生产的质量高于全废钢冶炼的质量，也有利于浇注。

727. 利用钒为微合金化元素冶炼的建材钢种有何特点？

钒铁的回收率比钛铁高，而且这种添加钒的钢，连铸结瘤的现象较少，同时大量的研究表明，在添加钒的时候，将钒的含量控制在 0.04%～0.12%之间，氮的含量控制在 0.010%～0.018%之间，在这种成分的控制条件下，钒主要以碳氮化合物的形式析出，占总钒量的 70%，只有 20%的钒固溶于基体，剩余 10%的钒溶解于 Fe_3C 中，沉淀强化和细晶强化作用增加了钢材强度约 120MPa，这种钢筋的强度可达到 500～600MPa。由于转炉冶炼的钢水中的氮含量较低，生产此类钢种时，氮含量不容易控制。电炉生产则具有优势，这种优势体现在：

（1）电炉生产的钢种，特别是全废钢生产的钢种，没有强化脱氮措施的，电炉出钢后钢包内的氮在 0.008%～0.012%之间，不用添加含氮的合金就可以实现钢种氮含量的要求。个别炉次可以通过短时间吹氮来调整氮含量。

（2）目前可以将钒渣和还原剂制成的钒渣球用于冶炼，可以大幅度地降低合金成本。

（3）对于废钢原料的要求不高，脱氧的工艺可以灵活掌握。

冶炼此类钢时，钒铁主要在电炉出钢后，根据出钢量，直接加入钢包后冶炼，钒铁的回收率在70%～95%之间。如果电炉下渣或过氧化严重，进行泼渣或还原操作以后，再加入钒铁，以提高钒铁的回收率。铌合金由于回收稳定，冶炼时最容易控制，在此就不再赘述。

728. 弹簧钢主要有何用途，有哪几种生产方法？

弹簧钢主要用于汽车、铁路和发动机制造业。弹簧钢的脱氧工艺主要有两种。一种是采用铝脱氧，可以将钢中的氧含量降低到一个很低的水平，这种工艺对于精炼炉和连铸的要求比较高，对防止钢液精炼以后的二次氧化很重要，因为钢中的Al_2O_3是弹簧钢产生疲劳裂纹的根源，这种工艺多数应用于质量等级较高的弹簧的生产；另外一种是不采用铝脱氧，采用硅铁为脱氧剂和合金化元素，这种工艺生产比较简单，生产的弹簧钢质量也可以满足中高档弹簧的要求。

729. 电炉生产的弹簧钢的特点有哪些？

弹簧钢的质量在于控制好钢坯中夹杂物的总量、减少大颗粒夹杂物的数量和尺寸。对于EAF—LHF—CCM生产线来讲，EAF生产弹簧钢的问题主要有：

(1) EAF的粗炼钢水如果溶解氧过多，出钢过程产生的夹杂物数量比较多，LHF的精炼任务会加重，而且质量不一定能够保证。

(2) 在连浇过程中，如果EAF工位出现误工时间，会影响精炼的精炼时间，从而影响了钢水去除夹杂物的操作时间。

(3) 精炼脱氧工艺不合理，会造成连铸结瘤。

所以，目前提高电炉粗炼钢水的质量，是提高冶炼弹簧钢质量的关键操作之一。

730. 冶炼弹簧钢的操作要点有哪些？

冶炼弹簧钢的操作要点有：

(1) 采用较高的配碳量，保证足够的沸腾时间，去除废钢原料带入的夹杂物、杂质和气体。

(2) 保证炉渣的二元碱度在2.0以上，充分完成脱磷，吸附夹杂物，防止钢液吸气，提高粗炼钢水的纯净度。

(3) 采用留碳操作，减少钢中溶解氧的量，也就减少了夹杂物的数量，减轻了精炼的任务。

(4) 保证合理的出钢温度和吹氩制度，最大可能地使夹杂物在出钢过程中去除上浮。

(5) 采用熔点较低的精炼渣，改善夹杂物上浮的条件。

(6) 合金元素要控制得合理，最好接近成分要求的下限。

(7) 出钢过程要避免下渣和带渣，以提高脱硫率和合金的回收率，减轻精炼炉的脱氧任务。

(8) 电炉出钢脱氧合金化的硅铁含铝量要低。

731. 60Si2CrA钢常见的冶炼工艺路线是怎样的？

表8－8是典型的弹簧钢60Si2CrA冶炼的工艺卡。

表 8－8　典型的弹簧钢 60Si2CrA 冶炼的工艺卡

钢种	60Si2CrA	技术标准	GB 1222—1984	用途	
钢质代号		工艺路线	EAF—LHF—CCM		

化学成分控制/%

化学成分		C	Si	Mn	Cr	S	P	Ni	Cu
标准	下限	0.56	1.40	0.40	0.70				
	上限	0.64	1.80	0.70	1.00	0.030	0.030	0.35	0.25
内控	下限	0.56	1.42	0.42	0.70				
	上限	0.63	1.78	0.68	0.98	0.028	0.028	0.30	0.20
EAF终点	下限	0.05							
	上限	0.45					0.020	0.25	0.18
出钢	目标	0.53	1.40	0.50	0.70				
LHF	目标	0.56～0.63	1.42～1.75	0.42～0.65	0.72～0.95	<0.028	<0.028	<0.30	<0.20
成品	目标	0.56～0.63	1.42～1.75	0.42～0.65	0.72～0.95	<0.028	<0.028	<0.30	<0.20

钢包合金、脱氧剂及渣料添加/kg

加料地点	石灰	萤石	Fe-Si	高碳 Fe-Mn	高碳 Fe-Cr	Si-Ca 线	Si-Ca
电炉出钢							
LHF 精炼	调整	调整	调整	调整	调整	150～300m	

温度控制（新钢包、冷钢包出钢温度提高 10℃）/℃

工　位	电炉出钢	LHF 结束	CCM 中间包	液相线温度
连浇 1	1580～1650	1540～1580	1510～1550	1469
连浇 2 及其以后	1570～1650	1530～1570	1470～1525	

注：1. 电炉生铁或铁水配加比例在 25%～45% 之间。电炉出钢必须采用留碳操作，出钢终点碳大于 0.30%。

2. 出钢及精炼底吹搅拌气体使用氩气。

3. 出钢时，钢车到位之后，向钢包内加入 0～300kg 合成渣，然后出钢，当出钢量大于 15t 之后应立即按表中要求向钢包内加入 Si－Ca 或 Si－Ca－Ba 合金，电炉应控制酸溶铝含量在 0.008%～0.020%。严禁出钢下渣。

4. 钢包炉必须保证白渣出钢。

5. 出钢过程增碳要考虑高碳 Fe－Mn 和高碳 Fe－Cr 的增碳。如果出钢前碳含量高于 0.45%，也可使用 Si－Mn 合金以减少增碳。

6. 钢包炉喂线后应继续吹氩软吹搅拌 5min 以后方可出钢。

7. 以上合金加入量以 *X*t 出钢量计算，如出钢量变动可适当调整合金加入量。

732. 冶炼含有钒元素的弹簧钢钒铁何时加入为宜，电炉如何控制其炉渣的成分？

电炉冶炼含钒元素的弹簧钢时，钒铁一般在电炉出钢结束后，用行车吊起桶装钒铁加入钢包内或由精炼炉加入。冶炼含硼元素的弹簧钢时，在接近出钢前必须添加钛铁后再加入硼铁。电炉冶炼弹簧钢比较理想的渣样分析见表 8-9。

表 8-9　电炉冶炼弹簧钢比较理想的渣样分析

炉号	SiO_2/%	CaO/%	Al_2O_3/%	TFe/%	S/%	P/%	碱度
15	13.57	32.87	3.27	23.01	0.110	0.62	2.422
16	14.32	33.24	3.78	22.68	0.063	0.62	2.321
17	12.24	32.8	3.58	27.87	0.095	0.5	2.680
18	15.84	35.29	3.29	21.00	0.064	0.75	2.228
19	13.31	35.69	2.97	23.14	0.083	0.66	2.681
27	12.74	34.41	2.88	24.80	0.086	0.79	2.701

733. 非调质钢的优点有哪些？

电炉生产非调质钢代替传统的调质钢，主要应用于汽车、机械等行业，其主要优点有：

（1）在钢中添加少量微合金化元素如氮、钒、铌、钛，通过析出强化来满足其强度要求。不需要添加提高淬透性的铬、钼等贵重合金元素，可以降低合金成本。

（2）取消了调制热处理工艺，节约了能源。

（3）非调质钢最终得到铁素体-珠光体组织，比回火马氏体更容易切削加工，改善了切削加工性能，减少了工件的加工费用。

（4）电炉生产非调质钢对于氮的控制比较容易，成本较低。

734. 电炉生产非调质钢的关键操作有哪些？

电炉生产非调质钢的关键操作主要有：

（1）中碳非调质钢采用留碳操作。

（2）电炉出钢的磷要控制在最低范围左右，出钢避免下渣。

（3）冶炼时必须保证足够的配碳量，保证脱除大部分夹杂物和氢。

（4）电炉出钢温度要保证在出钢后，精炼炉的到站温度在液相线 40℃以上。

（5）电炉的出钢时间要保证在 120s 以上。

735. 如何冶炼钢号为 FT9780 的非调质钢？

非调质钢 FT9780 的冶炼步骤工艺卡见表 8-10。

表 8 – 10　非调质钢 FT9780 的冶炼步骤工艺卡

钢种	FT9780	技术标准		用途	推油杆用钢
钢质代号		工艺路线	EAF—LHF—CCM		

化学成分控制/%

化学成分		C	Si	Mn	P	S	Cr	Mo	V	Ti
标准	下限	0.10	0.80	1.80			0.60	0.08	0.09	0.03
	上限	0.15	1.00	2.20	0.020	0.020	0.80	0.12	0.12	0.06
内控	下限	0.10	0.85	1.85			0.60	0.08	0.08	0.03
	上限	0.15	0.95	2.15	0.015	0.015	0.75	0.12	0.12	0.06
EAF 终点	下限									
	上限	0.05			0.010					
出钢	目标	0.10	0.80	1.80			0.60			
LHF	目标	0.12 ~ 0.15	0.85 ~ 0.95	1.80 ~ 2.15	≤0.015	≤0.015	0.65 ~ 0.75	0.08 ~ 0.12	0.08 ~ 0.12	0.04 ~ 0.05
成品	目标	0.14 ~ 0.18	0.85 ~ 0.95	1.85 ~ 2.15	≤0.015	≤0.015	0.65 ~ 0.75	0.08 ~ 0.12	0.08 ~ 0.12	0.03 ~ 0.04

钢包合金、脱氧剂及渣料添加/kg

加料地点	石灰	萤石	Fe-Si	Si-Mn	中碳 Fe-Cr	Fe-Mo	Fe-V	Fe-Ti	Ca-Si 线
出钢									
LHF	调整	调整	调整	调整	调整	110	130	120	250m

温度控制（新炉子、冷炉子、新钢包、冷钢包出钢温度提高 10℃）/℃

工　位	电炉出钢	LHF 结束	CCM 中间包	液相线温度
连浇 1	1620 ~ 1640	1580 ~ 1590	1550 ~ 1560	1500 ~ 1510
连浇 2 及其以后	1610 ~ 1630	1560 ~ 1570	1530 ~ 1540	

注：1. 电炉生铁或铁水配加比例为 20% ~ 35%。出钢及精炼底吹搅拌气体使用见补充规定。

2. 电炉出钢前，先按 1.0kg/t 钢加入合成渣；出钢量达到 20t 以后，按 1.0 ~ 1.5kg/t 钢向钢包内加入 Si – Ca 或Si – Ca – Ba 合金，严禁出钢下渣。

3. 钢包到达钢包炉后，按要求将准备好的 Fe – Mo 和 Fe – V 加入钢包内，合金加入之后必须送电冶炼 15min 以上方可取样。钢包炉出钢前 10min，应按表中规定的加入量加入 Fe – Ti，加完之后喂线出钢，补加 Fe – Ti 应考虑增硅和增铝。

4. 钢包炉出钢时应控制钢中氮含量为 0.012% ~ 0.015%。氮偏低要做吹氮处理。

5. 钢包炉喂线之后必须软吹搅拌 3 ~ 5min 以后出钢，必须做到白渣出钢。

6. 过程增碳按 Si – Mn 合金每吨增碳 0.015%，合成渣增碳 0.02% ~ 0.04%，中碳 Fe – Cr 合金每吨增碳 0.01%，其他合金不考虑增碳，应尽量将碳控制在下限。Fe – Cr 应保持干燥，以避免钢水中氢、氮含量过高。

7. 以上合金加入量计算以 *X*t 钢水为依据，若钢水量变动则应适当调整。

736. 电炉冶炼抽油杆钢的难度如何，冶炼过程如何？

抽油杆钢的种类比较多，一般属于中低碳钢，此类钢的冶炼比较简单，这里只是介绍一种含贵重金属镍和钼的抽油杆钢 20Ni2MoA 的冶炼，其冶炼要求见表 8 – 11。

表 8 – 11　20Ni2MoA 的冶炼基本工艺要求

钢种	20Ni2MoA	技术标准	YB/T 054—1994	用途	抽油杆用钢
钢质代号		工艺路线	EAF—LHF—CCM		

化学成分控制/%

化学成分		C	Si	Mn	Ni	Mo	P	S	Cr	Cu
标准	下限	0.18	0.17	0.70	1.65	0.20				
	上限	0.23	0.37	0.90	2.00	0.30	0.025	0.025	0.35	0.20
内控	下限	0.19	0.20	0.72	1.65	0.20				
	上限	0.22	0.35	0.88	1.95	0.28	0.023	0.023	0.30	0.18
EAF 终点	下限	0.06								
	上限	0.15					0.018		0.25	0.15
出钢	目标	0.17	0.25	0.70	1.60	0.20			0.25	0.15
LHF	目标	0.18 ~ 0.23	0.20 ~ 0.35	0.72 ~ 0.88	1.65 ~ 1.80	0.20 ~ 0.28	<0.023	<0.022	<0.30	<0.18
成品	目标	0.18 ~ 0.23	0.20 ~ 0.35	0.72 ~ 0.88	1.65 ~ 1.80	0.20 ~ 0.28	<0.023	<0.015	<0.30	<0.18

钢包合金、脱氧剂及渣料添加/kg

加料地点	石灰	萤石	Si-Mn	Fe-Si	Fe-Mo	镍条	Si-Ca 线
出钢							
LHF	调整	调整	调整	调整	调整	调整	150 ~ 300m

温度控制（新炉子、冷炉子、新钢包、冷钢包出钢温度提高 10℃）/℃

工　位	电炉出钢	LHF 结束	CCM 中间包	液相线温度
连浇 1	1580 ~ 1650	1575 ~ 1615	1555 ~ 1585	1506
连浇 2	1570 ~ 1650	1565 ~ 1605	1510 ~ 1555	

注：1. 电炉生铁或铁水配加比例为 25% ~ 50%。

2. 出钢及精炼底吹搅拌气体使用氩气。喂线后应继续吹氩软吹搅拌 5min 以后方可出钢。

3. 钢包到达钢包炉吊包位后，用行车将准备好的镍板和桶装的钼铁加入钢包内，然后立即将钢包开进精炼位进行精炼处理。钼铁及镍板加入 10min 后才能取样分析成分。钼铁加入量要根据出钢吨位和残余成分综合考虑后确定，原则上配加在中下限。

4. 出钢前将部分合成渣加入钢包底，然后出钢；出钢时出钢量大于 10t 之后，立即按 0 ~ 1.0kg/t 钢向钢包内加入铝进行脱氧操作；然后按 0.5 ~ 1.5kg/t 钢加入脱氧合金，控制钢中铝含量为 0.008% ~ 0.020%。严禁出钢下渣。

5. 原则上出钢碳含量应控制在 0.10% 左右，出钢时使用 Si – Mn 合金；但如果出钢 [C] <0.06%，则应使用 Fe – Mn 合金，Fe – Mn 增碳按 100kg 增碳 0.01% 计算。钢包炉可用 Fe – Mn 合金调整成分。

6. 以上合金加入量计算以 *X*t 钢水为依据，若钢水量变动则应适当调整。

7. 电炉使用电解镍合金化时，使用前必须用煤气烘烤 2h 左右。

737. 常用滚动轴承钢的牌号和化学成分如何？

常用滚动轴承钢的牌号和化学成分见表 8 – 12。

表 8-12　常用滚动轴承钢的牌号和化学成分　（%）

牌　号	Si	Mn	P	C	S	Cr
GCr6	0.15～0.35	0.20～0.40	≤0.035	1.05～1.15	≤0.035	0.40～0.70
GCr9	0.15～0.35	0.20～0.40	≤0.035	1.00～1.10	≤0.035	0.90～1.20
GCr9SiMn	0.40～0.70	0.90～1.20	≤0.035	1.00～1.10	≤0.035	0.90～1.20
GCr15	0.15～0.35	0.20～0.40	≤0.035	0.95～1.05	≤0.035	1.30～1.65
GCr15SiMn	0.45～0.65	0.90～1.20	≤0.035	0.95～1.05	≤0.035	1.30～1.65

738. 电炉冶炼轴承钢的要求有哪些？

电炉冶炼轴承钢时，要求炉体良好，对炉料要求清洁、少锈。熔清后要有合适的化学成分。采用较高的配碳量、较大的沸腾量和留碳操作，会极大地提高钢水的质量。

739. 轴承钢的冶炼技术要求有哪些？

滚动轴承钢对有害杂质元素的限制极高，一般规定含硫小于 0.02%，含磷小于 0.027%；非金属夹杂物（氧化物、硅化物、硅酸盐等）及氧、氮的含量必须很低。夹杂物的危害性按如下顺序递增：氮化物 < 硅酸盐 < Al_2O_3。如若控制不当会影响轴承钢的力学性能，影响轴承的使用寿命。但硫化物对疲劳寿命则有好的作用，因此适当放宽钢液中的硫含量，可以显著地提高钢的切削性能。由于轴承钢对点状夹杂物的苛刻要求，炉后脱氧工艺中相应的含钙合金不能作为脱氧剂使用，脱氧剂只能选择含钡、铝等合金。

740. 冶炼轴承钢为什么要使用含钡的合金进行脱氧合金化？

为了减少出钢过程的夹杂物数量，为夹杂物上浮创造条件，一般冶炼轴承钢采用含钡的合金预脱氧，主要是由于加入含钡合金具有以下的优点：

（1）钡具有比铝强的脱氧能力，能获得良好的脱氧效果。

（2）含钡合金能与钢中 Al_2O_3 或 SiO_2 等夹杂形成复合夹杂物，调节夹杂物密度和熔点，改善钢液对夹杂物的黏附性、浸润性及金属接触表面能，从而使夹杂物易于排出。

（3）含钡合金能改变钢中碳化物及非金属夹杂的属性、形貌、数量、尺寸及分布，强化晶界，从而提高钢的强韧性。

741. 齿轮钢的生产特点有哪些，技术条件如何？

齿轮钢属于结构钢的一种，都是热顶锻用钢，对钢材的表面质量和性能要求甚严。比如，汽车齿轮用钢不但要有良好的强韧性、耐磨性，能很好地承受冲击、弯曲和接触应力，而且还要求变形小、精度高。齿轮的生产和加工工艺，除了一般的淬火、回火热处理外，还采用渗碳淬火、氮化处理，高频淬火等多种表面硬化处理工艺。国外对齿轮钢淬透带宽的控制一般是全带控制在 HRC 4～7。我国现执行的《合金结构钢技术条件》（GB/T 3077—1999）中，有部分钢种用于齿轮用钢，其中以 20CrMnTi、20Cr、40Cr、20CrMo 为主要品种。其中，20CrMnTi 用量最大，该钢在炼钢技术不断发展的过程中产生了许多异议。有观点认为该钢在冶炼时所产生的 TiN 不变形夹杂物比基体硬，影响加工精度，在使用时会形成疲劳源而影响齿轮的疲劳寿命，故属淘汰钢种；还有的观点认为该钢的主要元素是铬和锰，为我国富有元素，晶粒长大倾向性小，加工性能好，在冶炼中控制好 TiN 的形状或使其变性，同样还具有广阔的前景，主要措施之一就是降低钢中的氮含量，故转炉生产齿轮钢的工艺能够适应这种发展的需求。国外的新型齿轮钢已有 Cr - Mo、Mn - Cr、Cr - Ni - Mn、Mn - Cr - B、Cr - Ni - Mo 等系列。湖北大冶特钢起草的车辆用齿轮钢的技术条件见表 8 - 13。

表 8 - 13　湖北大冶特钢起草的车辆用齿轮钢的技术条件

牌号	化学成分/%								淬透性值(HRC)	
	C	Si	Mn	P	S	Cr	Cu	Ti	J_9	J_{15}
H1	0.18 ~ 0.23	0.17 ~ 0.37	0.80 ~ 1.10	≤0.030	≤0.035	1.00 ~ 1.30	≤0.20	0.04 ~ 0.10	26 ~ 32	22 ~ 29
H2	0.18 ~ 0.23	0.17 ~ 0.37	0.80 ~ 1.10	≤0.030	≤0.035	1.00 ~ 1.30	≤0.20	0.04 ~ 0.10	30 ~ 36	24 ~ 31
H3	0.18 ~ 0.23	0.17 ~ 0.37	0.80 ~ 1.10	≤0.030	≤0.035	1.00 ~ 1.30	≤0.20	0.04 ~ 0.10	32 ~ 38	26 ~ 33
H4	0.18 ~ 0.23	0.17 ~ 0.37	—	≤0.030	≤0.035	—	≤0.20	0.04 ~ 0.10	35 ~ 41	28 ~ 35
H5	0.18 ~ 0.23	0.17 ~ 0.37	0.90 ~ 1.25	≤0.030	≤0.035	1.10 ~ 1.45	≤0.20	0.04 ~ 0.10	37 ~ 43	32 ~ 38
H6	0.18 ~ 0.23	0.17 ~ 0.37	0.90 ~ 1.25	≤0.030	≤0.035	1.10 ~ 1.45	≤0.20	0.04 ~ 0.10	39 ~ 45	35 ~ 41

742. 新型齿轮钢的成分有何特点？

新型齿轮钢的化学成分见表 8 - 14。

表 8 - 14　新型齿轮钢的化学成分　（%）

牌　号	C	Si	Mn	P	S	Ni	Cr	Mo	Al	Cu
16MnCrH	0.14 ~ 0.20	≤0.20	1.00 ~ 1.40	≤0.030	0.02 ~ 0.035	—	0.90 ~ 1.20	—	0.20 ~ 0.055	≤0.20
20MnCrH	0.17 ~ 0.23	≤0.12	1.00 ~ 1.40	≤0.030	0.02 ~ 0.035	—	—	—	0.23 ~ 0.055	≤0.20
25MnCrH	0.23 ~ 0.28	≤0.12	0.60 ~ 0.80	≤0.030	0.02 ~ 0.035	—	—	—	0.20 ~ 0.055	≤0.20
28MnCrH	0.25 ~ 0.30	≤0.12	0.60 ~ 0.80	≤0.030	0.02 ~ 0.035	≤0.15	—	≤0.10	0.20 ~ 0.055	≤0.20
16CrMnBH	0.13 ~ 0.18	0.15 ~ 0.40	1.00 ~ 1.30	≤0.030	0.015 ~ 0.035	—	0.80 ~ 1.10	—	—	≤0.20
17CrMnBH	0.15 ~ 0.20	0.15 ~ 0.40	1.00 ~ 1.30	≤0.030	0.015 ~ 0.035	—	1.00 ~ 1.30	—	—	≤0.20
18CrMnBH	0.15 ~ 0.20	0.15 ~ 0.40	1.00 ~ 1.30	≤0.030	0.015 ~ 0.035	—	1.00 ~ 1.30	—	—	≤0.20
16Cr2Ni2H	0.15 ~ 0.19	0.15 ~ 0.40	0.40 ~ 0.60	≤0.030	0.015 ~ 0.035	1.40 ~ 1.70	1.40 ~ 1.70	—	—	≤0.20
16CrNiH	0.13 ~ 0.18	0.15 ~ 0.35	0.70 ~ 1.10	≤0.030	0.002 ~ 0.04	0.8 ~ 1.20	0.80 ~ 1.20	≤0.10	0.02 ~ 0.05	≤0.20

续表 8 - 14

牌　号	C	Si	Mn	P	S	Ni	Cr	Mo	Al	Cu
16Cr2Ni2H	0.16 ~ 0.21	0.15 ~ 0.40	0.70 ~ 1.10	≤0.030	0.015 ~ 0.035	0.80 ~ 1.20	0.80 ~ 1.20	≤0.10	0.02 ~ 0.05	≤0.20
17Cr2Ni2MoH	0.15 ~ 0.19	0.15 ~ 0.40	0.40 ~ 0.60	≤0.030	0.015 ~ 0.035	1.50 ~ 1.08	0.25 ~ 0.35	—	≤0.20	—
17Cr2Ni2MoH1	0.17 ~ 0.23	0.15 ~ 0.35	0.60 ~ 0.90	≤0.030	0.017 ~ 0.032	—	0.35 ~ 0.65	0.15 ~ 0.25	0.02 ~ 0.045	≤0.20
20Cr2Ni2MoH2	0.17 ~ 0.23	0.15 ~ 0.35	0.40 ~ 0.95	≤0.030	0.017 ~ 0.032	—	0.25 ~ 0.65	0.15 ~ 0.25	0.02 ~ 0.045	≤0.20
20CrMoH	0.17 ~ 0.23	0.17 ~ 0.35	0.35 ~ 0.90	≤0.030	≤0.025	—	0.85 ~ 1.25	0.15 ~ 0.35	0.02 ~ 0.05	≤0.15
20CrH	0.18 ~ 0.23	0.17 ~ 0.37	0.50 ~ 0.80	≤0.030	≤0.035	—	0.70 ~ 1.00	—	—	≤0.15

743. 我国齿轮钢制造企业和齿轮钢的使用企业的情况是怎样的?

我国齿轮钢制造企业和齿轮钢的使用企业的情况见表 8 - 15。

表 8 - 15　我国齿轮钢制造企业和齿轮钢的使用企业的情况

企业名称	产　品	使用品种	20CrMnTi(H)用量/t·a^{-1}	供货厂家	产品流向
北京华纳齿轮公司	轻型汽车变速箱	20CrMnTi(H)、8620H、40Cr、SCM420H、Y45S	1000 ~ 1500	北满、大冶	切诺基、金杯、猎豹等
北京齿轮总厂	轻型汽车变速箱	20CrMnTi(H)、8620H	3000	抚钢、本溪、首特、大冶	切诺基、金杯、IEVCO、五菱
唐山爱信齿轮有限公司	轻型汽车变速箱	20CrMnTi(H)	3500	抚钢、上五	金杯、五菱、长城、皮卡、淮海
天津汽车齿轮公司	轻型汽车变速箱	20CrMnTi(H)、SCM420H	1000 ~ 1500	首特、抚钢	夏利、大发
杭州前进齿轮箱集团	重型和轻型汽车、工程机械、船用齿轮箱	20CrMnMo、16 ~ 18 - MnCr5、19CrNi5	—	首特、抚钢、北满、大冶	IEVCO、奇瑞、吉利、一汽、二汽等
杭州依维柯汽车变速器有限公司	轻型汽车变速箱	16 ~ 18MnCr5、19CrNi5	(200)	兴澄、上五	IEVCO、出口
常州齿轮厂	中型汽车、农机、工程机械齿轮和部分变速箱	20CrMnTi(H)、20CrMo、45 号、40Cr	2500 ~ 3000	兴澄、上五	二汽、福田、厦工等
重庆綦江齿轮传动有限公司	重型汽车变速器、取力器	20CrMnTi(H)、ZF 系列	6000	抚钢、大冶、重特、长城、太钢	重庆红岩、斯太尔、陕汽、常客等

续表 8－15

企业名称	产　品	使用品种	20CrMnTi(H)用量/t·a^{-1}	供货厂家	产品流向
六同齿轮厂	中、轻型汽车变速箱	20CrH	(18000)	抚钢、北满、大冶	一汽、二汽
内蒙古汽车	中、轻型汽车变速箱	SCM822H	(2500)	西宁、抚钢、大冶	一汽、二汽
包头一、二机厂	汽车、坦克齿轮	20CrMnTi(H)	5000	西宁、大冶、抚钢	自用
东风 52 厂	汽车齿轮毛坯	20CrMnTi(H)、SCM822H、20MnB、40Cr	15000	西宁、大冶、抚钢	东风集团
东风精工齿轮厂	汽车齿轮	20CrMoH	(2500)	东钢、太钢、大冶	东风集团

744. 齿轮制造对齿轮钢的技术要求主要有哪些?

齿轮制造对齿轮钢的技术要求主要有:

(1) 足够的心部淬透性和良好的深层淬透性，确保齿轮渗碳淬火时渗层和心部不出现过冷奥氏体分解产物。

(2) 齿轮渗碳淬火后变形小，免去或减少磨削加工，降低运行噪声。

(3) 良好的成形性。

(4) 良好的可热处理性。

745. 齿轮钢的冶金要求有哪些?

齿轮钢的冶金要求如下:

(1) 钢液纯净度的要求。齿轮钢的氧含量要求是小于 0.002%，国外一般要求小于 0.0015%。非金属夹杂物按 JK 系标准评级图评级，一般要求级别 A≤2.5、B≤2.5、C≤2.0、D≤2.5。

(2) 晶粒度的要求。奥氏体晶粒度是齿轮钢质量要求的又一项重要指标，细小、均匀的奥氏体晶粒可以稳定末端淬透性，减少热处理变形，提高渗碳钢的脆断抗力。目前，我国齿轮钢的奥氏体晶粒度级别一般要求小于或等于 5 级。

(3) 钢中微量元素铝和硫的要求。为保证齿轮钢的加工性能，目前国内外对齿轮钢的微量元素都有一定的要求。例如，为保证钢的晶粒度，要求铝含量为 0.02% ~0.04%；为提高切削性要求硫含量0.025% ~0.040%。

746. 齿轮用钢的纯洁度要求有哪些?

齿轮用钢的纯洁度要求主要有以下几点:

(1) 我国目前对齿轮钢的氧含量要求是小于 0.002%，外国一般要求小于 0.0015%。

(2) 非金属夹杂物按 JK 系标准评级图评级，一般要求级别 A≤2.5、B≤2.5、C≤

2.0、D≤2.5。

（3）齿轮用钢的细小、均匀的奥氏体晶粒可以稳定末端淬透性，减少热处理变形，提高渗碳钢的脆断能力。目前，我国齿轮钢的奥氏体晶粒度级别一般要求小于或等于5级。

（4）为保证齿轮钢的加工性能，目前国内外对齿轮钢的微量元素都有一定要求，例如，为保证钢的晶粒度要求铝含量为0.020%～0.040%；为提高切削性要求硫控制在0.025%～0.040%之间。

（5）带状组织不大于2级。若钢材的组织均匀性差，存在严重带状组织，会导致齿轮在渗碳（氮）热处理后组织不理想，硬度不均。

（6）齿轮钢是热顶锻钢，对钢材的表面质量要求很严。同时，钢材的表面脱碳要尽可能小。

747. 电炉冶炼齿轮钢的技术要求有哪些？

电炉冶炼齿轮钢的技术要求有：

（1）为了保证成品钢具有良好的冲击韧性，对原材料要求较为严格，冶炼时必须使用清洁少锈的碳素返回废钢和低磷、低硫生铁，保证炉料中P≤0.040%，S≤0.050%。

（2）冶炼时控制化学成分是提高冲击韧性的重要措施之一。碳的含量向成分下限控制，钛向上限控制有利于提高钢的冲击韧性。冶炼时将碳和钛的成分差控制在（0.10±0.02)%的范围内。

（3）电炉终点碳控制应不低于0.08%。

（4）电炉炉后应选择合理的脱氧剂，以尽量降低钢中的氧含量。

（5）LF炉选择合适的碱度（3.5左右）和渣量，保证钛的回收，考虑硅和钛的相互影响是成分控制的关键所在。

（6）连铸必须采用保护浇注来避免钢液的二次氧化，降低钢中的内生夹杂物数量。

748. 电炉冶炼冷轧用板坯的基本特点有哪些？

冷轧用板坯一般来讲都是以铝镇静钢为主，属于低碳软钢的范畴。这类钢要求钢中的硅含量要低，碳含量小于0.10%，而且钢中气体氮含量也要低，硅高、氮高都会造成冷轧板的硬度和强度增加，不利于冷轧板的生产。

749. SPHC钢的成分范围如何？

SPHC钢的化学成分见表8－16。

表8－16　SPHC钢的化学成分

牌号	化学成分/%									
	C	Si	Mn	P	S	Al_s	Cr	Ni	Cu	As
SPHC	≤0.10	≤0.03	0.25～0.35	≤0.020	≤0.020	≥0.020	≤0.10	≤0.15	≤0.15	≤0.05

注：其余要求执行Q/BG 035—2005；氧氮控制目标：T[O]≤0.005%，[N]≤0.005%。

750. 低碳铝镇静钢终点的碳如何合理控制？

钢中的碳含量要求较低，由于碳在0.08%～0.12%之间，处于包晶反应区，会增加铸坯表面的裂纹敏感性，因此要力争将成品的碳含量控制在0.06%～0.08%之间，考虑到精炼过程和连铸过程的增碳，终点的碳要求控制在0.06%以内，最佳0.04%～0.05%之间。电炉出钢前利用定氧仪定氧，决定脱氧剂的加入量。电炉测温取样后采用最小的模式供氧，防止增加钢水的氧化性。这样的定氧操作会减少过吹次数，优化脱氧工艺。

751. 铝镇静钢的脱氧工艺如何优化？

电炉脱氧合金化选择低碳锰铁、铝铁，脱氧剂采用电石和预熔渣 $12CaO \cdot 7Al_2O_3$，出钢前将30kg电石加到包底，出钢10s后，再分批次加入剩余50～150kg的电石，出钢20t时开始加入低碳锰铁、预熔渣、铝铁（400～500kg）、活性石灰（600～800kg）、萤石60～100kg，同时根据终点碳、氧含量及钢水到精炼后取样的成分情况对加入量进行适当调整，这样控制的效果比较理想。

752. 铝镇静钢的酸溶铝如何控制？

冶炼铝镇静钢的一个关键就是控制好电炉出钢时酸溶铝的含量，精炼炉只需要调整其他成分和促使钢中 Al_2O_3 夹杂物上浮，这是最理想的。根据出钢前定氧的结果，调整铝铁的加入量，使得钢中酸溶铝的含量控制在钢种成分中限偏上，是优化冶炼的主要环节之一。

753. 如何控制铝镇静钢冶炼过程中常见的钢液增硅的现象？

铝镇静钢不采用含硅的合金和脱氧剂进行合金化和脱氧，所以硅的来源主要是合金和脱氧剂中微量的硅以及炉渣中 SiO_2 经过强还原剂还原进入钢液的，反应见式（8－3）。这种反应不仅会发生在钢渣界面，而且会在钢液内部发生，这是钢液在精炼工位产生硅含量升高的主要原因。

$$3(SiO_2) + 4Al = 2(Al_2O_3) + 3[Si] \tag{8-3}$$

通过对合金和还原剂中硅含量的计算可知，这两方面带入的硅不会超过0.015%，并且结合物料的平衡计算，认为控制萤石的加入量和电炉的下渣带渣是解决问题的关键。

754. 什么叫做高碳硬线钢，需求量如何？

高碳硬线钢是以高碳钢坯（$C > 0.6\%$）为原料，经高速线材轧机轧制、热处理后拉拔而成。它主要应用在质量要求较高的钢帘线、电力和电气化铁路高耐蚀锌－铝合金镀层钢绞线、高精度预应力钢丝绳、高应力气门簧用钢丝等。其中，用高碳硬线钢生产的钢帘线是汽车用子午胎必不可少的金属骨架材料，随着世界各国子午胎的产量和需求量的增加，高碳硬线钢的产量和需求也越来越多。

755. 电炉冶炼硬线钢有哪些特点？

电炉冶炼硬线钢的关键在于原料废钢的均匀配料，减少有害残余元素的含量，控制磷和硫的含量，注意控制好配碳量。电炉的冶炼以留碳、脱磷操作为重点开展工艺的路线，避免电炉终点的碳含量过低，在炉后增碳量过大，增加脱氧的难度和精炼炉的劳动强度。其中电炉有铁水时冶炼较为理想。

756. 目前国内生产硬线钢的脱氧工艺有哪些？

为了减少钢液中间脆性夹杂物 Al_2O_3 的含量，部分厂家采用无铝脱氧剂脱氧合金化的工艺，其负面影响是钢坯中氧含量较高，实物质量较低。转炉出钢采用铝脱氧，控制钢液中酸溶铝的含量小于0.02%，顶渣采用 $CaO - Al_2O_3 - SiO_2$ 渣系，控制渣中 Al_2O_3 的活度也是一种不错的选择。硬线钢的钙处理采用一般钢种的钙处理标准。

757. 碳素钢钢丝的碳含量范围如何，能够制造哪些产品？

碳素钢钢丝一般为低碳钢丝。其按用途分为轻工用钢丝、电工用钢丝、钢筋用钢丝、纺织用钢丝等；按表面状态分为光面低碳钢丝和镀锌低碳钢丝。光面低碳钢丝一般用于捆绑、打包、牵拉、制钉、建筑等，采用的钢牌号为Q195、Q215。镀锌低碳钢丝一般用于捆绑、打包、牵拉、编织，以及电报、电话、有线广播及信号传送等传输线路、铠装电缆等。

758. 30号碳素钢有何用途？

30号碳素钢为截面尺寸不大的钢材时，淬火和回火呈索氏体组织，从而获得良好的强度与韧性等综合性能。它用于制造热锻和热冲压的机械零件，冷拉丝杠，重型和一般机械用的轴、拉杆、套环，以及机械用铸件如气缸、汽轮机机架、轧钢机机架和零部件、机床机架、飞轮等；其在化工机械用于应力不大、工作温度不高于150℃的零件。生产品种为圆钢、方钢、六角钢、扁钢、热轧厚钢板和宽带钢、热轧和冷轧薄钢板和钢带、线材、钢丝。

759. 35号碳素钢有何用途？

与30号碳素钢的性能相似，35号碳素钢有好的塑性和适当的强度，多在正火状态和调质状态下使用，一般不用于焊接，焊接性能一般，焊前需预热，焊后回火处理；可表面淬火，表面淬火硬度HRC一般为35～45；用于制造热锻和热冲压的机械零件，冷拉和冷顶锻用钢材，无缝钢管，机械制造用的零件，如转轴、曲轴、轴销、杠杆、连杆、横梁、星轮、套筒、轮圈、钩环、垫圈、螺钉、飞轮、机身、法兰等；在锅炉制造中用作温度不高于425℃的螺栓和不高于450℃的螺母。生产品种有圆钢、方钢、六角钢、扁钢、热轧厚钢板和宽带钢、热轧和冷轧薄钢板和钢带、线材、钢丝、钢管。

760. 60号碳素钢有何用途？

60号碳素钢强度和弹性相当高，淬火时有产生裂纹的倾向，仅小型制件才能进行淬火，大型制件多采用正火，冷变形塑性低，切削加工性能不高。用于制造轧辊腰、轴、弹簧圈、弹簧、垫圈、离合器、凸轮、钢丝绳等。生产品种有圆钢、方钢、六角钢、扁钢、热轧厚钢板和宽带钢、热轧和冷轧薄钢板和钢带、线材、钢丝。

761. 65 号碳素钢有何用途?

65 号碳素钢经适当热处理后，强度和弹性均相当高。大型尺寸制作淬火时易产生裂缝，因此宜采用正火，只有小型制件才采用淬火。这种钢对回火脆性不敏感，用于制造气门弹簧、弹簧圈、垫圈、离合器、凸轮、钢丝绳等。生产品种有圆钢、方钢、六角钢、扁钢、热轧厚钢板和宽带钢、热轧和冷轧薄钢板和钢带、线材、钢丝。

762. 65 号碳素钢的电炉冶炼工艺是怎样的?

65 号碳素钢的冶炼工艺卡示例见表 8 – 17。

表 8 – 17　65 号碳素钢的冶炼工艺卡

钢种	65	技术标准	GB 699—1999	用途	
钢质代号		工艺路线	EAF—LHF—CCM		

化学成分控制/%

化学成分		C	Si	Mn	P	S	Cr	Ni	Cu
标准	下限	0.62	0.17	0.50					
	上限	0.70	0.37	0.80	0.035	0.035	0.25	0.30	0.25
内控	下限	0.62	0.17	0.55					
	上限	0.67	0.27	0.70	0.015	0.015	0.20	0.25	0.20
EAF 终点	下限	0.05							
	上限	0.55			0.015		0.20	0.25	0.20
出钢	目标	0.55	0.17		0.45				
LHF	目标	0.62 ~ 0.67	0.17 ~ 0.27	0.55 ~ 0.65	≤0.015	≤0.015			
成品	目标	0.62 ~ 0.67	0.17 ~ 0.27	0.55 ~ 0.65	≤0.015	≤0.015	<0.20	<0.25	<0.20

钢包合金、脱氧剂及渣料添加/kg

加料地点	石灰	萤石	Fe-Si	Si-Mn	Si-Ca 线
出钢	400 ~ 600	50 ~ 120	40	400	0
LHF	调整	调整	调整	调整	50 ~ 200m

温度控制（新炉子、冷炉子、新钢包、冷钢包出钢温度提高 10℃）/℃

工　位	电炉出钢	LHF 结束	CCM 中间包	液相线温度
连浇 1	1580 ~ 1650	1545 ~ 1585	1515 ~ 1555	1475
连浇 2	1580 ~ 1650	1525 ~ 1575	1480 ~ 1525	

注：1. 电炉生铁或铁水配加 10 ~ 35t。

2. 出钢及精炼底吹搅拌气体使用氩气。

3. 出钢前钢包到位后向钢包加入 80kg 合成渣，然后出钢。然后依次加入 0 ~ 100kg 复合脱氧剂 Si – Ca – Ba，严禁出钢下渣。

4. 原则上出钢碳在 0.10% 左右时，出钢合金使用 Si – Mn 合金；但如果出钢［C］< 0.06%，则应使用 Fe – Mn 合金，Fe – Mn 增碳按 100kg 增碳 0.01% 计算。

5. 钢包炉喂丝结束后必须保持软吹 5min 后方可出钢。

6. 以上合金加入量计算以 80t 钢水为依据，若钢水量变动则应适当调整。

763. 什么叫做无缝钢管，有何用途？

无缝钢管是一种具有中空截面、周边没有接缝的长条钢材，大量用作输送流体的管道，如输送石油、天然气、煤气、水及某些固体物料的管道等。钢管与圆钢等实心钢材相比，在抗弯抗扭强度相同时，重量较轻，是一种经济截面钢材，广泛用于制造结构件和机械零件，如石油钻杆、汽车传动轴、自行车架以及建筑施工中用的钢脚手架等。

764. 使用无缝钢管有何优点？

用无缝钢管制造环形零件，可提高材料利用率，简化制造工序，节约材料和加工工时。如滚动轴承套圈、千斤顶套等，目前已广泛用钢管来制造。钢管还是各种常规武器不可缺少的材料，枪管、炮筒等都要钢管来制造。钢管按横截面积形状的不同可分为圆管和异型管。由于在周长相等的条件下，圆面积最大，用圆形管可以输送更多的流体。此外，圆环截面在承受内部或外部径向压力时，受力较均匀。因此，绝大多数钢管是圆管。但是，圆管也有一定的局限性，如在受平面弯曲的条件下，圆管就不如方管和矩形管抗弯强度大，一些农机具骨架、钢木家具等就常用方管和矩形管。

765. 什么叫做管线钢？

用于管道长距离输送油气的钢称为管线钢（pipeline-steel）。

766. 管线钢的强化机制如何表示？

管线钢的强化机制仍符合 Hall-Petch 公式，表示如下：

$$\sigma_s = \sigma_0 + \sigma_{sh} + \sigma_{ph} + \sigma_{dh} + \sigma_{th} + \sigma_g \qquad (8-4)$$

式中　σ_0——铁素体基体强度；

σ_{sh}——固溶强化；

σ_{ph}——沉淀强化；

σ_{dh}——位错强化；

σ_{th}——织构强化；

σ_g——细晶强化。

从式（8-4）中可见，影响管线钢屈服强度的主要因素有细晶强化、位错强化、固溶强化和析出强化。针状铁素体管线钢以针状铁素体组织为特点是当今高强韧性管线钢的理想组织之一。针状铁素体钢的优点是靠氮化钛析出物和控制轧制来细化奥氏体晶粒，限制了魏氏体组织和粗晶贝氏体的形成，使钢的韧性极高。对针状铁素体而言，它的典型微观形态是板条状的。

767. 管线钢 X60 的成分范围是怎样的？

不同的区域、不同的用途对于管线钢的要求也各有不同，但是管线钢基本的一些成分大体上是相近的。某厂生产的一种管线钢 X60 的典型成分见表 8-18。

表 8-18　某厂生产的一种管线钢 X60 的典型成分　（%）

项　目	C	Si	Mn	P	S	Nb	V	Al	Ti	Ca
成分控制最小值	0.16	0.25	1.5	<0.015	<0.008	0.035	0.035	0.015	0.02	0.0015
成分控制最大值	0.18	0.35	1.6			0.045	0.045	0.04	0.03	0.004

768. 电炉能够冶炼优质管线钢吗？

由于管线钢添加的合金元素较多，对于气体氮含量要求较高，电炉 + LF + VD（RH）+ CCM 的工艺配置，能够生产优质的管线钢，和转炉生产线相比，能够降低合金元素的消耗水平，具有一定的优势。我国湖南的衡阳钢管厂、广东的珠江钢铁公司、天津无缝钢管厂都是采用电炉流程生产无缝管和管线钢的，并且取得了较好的经济效益。

769. 电炉冶炼管线钢时，精炼炉如何控制钢渣以利于吸附夹杂物？

精炼炉的渣系考虑主要以吸附夹杂物为主，选用$(CaO + MgO)/(SiO_2 + Al_2O_3) = 1.5 \sim 2.2$的渣系。此渣系脱硫的最主要的特点是前期造稀薄渣，碱度控制在 1.5 左右，脱氧剂尽量一次补充到位，吹氩流量选用较大流量，以利于夹杂物的上浮。稀薄渣形成 8min 以后，使用铁棒粘渣以后，渣样中间有部分玻璃体出现，使用铝渣球和复合脱氧剂电石，将炉渣的成分控制在目标范围以内。冶炼的典型炉次的精炼渣的变化（脱氧剂加入 8min 以后）和 LF 出钢前的渣样成分见表 8-19。

表 8-19　精炼炉渣样成分的变化　（%）

冶 炼 号	CaO	SiO_2	FeO	Al_2O_3	MgO	MnO
2924697（初渣）	46.517	12.2787	0.8106	20.4928	7.0927	0.1642
2924697（终渣）	52.6312	12.8313	0.7993	29.9028	1.5572	0.7121
2924699（初渣）	50.1435	7.0714	0.735	38.2077	0	0.3695
2924699（终渣）	51.2535	6.6927	0.3329	38.6889	0	0.0618
2924700（初渣）	46.0239	12.1014	0.9116	36.1551	2.659	0.7028
2924700（终渣）	54.1707	7.3578	0.3056	32.1617	0	0.0658

实践证明，此渣系吸附夹杂物的能力较强，但是脱硫的能力有限，原因是这种炉渣的发泡能力一般，钢渣界面的反应能力较弱，加上炉渣的硫容量较低，是限制脱硫率的主要原因。在钢渣脱氧良好的情况下，最大的脱硫率为 60%。脱硫的关键操作是间歇性地向钢渣面添加还原剂，保持白渣状态，并保持吹氩时，钢渣面微微隆起，渣眼直径小于 200mm，可使脱硫反应较好地进行和防止卷渣现象的发生。

770. 什么叫做耐热钢，成分范围有何特点？

耐热钢属于结构钢的一种。碳素结构钢的强度随着工作温度的提高而急剧下降，其极限使用温度为 350℃。加入一些元素如 Cr、Mo、V、W、Ti 等，可以提高钢的高温强度和持久强度。比如 Cr-Mo 基低中合金耐热钢具有良好的抗氧化性和热强性，工作温度可以达到600℃，广泛应用于蒸汽动力发电设备。

典型的耐热钢有 12CrMo、15CrMo、10Cr2Mo1、12Cr1MoV、20Cr3MoWV、12Cr2MoWVB、12Cr3MoVSiTiB、17CrMo1V 等，其中美国牌号的 A335－P11、A335－P22、A335－P91 的化学成分见表 8－20。

表 8－20　美国牌号的 A335－P11、A335－P22、A335－P91 的化学成分　（%）

牌　号	C	Mn	Cr	Mo	V	P，S
A335－P11	0.05～0.15	0.3～0.6	1.0～1.5	0.44～0.65		<0.010
A335－P22	0.05～0.15	0.3～0.6	1.9～2.6	0.87～1.13		<0.010
A335－P91	0.08～0.12	0.3～0.6	8.0～9.5	0.85～1.05	0.18～0.25	<0.010

第九章　电炉炼钢安全生产与清洁生产

771. 氧的基本性质有哪些?

氧在常态时为无色、无臭、无味的气体，略重于空气（密度1.105g/L）。在标准状态下，1L干燥氧重1.43g，1L水中仅溶解48mL氧。气态氧由液态氧经气化而成，液态氧呈浅蓝色，沸点为-183℃，冷却到-218.8℃成为蓝色固态。在空气中氧的浓度达到一定比例时可促进燃烧（助燃）而不能自燃。城市煤气（65%）和氧混合，燃烧时火焰温度可达2730℃。液态氧与有机物和易于氧化的物品放在一起可形成爆炸混合物。常压下，100%氧连续吸入数小时以上会刺激黏膜；液态氧可引起皮肤或其他组织"冻伤"；液体氧蒸发的气体易被衣物吸收，遇点火源即可立即引起急剧燃烧。

772. 氧气的特性与氧气发生燃烧的条件有哪些?

氧气本身不燃烧，但是氧气的化学性质决定了氧气支持燃烧，即具有助燃作用，纯铁和部分的金属都会在纯氧里面燃烧。炼钢使用的部分原料，如炭粉、煤气、燃油、天然气等原料在一定的条件下，在氧气中会发生猛烈燃烧，有时会引发爆炸。空气中的氧气浓度增高后，潜在的火灾风险也就越大。空气中氧的含量超过23%时，火灾的风险就提高了。起火或爆炸的发生需要三个因素：(1) 可燃物；(2) 氧气；(3) 火种。火灾三要素三角形图标（见图9-1）通常被用来表示以上三种条件。

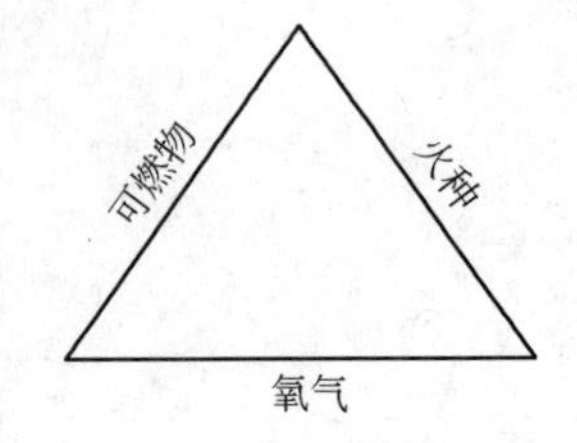

图9-1　火灾三要素三角形

773. 氧气引起燃烧的主要原因有哪些?

氧气引起燃烧的主要原因有：

(1) 油和油脂类物质，以及含有这些物质的混合物或者化合物。这些物质在富氧的环境压力下只需要极低的能量就极容易被点燃并剧烈地燃烧或爆炸，因此，点火可能是自发的。所以氧气管道和阀门必须是干净的，没有被油脂污染过，而且绝对不能使用油或油脂润滑氧气设备。

(2) 大多数的原料能够在富氧的气氛里燃烧，氧气管道的泄漏会导致富氧，增加了起火的可能性。容易发生泄漏的点主要有连接件、法兰、密封圈、阀门等。泄漏点附近没有良好的通风，将会导致火灾危险的增加。

(3) 氧气和一些气体混合以后将会发生爆炸事故，比如开启烧嘴时，如果同时开启数个烧嘴，电炉内部就会在开通氧气的时候发生爆炸。

(4) 氧气和一些油气混合以后会发生闪爆。

(5) 氧气和炼钢使用的炭粉混合以后也会发生爆炸。

（6）氧气在使用过程中，如果压力突然下降，而回火阀门没有及时地切断氧气的回路，炉膛内部的高温烟气将会进入氧气管道发生回火燃烧爆炸事故。

（7）由于氧气管道不清洁，管道含有泥土、铁锈，或者其他颗粒状物质，在氧气流动过程中被高速氧气带动，随氧气高速运动，不断地被加速，本身具有了较高的能量，在氧气管道的弯头处或者滤芯处，碰撞管壁或者滤芯，产生火花，加上管壁和滤芯吸收能量以后，温度就会升高，发生燃烧事故。氧气管道系统没经过严格的最低标准的清洁将产生足够的能量起火燃烧。

774. 如何安全地使用氧气？

安全地使用氧气的注意事项有：

（1）所有的设备，包括新装配的或经过维修的，必须使用特定的材料（如肥皂水），经过十分彻底的泄漏检测后才能投用，所有的残渣必须移除。

（2）必须确保使用的管线、部件、阀门等氧气专用件是在经过专业的、认可的供应商处获得，必须经过专业认证部门或其他地方部门认可的方式进行清洁。

（3）深沟、电缆沟、低处的带围墙的地段、地下通道、下水道、气罐周围、通风口附近、密闭的通风不良的区域，如果这些区域有氧气的管道或者阀站通过，将会成为富氧区。在这些区域内，要求确保不吸烟，不动明火，不进行焊接操作，穿着防火服或纯棉质地的衣服及内衣。

（4）高温作业包括焊接、火焰切割、低温焊接、研磨等工作，或在封闭的空间工作需要先进行检查并确保环境经检查并确认是安全的，之前曾有工人工作过，并且使用时保证通风良好。

（5）如果暴露在富氧环境下或离开一个可能的富氧环境时，必须在开放的环境下通风至少 15min 方可吸烟或靠近火源。

（6）电炉的烧氧操作，比如清理 EBT 和冷钢使用的橡胶管接头处不能够漏气，橡胶管不能有任何破损漏气点存在，烧氧过程中必须使用电焊手套。

（7）电炉氧枪必须设有回火逆止阀，在氧气管道经过的区域禁止动火，使用柴油等油脂清洗和润滑设备。

775. 如何安全地使用和维护超声速集束氧枪？

安全地使用和维护超声速集束氧枪包括以下几点：

（1）超声速集束氧枪一般在炉壁上设有 1～5 套喷吹系统，由于有高压力和高速氧气流动，为安全起见，全部管线和氧气阀站由不锈钢建造，氧气阀站经预清洗处理以适应氧气的应用。

（2）用于电炉炉壁氧枪的天然气、焦炉煤气阀站应该有独立的一套氧枪管线，主阀线及独立的分支各通向一个炉壁氧枪。每套管线都具有独立的流量测量及流量控制能力。

（3）每套主阀线包括带法兰（双向）的清理弯头、手动的关闭阀门、双重过滤器、各种计量表、压力开关、压力变送器、安全关闭阀、测漏开关及手动关闭阀、手动阻断阀、流量测量元件、控制阀、清理弯头、止回阀。

（4）所有的部件都带有双向法兰以便于更容易地检查和更换，压力测量更可以随时检测所使用仪器的泄漏。

(5) 主阀门及控制阀门采用气控，所有阀口站使用的电信号为直流 24V。每套氧枪都应该有独立的分区管线，专门输送氧气，每条氧气管线都能够独立地控制，用于超声速氧气流量控制。

(6) 超声速集束氧枪的每套喷吹氧枪系统，都应该设有单独的分区控制管路系统，分区控制焦炉煤气流量，每条管线均可单独控制。

776. 煤气的危害有哪些？

纯净的煤气是一种无色、无味的有毒气体，不易察觉。血液中血红蛋白与一氧化碳的结合能力比与氧要强 200 多倍，而血红蛋白与氧的分离速度却很慢。所以，人一旦吸入一氧化碳，氧便失去了与血红蛋白结合的机会，使组织细胞无法从血液中获得足够的氧气，致使呼吸困难，造成中毒或者死亡。煤气中毒有几种表现：

(1) 轻型。中毒时间短，血液中碳氧血红蛋白为 10% ~20%。表现为中毒的早期症状，头痛眩晕、心悸、恶心、呕吐、四肢无力，甚至出现短暂的昏厥，一般神志尚清醒，吸入新鲜空气，脱离中毒环境后，症状迅速消失，一般不留后遗症。

(2) 中型。中毒时间稍长，血液中碳氧血红蛋白占 30% ~40%。在轻型症状的基础上，可出现多汗、烦躁、走路不稳、皮肤苍白、意识模糊、困倦乏力、虚脱或昏迷等症状，皮肤和黏膜呈现煤气中毒特有的樱桃红色。如抢救及时，可迅速清醒，数天内完全恢复，一般无后遗症状。

(3) 重型。发现时间过晚，吸入煤气过多，或在短时间内吸入高浓度的一氧化碳，血液碳氧血红蛋白浓度常在 50% 以上。病人呈现深度昏迷，各种反射消失，大小便失禁，四肢厥冷，血压下降，呼吸急促，会很快死亡。一般昏迷时间越长，愈后越严重，常留有痴呆、记忆力和理解力减退、肢体瘫痪等后遗症。特别是在夜间睡眠中引起中毒，日上三竿才被发觉，此时多已神志不清，牙关紧闭，全身抽动，大小便失禁，面色、口唇呈现樱桃红色，呼吸脉搏增快，血压上升，心律不齐，肺部有啰音，体温可能上升。极度危重者，持续深度昏迷，脉细弱，不规则呼吸，血压下降，也可出现高热（40℃），此时生命垂危，死亡率高。即使有幸未死，遗留严重的后遗症如痴呆、瘫痪，丧失工作、生活能力。

777. 国家对于工作场所煤气存在的浓度有何要求？

国家卫生标准规定，工作环境 CO 浓度和作业时间标准的规定见表 9－1。

表 9－1　国家卫生标准工作环境 CO 浓度和作业时间标准的规定

工作区域中 CO 的浓度	允许工作时间
CO 含量不超过 30mg/m³（0.0024%）	可较长时间工作
CO 含量不超过 50mg/m³（0.0050%）	连续工作时间不得超过 1h
CO 含量不超过 100mg/m³（0.0080%）	连续工作时间不得超过 30min
CO 含量不超过 200mg/m³（0.016%）	连续工作时间不得超过 15min，每次工作时间间隔至少 2h
CO 含量超过 200mg/m³（0.016%）	要求职工必须撤离危险区域

778. 现场煤气中毒以后如何施救?

现场煤气中毒的施救措施有:

(1) 立即打开门窗，移病人于通风良好、空气新鲜的地方，注意保暖。

(2) 松解衣扣，保持呼吸道通畅，清除口鼻分泌物，如发现呼吸骤停，应立即口对口进行人工呼吸，并做心脏体外按摩。

(3) 立即进行针刺治疗，取穴为太阳、列缺、人中、少商、十宣、合谷、涌泉、足三里等。轻、中度中毒者，针刺后可以逐渐苏醒。

(4) 立即给氧，有条件应立即转医院高压氧舱室做高压氧治疗，尤适用于中、重型煤气中毒患者，不仅可使病者苏醒，还可使后遗症减少。

(5) 立即静脉注射50%葡萄糖液50mL，加维生素C 500~1000mg。轻、中型病人可连用2天，每天1~2次，不仅能补充能量，而且有脱水的功效，早期应用可预防或减轻脑水肿。

(6) 昏迷者按昏迷病人的处理进行。

779. 现场出现煤气火灾事故，如何处理?

现场出现煤气火灾事故的处理方法有:

(1) 由于设备不严密而轻微泄漏引起着火，可用湿泥、湿麻袋等堵住着火处灭火，火熄灭后，再按有关规定补漏。

(2) 直径小于100mm的管道着火时，可直接关闭阀门，切断煤气灭火。直径大于100mm的管道着火时，切记不能突然把阀门关闭，以防回火爆炸。

(3) 直径大于100mm的管道泄漏着火，应逐渐关阀门降低压力，将着火点火源控制到最小，但不能熄灭，同时通入氮气或蒸汽灭火。

780. 预防煤气中毒的技术措施有哪些?

预防煤气中毒的技术措施有:

(1) 封。严密性，钢管材质、焊缝质量；耐压设计（材料、结构)。

(2) 隔。设可靠隔断装置、逆止装置、紧急切断装置。

(3) 堵。设汽封、氮封，保持压力；防爆电气。

(4) 泄。设防爆阀、爆破膜、防爆水封、安全阀、泄爆M2/M3不小于1/10，门窗外开。

(5) 放。设事故放散、调压放散装置、通风排气装置。

(6) 控。氧含量、CO、压力、温度、流量、柜位、液位检测监控。

平时的管控措施有:

(1) 经常检查煤气设备的严密性，防止煤气泄漏。煤气设备容易泄漏部分应设置报警装置，发现泄漏要及时处理，发现设备冒出煤气或带煤气作业，要佩戴防毒面具。

(2) 新建或大修后的设备，要进行强度及严密性试验，合格后方可投产。

(3) 进入煤气设备内作业时，一氧化碳含量及允许工作时间应符合规定。

(4) 要可靠地切断煤气来源，如堵盲板、设水封等。盲板要经过试验，水封阀门不能作为单独的切断装置。煤气系统中水封要保持一定的高度，生产中要经常保持溢流。水封的有效高度在室内为计算压力加 1000mm 水柱，室外为计算压力加 500mm 水柱。

（5）在煤气设备内清扫检修时，必须将残存煤气处理完毕，经试验合格后方可进行。对煤气区域的工作场所，要经常进行空气中一氧化碳含量分析，如超过国家规定的卫生标准时，要检查和分析原因并进行处理。

（6）煤气区域应挂有“煤气危险区域”的标志牌。发生煤气中毒事故时，应立即通知煤气救护站，进行抢救和处理。

781. 炼钢过程中使用的氮气会造成人员死亡吗？

氮气是一种无色、有强烈刺激性气味、易溶于水及酒精的气体，本身无毒性，但如果吸入氮气过量，不仅使吸入气体中的氧含量减少，同时高浓度的氮气还可阻止氧与血红蛋白的结合，使血氧饱和度下降，引起组织缺氧。氮气的中毒途径主要以呼吸道吸入为主，吸入初期仅表现为轻微的眼及呼吸道刺激症状，如流泪、咽痛、声音嘶哑、刺激性干咳等，经数小时或更长时间潜伏期后可引起肺水肿、成人呼吸道综合征，出现胸闷、咳嗽、呼吸困难、头痛头晕、乏力、烦躁、恶心、呕吐，甚至昏迷死亡，少数患者可并发气胸或纵隔气肿，消退后两周左右又出现迟发型阻塞性细支气管炎。笔者曾目睹了两位工友在氮气管道附近施工中毒工亡的案例。

不论任何的气体，存在的浓度较高，氧的浓度不足都会造成事故。

782. 氮气中毒以后如何施救？

氮气中毒后的施救措施包括：

（1）迅速脱离中毒现场，保温，静卧休息，有呼吸困难者应立即给高压氧治疗，必要时可行气管切开，呼吸机辅助呼吸。

（2）积极预防脑水肿，对于已昏迷的患者，可给予静推 20% 甘露醇及注射七叶皂苷钠，促进利尿脱水。

（3）积极治疗肺水肿，保持呼吸道畅通，可给予 1% 二甲基硅油气雾剂，同时给予抗生素预防肺部感染。

（4）注意维持水电解质及酸碱平衡，出现代谢性酸中毒时可给予三羟甲基氨基甲烷（THAM）。

（5）如出现高铁血红蛋白症，可给予亚甲蓝、维生素 C、葡萄糖等。

（6）对出现迟发型阻塞性细支气管炎的患者，应尽早使用肾上腺糖皮质激素。

（7）对密切接触氮氧化物的患者需观察 24 ~ 72h，注意病情变化。

783. 什么是海因里希法则？

海因里希法则是美国著名安全工程师海因里希提出的 300：29：1 法则。通过分析工伤事故的发生概率，为保险公司的经营提出的法则。这个法则意思是说，当一个企业有 300 个隐患或违章，必然要发生 29 起轻伤或故障，在这 29 起轻伤事故或故障当中，必然包含有一起重伤、死亡或重大事故。海因里希法则是美国人海因里希通过分析工伤事故的发生概率，为保险公司的经营提出的法则。这一法则完全可以用于企业的安全管理上，即在一件重大的事故背后必有 29 起轻度的事故，还有 300 起潜在的隐患。可怕的是，如果对潜在性事故毫无觉察，或是麻木不仁，结果可能导致无法挽回的损失。了解海因里希法则的目的，是通过对事故成因的分析，让人们少走弯路，把事故消灭在萌芽状态。

这一法则完全可以用于企业的安全管理上，即在一件重大的事故背后必有 29 起轻度的事故，还有 300 起潜在的隐患。其结果和杜邦的金字塔理论基本一致，其中杜邦金字塔理论如图 9－2 所示。

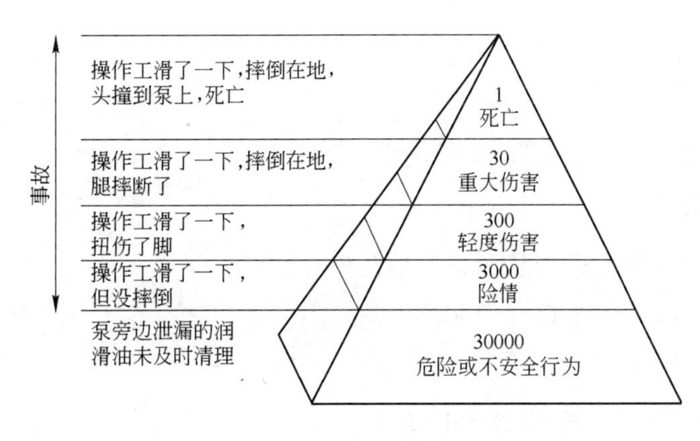

图 9－2　杜邦金字塔理论

784. 海因里希的事故因果连锁论的内容是什么？

海因里希事故因果连锁论如图 9－3 所示。

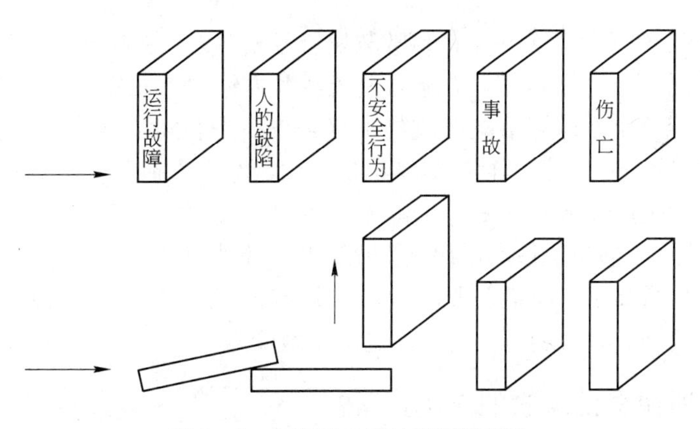

图 9－3　海因里希事故因果连锁论

海因里希事故因果连锁论认为，在造成事故的各个环节中间，只要消除其中的一个环节，就会降低或者消除事故发生的概率。

785. 杜邦安全管理十大基本理论是什么？

杜邦安全管理十大基本理论是：

（1）所有的安全事故是可以防止的。

（2）各级管理层对各自的安全直接负责。

（3）所有安全操作隐患是可以控制的。

（4）安全是被雇用的员工条件。

（5）员工必须接受严格的安全培训。

（6）各级主管必须进行安全检查。

（7）发现安全隐患必须及时更正。

（8）工作外的安全和工作安全同样重要。

（9）良好的安全就是一门好的生意。

（10）员工的直接参与是关键。

786. 杜邦公司的主因机构理论的内容是什么？

杜邦公司的主因机构理论认为，事故的发生主要是人的因素，占事故发生原因的第一位，其示意图如图 9－4 所示。

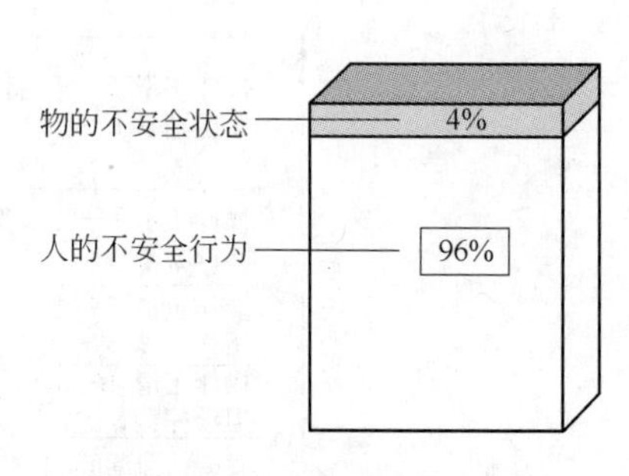

图 9－4　杜邦事故主因机构理论

787. “安全第一”具体是指什么？

日本新日铁名古屋制铁所提出的“安全第一”是指以正规规范的姿态，严格按照标准执行工作。“需要花时间的花时间”、“需要花钱的花钱”和“需要停机的停机”造成的减产不追究任何责任。

788. “安全第一”是在什么样的背景下提出的？

1906 年，美国 U. S 钢铁公司生产事故频发，亏损严重，濒临破产。公司董事长 B. H. 凯理在多方查找原因的过程中，对传统的生产经营方针“产量第一、质量第二、安全第三”产生质疑。经过全面计算事故造成的直接经济损失和间接经济损失，还有事故影响产品质量带来的经济损失，凯理得出的结论是事故拖垮了企业。凯理力排众议，不顾股东的反对，把公司的生产经营方针来了个本末倒置，变成了“安全第一、质量第二、产量第三”。凯理首先在下属单位伊利诺伊钢厂做试点，本来打算是不惜投入抓安全的，不曾想事故少了后，质量高了，产量上去了，成本反而降下来了。然后，便全面推广，“安全第一”公理立见奇效，U. S 钢铁公司由此走出了困境。

789. 什么叫做发生事故的 4M 要素？

在生产实际中，事故的发生主要有以下四个方面的原因，也称为事故系统构成的 4M 要素（见图 9－5）：

（1）人的不安全行为（man）。

（2）机器的不安全状态（machinery）。

（3）环境的不安全条件（medium）。

（4）管理缺陷（management）。

790. 发生事故的人与机的轨迹交叉理论内容是什么？

发生事故的人与机的轨迹交叉理论认为，物的缺陷和人的失误同时出现交汇，就会发生事故，其示意图如图 9－6 所示。

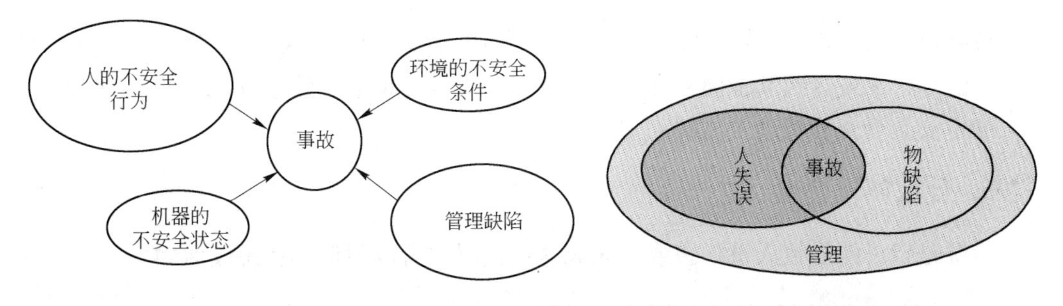

图 9－5　事故系统构成的 4M 要素

图 9－6　发生事故的人与机的轨迹交叉理论

791. 安全管理中的冰山理论的内容是什么？

安全管理中的冰山理论认为，一起安全事故后面隐藏着许多的物的不安全状态和人的不安全行为，其示意图如图 9－7 所示。

图 9－7　冰山理论

792. 安全色的表示各是什么？

红色：表示禁止、停止、危险以及消防设备的意思。凡是禁止、停止、消防和有危险的器件或环境均应涂以红色的标记作为警示的信号。

蓝色：表示指令，要求人们必须遵守的规定。

黄色：表示提醒人们注意。凡是警告人们注意的器件、设备及环境都应以黄色表示。

绿色：表示给人们提供允许、安全的信息。

793. 什么叫做安全管理中的三不伤害？

安全管理中的三不伤害：

（1）我不伤害自己。
（2）我不伤害他人。
（3）我不被他人伤害。

794. 什么叫做事故隐患？

事故隐患是指生产经营单位违反安全生产法律、法规、规章、标准、规程和安全生产管理制度的规定，或者因其他因素在生产经营活动中存在可能导致事故发生的物的危险状态、人的不安全行为和管理上的缺陷。

795. 什么叫做危险源？

危险源是指可能导致人员伤害或疾病或这些情况组合的根源、状态或活动。

796. 炼钢的危险源辨识的重点有哪些？

炼钢的危险源辨识的重点有：
（1）新技术、新产品、新工艺、新设备。
（2）异常作业（开、停机，检修等）。

797. 电炉炼钢工艺对于职工最大的危害有哪些？

电炉炼钢工艺对于职工最大的危害是粉尘浓度较高条件下夹杂的高温、电磁辐射、弧光的辐射、噪声对职工情绪的强烈冲击，容易产生心脏病和高血压、听力失聪、视力下降。所以，电炉炼钢工人的工作场所和休息室一定要有隔音设备，工作压力不能够太大。炼钢工人除了从事炼钢以外，冶炼期间炼钢之外的额外工作均会影响炼钢工人的安全性，最大可能地采用工程机械替代人工作业，保障设备的自动化控制水平处于一个较高的水平。尽可能地降低电炉冶炼工人的劳动强度是提高炼钢效率，降低安全事故的明智之举。

798. 为什么要加强职工的安全教育？

思想和思维决定着一个人的行动和行为，也就有什么样的习惯，将会产生什么样的结果。优秀的人是把优秀作为一种习惯。因此，加强职工的安全教育，转变强化职工对于安全的重视，引起思想上的重视和警觉，培养一种良好的行为习惯，是保证安全生产的基础。

799. 电炉炼钢厂职工的安全教育为什么叫做注重危险源点的告知和安全技能的教育？

实践的统计表明，有许多的安全事故是职工对于现场的危险因素无知或者了解程度不够清晰，没有引起足够的重视，以及安全技能的缺失引起的。2006 年 10 月，笔者在一座 110t 电炉进行炼钢，有两名职工在电炉通电冶炼的情况下，没有问明白要求，一名职工爬上距电极升降立柱平台 0.5m 处，被笔者发现，及时地停电。事后专家分析，如果该职工爬上平台，一旦短路，该职工后果不堪设想。某个著名的钢企的冷轧厂，也有职工不了解现场的危险源点，好奇心的驱使，该职工在观看冷轧卷包装的过程中，被包装钢带捆入钢卷殒命的惨剧，足以说明危险源点的预知和安全技能的培训是避免事故的关键因素之一。

800. 冶金过程中人的不安全行为有哪些？

冶金过程中人的不安全行为有：(1) 操作错误、忽视安全、忽视警告；(2) 造成安全装置失效；(3) 使用不安全设备；(4) 手代替工具操作；(5) 物体（成品、半成品、材料、工具、切屑和生产用品等）存放不当；(6) 冒险进入危险场所；(7) 攀、坐不安全位置（如平台护栏、汽车挡板、吊车吊钩）；(8) 在起吊物下作业、停留；(9) 机器运转时进行加油、修理、检修、调整、焊接、清扫等工作；(10) 有分散注意力行为；(11) 在必须使用个人防护用品和用具的作业场所或场合中，忽视其使用；(12) 不安全装束；(13) 对易燃、易爆等危险物品处理错误。

其中，"操作错误、忽视安全、忽视警告"包含以下的内容：

未经许可开动、关停、移动机器；开动、关停机器时未给信号；开关未锁紧，造成意外转动、通电或泄漏；忘记关闭设备；忽视警告标志、警告信号；操作错误（指按钮、阀门、扳手、把柄等的操作）；奔跑作业；供料或送料速度过快；机器超速运转；违章驾驶机动车；酒后作业；客货混载；冲压机作业时，手伸进冲压模；工件紧固不牢；用压缩空气吹铁屑等。

801. 如何做好电炉炼钢的安全生产？

电炉炼钢过程中，包含着许多危险的潜在因素，如果没有及时地消除和采取相应的措施去避免，就会产生安全事故。我国在钢铁产量逐渐增加的同时，对于安全生产也越来越重视。要搞好安全生产，首先要为职工着想，从工艺和设备上提供安全生产的基础和保障，从制度上健全职工的行为规范。在思想上要让职工保持良好的心态和健康的情绪投入工作。在工作环境上要提供可靠的安全设施和工作器具，防止环境的不安全性带给职工的损伤。在行为上要正确地引导职工，用制度杜绝冒险蛮干，抢产量、夺效益的做法，使得安全行为受到鼓励和奖励。在使用职工时，要对于职工进行必要的安全知识培训，使职工具有安全生产的技能和自我防护意识。在薪资报酬上要提供给职工合理的工资水平，避免职工因为经济原因造成的精力不集中发生事故。同时要编制好突发重大事故的紧急预案，并且组织员工演习。

电炉生产过程中，存在的危险是多方面的，包括高温烧伤和灼伤、氧气烧伤、钢水烫伤、煤气中毒、电击伤害、机械伤害、高空坠落砸伤、蒸汽烫伤、职业病等。

802. 电炉加料的安全操作规程有哪几点？

电炉加料的安全操作规程有：

(1) 加料前须仔细检查料罐的装料情况，料罐布料不得太高，料罐法兰边及料罐外部钢结构上不得有废钢，防止起吊过程中有废钢坠落，砸坏设备或伤人。

(2) 行车起吊料罐前，应确认主、副钩情况是否正常，防止吊挂不当脱落，造成事故。

（3）起吊料罐时严禁斜拉、歪吊损坏设备。

（4）吊运料罐过程中，禁止料罐附近行人和从吊运的料罐下通过。

（5）加料时须严格按《技术规程》及《岗位作业标准》进行。

（6）加完料后，起吊料罐时严禁斜拉、歪吊，允许有专人指挥进行压料操作，但是严禁撞料，防止损坏水冷盘和设备。

（7）加料结束后，必须检查炉壳法兰边是否有废钢。如有废钢堆积，必须处理，防止送电过程中起弧损坏水冷炉盖，或是下降炉盖时损坏软管和法兰边。

（8）铁水车兑铁水应在加入废钢后进行，禁止在废钢未加入炉内前向炉内先兑入铁水，防止铁水与钢渣反应引发事故。

（9）为防止对设备的损坏，加料过程中禁止野蛮作业。

（10）加料过程中，必须将炉门关闭，防止加料过程中钢渣受冲击后从炉门喷出。

803. 如何安全地进行测温取样的操作？

安全地进行测温取样的操作要注意以下几点：

（1）测温取样之前，主控室必须将断路器断开，停止吹氧喷炭和送电的操作。

（2）测温取样前，必须做放渣操作，测温取样时不允许放渣。

（3）测温取样工必须穿戴好专用测温取样防护服、耳塞、炼钢镜和防护手套。

（4）测温取样时，操作工必须站在与炉门成30°的东北方向进行操作，以防止炉内可能出现的塌料或沸腾引发的喷溅伤人事故。

（5）测温取样的具体操作严格按照相应的岗位作业标准进行。

（6）取样结束打开取样器时，必须用专用钳夹进行，禁止将取样器乱磕，引起试样烫伤事故。炉内脱碳反应没有平静时严格禁止测温取样的操作。

（7）炉门区有漏水或者炉内有漏水现象时，严格禁止测温取样操作。

804. 电炉的主控室必须注意哪些安全操作规程？

电炉的主控室必须注意的安全操作规程有：

（1）生产前，必须检查主控室内设备的安全可靠性和灵敏性，发现问题及时处理，如不能处理的必须找相关技术人员处理，严禁擅自处理和解除连锁条件进行冶炼。

（2）生产前，各岗位操作工应从计算机画面和现场了解和检查各设备运行的情况及连锁情况，及时向炼钢工反映。

（3）对于关键项目的检查，包括直流电炉底电极的温度、炉役时间、冷却水压力及温度、氧燃烧嘴系统、介质气体的压力，必须采用确认制，确认与《技术规程》相符后方可生产。

（4）主控室送电前严格遵守确认制度，确认炉顶平台和送电区域无人，处于安全状态方可送电冶炼。

（5）送电严格按《技术规程》要求进行。

（6）旋开炉盖前应确认炉盖旋开区域是否有人作业，防止旋开炉盖时将填充EBT的操作人员撞伤，或者水冷炉盖上的渣块坠落伤人。

（7）出钢或加料时必须严格执行连锁制度，即出钢时锁定电极旋转臂，电极处于中部位置，出钢后加料时锁定倾动平台等。

（8）停炉检修结束后，在冶炼前，炼钢工须同电炉人员检查电炉危险区域是否还有未结束的工作，以及人员撤离危险区域的情况。

805. 电炉出钢的安全操作有哪些要求？

电炉出钢的安全操作的要求有：

（1）出钢前应仔细检查钢包是否就位，钢包车是否运行正常，出钢辅助设备是否正常。

（2）出钢口下方不得有积水，如有积水必须用压缩空气吹扫或用石灰吸附处理和干燥以后方准出钢。

（3）出钢所需合金及渣料必须保持干燥，防止潮湿合金添加过程中爆炸伤人。

（4）出钢附近区域应保持畅通无杂物，如有杂物，必须清理，防止影响出钢过程中发生意外事故时的应急处理。

（5）通向 EBT 盖板的斜梯及 EBT 盖板，倾动平台上必须保持无杂物，防止倾动时滑滚坠落砸伤下方操作人员，防止磕绊 EBT 填料操作工，引发事故。

（6）出钢过程中，炉体倾动时有许多缝隙、孔、洞出现，为防止失足坠落等事故的发生，出钢过程中严禁非操作人员在倾动平台附近走动或通过。

（7）出钢时，如遇到 EBT 填料烧结不能自流，需烧氧引流时，严禁从 EBT 上方引流，只允许从 EBT 下方烧氧引流。

（8）EBT 烧氧引流时，必须两人同时进行，一人烧氧，另一人负责开关氧气和进行监护。

（9）烧氧引流时，EBT 维修平台必须保证运行正常，进退自如。

（10）烧氧操作工严禁握在氧枪接缝处，防止回火。

（11）出钢过程中如遇到过氧化（$C < 0.10\%$）时，炼钢工必须作重点提醒，出钢增碳应在出钢量达到 20t 左右、预脱氧剂铝块加完后进行，并严格控制下渣，防止沸腾溢渣，发生烫坏吹氩设备和操作工。

（12）出钢时炉门必须关闭，防止出钢结束，炉子回倾所留钢渣从炉门泼出，发生事故。

（13）电炉炉内漏水严重时，严格禁止出钢操作。

806. 如何安全地更换和放长电极？

安全地更换和放长电极的主要注意事项有：

（1）更换电极的操作必须在断电条件，即隔离开关必须断开，或连锁条件起作用的情况下，操作工方准上炉顶平台进行作业。

（2）吹扫夹头时，必须戴防护镜，防止高温粉尘烫伤。

（3）起吊电极时，必须与平台操作工规定和统一手势动作，防止误操作。

（4）换电极时，吊起电极末端须高于炉顶平台障碍物，严禁斜吊。

（5）吊装电极时，行车操作必须稳定，严禁所吊电极在摇摆动作中对准夹头。

（6）松放电极时严禁在无行车吊住情况下打开夹头和松放电极，以防电极折断。

807. EBT 填料的安全操作注意事项有哪些?

EBT 填料的安全操作注意事项有：

(1) 处理 EBT 下口渣圈冷钢时，必须在出钢结束，炉子回倾 -3° ~ -7°左右后进行。如遇留钢太多，或出钢发生事故不能出完钢时，方准用氧气吹扫冷钢渣圈，否则严禁用氧气吹扫渣圈，防止损坏 EBT 底部法兰边。

(2) 清理渣圈时，严禁同时从 EBT 盖板处用氧气清扫 EBT 内腔，防止清理 EBT 内腔时从出钢口飞出钢渣烫伤清理渣圈的操作工。

(3) 清理 EBT 渣圈时，必须使用专用工具，并且站位要合理，以防 EBT 渣圈或热渣坠落烫伤操作工。

(4) 清理 EBT 内腔的工作必须在 EBT 下口渣圈处理完后方可进行。

(5) 清理 EBT 内腔时严禁用大压力氧气吹扫，吹扫时吹氧管必须折 70° ~90°后进行。吹氧时严禁正面观察吹扫情况，如需观察必须戴防护罩，或者从旁边保持一定的角度观察，或者关闭氧气，移开吹氧管后方可观察。

(6) 清理 EBT 结束后，必须检查滑板关闭情况及托板情况，如有变形，必须用石棉布处理，防止托板变形后引起 EBT 漏料和跑钢。

(7) EBT 填料工作结束后必须盖好上口盖板。

(8) EBT 填料工作时必须有两人进行，互相监护，待上述工作结束后，方可通知主控室提升旋开炉盖，进行加料作业。笔者经历过出钢口正在填料的作业，主控室的操作工没有得到安全确认的情况下，旋开炉盖，结果造成填料操作人员严重烧伤的事故。

808. EBT 不自流为什么不能从上面烧氧?

出钢不自流不能够从 EBT 上面向下烧氧，这是一条必须注意的基本原则。从上面烧氧会造成钢水飞溅，并且 EBT 平台空间狭小，出现事故不宜避险，容易造成伤亡。

809. 如何安全地操作炉门炭氧枪机械手（炉门氧枪）?

安全地操作炉门炭氧枪机械手的注意事项有：

(1) 在设备运行前，必须保证没有维修工作在进行，也没有人在机器旁或者设备工作区域内。

(2) 枪头不能被损坏，否则就不能保证炭氧枪的夹持器作用。

(3) 吹氧管子的组装必须在停工时进行，避免氧气爆炸。

(4) 在开始使用前必须检查炭氧枪是否夹紧。

(5) 不准漏掉保护装置，也不能拿掉任何操作保护装置。

(6) 必须定期地清理传动装置的积灰，以免设备失火。

(7) 在操作期间不准人员停留在炭氧枪的旋转区域和工作区域内。

(8) 开冷炉时，炉内温度低于 800℃，不能使用炭氧枪机械手进行吹氧。

(9) 如果炭氧枪放在熔池或渣中，必须吹氧和喷炭。

(10) 炭氧枪不能用来推、挑废钢。

(11) 炭氧枪机械手不能用来提升和移动重物。

（12）不允许用氧气吹扫工作平台。

（13）在冶炼期间测温取样时，必须停氧、停炭；禁止炭氧枪吹向两侧水冷盘。

（14）在冶炼期间如需短时间停炉，也须停氧、停炭。

（15）冶炼结束出钢时，炭氧枪必须停氧、停炭，并且旋回（退回）维修位。

（16）所有操作工在操作前必须接受专门培训，成绩合格后方可操作炭氧枪。

（17）在出现紧急情况时，按下紧急开关，避免发生事故以及事故扩大。

（18）只有氧气或炭粉达到粒度要求才能通过炭氧枪喷吹。

（19）为了防火，须安装所需的灭火器材，操作工熟悉使用方法，如果遇到大火要离开现场，并且通知消防队。

（20）在焊接和切割炭氧枪的设备时要通知安全员，在所有的防火保护措施进行后，才可开始焊割工作，且焊割工作由专职人员进行。

（21）在维护工作结束后，所有的安全装置和电器连锁条件必须返回起始的状态。

（22）在维护炭氧枪设备期间，维修人员要穿上合适的防护服；要穿专用鞋，以免滑倒造成人身伤害；在维修期间，要戴好手套以免烧伤；在狭窄空间中要戴好安全帽以免头部受伤；电器设备的工作由专职电器专家来执行；在工作期间确保液压系统和液压设备是没有压力或者是减压状态下的，在高压下的液体会发生油粒喷射穿透机体的伤害事故。

（23）如果维护工作几人同时进行，要互相通气且指派专人对设备操作负责，如果设备被误操作启动，将会造成严重后果。

（24）检查用于氧气设备或氧气管的工具不沾油，一旦氧气与油或润滑油接触就有爆炸的危险。

（25）确保氧气设备在工作期间要有足够的通风（特别在狭小空间工作）。

（26）设备维护人员必须受过专业培训且成绩合格后方可进行炭氧枪的维护工作。

（27）主开关被合上前，要确保炭氧枪机械手没有进行维护和修理工作。

810. 直流电炉底电极安全操作规程有哪些要求?

直流电炉底电极安全操作规程有：

（1）炉子运行时密切注意底电极的温度显示，只有底电极的温度显示上测量点小于500℃，下测量点小于400℃才能进行冶炼操作。

（2）炉底电极平台仅用于点检底电极、底电极接头及水冷管，冶炼期间禁止进入。

（3）必须保证有足够的备用水，水池水位高于警戒水位，保证事故水能以充足的流量运行5h以上，这些水必须是经过过滤的，不能堵塞底电极喷嘴。

（4）炉底电极热电偶温度超过报警温度（上测量点小于500℃，下测量点小于400℃）时，应观察温度上升速度。如果温度上升平缓，能保证这炉钢冶炼完，则冶炼完后，对底电极进行热修补或更换；如果在那个测温点有特别快的上升速度，不能保证这炉钢顺利冶炼，则要进行紧急出钢。

811. 氧燃烧嘴的安全使用操作规程有哪些内容?

氧燃烧嘴的安全使用操作规程有：

（1）氧燃烧嘴使用前必须检查燃气介质系统和吹扫气体的介质系统的压力和设备的

安全性，检查点阀箱和阀门的可靠性，电气机械系统的连锁条件，以及软管和接头的密封性，防止介质气体的跑冒现象。

（2）燃气介质系统的压力没有满足工艺要求的，烧嘴禁止使用，防止使用过程中的回火爆炸。

（3）燃气介质系统的输送管道和阀门，连接法兰有泄漏现象的，必须作处理以后才能够允许操作。

（4）燃气烧嘴的使用，必须在电炉炉内温度满足点火要求以后，才能够打开使用，在炉内温度没有达到点火要求以前，使用氮气吹扫程序，防止烧嘴的堵塞。

（5）烧嘴使用点火前，必须作必要的氮气吹扫，防止烧嘴管道开启前负压回火事故的发生。

（6）烧嘴正常使用时，一般采用自动模式，防止手动模式操作时发生误操作，引发事故。

（7）烧嘴使用过程中，如果发现某个烧嘴漏水，则必须关闭该烧嘴，并且保证该烧嘴处于封锁状态，封锁该烧嘴以后，还要检查确认阀门是否完全关闭。

（8）检修或者停炉要停止使用烧嘴时，必须先进行氮气吹扫1～3min，然后才能够关闭烧嘴，防止检修时管道内残存的煤气引起的中毒和爆炸事故。

（9）冶炼过程中，如果发现烧嘴堵塞，则要停止使用该烧嘴，防止烧嘴堵塞以后引起的烧嘴烧坏事故。

（10）在烧嘴使用期间，严格禁止操作维护人员在烧嘴管道附近和点阀箱处逗留。

812. 电炉炉壁、炉盖漏水爆炸事故的后果有哪些？

电炉炉壁、炉盖漏水爆炸事故可能造成的后果有：

（1）电炉附近人员烫伤、烧伤，长时间停产。

（2）电炉附近电气、仪表电缆烧毁，限位开关失灵。

（3）电炉附近机械设备如炭氧枪、液压缸等烧坏，电炉水冷炉壁漏水、水冷盘等损毁，炉盖移位。

（4）造成大量钢水损失。

2001年1月，笔者所在的班组在电炉冶炼出钢时，由于出钢口没有自流，炉前操作工烧氧5min也没有烧开出钢口，炼钢工考虑到炉内温度已经有所降低，就回到主控室继续送电操作，送电1min时，炉内发生剧烈的爆炸，钢水从炉盖四周剧烈溢出，火焰将准备加脱氧剂的一名职工严重烧伤，电炉炉盖发生移位，电极被炸断，炉衬镁炭砖大部分被炸以后倒塌，设备处于瘫痪状态，处理时间超过了4天。事后分析认为，电炉出钢口上方水冷盘原来就有轻微的漏水，为了抢产量，就没有作处理。出钢时没有自流，炉体向出钢方向倾动时，出钢箱内钢水的液位较高，加剧了水冷盘的漏点扩大，送电时，漏点的冷却水大量进入熔池，形成了这次的恶性爆炸事故。事故发生以后，对职工的心理造成了强烈的震撼，产生了消极的情绪。整个事故的损失超过了20万元以上。

813. 如何预防电炉炉壁、炉盖漏水的爆炸事故？

电炉炉壁、炉盖漏水的爆炸事故的预防措施有：

（1）电炉送电冶炼之前必须严格按工艺规程要求认真检查和确认，确认所有水冷系统的冷却水流量、压力正常。正常冶炼期间必须密切注意炉内各种情况，发现炉内钢水异常翻动或有蒸汽溢出时必须立即停止冶炼操作，认真检查确认无误之后方可继续冶炼。出钢前必须再次确认炉内是否有漏水现象，否则不得进行出钢操作，应立即通知维护人员和有关负责人员确认，并且采取相应的措施。

（2）对炉壳、炉盖及其他水冷部件建立档案，定期进行更换。

（3）每次检修期间对水冷盘壁厚进行检测（尤其是电炉靠变压器室一侧的偏弧区域的水冷盘和漏水进行补焊处理过的水冷盘），发现问题及时更换。

（4）机修维护人员在对漏水的水冷盘进行焊接修理时必须严格执行焊接工艺规定并指派经验丰富的焊工进行处理，必须确保焊接质量，以免发生意外。

（5）水冷炉壁检修后，必须在炉壁内侧工作面上喷涂一层耐火材料保护炉壁。电炉冶炼操作时必须造好泡沫渣进行埋弧冶炼，如果炉渣发泡效果不好时必须降低供电功率，以减少电弧对炉壁造成的损伤。

（6）仪表、电气系统必须确保电炉所有水冷系统的流量、压力和温度信号正常、准确。长时间停炉后重新开炉时必须认真进行检查，确认所有水冷部件完好，没有发生渗漏现象。如果发现有渗漏现象，必须进行处理，处理结束后还必须对渗漏部位的耐火材料进行认真检查，确认耐火材料干燥、完好之后方可开炉冶炼。

（7）严格按工艺规程的要求控制进厂原料的质量和进行冶炼，废钢不得潮湿或带有冰雪、密闭容器及爆炸物等物料，以免发生爆炸引起水冷盘漏水，应杜绝恶性大沸腾事故的发生。

814. 电炉炉壁、炉盖漏水的爆炸事故发生以后如何应急处理?

电炉炉壁、炉盖漏水的爆炸事故发生以后的应急处理措施有：

（1）所有人员迅速撤离电炉工作现场，立即将电炉炉门关闭、电炉主控室将防护卷帘门放下。

（2）立即清点现场人员，确认是否发生人身伤害。如果发生人身伤害，立即采取临时措施进行处理，同时通知值班司机将受伤人员送往医院进行治疗。

（3）立即通知机修、电修、仪表及有关负责人员等，以免延误处理时间。

（4）如果事故没有造成大的设备损坏，漏水点可以通过关闭阀门应急处理，可以继续进行冶炼操作，应立即确认各种连锁信号是否正常，然后应尽快将炉内钢水倒出，加完废钢之后再由维护人员进行常规检查处理，同时通知有关负责人确认下一步的处理措施。

（5）如果事故造成的破坏比较大，电炉无法继续冶炼操作，应立即将准备好的切头吊起来，准备冷却电炉熔池的温度，通知有关负责人员，确认下一步的处理措施。

（6）如果造成水冷炉壁大量漏水，此时严禁动炉子，立即关闭漏水系统的气动阀门，或者按下冷却水紧急停止按钮，通知水泵站采取相应的措施，待爆炸停止人员可以靠近炉子时，立即关闭漏水部位的手动阀门。

（7）如果在出钢时发生恶性爆炸事故，炉子内发生漏水，则严禁摇动炉子，以免发生更大的爆炸。必须立即停止出钢操作，将钢包车开至吊包位。如果没有大量漏水，可将炉子摇回出渣方向 -10°左右。

815. 冶炼过程中的危险区域的安全操作规程有哪些?

冶炼过程中的危险区域的安全操作规程有:

(1) 冶炼期间，电炉高压母线附近禁止人员逗留，严格禁止从通电的高压母线下通过。

(2) 冶炼期间，行车不能停留在电炉的正上方和母线附近。

(3) 冶炼期间，直流电炉的底电极大电流汇流母排附近，不允许有杂物堆积，不允许有人工作。

(4) 冶炼前，变压器室、变频器和电抗器室，必须做清理检查，防止有残留的垃圾和工器具留在电气室，尤其是钢铁类的垃圾和工器具，防止大电流磁场力作用的吸附作用引发的起弧破坏作用。

(5) 冶炼期间，高压电气室和变压器室及其他电气室，必须锁好，挂牌，防止非专业人员的进入。

(6) 电炉冶炼期间，带有心脏起搏器的人员禁止进入电炉冶炼区域。

(7) 电炉的检修,如临时性检修、更换电极、清理小炉盖和处理水冷盘等操作时,必须断开短路器,同时将隔离开关断开。挂牌以后,主控制必须有专人监护看守,防止误操作。

(8) 冶炼期间，严格禁止人员从炉门区通过。

816. 电炉熔清以后，为什么不许有人进入出钢坑作业?

电炉熔清以后，出钢口会发生意外，造成事故跑钢，还有吹炼过程中的金属液滴和渣滴飞溅，大沸腾事故造成钢水溢出炉膛，以及炉体漏水爆炸引起钢水飞溅，这些因素会造成在炉坑内的人员遭遇伤害。因此，电炉熔清以后，不许有人进入出钢坑作业。

817. 电炉加料时，出钢坑内为什么禁止有人进入?

电炉加料过程中，容易有废钢由于加料四处散落，还有可能废钢入炉冲击熔池，引起钢渣飞溅，此外潮湿的废钢还会引起炉膛内的钢渣响爆，这些因素都会引起伤人事故。

818. 电炉的热泼渣过程中为什么禁止向正在热泼的钢渣打水冷却，如何处理热泼渣?

电炉冶炼期间，向正在热泼的钢渣打水冷却，会引起爆炸。笔者所在的工厂发生过因为炉门下钢水，引起爆炸，铲车司机因此殉职工亡的事故，故要严格禁止从炉门下钢水流向出渣坑。出渣坑的打水冷却工作，必须待炉渣固化以后，才能够打水冷却。

819. 为什么行车必须远离通电的大电流区域?

现代电炉的供电电流值很大，由此产生的磁场力也很强。2003 年 9 月 5 日，电炉冶炼时电极长度不够，准备松放电极时，发现松放电极的液压油管漏油，就通知了机械维护人员处理。由于准备时间较长，电炉准备出钢以后再处理，电炉在继续冶炼。机械维护人员爬进吊篮做准备，行车吊起吊篮离地 4m 左右以后，这时已经测温取样，准备出钢，行车工就将吊篮吊到靠近水冷母线 6m 的距离做抢修准备，此时又测了一次温度，炼钢工发现温度不够，就继续送电提温。在送电刚开始，母线产生的磁场力将吊篮吸附到母线上起弧，将行车钢丝绳击断，重量达100kg的吊篮和重量达1500kg的行车钩头一起掉下，坠落在墙壁，在吊篮内的机械维护人员反应敏捷，迅速从吊篮内爬出以后，钩头就砸落在吊篮上。这次事故造成了母线绝缘系统烧坏，停产达8h，事故损失超过10万元，当事的机械维护人员由于行动敏捷，抢回了自己的生命。通过这起事故，足以说明高压磁场电磁力的巨大伤害性。

820. 电炉冶炼区域为什么不允许有装有心脏起搏器的工人工作？

电炉产生的磁场力，足以干扰心脏起搏器的正常工作，造成心脏病发作，故电炉的一个特点就是禁止装有心脏起搏器的工人在冶炼区域工作。此外，电炉工作的工人不宜将银行卡等带有电磁信息的物品带入电炉冶炼区域，以免造成失磁。

821. 为什么炉门氧枪不允许插入电弧活动的区域？

炉门氧枪插入电弧活动能够触及的区域，会造成电弧击坏氧枪引发事故。2004年2月19日中班冶炼D001276炉时，炭氧枪操作工吃饭间隙，由行车工代替操作炭氧枪。熔清后由于进枪进得太长碰到了电极，起弧将箱体内的链条打断，滑道粘住，同时枪体起火，造成2号氧枪无法进退枪，20日白班被迫停炉检修炭氧枪。

822. 电炉的出钢为什么必须设置电气和设备的连锁装置？

电炉出钢的误操作是钢厂普遍的事故。即使是最优秀的操作工也很难100%杜绝操作事故，对于事故的控制，人是最可靠也是最不可靠的，这是一个普遍的共识。2004年，笔者出钢过程中，在钢包车没有到位的情况下，就拉开滑板出钢，此时炉坑内有一个职工在清理导轨。事故发生以后，该职工反应灵敏，及时地脱险，也挽救了笔者。同时此类事故在笔者的钢厂属于重复性的事故，呈现周期性出现，直到加设连锁装置才缓解下来，即在电炉出钢滑板气路上加装电磁阀，钢包车到位、出钢条件满足后自动打开，气路通畅，这时开手动阀才能打开滑板。因此，必须设置有效的连锁装置以防止出钢事故的发生。

823. 钢包内有超过500kg的冷钢为什么不允许使用？

因为钢包内冷钢过多，内外温度不均匀，钢液急剧降温，造成钢液内部气体的溶解度降低，快速地溢出，加上吹氩的作用，如果再有脱氧不到位或者脱氧失误，会造成出钢反应剧烈，钢水翻腾溢出钢包烧坏设备和伤人事故。典型的是2005年5月，在冶炼60Si2Mn，调度通知冶炼20MnSi-1，并用已停40多小时的冷钢包，包内有25t冷钢，出钢时测温1667℃，碳含量为0.15%。合金配加为高碳Fe-Mn 205kg，炉后备30kg铝饼，出钢时钢水下来后，钢水剧烈反应，加铝以后钢水仍然剧烈地在钢包内沸腾，并且溢出钢包，出至20t，炼钢工果断回摇炉子，并快速将钢包开出，道轨被钢水粘死，20t钢水倒入渣盘，停炉清冷钢。

824. 为什么熔化期不能够在熔清以后强化脱碳的操作？

电炉配碳较高，熔化期可以脱除一部分的碳，是在送电熔化的过程中，氧枪深入熔池吹氧，此时熔池的碳含量较高，脱碳反应的影响因素是供氧强度，熔清以后刻意吹氧脱碳，会引起以下三种情况，引起渣中的氧化铁富集，造成熔化期大沸腾。

(1) 碳含量在临界范围（0.2% ~0.8%），脱碳不容易进行，会造成渣中氧化铁富集。

(2) 熔池因为钢液量不足，吹氧的氧气射流大量地氧化钢渣界面的铁，进入渣中富集。

(3) 石灰有一部分在第二批料中加入的炉次，因为碱度过低，造成脱碳困难，氧化铁富集。

此类事故，笔者在自耗式氧枪、超声速氧枪和超声速集束氧枪上都多次经历和目睹。

825. 电炉的料仓中间，为什么不允许在没有防护条件下检查焦炭料仓？

焦炭仓内的焦炭有的含有碱金属，如果遇到潮湿会氧化放热造成焦炭分解出一氧化碳，同时料仓如果和石灰料仓接近的情况下，石灰粉末进入焦炭仓，潮湿还会引起石灰吸水放热，导致焦炭自燃，产生大量的一氧化碳从料仓上部逸出，造成人员中毒。2006 年 1 月，某钢厂散装料操作工加完石灰，加焦炭时焦炭放不下来，到料仓口去捅焦炭，在皮带平台捅不下来，就到料仓上部去捅焦炭料仓，在上面捅了十几分钟，还是捅不动，此时觉得有点恶心，便坐在旁边想休息一下，过了一会就晕倒了。另外一名操作工从精炼炉回到散装料操作室没有人，上料仓检查发现操作工中毒晕倒，及时地救回了该职工。

826. 氧枪吹氧四周能否站人？

氧枪吹氧的时候，氧枪的周围不可站人。一是吹氧过程中产生的金属和钢渣液滴的飞溅容易伤人；二是连接氧枪的胶管脱落，或者是自耗式氧枪的枪头脱落，受高压气流的影响，产生甩动，冲击动能巨大，击中人体，非死即伤；三是吹氧过程中噪声的伤害积累，容易使职工产生职业性耳聋。

827. 为什么使用专用的氧气专用胶管？

非专用的氧气胶管在使用过程中极易发生漏气造成胶管甩动，并且容易发生回火，造成烧伤。如果使用非专用胶管容易断裂以后在氧气动能的作用下甩动，造成伤害。笔者的工厂发生过胶管乱甩造成职工眼睛致盲、回火造成点阀箱起火的事故。

828. 2007.4.18 辽宁铁岭清河特殊钢有限公司钢水包倾覆特别重大事故的经过如何？

2007 年 4 月 18 日 7 时 53 分，辽宁省铁岭市清河特殊钢有限公司发生钢水包倾覆特别重大事故，造成 32 人死亡，6 人重伤，直接经济损失 866.2 万元。

炼钢车间吊运钢水包的起重机主钩在下降作业时，控制回路中的一个连锁常闭辅助触点锈蚀断开，致使驱动电动机失电；电气系统设计缺陷，制动器未能自动抱闸，导致钢水包失控下坠；制动器制动力矩严重不足，未能有效阻止钢水包继续失控下坠，钢水包撞击浇注台车后落地倾覆，钢水涌向被错误选定为班前开会地点的工具间，造成多人工亡。

829. 噪声对环境有何影响?

噪声对环境的影响见表9－2。

表9－2　噪声对环境的影响

噪声/dB	>50	>70	>90	>150
对环境的影响	影响睡眠与休息	干扰谈话 影响工作	影响听力，引起神经衰弱头痛，血压升高	鼓膜出血，失去听力

830. 什么叫做分贝，是如何定义的?

贝尔是美国籍科学家，人们为了纪念他对于物理学做出的贡献，用他的名字作为说明某一个物理量（一般是能量和能量有关的场量，比如声压、声速、电压、电流等）的单位。由于专门领域的需要，贝尔的十分之一，即dB（分贝）被定为可与SI并用的单位，其定义是两个同类的量比值的对数值。

831. 什么是电炉冶炼过程的密封罩技术（狗屋）?

电炉冶炼过程中的高分贝噪声和超声速氧枪和超声速氧燃烧嘴吹炼条件下产生的噪声，能够严重地影响工作区域工人的听觉和工作效率。为了降低噪声的危害，电炉采用冶炼过程中在电炉冶炼区域加装密封罩的技术，正常使用时效果比较明显，可以降低噪声10～30dB。这种密封罩一般是可以移动的，冶炼过程中关闭密封罩，冶炼结束加料时打开密封罩进行加料的操作。

832. 电炉的除尘系统构成是怎样的?

电炉的除尘系统如图9－8所示。

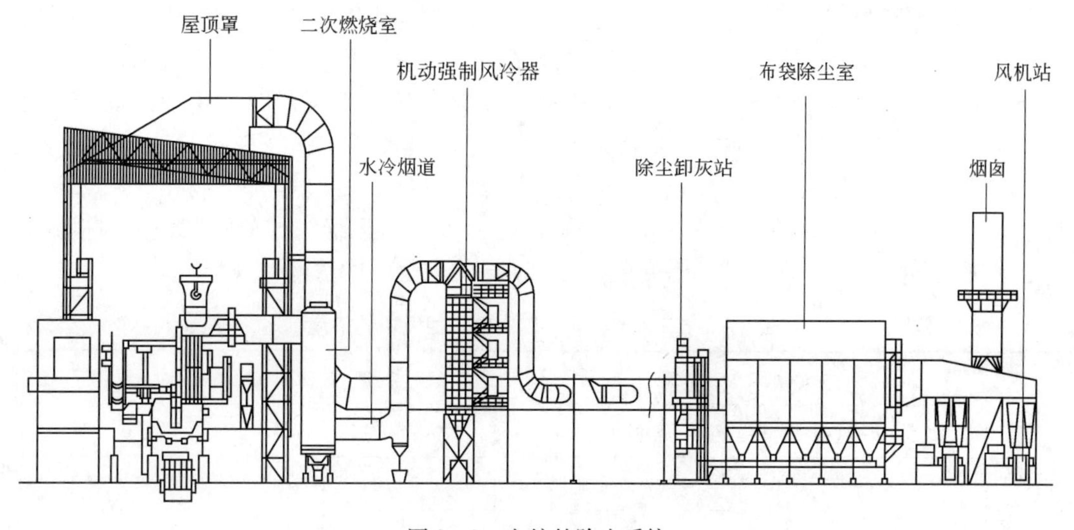

图9－8　电炉的除尘系统

833. 现代超高功率电炉为什么必须采用高效除尘技术?

现代超高功率电炉炼钢时，由于强化用氧，产生的烟气量非常大。实际生产中在没有除尘系统运行的条件下，电炉冶炼时，生产的厂房内污染特别严重，甚至看不到行车和设备的运行状况，可以说没有高效率的除尘设备，超高功率电炉的冶炼就不可能进行。高效除尘技术主要包括水冷烟道和厂房顶部的屋顶罩两部分。水冷烟道将冶炼过程中产生的大部分烟气抽走，从电极孔和其他部位产生的烟气和粉尘由屋顶罩抽走。水冷烟道的抽气量可以动态地使用电磁阀调节，这种调节是根据冶炼的工艺要求决定的。

834. 电炉冶炼过程中向大气排放的有害物质有哪些，排放量和转炉相比有何不同?

电炉冶炼过程中主要有 CO、CO_2、NO_x、挥发性有机物（VOC)、二恶英等。电炉排放的碳化物 CO、CO_2 仅仅只有转炉的三分之一，但是氮化物和有机物的排放，在没有相应的除尘处理设备的情况下，远远高于转炉的排放量。

835. 如何减少电炉产生的氮化物的排放?

电炉的供电过程中，电弧区的电弧能够电离大气中间的氮，产生 NO_x。因此，采用废钢预热，减少通电时间，冶炼期间采用良好的泡沫渣埋弧可以有效地减少氮化物的排放。

836. 什么叫做二恶英，电炉生产过程中如何减少其排放量?

二恶英是多种多氯代二苯并二恶英和多氯代二苯并呋喃物质的总称（Dioxin)。二恶英是氧、水、HCl 气体和不完全燃烧产物在 300 ~ 800℃之间反应的产物。在任何火法冶金中，只要有氯化物存在，都可能生成二恶英，它是在冶金过程所产生的各种污染物中最为有害的。特别是在使用含有大量有机物和氯化物成分做原料的电炉炼钢厂，二恶英排放问题尤为突出。

减少二恶英排放的关键在于掌握关于二恶英的蒸气压及其生成和裂解的特性知识，控制其在不同工艺过程中的行为是关键。二恶英成分在高温下严重裂解；但在冷却过程中，当废气温度降到 200 ~ 600℃ 范围时，有机成分与氯化物发生反应再次生成二恶英。在 250 ~ 450℃时，二恶英再合成速度最快。奥钢联对两台电炉的测试发现，二恶英在烟气成分中的分布以炉内烟气浓度较高时，二次烟气浓度较低，一次烟气一般在 5 ~ 12ngI - TEQ/m^3，二次烟气一般在 0.2 ~ 1.5ngI - TEQ/m^3 之间，而无组织排放的二恶英则根据烟气的捕集率不同而差异较大。二恶英在一、二次电炉烟气中的浓度见表 9 - 3。

表 9 - 3 二恶英在一、二次电炉烟气中的浓度

项目	一次烟气中二恶英		二次烟气中二恶英	
	浓度/ngI - TEQ · m^{-3}	风量/m^3 · h^{-1}	浓度/ngI - TEQ · m^{-3}	风量/m^3 · h^{-1}
电炉 1	5 ~ 12	8.5×10^4	0.8 ~ 1.5	58×10^4
电炉 2	5 ~ 12	11×10^4	0.2 ~ 0.4	55×10^4

电炉一、二次烟气的排烟量不同，也会导致二次烟气二恶英浓度有差异。减少二恶英排放量的常见措施有：（1）通过废钢纯净化减少原料中带入杂质；（2）热处理方式，电炉烟气通过二次燃烧，尽量燃烧掉所有的有机物；（3）通过高效的除尘过滤设施、烟气急冷及喷入吸附剂等措施。

837. 不同的除尘器对二恶英的去除效率有何不同?

不同的除尘设备对二恶英都能够有效地去除，其中高效布袋除尘器效率最高。不同的除尘器对二恶英的去除效率见表9－4。

表9－4　不同的除尘器对二恶英的去除效率　　（%）

除尘器	静电除尘器	文氏管	布袋除尘器	布袋除尘器（巴登公司）
去除效率	69	61	61±23	97

838. 什么叫做电炉的烟气余热回收，有何特点?

电炉烟气降温原采用水冷却方式，电炉冶炼所产生的一次高温烟气从其炉顶（第二孔）抽出，经水冷弯头、滑套、燃烧沉降室、水冷烟道冷却后，再经喷雾冷却器降到约350℃。最后与来自大密闭罩及大屋顶罩温度为60℃的二次烟气相混合，混合后的烟气温度低于130℃，进入脉冲布袋除尘器净化，由引风机经烟囱排入大气。

烟道的水冷方式使烟气中大量的显热无法被利用，浪费了能源，增加了冷却水的消耗，同时工业水的循环又消耗大量的电能。这成为电炉炼钢企业亟待解决的问题。

将燃烧沉降室和烟道由传统的水冷方式改为汽化冷却方式。在高温烟气段采用辐射受热面，在低温烟气段设置热管换热器将烟气冷却降温，回收电炉烟气的余热，产生低压蒸汽，供应全厂生产、生活蒸汽用户。汽化冷却和水冷却相比不仅产生了蒸汽，而且大量节约电能。汽化冷却烟道及热管换热器的使用寿命比水冷烟道寿命大为提高，从而减少了烟道维修时间且节约了运行费用；汽化冷却不必设置冷却塔，节省了占地面积。因此，汽化冷却不仅能减少吨钢能耗指标，还能回收大量的热能，提高全厂的循环经济效益。

839. 电炉的余热烟气如何利用?

电炉的余热烟气回收利用技术多采用两种方式：

（1）水管式余热锅炉。水管式余热锅炉降低烟气温度，并回收热量，主要存在的问题：1）水管余热锅炉灰堵严重，且除灰困难。2）由于水管余热锅炉的水冷管直接与烟气接触，电炉高浓度、大颗粒粉尘的磨琢性会减薄管壁，引起管壁漏水，将造成电炉周期性的停产检修。

（2）显热应用加热废钢。美国英特尔制钢公司开发的康斯迪电炉是电炉烟气余热加热废钢的典型代表，但从国内外应用实际看，存在以下主要问题：1）废钢预热温度低，经预热后的废钢温度上下不均（上高、下低），距表面600～700mm处的废钢温度小于100℃。2）预热通道漏风量大，主要表现在电炉与康斯迪废钢预热通道的衔接处（此处是必不可少的）；预热通道水冷料槽与小车水冷料槽的叠加处；上料废钢运输机与预热通道之间的所谓动态密封装置处。造成除尘效果不好，增加了除尘改造的投入运行费用。

3）平面占地面积大。

840. 电炉的余热锅炉回收工艺如何？

余热锅炉工艺布置如图 9 - 9 所示。余热锅炉系统主要由软水箱、预热器、除氧器、蒸发器、汽包、蓄热器、给水泵、激波清灰器等组成。

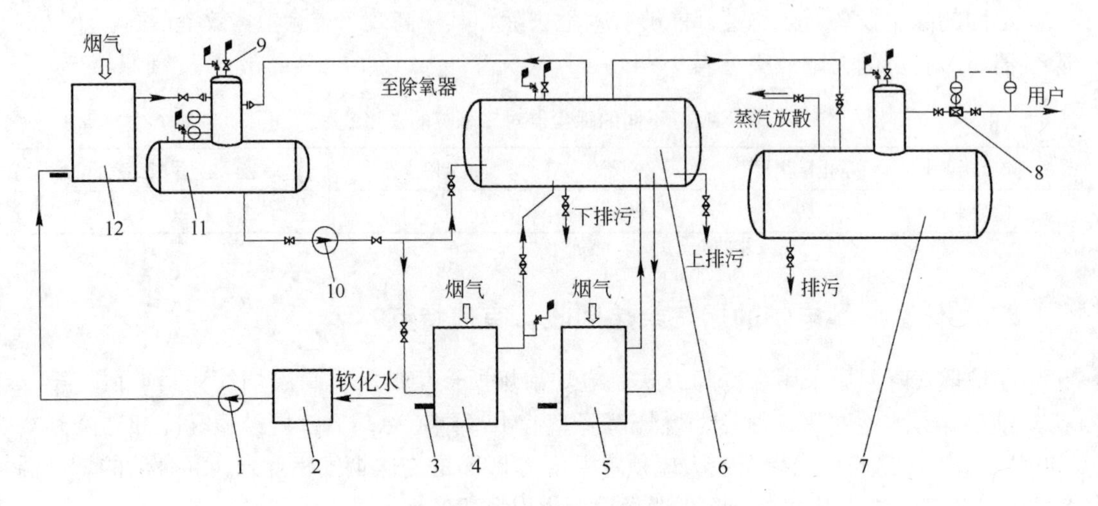

图 9 - 9　余热锅炉工艺布置

1—软水给水泵；2—软水箱；3—激波清灰器；4—省煤气；5—蒸发器；6—汽包；7—蓄热器；8—自动调节阀；9—安全阀；10—给水泵；11—除氧器；12—预热器

电炉烟气余热回收流程如图 9 - 10 所示。

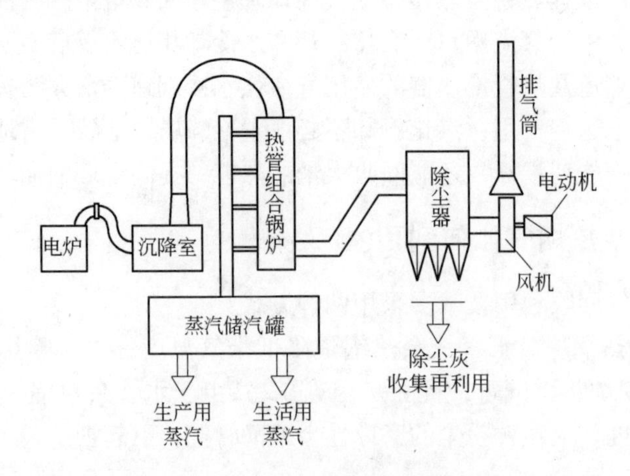

图 9 - 10　电炉烟气余热回收流程

参 考 文 献

[1] 宝钢集团上海五钢有限公司．电炉炼钢500问，第2版［M］．北京：冶金工业出版社，2004.

[2] 邱绍岐，祝桂华．电炉炼钢原理及工艺［M］．北京：冶金工业出版社，2001.

[3] 张鉴．炉外精炼的理论与实践［M］．北京：冶金工业出版社，1999.

[4] 俞海明，秦军．现代电炉炼钢操作［M］．北京：冶金工业出版社，2009.

[5] 俞海明．电炉钢水的炉外精炼技术［M］．北京：冶金工业出版社，2010.

[6] 俞海明，黄星武，徐栋，肖明光．转炉钢水的炉外精炼技术［M］．北京：冶金工业出版社，2011.

[7] 钱之荣，范广举．耐火材料实用手册［M］．北京：冶金工业出版社，1996：120.

[8] 陈家祥．炼钢常用图表数据手册，第2版［M］．北京：冶金工业出版社，2009.

[9] 德国钢铁工程师协会，王俭等译．渣图集［M］．北京：冶金工业出版社，1989.

[10] 汪学瑶．当代电弧炉特殊钢企业工艺结构的现状和发展［J］．特殊钢，1998（2）.

[11] 华一新．冶金过程动力学导论［M］．北京：冶金工业出版社，2004.

[12] 奥特斯 F. 钢冶金学［M］．北京：冶金工业出版社，1998.

[13] 黄希祜．钢铁冶金学原理［M］．北京：冶金工业出版社，2004.

[14] 陈俊锋，李广田，李文献．LF 预熔精炼渣成分优化的研究［J］．材料与冶金学报，2003（3）：174.

[15] 刘新生，赵宏欣，吕晓芳．$12CaO \cdot 7Al_2O_3$ 预熔渣在精炼过程中的粉化问题［J］．炼钢，2006（6）：18.

[16] 郭茂先．工业电炉［M］．北京：冶金工业出版社，2002.

[17] 冯捷，张红文．炼钢基础知识［M］．北京：冶金工业出版社，2005.

[18] 高泽平，贺道中．炉外精炼［M］．北京：冶金工业出版社，2005.

[19] 李波，魏季和，张学军．$CaO-CaF_2$ 对钢包精炼顶渣性能的影响［J］．中国冶金，2008（5）：5~8.

[20] 王新江．现代电炉炼钢生产技术手册［M］．北京：冶金工业出版社，2009.

冶金工业出版社部分图书推荐